파브르 곤충기 **6**

파브르 곤충기 6

초판 1쇄 발행 | 2008년 9월 10일
초판 3쇄 발행 | 2021년 7월 10일

지은이 | 장 앙리 파브르
옮긴이 | 김진일
사진찍은이 | 이원규
그린이 | 정수일
펴낸이 | 조미현

펴낸곳 | (주)현암사
등록 | 1951년 12월 24일 · 제10-126호
주소 | 04029 서울시 마포구 동교로12안길 35
전화 | 365-5051 · 팩스 | 313-2729
전자우편 | editor@hyeonamsa.com
홈페이지 | www.hyeonamsa.com

ISBN 978-89-323-1394-8 04490
ISBN 978-89-323-1399-3 (세트)

파브르 곤충기 ⑥

장 앙리 파브르 지음 l 김진일 옮김
이원규 사진 l 정수일 그림

ठ 현암사

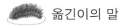 옮긴이의 말

신화 같은 존재 파브르,
그의 역작 곤충기

『파브르 곤충기』는 '철학자처럼 사색하고, 예술가처럼 관찰하고, 시인처럼 느끼고 표현하는 위대한 과학자' 파브르의 평생 신념이 담긴 책이다. 예리한 눈으로 관찰하고 그의 손과 두뇌로 세심하게 실험한 곤충의 본능이나 습성과 생태에서 곤충계의 숨은 비밀까지 고스란히 담겨 있다. 그러기에 백 년이 지난 오늘날까지도 세계적인 애독자가 생겨나며, '문학적 고전', '곤충학의 성경'으로 사랑받는 것이다.

　남프랑스의 산속 마을에서 태어난 파브르는, 어려서부터 자연에 유난히 관심이 많았다. '빛은 눈으로 볼 수 있다'는 것을 스스로 발견하기도 하고, 할머니의 옛날이야기 듣기를 좋아했다. 호기심과 탐구심이 많고 기억력이 좋은 아이였다. 가난한 집 맏아들로 태어나 생활고에 허덕이면서 어린 시절을 보내야만 했다. 자라서는 적은 교사 월급으로 많은 가족을 거느리며 살았지만, 가족의 끈끈한 사랑과 대자연의 섭리에 대한 깨달음으로 역경의 연속인 삶을 이겨 낼 수 있었다. 특히 수학, 물리, 화학 등을 스스로 깨우치는 등 기초 과학 분야에 남다른 재능을 가지고 있었다. 문학에도 재주가 뛰어나 사물을 감각적으로 표현하는 능력이 뛰어났다. 이처럼 천성적인 관찰자답게 젊었을 때 우연히 읽은 '곤충 생태에 관한 잡지'가 계기가 되어 그의 이름을 불후하게 만든 '파브르 곤충기'가 탄생하게 되었다. 1권을 출판한 것이 그의 나이 56세. 노경에 접어든 나이에 시작하여 30년 동안의 산고 끝에 보기 드문 곤충기를 완성한 것이다. 소똥구리, 여러 종의 사냥벌, 매미, 개미, 사마귀 등 신기한 곤충들이 꿈틀거리는 관찰 기록만이 아니라 개인적 의견과 감정을 담은 추억의 에세이까지 10권 안에 펼쳐지는 곤충 이야기는 정말 다채롭고 재미있다.

'파브르 곤충기'는 한국인의 필독서이다. 교과서 못지않게 필독서였고, 세상의 곤충은 파브르의 눈을 통해 비로소 우리 곁에 다가왔다. 그 명성을 입증하듯이 그림책, 동화책, 만화책 등 형식뿐 아니라 글쓴이, 번역한 이도 참으로 다양하다. 그러나 우리나라에는 방대한 '파브르 곤충기' 중 재미있는 부분만 발췌한 번역본이나 요약본이 대부분이다. 90년대 마지막 해 대단한 고령의 학자 3인이 완역한 번역본이 처음으로 나오긴 했다. 그러나 곤충학, 생물학을 전공한 사람의 번역이 아니어서인지 전문 용어를 해석하는 데 부족한 부분이 보여 아쉬웠다. 역자는 국내에 곤충학이 도입된 초기에 공부를 하고 보니 다양한 종류의 곤충을 다룰 수밖에 없었다. 반면 후배 곤충학자들은 전문분류군에만 전념하며, 전문성을 갖는 것이 세계의 추세라고 해야 할 것이다. 이런 시점에서는 적절한 번역을 기대할 수 없다.

역자도 벌써 환갑을 넘겼다. 정년퇴직 전에 초벌번역이라도 마쳐야겠다는 급한 마음이 강력한 채찍질을 하여 '파브르 곤충기' 완역이라는 어렵고 긴 여정을 시작하게 되었다. 우리나라 풍뎅이를 전문적으로 분류한 전문가이며, 일반 곤충학자이기도 한 역자가 직접 번역한 '파브르 곤충기' 정본을 만들어 어린이, 청소년, 어른에게 읽히고 싶었다.

역자가 파브르와 그의 곤충기에 관심을 갖기 시작한 건 40년도 더 되었다. 마침, 30년 전인 1975년, 파브르가 학위를 받은 프랑스 몽펠리에 이공대학교로 유학하여 1978년에 곤충학 박사학위를 받았다. 그 시절 우리나라의 자연과 곤충을 비교하면서 파브르가 관찰하고 연구한 곳을 발품 팔아 자주 돌아다녔고, 언젠가는 프랑스 어로 쓰인 '파브르 곤충기' 완역본을 우리나라에 소개하리라 마음먹었다. 그 소원을 30년이 지난 오늘에서야 이룬 것이다.

6

"개성적이고 문학적인 문체로 써 내려간 파브르의 의도를 제대로 전달할 수 있을까, 파브르가 연구한 종은 물론 관련 식물 대부분이 우리나라에는 없는 종이어서 우리나라 이름으로 어떻게 처리할까, 우리나라 독자에 맞는 '한국판 파브르 곤충기'를 만들려면 어떻게 해야 할까" 방대한 양의 원고를 번역하면서 여러 번 되뇌고 고민한 내용이다. 1권에서 10권까지 번역을 하는 동안 마치 역자가 파브르인 양 곤충에 관한 새로운 지식을 발견하면 즐거워하고, 실험에 실패하면 안타까워하고, 간간이 내비치는 아들의 죽음에 대한 슬픈 추억, 한때 당신이 몸소 병에 걸려 눈앞의 죽음을 스스로 바라보며, 어린 아들이 얼음 땅에서 캐내 온 벌들이 따뜻한 침실에서 우화하여, 발랑발랑 걸어 다니는 모습을 바라보던 때의 아픔을 생각하며 눈물을 흘리기도 했다. 4년도 넘게 파브르 곤충기와 함께 동고동락했다.

파브르 시대에는 벌레에 관한 내용을 과학논문처럼 사실만 써서 발표했을 때는 정신이상자의 취급을 받기 쉬웠다. 시대적 배경 때문이었을까? 다방면에서 박식한 개인적 배경 때문이었을까? 파브르는 벌레의 사소한 모습도 철학적, 시적 문장으로 써 내려갔다. 현지에서는 지금도 곤충학자라기보다 철학자, 시인으로 더 잘 알려져 있다. 어느 한 문장이 수십 개의 단문으로 구성된 경우도 있고, 같은 내용이 여러 번 반복되기도 하였다. 그래서 원문의 내용은 그대로 살리되 가능한 짧은 단어와 짧은 문장으로 처리해 지루함을 최대한 줄이도록 노력했다. 그러나 파브르의 생각과 의인화가 담긴 문학적 표현을 100% 살리기는 힘들었다기보다, 차라리 포기했음을 고백해 둔다.

파브르가 연구한 종이 우리나라에 분포하지 않을 뿐 아니라 아직 곤충학이 학문으로 정상적 괘도에 오르지 못했던 150년 전 내외에 사용하던 학명이 많았다. 아무래도 파브르는 분류학자의 업적을 못마땅하게 생각한 듯하다. 다른 종을 연구하거나 이름을 다르게 표기했을 가능성도 종종 엿보였다. 당시 틀린 학명은 현재 맞는 학명을 추적해서 바꾸도록 부단히 노력했다. 그래도 해결하지 못한 학명은 원문의 이름을 그대로 썼다. 본문에 실린 동식물은 우리나라에 서식하는 종류와 가장 가깝도록 우리말 이름을 지었으며, 우리나라에도 분포하여 정식 우리 이름이 있는 종은 따로 표시하여 '한국판 파브르 곤충기'로 만드는 데 힘을 쏟았다.

무엇보다도 곤충 사진과 일러스트가 들어가 내용에 생명력을 불어 넣었다. 이원규 씨의 생생한 곤충 사진과 독자들의 상상력을 불러일 으키는 만화가 정수일 씨의 일러스트가 글이 지나가는 길목에 자리 잡고 있어 '파브르 곤충기'를 더욱더 재미있게 읽게 될 것이다. 역자 를 비롯한 다양한 분야의 전문가와 함께했기에 이 책이 탄생할 수 있 었다.

번역 작업은 Robert Laffont 출판사 1989년도 발행본 파브르 곤충 기 Souvenirs Entomologiques(Études sur l'instinct et les mœurs des insectes)를 사용하였다.

끝으로 발행에 선선히 응해 주신 (주)현암사의 조미현 사장님, 책 을 예쁘게 꾸며서 독자의 흥미를 한껏 끌어내는 데, 잘못된 문장을 바로 잡아주는 데도, 최선의 노력을 경주해 주신 편집팀, 주변에서 도와주신 여러분께도 심심한 감사의 말씀을 드린다.

2006년 7월

김진일

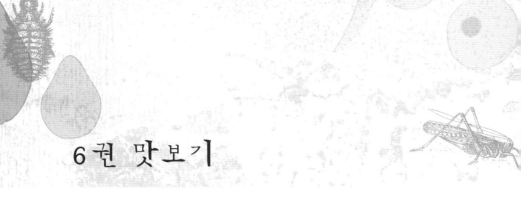

6권 맛보기

파브르는 정말로 대단한 정력가였음을 부정할 수가 없다. 7남매를 출산한 첫 부인 마리와 62세 때 사별한 뒤, 65세에 21년 연하인 조세핀과 재혼해 70세까지 또 3남매를 두었다. 84세에 『곤충기』 10권을 출간하고, 이어서 11권에 착수했으나 병을 얻는 바람에 중단되었다. 5년 뒤 조세핀마저 사망했으며, 1915년에 92세의 나이로 타계한다. 70대 후반에는 자신이 상당히 연로하였음을 인정하고 있었다. 그래서인지 자식들을 무척 귀여워하고, 마음도 많이 부드러워졌음이 엿보인다. 특히 7살짜리 막내아들 폴(Paul)과 함께 조사를 다니면서, 그를 무척 귀여워하며 칭찬도 대단했다.

76세에 발행된 6권의 3장과 4장은 사실상 파브르 자신의 지난 인생을 되돌아보는 글의 하나이다. 한편, 이 장들은 18~19세기의 프랑스 역사를 아는 데도 도움이 될 만한 내용이라 하겠다. 이 두 장뿐 아니라 전반적으로 문학적 글이 많이 등장하며, 연구의 배경이나 결과에 대해서는 철학적으로 접근하는 현상이 두드러졌음 또한 이 권의 특징이라 할 수 있겠다.

하지만 아직도 만사를, 예를 들어 11장에서처럼 각종 동물이 발성하는 방법의 발달까지 진화론에다 결부시키고는, 진화론은 수용할

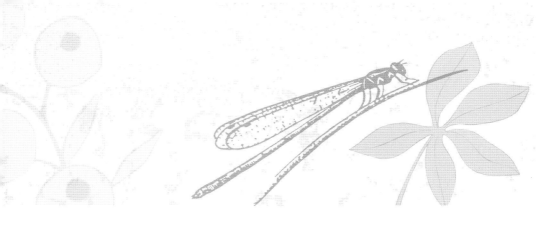

수 없다는 주장을 끊임없이 펼치고 있다. 동물의 모든 행동을 인간 중심으로 해석하고, 그 모든 행동이 진화의 극치인 인간은 어째서 가장 뒤처졌느냐는 식이다. 각종 행동능력이나 지각능력은 동물에 따라 차이가 있음을 인정했을 법한데도 그랬다.

격세유전을 이야기한 장(3장)에서는 사실상 유전 개념을 인정한 셈이다. 그런데 본인의 소질이 자기 조상 중에 존재하는지 여부를 단지 자기 부모와 조부모 두 세대의 고달픈 생활상에서 알아보려 한 것, 그리고 자신의 어린 시절과 극히 짧은 학교생활(4장)에서 알아보려 한 것이 과연 적절했는지 크게 한번 검토해 볼 일이다. 어쩌면 자신이 특별한 천재임을 나타내려 했는지도 모르겠다.

사실상 6권에서는 스스로 철학자임을 강조한 글은 없었다. 하지만 내심에는 자칭 철학자이며 천재임을 자부하고 있었던 것 같다. 그런 맥락과 함께 송충이에게 쏘인 것에서 시작된 각종 곤충의 독성 물질을 자신의 손가락이나 팔에다 직접 접종해 가며 실험했다. 당연히 엄청난 고통이 뒤따랐고, 그만큼 대단한 업적을 이루어 냈다. 보통 사람은 정말로 이런 일을 해낼 수 없을 것이다. 인류는 아마도 이런 사람들이 존재하기에 발전할 수밖에 없는가 보다.

차례

일러두기

* 역주는 아라비아 숫자로, 원주는 곤충 모양의 아이콘으로 처리했다.
* 우리나라에 있는 종일 경우에는 ●로 표시했다.
* 프랑스 어로 쓰인 생물들의 이름은 가능하면 학명을 찾아서 보충하였고, 우리나라에 없는 종이라도 우리식 이름을 붙여 보도록 노력했다. 하지만 식물보다는 동물의 학명을 찾기와 이름 짓기에 치중했다. 학명을 추적하지 못한 경우는 프랑스 이름을 그대로 옮겼다.
* 학명은 프랑스 이름 다음에 :를 붙여서 연결했다.
* 원문에 학명이 표기되었으나 당시의 학명이 바뀐 경우는 속명, 종명 또는 속종명을 원문대로 쓰고, 화살표(→)를 붙여 맞는 이름을 표기했다.
* 원문에는 대개 연구 대상 종의 곤충이 그려져 있는데, 실물 크기와의 비례를 분수 형태나 실수의 형태로 표시했거나, 이 표시가 없는 것 등으로 되어 있다. 번역문에서도 원문에서 표시한 방법대로 따랐다.
* 사진 속의 곤충 크기는 대체로 실물 크기지만, 크기가 작은 곤충은 보기 쉽도록 10~15% 이상 확대했다. 우리나라 실정에 맞는 곤충 사진을 넣고 생태 특성을 알 수 있도록 자세한 설명도 곁들였다.
* 곤충, 식물 사진에는 생태 설명과 함께 채집 장소와 날짜를 넣어 분포 상황을 알 수 있도록 하였다.(예: 시흥. 7. V.´92 → 1992년 5월 7일 시흥에서 촬영했다는 표기법이다.)
* 역주는 신화 포함 인물을 비롯 학술적 용어나 특수 용어를 설명했다. 또한 파브르가 오류를 범하거나 오해한 내용을 바로잡았으며, 우리나라와 관련된 내용도 첨가하였다.

1 긴다리소똥구리 - 부성애

아비로서의 의무는 거의 고등동물에게만 지워졌다. 새는 아비의 의무를 훌륭히 해내고, 털이 난 짐승(포유류)도 아비 노릇을 잘 해 낸다. 하지만 좀더 하등한 동물로 내려가면 아비들 대개가 가족에게 관심이 없다. 곤충도 이러한 관례에서 크게 벗어나지 않았다. 모든 곤충이 생식활동에는 열정적이다. 하지만 거의 모두가 한순간의 정열을 만끽하고 나면 즉시 부부 관계를 끊어 버린다. 아비는 제 새끼도 아랑곳 않고 떠나며, 새끼 스스로가 곤경을 그럭저럭 헤쳐 간다.

어린 새끼가 허약해서 장시간의 도움을 받아야 할 고등동물인데, 아비는 새끼를 지긋지긋해할 정도로 냉정한 경우를 생각해 보자. 이때 갓 태어난 새끼가 스스로 살 수 있는 장소를 찾아가 누구의 도움 없이도 먹이를 해결할 수 있다면 녀석의 생존은 허용될 것이다. 흰나비(Piérid: *Pieris*)는 종족의 번성을 위해 알을 배추 잎에 낳아 주기만 하면 되는데, 아비의 정성이 왜 필요할까? 산란할 무렵 수컷이 어미의 식물학적 본능에 도움을 주는 것도 아니다.

줄흰나비 크기가 조금 작고 날개가 약간 둥글다는 점 외에는 큰줄흰나비와 몹시 닮아서 서로 혼동하기 쉽다. 큰줄흰나비는 평지에 많은 반면 줄흰나비는 높은 산이나 중부지방 이북에서 장소에 따라 집중적으로 모이는 경향이 있다. 특히 계곡 주변의 숲이나 빈터에 무리 지어 모여든다.
광덕산. 20. Ⅶ. '93

그저 귀찮은 존재로서 중대사에 방해만 될 테니 다른 데로 가서 교태나 부리든지 하라고 해라.

곤충 대부분은 양육이 아주 간단한 것 같다. 곤충은 부화하자마자 가족이 자리 잡을 식당을 고르거나, 갓 깨어난 새끼들이 알맞은 먹이를 직접 발견할 만한 장소를 물색해 주기만 하면 된다. 짝짓기를 한 수컷은 할 일이 없으니 쓸모가 없다. 그래서 며칠 동안 따분한 삶을 살다가 결국은 가족이 정착하는 데 미미한 협력조차 못하고 죽어 버린다.

항상 이렇게 황량한 일만 벌어지는 것은 아니다. 가족에게 지참금을 확보해 주거나 숙식을 미리 마련해 주는 족속도 있다. 특히 막시목(Hyménoptères: Hymenoptera, 膜翅目, 벌목) 곤충들은 애벌레의 식량인 꿀 따위를 저장할 지하창고, 항아리, 또는 가죽 부대를 제작하는 일의 대가들이다. 애벌레의 양식으로 사냥해 온 희생물을 쌓아 둘 땅굴파기 기술도 완전히 알고 있는 것이다.

그런데 집짓기와 식량 장만이라는 엄청난 일, 즉 온 생애를 바치는 수고를 어미 혼자서 도맡는 바람에 어미는 힘에 부치고 지쳐 버린다. 작업장 근처에서 햇빛에 취한 아비는 용감한 어미의 작업을 쳐다만 보거나 이웃 암컷들에게 희롱이나 조금 걸다가 모든 고역을 다 치렀다고 생각한다.

수컷은 왜 암컷을 전혀 도와주지 않을까? 암수 두 마리가 함께 지푸라기와 흙덩이를 물어다 둥지를 짓고, 날파리를 잡아다 새끼들에게 먹이는 제비 부부를 왜 본뜨지 않았을까? 녀석은 아마도 자신이 조금 허약하다는 핑계를 앞세우며 일을 안 할 것이다. 말도 안 되는 구실이다. 잎을 조금 잘라 오거나, 마른풀에서 솜털을 좀 긁어 오거나, 진흙땅에서 조그만 흙덩이를 가져오거나, 이 모든 게 그의 힘에 부치는 일은 아니다. 적합한 자리에 놓기는 좀더 영리한 어미에게 맡기더라도, 적어도 재료를 집어 주는 인부처럼 협력할 수는 있을 것이다. 녀석이 아무 일도 안 하는 진짜 이유는 무능력해서가 아니다.

이상한 일은 재주꾼 곤충 중 가장 유능한 벌들이 아비의 업무를 모른다는 사실이다. 새끼들의 온갖 요구에 따르자면 적성이 고도로 발달했을 법도 한데, 가족이 큰 문제없이 자리 잡게 해주는 나비 수준도 못 된다. 타고난 본능적 재주가 충분할 것 같은데 우리 예상을 벗어났다.

짐승의 똥을 다루는 곤충이 꿀벌(Mellifère)[1]들은 갖지 못한 고귀한 특권을 가졌다. 이 점은 우리 이해력을 너무도 초월해서 극도로 놀라게 한다. 짐승 똥에서 살아가는 여러 곤충은 둘이서 일했을 때의 효능을 알고 있으며, 살림살이의 짐 덜어 주기를 실천한다. 서

---

1 Mellifère는 Abeille mellifère: *Apis mellifera*, 즉 양봉 꿀벌이다. 그러나 파브르는 꿀벌과의 의미로 썼다.

긴다리소똥구리
실물의 약 2배

로 협력해서 애벌레의 상속 재산을 마련하는 한 쌍의 금풍뎅이(Géotrupes: *Geotrupes*)를 기억해 보자. 그 튼튼한 압축력으로 암컷의 압착 순대(소시지)를 제작하는 데 협력하는 아비에 대한 기억 말이다. 모두가 고립적으로 살아가는 세상인데 아주 놀랍도록 훌륭한 가정 풍습 아니더냐.

　이 방면을 계속 연구해 오다가, 지금까지는 유일한 예였던 금풍뎅이와 똑같이 흥미로운 3종의 예를 추가할 수 있게 되었다. 이것들 역시 짐승 똥의 노동조합원이 제공한 자료이다. 예들을 설명해 보자. 그러나 많은 내용이 진왕소똥구리(Scarabée sacré: *Scarabaeus sacer*), 스페인뿔소똥구리(Copris espagnol: *Copris hispanus*), 그리고 다른 소똥구리 이야기의 반복이니 짧게 줄여서 설명할 생각이다.

　처음 발견된 종은 똥구슬을 굴리는 소똥구리 중 가장 작고 가장 열성적인 긴다리소똥구리(Sisyphe de Schaeffer: *Sisyphus schaefferi*)였다. 녀석들은 발랄하고 민첩하지만 서툴게 곤두박질치다가 갑자기 밑으로 떨어진다. 그래도 난해한 그 길로 고집스럽게 되돌아오고 또 돌아오기를 반복한다. 이런 행태에 비교할 만한 곤충은 없다. 라뜨레이유(Latreille)[2]는 곡예사처럼 과격한 그 동작을 보고 옛날 지옥의 그 유명한 존재, 즉 시시포스(Sisyphe)라는 이름을 붙여 주었다. 이 불쌍한 존재는 엄청나게 큰 바위를 산꼭대기로 끌어올리느라 무척 힘들게 고생한다. 바위는 꼭대기에 거의 올랐을 무렵 녀석의 손아귀에서 벗어나

---

2 프랑스의 박물학자. 『파브르 곤충기』 제1권 72쪽 참조

언덕 아래로 굴러 떨어진다. 불쌍한 시시포스야, 다시 시작해라. 또다시 하고, 영원히 다시 해라. 네 형벌은 그 바윗덩이가 산꼭대기에 올라가 확고히 자리를 잡아야만 비로소 끝날 것이다.

이 신화가 내 마음에 든다. 말하자면 이 행태는 영원히 고통 받아 마땅한 가증스런 악한이 아니라 근면하고 이웃에게 친절한, 즉 선량한 우리 중 많은 사람 이야기이기도 해서 그렇다. 이 사람들이 속죄해야 할 죄는 오직 한 가지, 가난이다. 나는 험한 비탈의 모서리에서 반세기 이상 피가 흐르는 살점을 남겼다. 날마다 먹는 빵이라는 몹시 힘든 짐을 저 위로 안전하게 올리느라, 피를 말리고 비지땀을 흘려 가며 비축해 둔 정력을 아낌없이 소진해 왔다. 그런데 빵의 평형이 겨우 잡혀 갈 무렵, 미끄러져서 곤두박질쳐 못 쓰게 되어 버린다.[3] 가엾은 시시포스야, 다시 시작해라. 마지막 바윗덩이가 떨어지면서 네 머리를 박살내 마침내 너를 해방시킬 때까지 다시 시작하라.

그런데 박물학자가 알아낸 긴다리소똥구리는 이런 고통을 모른다. 녀석은 깎아지른 비탈도 아랑곳 않고 제 요리감이나 새끼들의 식량을 쾌활하게 밀고 다닌다. 여기는 이 종이 무척 드물어 조수가 없었다면 내 계획에 맞는 실험 곤충의 수를 결코 채우지 못했을 것이다. 이 조수 이야기는 여러 번 나올 테니 미리 독자들에게 소개하는 것이 좋겠다.

조수는 내 아들, 일곱 살배기 꼬마 폴(Paul)이다. 내가 사냥할 때마다 부지런히 쫓아다니는 폴은 제 나이 또래의 어느 누구보다도 매미, 메뚜기, 귀뚜라미, 그리고 특히 자기가 좋아하는 소똥구

---

3 파브르가 겪어 온 사정은 한참 뒤인 『파브르 곤충기』 제10권에서 간간이 나온다.

리의 비밀을 잘 알고 있다. 그 아이의 밝은 눈은 스무 발짝 정도 떨어진 곳에서 우연히 눈에 띈 흙무더기가 진짜 땅굴임을 알아보고, 날카로운 귀는 내게는 조금도 들리지 않는 미묘한 메뚜기의 소리를 듣는다. 아이는 시력과 청력을 내게 빌려 주고, 대신 나는 사고(思考)를 넘겨준다. 그러면 의문에 찬 크고 파란 눈을 내게 돌리며 주의 깊게 받아들인다.

오오! 지능이 처음으로 피어나는 것은 그야말로 사랑스러운 일이고, 천진난만한 호기심이 생겨나면서 무엇이든 알아보려 하는 나이는 정말 아름답구나! 어린 폴에게는 사육장이 있는데, 거기서 소똥구리가 배 모양 경단을 만든다. 강낭콩이 싹트는 손수건만 한 뜰에서는 콩들의 잔뿌리가 자랐는지 보려고 자주 땅을 파헤친다. 또 아이의 삼림 재배지에는 한 뼘(pan)[4]짜리 참나무가 네 그루 서 있는데, 나무의 넓은 위쪽에는 젖꼭지[5]에 양분을 줄 도토리가 아직 달려 있다. 문법 공부에서도 폴이 발전하고는 있지만 이것들 역시 무미건조한 문법 공부에서 기분 전환이 될 만하다.

만일 과학이 어린이들에게 친절을 베풀어 준다면, 또한 군대 병영 같은 우리 대학들이 죽은 지식의 책에다 들판의 산지식을 추가하는 데 생각이 미친다면, 그리고 관리들이 선의의 모든 창의성에 막중한 계획을 덧붙인 올가미로 목을 조르지 않는다면, 박물학은 어린 머리에다 얼마나 아름답고 훌륭한 것들을 넣어 줄 것이더냐! 어린 내 친구 폴아, 될 수 있는 한 들에서, 그리고 로즈마리와 서양 소귀나무 사이에서 많이 공부하자. 그러면 육체와 정신에 활력을 얻을 것이다. 책보다 거기서 참되고 아름다운 것을 더 잘 찾아낼

4 empan의 약자. 20~22.5cm 를 말함.

5 발아할 두 장의 배엽

것이다.

　오늘은 명절이라 학교가 쉰다. 계획했던 탐험을 하고자 아침 일찍 일어났다. 폴아, 너무 일찍 일어났으니 너는 빈속으로 떠나야 한다. 하지만 안심해라. 식욕이 일면 그늘에서 쉬면서, 여행 때면 길에서 늘 먹던 사과와 빵 조각을 내 배낭에서 찾아낼 것이다. 5월이 가까워 오니 긴다리소똥구리가 나타났을 것이다. 이제는 양 떼가 지나간 산 밑의 메마른 풀밭을 조사해야 한다. 햇볕에 타긴 했어도 딱딱한 껍질 속에서 아직 말랑말랑하게 남아 있는 양의 똥을 손으로 깨뜨려야 한다. 거기에는 아직 쪼그리고 있는 긴다리소똥구리가 들어 있을 것이다. 저녁때 양들이 풀을 뜯고 나면 생겨날 신선한 횡재를 기다리는 것이다.

　전에 우연한 발견으로 알게 된 이 비밀을 폴이 배워서 양 똥 속에 든 녀석들을 빼내는 기술에 곧 익숙해졌다. 이 아이가 어찌나 이 일에 열성적이며, 양질의 똥덩이에 대한 직감 또한 어찌나 예민하던지, 몇 번밖에 해보지 않았는데도 내가 갈망하던 것 이상으로 공급받게 되었다. 이제 6쌍을 확보했는데, 이만큼은 결코 내가 기대하지 못했던 놀라운 재산이다.

　녀석들을 기르는 데 특별한 사육장이 필요치는 않다. 종 모양의 쇠그물 밑에 모래 침대와 녀석들 입맛에 맞는 식량만 있으면 된다. 녀석들은 아주 작아서 겨우 버찌

만 하구나! 무엇보다도 모양이 이상하게 생겼다. 몸이 뚱뚱하고 뒷부분은 포탄의 탄두처럼 늘어났다. 다리는 아주 긴 것이 거미의 다리를 본받아서 옆으로 벌어졌고, 엄청나게 긴 뒷다리는 구부러져서 둥근 똥덩이를 껴안고 죄기에 안성맞춤이다.

짝짓기는 5월 초에 하는데, 땅 위에서 즐겨 먹는 케이크의 울퉁불퉁한 틈새에서 이루어진다. 곧 새끼들이 자리 잡아야 할 시기가 온다. 암수 두 마리가 똑같은 열성으로 새 식구들의 빵을 반죽하고, 나르고, 가마에 넣는 일을 한다. 그들 마음껏 이용할 수 있는 덩어리에서 칼처럼 날카로운 앞다리로 적당한 크기의 조각을 잘라 낸다. 어미 아비가 협력해서 조각을 다루는데, 탁탁 두드리고 압축해서 완두콩 크기의 굵고 둥근 구슬을 만든다.

다른 왕소똥구리(Scarabée: *Scarabaeus*)의 제작실과 마찬가지로 돌아가는 선반 기계 없이도 정확한 공 모양을 얻는다. 조각이 자리를 뜨거나 받침점에서 움직이기 전에 환약처럼 빚어진다. 이들 역시 음식을 오래 보존하기에 가장 좋은 형태, 즉 공 모양에 정통한 기하학자이다.

곧 둥근 구슬이 만들어졌다. 이제 그것을 격렬하게 굴려서 연한 안쪽의 빠른 증발을 막아 줄 단단한 껍질을 만들어야 한다. 크기를 좀더 확실히 알아보는 어미가 좀더 적절한 앞쪽에 자리를 잡는다. 긴 뒷다리는 땅에 붙이고, 앞다리는 둥근 덩이를 잡고 뒷걸음질로 끌어당긴다. 아비는 반대로 뒤에서 물구나무서기 자세로 민다.

두 녀석이 굴리는 왕소똥구리와 방식은 똑같지만 서로의 목적은 다르다. 긴다리소똥구리 부부 한 쌍은 새끼들의 식량을 나른 것이고, 큰 구슬을 굴렸던 녀석

긴다리소똥구리

들은 땅속에서 함께 먹을 즐거운 식사감을 나른 것이다.

자, 이제는 목적지가 정해지지 않은 한 쌍이 길을 떠나, 오르내림의 기복이 심한 땅을 지나간다. 뒷걸음질로는 이런 기복을 피할 수가 없다. 그런데 녀석들은 장애물이 보여도 돌아서 갈 생각이 없는 것 같다. 종 모양 철망을 고집스럽게 오르려 하는 것이 이를 증명한다.

힘들고 실현 불가능한 시도였다. 어미는 뒷다리로 철망 코에 달라붙어서 무거운 짐을 껴안고 공중에 매달린다. 아비는 의지할 곳이 없으니 똥구슬에 꽉 달라붙어, 즉 거기에 박혀서 제 몸무게를 덩어리 무게에 보탠다. 자신을 암컷의 뜻에 맡긴 셈이지만 너무 힘들어서 오래 버틸 수가 없다. 똥구슬과 거기 박혔던 녀석이 한 덩이가 되어 떨어진다. 깜짝 놀란 어미가 위에서 내려다본다. 그

녀도 바로 떨어져서 똥구슬을 다시 잡고 불가능한 등반을 다시 시작한다. 떨어지고 또 떨어지다가 결국은 등반을 포기한다.

평지에서의 운반에도 지장이 없는 것은 아니

다. 짐이 수시로 자갈 위에 엎어지고, 멍에를 멘 한 쌍이 곤두박질로 벌렁 자빠져 다리를 떤다. 이것은 아무것도 아니다. 정말 아무것도 아니다. 다시 일어나서 같은 자세를 취한다. 이렇게 자주 자빠져도 긴다리소똥구리는 여전히 명랑할 뿐 걱정은 안 한다. 마치 그런 것들을 일부러 찾는 것 같을 정도였다. 똥구슬을 숙성시켜 단단하게 만들 필요가 있지 않을까? 그래야 한다면 부딪치고, 때리고, 떨어지고, 덜커덩거리는 것은 그 과정에 포함된 일일 것이다. 이렇게 열심히 끌고 다니기를 몇 시간이고, 또 몇 시간이고 계속한다.

마침내 적당히 개량되었다고 판단한 어미는 좋은 장소를 물색하러 잠깐 떠난다. 그러면 아비는 보물 위에 웅크리고서 지킨다. 암컷 없는 시간이 길어지면 누워서 뒷다리를 공중으로 쳐들고는 똥구슬을 재빨리 굴리며 무료함을 달랜다. 말하자면 소중한 구슬로 곡예를 하는 것이며, 다리 위에서 벌어지는 완전한 곡예를 감상한다. 녀석이 이렇게 즐거운 자세로 부지런히 굴리는 모습을 보고 있노라면, 가족의 장래에 대해 자신감을 가진 가장으로서의 그 짜릿한 만족감을 누가 의심하겠나? 이렇게 둥글고 부드러운 빵을 반죽한 것은 나다, 나란 말이다. 내 새끼들을 위해 이 빵을 숙성시킨 것은 나란 말이다, 하고 말하는 것 같다. 그래서 힘든 일을 한다는 훌륭한 증명서를 모두가 볼 수 있게끔 높이 쳐드는 것이다.

그동안 어미가 장소를 정했다. 움푹하게 파인 곳이 아직은 단순히 계획 중인 땅굴의 시초일 뿐이다. 구슬이 아주 가까이 옮겨지고, 아비는 여전히 주의를 게을리 하지 않는 파수꾼이다. 어미가 머리와 앞발로 땅을 파는 동안 구슬을 꼭 잡고 있다. 머지않아 그것이 들어갈 만한 구덩이가 파였다. 신성한 구슬은 기생충에게 들키지 않을 만큼 당장 끌어들여야 한다. 어미는 제 등에서 덩이진 그 짐의 흔들림을 느껴야 굴착을 결심한다. 둥지가 완성될 때까지 그 빵을 굴 입구에 놔두었다가는 무슨 일이 닥칠지 몰라 두려운 것이다. 그것을 훔쳐 갈 똥풍뎅이(Aphodies: *Aphodius*)와 파리가 없는 것도 아니다. 그러니 경계하고 지키는 것은 사려 깊은 행위이다.

마침내 똥구슬은 윤곽이 잡히기 시작한 땅굴에 절반쯤 끼워진다. 어미는 밑에서 끌어안아 당기고, 아비는 위에서 적당히 누른다. 하지만 깨지지 않도록 주의한다. 모든 게 잘되어 간다. 땅파기가 다시 시작되고 덩어리 내려 보내기를 계속하는데 언제나 신중하다. 한 녀석은 덩어리를 끌어당기고 다른 녀석은 추락을 조절하며 작업에 방해거리를 치운다. 몇 번 더 노력하면 구슬이 두 광부와 함께 땅속으로 사라진다. 얼마 동안 더 계속되는 행위는 이제껏 본 것의 되풀이일 뿐이다. 한나절쯤 기다려 보자.

기다림이 싫증 나지 않으면 아비 혼자 밖으로 나와 멀지 않은 땅 위에 엎드려 있는 게 보인다. 녀석은 도움이 안 되는 것이다. 암컷은 대개 다음 날까지 제 업무에 묶여서 외출이 늦어진다. 드디어 어미도 나온다. 은신처에서 졸고 있던 아비가 다가간다. 둘은 다시 합쳐지고, 식량이 쌓인 곳으로 찾아가 배를 채운다. 그리고 거기서 두 번째 조각을 떼어 내는데, 이번에도 둘이 협력해서 덩어리 빚기, 옮기기, 저장하기를 한다.

이 부부의 성실성이 내 마음에 든다. 항상 그런 것일까? 감히 단언하지는 못하겠다. 커다란 케이크 밑에서 여럿이 뒤얽혔을 때, 어쩌면 첫번 빵 만들기 때 조수 노릇을 했던 수컷이 암컷을 잊어

버리고 우연히 만난 다른 암컷에게 전념하며 봉사하는 난봉꾼도 있을 것이다. 구슬 한 개를 만들고 이혼하는 임시 부부도 있을 것이다. 아무래도 좋다. 내가 본 몇몇 긴다리소똥구리는 그들의 가정 풍습을 높이 평가하게 만들었다.

둥지 속에 든 것을 이야기하기 전에 풍습을 요약해 보자. 아비도 어미처럼 새끼의 먹이가 될 덩어리를 뜯어 오고 모양 만들기에 종사한다. 종속적인 역할이긴 해도 그것을 옮기는 데도 협력한다. 어미가 정착 지점을 찾아 떠난 사이에는 빵을 지킨다. 굴파기도 도와 파낸 흙을 밖으로 끌어낸다. 결국 아비는 이런 훌륭한 점들을 완성시키며 제 짝에게 충실하게 군다.

왕소똥구리도 이런 특성 중 몇 가지를 보여 주었다. 녀석들도 둘이서 똥구슬 만들기를 상당히 즐기며, 서로 반대 자세로 멍에를 짊어지기도 한다. 그러나 거듭 말하지만, 녀석들이 서로 돕는 동기는 완전히 이기주의에서 나온 것이다. 두 협력자가 덩이를 빚고 옮긴 것은 오로지 자신을 위한 행위이며, 덩이는 오로지 호화판 식사감인 파이였을 뿐이다. 어미 왕소똥구리에게는 가족을 위한 일에 조수가 없다. 오직 혼자서 구슬을 만들 뿐이다. 큰 덩어리에서 떼어 낸 것을 옮길 때는 긴다리소똥구리가 취했던 물구나무서기 자세로 뒷걸음질해서 굴려 간다. 그리고 혼자서 굴을 파고 혼자서 저장한다. 수컷은 알을 낳는 암컷과 새끼들은 잊었을 뿐, 지칠 만큼 힘든 일에는 조금도 협력하지 않는다. 왜소한 똥구슬을 빚는 녀석과는 그 얼마나 큰 차이가 나더냐!

이제는 굴속을 들여다볼 시간이다. 굴은 별로 깊지 않은 곳에 위치한 좁은 집이며, 어미가 일감 둘레에서 겨우 움직이는 데 충분한 정도의 넓이이다. 이렇게 비좁아서 아비는 그 안에 머물 수가 없다. 그래서 수컷은 작업장이 완성되면 암컷이 마음대로 활동하며 경단을 빚을 수 있도록 물러나야 한다. 실제로 우리는 수컷이 훨씬 먼저 밖으로 올라온 것을 보았다.

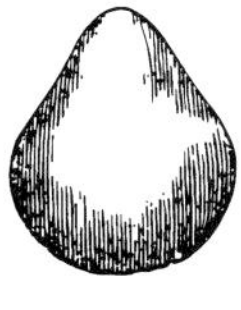

긴다리소똥구리의 경단

굴에는 한 개의 경단만 있는데, 대단한 조형술의 걸작이다. 왕소똥구리의 배 모양 경단을 예쁘게 줄여 놓은 모양인데, 작고 윤이 나는 표면과 곡선의 우아함이 더욱 돋보인다. 지름은 12~18mm였다. 분식성(Bousiers, 糞食性) 곤충들의 작품 중 이것이 가장 멋진 솜씨였다.

하지만 이 완전미가 오래가지 못한다. 머지않아 그 예쁜 배 모양에 검게 뒤틀린, 그리고 마디가 많은 돌기물이 뒤덮인다. 둥근 경단의 미관을 그 무사마귀가 해친다. 게다가 일부 말짱한 표면도 이 흉한 무더기에 가려져 안 보인다. 처음에는 그 흉한 마디들이 어떻게 생겼는지 어리둥절했었다. 어떤 은화식물, 예를 들어 겉이 검고 젖꼭지 모양의 돌기가 있는 점으로 미루어 볼 때 곰팡이가 아닐까 의심했었다. 나의 이 오해를 애벌레가 풀어 주었다.

으레 그랬듯이, 갈고리처럼 굽은 애벌레는 등에 큰 주머니인 혹이 있는데, 이것은 배설을 빨리 한다는 표시이다. 이 녀석 역시 왕소똥구리 애벌레처럼 껍질에 생긴 구멍을 막을 때, 항상 주머니에 비축해 두었던 배설물 시멘트를 순간적으로 뿜어내는 뛰어난 재주를 가졌다. 또한 목대장왕소똥구리(Scarabée à large cou: *Scarabaeus laticollis*) 외의 경단 제조 곤충들은 알지 못하는 재주를 부린다. 국수 같은 것을 만드는 이 재간을 목대장왕소똥구리는 사실 별로 쓰지 않는다.

여러 분식성 곤충의 애벌레들은 소화되고 남은 찌꺼기로 자기 집에 초벽을 한다. 집 안이 차차 넓어지므로 오물을 내보낼 임시 창문을 만들 필요 없이 이런 식으로 처리하는 것이다. 그런데 이 애벌레는 넓이가 충분치 못해서 그런지, 아니면 내가 알지 못하는 다른 동기가 있는지, 내부를 정기적으로 칠하고 남은 초과 생산을 밖으로 배설한다.

배 모양 경단 속에 들어 있는 애벌레가 상당히 성장했을 때의 경단을 자세히 관찰해 보자. 어느 순간 표면의 어떤 지점이 축축해지며 말랑말랑하고 얇아지는 것이 보인다. 그 다음, 흐느적거리는 막을 뚫고 검녹색 액체가 솟아오르다 내려앉으며 뒤틀린다. 무사마귀가 또 한 개 생긴 것이다. 이것이 말라서 꺼멓게 된다.

도대체 무슨 일일까? 애벌레가 잠시 벽에 틈을 내 집 안에서 쓰지 못한 나머지 시멘트를 이 얇은 막의 들창으로 배출한 것이다. 즉 녀석이 벽을 통해 배설을 한 것이다. 일부러 뚫은 환기창이지만 곧 막혀서 안전에는 문제가 없다. 솟아나는 액체가 바닥을 밀봉하고 흙손으로 한 번 찰싹 눌러 버린 것이다. 이렇게 마개를 빨리 막으니 둥근 덩이의 불룩한 곳이 자주 뚫려도 건조한 공기가 몰려 들어갈 위험은 없다. 그래서 식량도 신선하게 보존될 것이다.

앞의 것과 같은 경단에
애벌레가 밖으로 내보낸
배설물이 붙은 모습

긴다리소똥구리는 아주 작고 별로 깊게 묻히지 않은 경단이 나중에 삼복더위 때 당할 위험을 잘 알고 있는 것 같다. 그래서인지 그들은 무척 빨리 자란다. 기후가 온화한 4, 5

28

월에 작업해 그 무서운 삼복더위가 닥치기 전인 7월 전반에 껍질을 깨뜨리고 나온다. 그리고 무더운 계절에 식사와 숙박을 제공해줄 똥무더기를 찾아 나선다. 가을의 짧은 환희 뒤에는 겨울잠을 자러 땅속으로 물러감과 봄철의 깨어남이 뒤따른다. 마침내 경단을 굴려 옮기는 것으로 녀석들의 주기가 마감될 것이다.

긴다리소똥구리에게서 또 한 가지를 관찰했다. 철망 뚜껑 밑에 있던 긴다리소똥구리 여섯 쌍은 애벌레가 든 경단 57개를 만들었다. 다시 말해 한 쌍이 평균 아홉 마리를 낳았음을 증명한 것인데, 진왕소똥구리는 이 숫자에 훨씬 못 미쳤다. 왜 그토록 새끼가 번성했을까? 나는 그 이유는 하나뿐이라고 본다. 아비가 어미와 똑같이 일했다는 점이다. 가족을 책임지는 일이 혼자 힘에는 부쳐도 둘이 함께 짊어지면 덜 무거운 법이다.

2 넓적뿔소똥구리와
들소뷔바스소똥풍뎅이

스페인뿔소똥구리(*Copris hispanus*)보다 몸집이 작고 온화한 기후 문제에도 덜 까다로운 넓적뿔소똥구리(Copris lunaire: *C. lunaris*)도 가족의 번영에서 긴다리소똥구리가 알려 준 아비의 도우미 역할을 보여 줄 것이다. 수컷의 괴상한 장식품은 이 지방의 어느 곤충과도 비교되지 않는다. 이마에는 다른 종처럼 뿔이, 앞가슴 가운데에는 이중 톱날이 달린 돌기가 있고, 어깨에는 초승달 모양의 깊은 홈이 파여 미늘창의 끝처럼 생겼다. 프로방스(Provence)처럼 백리향이나 자라는 황량한 풍토는 식량이 풍부하지 않아 녀석들에게는 좋은 환경이 못 된다. 목장처럼 소의 전병이 풍부한, 즉 덜 건조해서 먹이 공급이 잘되는 지방이 필요한 것이다.

넓적뿔소똥구리가 여기서는 가끔 만날 정도로 드물어서 실험

넓적뿔소똥구리

대상으로 기대할 수 없다. 그래서 딸 아글라에(Aglaé)가 투르농(Tournon)[1]에서 보내 준, 즉 타 지역 출신을 사육장에서 길렀다. 4월이 되자 부탁 받은 딸은 지치지도 않고 탐색

에 전념했다. 소똥을 양산 꼭지로 그렇게 많이 파헤친 일은 드물 것이다. 섬세한 손가락으로, 또한 충만한 애정으로 목장의 파이를 부순 일 역시 드물 것이다. 과학의 명성으로 용감한 내 딸에게 감사하노라!

딸이 발휘한 열성에 어울릴 만큼 성공을 거두게 되었다. 여섯 쌍을 얻어서 즉시 스페인뿔소똥구리가 살았던 사육장에 자리 잡게 했다. 식량은 이 지방에서 나는 것, 즉 옆집 아주머니의 암소가 만들어 낸 푸짐한 비스킷이다. 녀석들은 타향살이를 하게 되었지만 향수의 조짐은 보이지 않았다. 그리고 미래가 어찌 될지 수수께끼인 케이크 밑에서 용감하게 일을 시작했다.

6월에 처음 파 보았다. 칼날이 흙을 세로로 한 켜씩 잘라 내자 조금씩 드러나는 상태를 보며 대단히 기뻤다. 쌍마다 모래 속에 훌륭한 방을 파놓았다. 진왕소똥구리(*S. sacer*)나 스페인뿔소똥구리는 이렇게 넓고 둥근 천장, 게다가 규모까지 엄청난 방을 보여 주지는 않았다. 너비는 15cm도 넘었다. 하지만 천장은 아주 낮아서 제일 높은 곳이 5∼6cm밖에 안 되었다.

안에 들어 있는 내용물도 과장된 집에 어울렸다. 손바닥 넓이에 제법 두껍고 윤곽은 여러 형태인 파이로, 가마쵸(Gamache)[2]의 혼

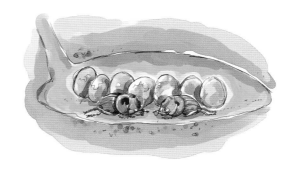

1 아비뇽(Avignon) 북쪽 약 40km 거리의 아르데슈(Ardèche) 주에 위치하며, 1600년 이전에는 세계에서 제일 컸던 폭 49.2m의 론(Rhône) 강 다리로 유명한 마을이다.
2 『돈 끼호떼』에 등장하는 인물

인 잔치에나 나올 법한 푸짐한 요리였다. 타원형도, 콩팥처럼 굽은 것도, 짧은 손가락처럼 갈라진 별 모양도, 고양이 혀처럼 길쭉한 것도 있었다. 이런 자질구레한 다양성은 빵집 조수의 변덕에서 비롯된 것이다. 사육장의 여섯 빵집에서 가장 중요하고 한결같은 것은 각 쌍의 암수가 항상 반죽덩이 옆에 머물렀다는 점과 반죽이 규정대로 이겨져서 지금은 발효하며 숙성 중이라는 점이다.

부부 생활이 이렇게 오래 계속됨은 무엇을 증명할까? 아비도 땅굴파기, 문 앞에서 식량을 한 아름씩 거둬 와 저장하기, 모든 조각을 적당히 개량해 한 덩이로 반죽하기에 협력했음을 증명한다. 일거리가 없어서 가로거칠 뿐 쓸모없는 자라면 거기에 남아 있지 못한다. 결국 아비는 꾸준한 도우미였으며, 그의 협력은 아직도 더 계속될 것 같으니 기다려 보시라.

착한 짐승들아, 내 호기심이 너희 살림을 방해했어도 너희는 작업에 착수했다. 흔한 말처럼 이사한 집들이 축하연을 벌이던 중이었다. 아마도 너희는 내가 뒤죽박죽을 만들어 놓아도 다시 만들 능력이 있겠지. 어디 시험해 보자. 터전과 신선한 식량이 함께 원상 복구될 것이다. 이제 너희가 할 일은 땅굴을 새로 파고, 내가 빼앗은 케이크 대신 새로 끌어내려서 얼마간 숙성해 질 좋게 된 덩어리를 새끼들의 필요에 따라 적당한 몫으로 잘게 나누는 일이다. 그렇게 하겠니? 나는 그렇게 할 것이라고 생각한다.

시련을 겪는 부부의 끈질김에 대한 내 믿음은 어긋나지 않았다. 한 달 뒤인 7월 중순에 두 번째로 방문했다. 지하창고가 다시 만들어졌는데 처음과 같은 넓이였다. 게다가 지금은 바닥과 벽에 부드러운 플란넬처럼, 즉 소똥을 발라서 누빈 것처럼 되어 있다. 암수 두 마리가 아직도 머물러 있다. 양육이 끝나면 녀석들도 헤어질 것이다. 가정에 대한 애정을 덜 타고났거나, 어쩌면 좀더 겁쟁이일지도 모르는 아비는 집 안으로 빛이 마구 비춰 들자 복도 뒤쪽으로 도망치려 한다. 하지만 어미는 소중한 똥경단 위에 웅크리고 앉아 움직이질 않는다. 경단은 검은 자줏빛 타원형으로 스페인뿔소똥구리의 것과 비슷하나 조금 작았다.

스페인뿔소똥구리의 수확이 대단치 못함을 아는 나는 지금 눈앞에 펼쳐진 광경에 아주 놀랐다. 각 방안에는 타원형 경단 7~8개가 있고, 알의 부화실인 젖꼭지 모양 돌기 쪽을 위로 향하게끔 나란히 정리해 놓았다. 방은 넓어도 어수선해서 감시하는 두 녀석이 겨우 일할 정도의 공간만 남아 있을 뿐이다. 마치 알이 가득 차서 빈자리가 없는 새둥지 같다.

비교를 해봐야겠다. 뿔소똥구리의 경단이란 과연 무엇인가? 그것은 다른 동물의 알에 해당하는데, 여기서는 흰자와 노른자의 자양분 덩이가 통조림 양식으로 대체된 것이다. 분식성 곤충은 여기서 새와 비교되지만 새를 능가하기도 한다. 새처럼 단지 육신의 신비로운 작용만으로 새끼의 발육 촉진에 충분한 것을 얻는 대신, 이 녀석들은 기술적인 솜씨를 발휘하여 새끼에게 양식을 준다. 애벌레는 다른 도움 없이도 성장한 형태에 도달한다. 또 장시간의 알품기로 지치는 대신 햇볕이 품어 준다. 먹이를 한 번에 미리 마련하고 분배했으니 계속 꾸준하게 물어다 먹여야 할 걱정도 없다. 게다가 집을 절대로 떠나지 않고 줄곧 지킨다. 게으름 피우지 않고 주의를 기울이는 파수꾼인 부모는 새끼들이 외출하기에 적당해져야만 비로소 떠난다.

땅굴을 파고 재산을 모을 때는 아비의 필요성이 확실하다. 그러나 어미가 빵을 하나씩 잘라 타원형 경단을 만들어서 다듬으며 지킬 때는 녀석의 필요성이 덜하다. 전적으로 암컷의 애정에 맡겨졌을 법한 섬세한 작업에 그렇게도 한가한 양반이 참여를 할까?

아비는 애벌레 한 마리가 먹기에 필요한 양의 비스킷을 다리식칼로 잘게 썰어 내 둥글게 빚을 줄 알까? 그러면 그것을 받은 어미가 일을 완성하는 시간이 단축될 텐데. 갈라진 금을 수리하거나 벌어진 틈을 땜질하며, 경단 위의 위험한 식물을 갈퀴질로 뽑아 버리는 기술이 아비에게도 있을까? 스페인뿔소똥구리는 어미 혼자 굴속에 남아서 새끼들에게 정성을 쏟았는데 아비도 그럴까? 여기에 암수 두 마리가 함께 머물렀는데 둘이 모두 가족을 양육할까?

밝거나 어둡게 해줄 골판지 덮개를 갖춘 표본병에서 넓적뿔소똥구리 한 쌍을 기르는 방법으로 해답을 구해 보자. 갑자기 허를 찔린 수컷은 거의 암컷과 함께 경단 위에 남아 있었다. 하지만 어미는 육아실의 꼼꼼한 일인 넓적한 다리로 경단 다듬기와 청진하

기를 계속하는 때가 많았지만, 더 겁쟁이이며 열성마저 덜한 아비는 빛이 비치자마자 떨어져서 뭉치의 구석으로 달려가 웅크린다. 성가신 빛을 어찌나 빨리 피하던지 녀석의 작업 모습은 볼 수가 없었다.

녀석은 자신의 재주를 보여 주는 걸 거절했지만 타원형 경단 위에 있었다는 사실만으로도 솜씨가 드러난 셈이다. 할 일이 없어서 졸기에는 별로 적당치 않은, 즉 공연히 그렇게 불편한 자세로 있었을 리가 없다. 결국 아비도 어미와 함께 지키며 손상된 곳을 손질하고, 껍질을 통해 새끼들의 발달에 귀를 기울이고 있었다는 이야기이다. 내가 본 몇몇은 아비도 가족의 마지막 해방까지 보살핌이 거의 어미와 경쟁할 정도였음을 확실히 말해 준다.

아비의 이런 헌신 덕분에 종족은 수적 이익을 보았다. 어미 혼자뿐인 스페인뿔소똥구리 저택에는 애벌레가 기껏해야 네 마리, 대개 두세 마리, 때로는 한 마리뿐이다. 그런데 암수 한 쌍이 함께 살며 서로 돕는 넓적뿔소똥구리 저택에는 저들 중 가장 많은 식구의 곱절인 여덟 마리까지 있었다. 부지런한 아비가 가족 전체의 운명에 끼친 영향력을 훌륭하게 증언하는 셈이다.

이렇게 번성하려면 두 마리가 함께 일하는 것 말고도 또 한 가지 조건이 필요하다. 이 조건이 없는 쌍의 열성은 충분치 못하다. 무엇보다도 먼저 식구가 많은 가족을 거느리려면 식량이 충분해야 한다. 뿔소똥구리들의 일반적인 식량 조달 방법을 상기해 보자. 녀석들은 다른 종류의 소똥구리처럼 여기저기서 노획물을 모은 뒤 둥글게 만들어 땅굴로 굴려 가는 게 아니라 아예 만난 덩어리 밑으로 직접 파 들어간다. 그리고 거기서 충분히 수확될 때까지 밖으로 나가지 않고 한 아름씩 떼어 내 덩이를 만들어 쌓아 놓는다.

스페인뿔소똥구리는 근처에 사는 양의 배설물밖에 이용하지 못한다. 그것은 제공자의 창자가 아주 능률적이라 고급품이긴 해도, 생산량은 충분하지 못하다. 덩어리 전체가 굴속으로 들어갔어도 애벌레 한 마리 몫밖에 안 되는 수도 있다. 그렇더라도 어미는 그 새끼의 살림살이에 붙잡혀서 나올 수가 없다. 그 덩어리는 대개 작아서 두세 마리의 몫밖에 안 된다. 결국 마음껏 이용할 식량이 없어서 가족 수가 늘지 못하는 것이다.

넓적뿔소똥구리는 다른 조건에서 일한다. 녀석들이 사는 지방은 소똥이 제공되어 이 곤충이 번성할 자손들의 필요량을 충족시킬 만큼 풍성하다. 소똥은 아무리 퍼내도 바닥나지 않는 곳간이다. 녀석들의 번성에 집도 한몫한다. 비할 데 없이 과감한 그 집의 둥근 천장은 좁은 스페인뿔소똥구리의 땅굴보다 많은 숫자의 경단을 받아들일 수 있다.

스페인뿔소똥구리는 집이 넓지 못하고, 반죽 통을 가득 채우지 못해서 새끼의 수를 조절하는데, 때로는 한 마리뿐인 경우도 있다. 난소가 부실해서 그랬을까? 아니다. 전에 실시했던 연구에서 충분히 이용할 자리와 빵만 있으면 어미가 보통 산란의 곱절 또는 그보다 많이 낳을 수 있음을 증명했었다. 서너 개의 타원형 경단 대신 종이 주걱으로 빚은 빵 덩이를 갖다 놓았던 이야기도 했었다. 좁은 표본병 안에 넓은 자리를 마련하고, 새 경단 재료를 제공했던 내 계략에 따라 어미에게서 일곱 마리까지의 가족을 얻었었다. 훌륭한 결과였으나 더 잘 진행시킨 다음번 실험에서는 이보다 훨씬 못한 성과를 얻었다.

이번에는 경단을 모두 치웠으나 전부 유괴하면 어미가 낙담할 경우를 생각해서 한 개는 남겨 놓았다. 그녀가 다리 밑에서 제작물을 하나도 발견하지 못하면 성과 없는 일에 싫증을 낼지도 모르는 일이다. 어미가 만든 빵이 쓸 만해지면, 대신 내가 만든 빵으로 바꿔치기한 것이다. 방금 완성된 경단은 치우고 그녀가 거부할 때까지 새 식량 더미 주기를 계속했다.

끈기가 변함없는 어미는 5~6주간의 시련을 겪으면서도 늘 비어 있는 경단 제조의 재시도를 계속했다. 마침내 지나친 더위와 가뭄으로 생활이 중단되는 삼복의 힘든 계절이 온다. 이제는 내 빵들이 아무리 꼼꼼하게 만들어졌어도 무시당한다. 무기력에 빠진 어미가 작업을 거부한 것이다. 그리고 마지막에 만든 덩이 밑의 모래 속으로 들어가 9월 해방의 소나기가 올 때까지 꼼짝 않고 기다린다. 그녀의 끈기가 완전하게 빛었고, 알이 하나씩 든 타원형 경단 13개를 내게 물려주었다. 13개, 뿔소똥구리의 역사적 기록에서 일찍이 들어 본 적이 없는 숫자이다. 13개라, 정상적인 산란 수보다 10개가 더 많았다.

증명은 된 셈이다. 뿔소똥구리가 가족 수를 극도로 제한한 것은 결코 난소가 부실해서가 아니라 기근이 문제였던 것이다.

통계 발표 결과를 보면, 인구 감소의 위협을 받고 있는 프랑스도 이런 식으로 진행되는 것은 아닐까? 프랑스에는 피고용자, 상인, 관리, 노동자, 구멍가게 주인이 많은데도 나날이 늘어난다. 그런데 모두가 겨우 먹고 살 정도밖에 안 되며, 먹을 게 충분치 않은 식탁에 식구가 턱없이 늘어나는 것을 가능한 한 삼간다. 빵이 모자랄 때 뿔소똥구리가 거의 독자만 양육한 것은 잘못이 아닐뿐더러, 녀석들을 본받는 사람을 우리가 무슨 권리로 비난하겠는가? 곤충 쪽이나, 사람 쪽이나 이것은 신중을 기할 일이다. 굶주린 입으로 둘러싸인 것보다는 고독하게 사는 편이 낫다. 자기 개인의 불행에 대해서는 충분히 싸울 만큼 어깨가 튼튼하다고 생각하는 사람이라도 식구가 많은 가정의 빈곤 앞에서는 겁이 나서 주춤거리며 물러선다.

옛날 좋은 시절에는 나라의 근간인 흙을 다루는 농부들이 식구가 많은 가정을 부(富)의 증가로 보았다. 그들 모두가 일해서 간소한 식사의 빵 조각을 가져왔다. 맏아들이 멍에를 얹은 동물로 밭갈이하는 동안, 처음 짧은 바지를 입은 막내는 한배의 새끼오리들을 늪으로 데려갔다.

이런 족장(族長) 같은 풍습은 이제 드물어졌다. 진보가 그렇게 시킨 것이다. 아무렴, 그렇고말고, 절망에 빠진 거미의 행동과 똑같은 몸짓으로, 양 갈래의 운명에서 손발을 움직이는 게 부러워할 운명이긴 하다. 하지만 진보에도 나쁜 점은 있다. 사치를 좋아하게 되고 비용이 많이 드는 욕구들을 만들어 내니 말이다.

우리 마을에서는 하루에 겨우 20수(sou, 1/20프랑) 벌이를 하는 하찮은 여공들도 일요일에는 귀부인처럼 어깨 부풀린 옷을 입고, 모자에는 깃털장식을 하며, 상아 손잡이가 달린 양산을 들고, 머리를 땋아 틀어 올리고, 구멍 낸 장미꽃 장식과 레이스 장식이 달린 칠피 구두를 신는다. 아아! 칠면조를 지키는 처녀들아, 삼베 저고리를 입고 있는 나는 마치 롱샹(Longchamp)[3] 에서 거니는 듯한 차림새로 큰 거리를 지나가는 너희를 감히 쳐다보지 못하겠구나.

[3] 파리 지역의 유명한 경마장. 그곳에서 사교계와 상류사회 여인들이 차림새를 뽐내었다.

38

한편 젊은 사내들은 옛날 술집보다 훨씬 호화스런 카페를 열심히 드나든다. 거기에 가면 각종 술, 즉 베르무트(Vermouth), 고미제(Bitter, 古味劑＝쓴 술), 압생트(Absinthe, 쓴 맛 나는 식전주), 쓴 삐콩주(Picon), 요컨대 바보로 만드는 마약은 무엇이든 다 있다. 이런 맛들은 땅을 너무 천하게 여기게 하고, 경작하기에는 흙덩이를 너무 단단하게 만든다. 수입이 지출과 균형 잡히지 않자 밭을 버리고, 푼돈이라도 저축하기에 유리하다고 상상한 도시로 간다. 그러나 아아! 거기서도 농촌과 마찬가지로 저축할 수가 없구나. 돈쓸 기회를 무더기로 노리는 공장은 쟁기보다 돈을 훨씬 못 모으게 한다. 하지만 때는 이미 늦었다. 이제는 습관이 들었다. 그래서 가족을 두려워하며 가난한 도시인으로 남는다.

기후가 무척 좋고 땅이 기름지며 지리적 위치가 좋은 이 나라였지만 정처 없는 사람들, 사기꾼, 각종 못된 인간들이 밀물처럼 쏟아져 들어왔다. 예전에는 이 땅이 바다를 떠돌던 시돈 인(Sidonien)을, 우리에게 알파벳, 포도나무(Vigne: *Vitis vinifera*), 올리브나무(Olivier: *Olea europaea*, 감람나무)를 가져다주어 평화적인 그리스 인을 유혹했고, 뿌리 뽑기가 무척 어려운 난폭함을 물려준 로마 인을 유혹했다. 이 풍부한 식량에 킴브리 족(Cimbre), 튜튼 족(Teuton), 반달 족(Vandale), 고트 족(Goth), 훈 족(Hun), 브르군드 족(Burgonde), 수에브 족(Suève), 알라니 족(Alain), 프랑크 족(Franck), 사라센 족(Sarrasin) 따위의 온 무리들이 사방에서 달려들었다. 그리고 이 잡다한 집단이 갈리아(Gauloise) 민족에게 섞이고 흡수되었다.

오늘날에도 외국인이 우리 사이로 서서히 스며든다. 제2의 야만

적 침입이 우리를 위협한다. 평화적인 침입인 것은 사실이지만 그래도 혼란스럽다. 분명하고 조화롭던 우리말이 이국적 목쉰 소리를 내는, 그래서 모호하고 알아들을 수 없는 말이 되어 버리는 것은 아닐까? 너그러운 우리의 성품이 욕심 많은 모리배에 의해 더럽혀지는 것은 아닐까? 우리 조상의 나라가 이제는 조국이 되지 않고, 여러 나라 사람이 몰려드는 곳이 되고 말려나? 옛날 갈리아인의 피가 이제는 이런 침입들을 다시 한 번 휩쓸어 버릴 힘이 없어졌을까 염려스럽다.

다시 한 번 휩쓸기를 바라자. 자, 이제는 뿔소똥구리가 무엇을 알려 주는지 들어 보자. 식구가 많으면 식량이 필요하다. 하지만 이를 만족시키려 하면 진보가 비용이 드는 새로운 욕구들을 불러온다. 그런데 우리 수입으로 이 속도를 따라잡기에는 어림도 없다. 여섯 명이나 다섯 명, 네 명을 먹일 것이 없으니 세 명, 두 명이 같이 살거나, 혼자 살기까지 한다. 이런 원칙을 가진 나라가 진보에서 진보를 향해 가다 보면 자살을 향해 걸어가는 셈이 된다.

그러니 뒤로 돌아가 과열된 문명으로 불건전해진 인위적 욕구들을 잘라 내자. 우리 조상의 촌스러운 절제를 다시 존중하자. 농촌에 남아 있거나 우리의 욕망이 절제되면 농촌의 흙에서 충분한 식량 공급원을 찾아낼 것이다. 그렇게 되어야 비로소 가족이 번영할 것이다. 그때는 도시와 그 유혹에서 해방된 농부가 우리를 구해 낼 것이다.

세 번째로 부성애 본능을 보여 준 분식성 곤충도 외지에서 왔다. 녀석은 들소오니트소똥풍뎅이(*Onitis bison*)라는 종으로 몽펠리에(Montpellier) 근처에서 왔는데, 어떤 사람은 들소뷔바스소똥풍뎅이(*Bubas bison*)라고 부른다. 이 두 속명 중 나는 어느 이름도 택하지 않으련다.[4] 나는 미묘한 학명에 대해서는 관심이 없으니 그저 들소소똥풍뎅이(*bison*)라는 이름을 쓰겠다. 이것이 린네의 뜻 그대로이며 듣기에도 좋다.

들소뷔바스소똥풍뎅이

전에 아작시오(Ajaccio)[5] 교외에서 도금양(정향과 식물)이 뒤덮인 곳에 우아하게 피어난 봄꽃 사프란(Safrans: *Crocus*)과 시클라멘(Cyclamens: *Cyclamen*) 사이에서 처음 만났다. 그렇게도 조개껍데기가 많고 찬란한 해만(海灣)의 바닷가에서 지낸, 그리고 내 젊은 시절의 열정을 상기시켜 주는 아름다운 곤충아, 살아 있는 너를 다시 한 번 감탄하며 들여다볼 수 있도록 이리 오너라. 그때는 내가 언젠가는 너를 찬미할 것이라는 생각을 꿈에서도 못했었다. 그 뒤 너를 다시는 보지 못했다. 이제 내 사육장에 와서 환영을 받아라. 그리고 무엇인가를 좀 알려 다오.

너는 다리가 짧고 떡 벌어진 사각형으로 야무지며 땅딸막하다. 이것은 네가 기운차다는 표시이다. 네 머리에는 송아지처럼 짧고 초승달 모양인 뿔 두 개가 있다. 앞가슴은 무딘 뱃머리처럼 늘어났는데, 거기에는 좌우에 하나씩 멋진 홈이 파였다. 그 남성적인 장식으로 너의 전체적인 모습은 뿔소똥구리 족속과 가까워 보인다. 실제로 곤충학자들은 너를 뿔소똥구리와 아주 가깝고, 금풍뎅이(Geotrupidae)와는 먼 것으로 분류했다. 너는 그들이 너에게 배정한 분류학적 위치에 동의하느냐? 너는 그렇게 정한 이유를 아느냐?

나도 다른 사람처럼 죽은 곤충의 입, 다리,

4 원문 *Onisit*는 *Onistis*를 잘못 쓴 것이며 현재는 후자 쪽이 옳은 학명으로 정리되었다.
5 코르시카 섬의 대표적 도시 이름

더듬이 등을 조사하는데, 때로는 다행스럽게도 유능한 분류학자와 아주 가까운 결론에 도달한다. 예를 들어, 겉모습은 무척 다른데 습성은 아주 비슷한 왕소똥구리(*Scarabaeus*)와 긴다리소똥구리(*Sisyphus*)를 같은 무리로 모을 줄도 안다. 하지만 죽은 곤충의 세부사항을 상세히 관찰하느라고 고도의 생활 습성 표현을 소홀히 하는 방법은 우리를 잘못된 방향으로 이끌 수도 있다. 더듬이 마디하나가 더 많거나 적은 것보다 훨씬 가치가 큰 특성인 곤충의 진정한 재능을 놓칠 수도 있다. 다른 여러 곤충의 뒤를 이어 들소소똥풍뎅이가 큰 소리로 그런 위험을 알려 온다. 몸 구조는 뿔소똥구리(*Copris*)와 비슷해도 솜씨는 금풍뎅이(*Geotrupes*)와 더 가깝기 때문이다. 녀석도 두 종의 뿔소똥구리처럼 원통 모양 거푸집에 넣어서 소시지를 만드는데, 금풍뎅이의 부성 본능도 부여받았다.

6월 중순, 한 쌍뿐인 내 들소소똥풍뎅이를 방문했다. 양들이 수북하게 제공해 준 똥무더기 밑에 손가락 굵기로 한 뼘이나 깊이 파 내려간 수직 갱도 전체가 뻥 뚫려 있었다. 갱도 밑에는 서로 다른 방향으로 5개의 가지가 갈라졌다. 가지마다 순대가 하나씩 들어 있었는데, 모양은 금풍뎅이의 것과 비슷하나 길이와 부피는 그보다

작았다. 가지 아래쪽 끝의 부화실에서 표면에 매듭이 많고 대충 둥글게 만들어진 경단을 파냈다. 그것들은 스며 나온 반유동성 액체를 바른 둥글고 작은 집이다. 알은 흰색 타원형인데, 다른 소똥구리처럼 비교적 굵었다.

어쨌든 들소소똥풍뎅이의 건축물이 훌륭할 것으로 기대했었는데, 촌스런 금풍뎅이의 것과 비슷해서 실망했다. 다른 전문가들은 배 모양, 호리병 모양, 구슬 모양, 타원 모양을 빚었으니 멋져 보이는 곤충은 더 앞선 기술을 입증할 것 같았었다. 하지만 짐승이든 사람이든 겉모습만 보고 판단하기는 다시 한 번 삼가자. 구조가 솜씨를 가르치는 것은 아니다.

5개의 골목이 시작되는 로터리에서 두 녀석을 발견했다. 갑자기 밝아지자 움직이지 않았다. 충실한 녀석들이 나의 방문으로 방해받기 전까지 거기서 무엇을 하고 있었을까? 녀석들은 5개의 방을 건사하며, 굴의 지붕 격인 저 위의 커다란 똥덩이에서 떼어 온 것으로 식량의 길이를 보충하고, 마지막 식량 더미를 다지고 있었을 것이다. 6개 또는 더 많은 방을 파서 다시 산란할 준비를 하고 있었는지도 모르겠다.

적어도 나는 굴 밑에서 밖의 풍부한 창고로 자주 올라가, 한 녀석은 조직적으로 압축한 재료를 내려 보내고, 다른 녀석은 그것을 다리 사이에 안아서 알 위로 내려 보낼 것으로 믿는다.

굴은 사실상 위에서 밑까지 횅하게 뚫려 있다. 자주 오르내리는 벽 전체는 당연히 무너질 것에 대비해 회반죽을 발랐다. 회반죽 재료는 순대와 같은 것이며, 두께는 1mm가 넘었다. 이 칠도 상당히 규칙적으로 연속되었지만 그저 둘레의 흙이 제자리에 붙어 있게 한 것일 뿐 정성이 너무 많이 드는 마무리 작업까지 하지는 않았다. 그래서 통로의 넓은 면을 고스란히 떼어 낼 수 있었다.

알프스 산맥의 작은 마을들은 집의 남사면에 소똥을 바르는데, 이것은 여름 햇볕에 말라서 겨울 땔감이 된다. 들소소똥풍뎅이도 목자들의 이 방식을 알고 있었으나 용도는 달랐다. 녀석들이 제집에 소똥을 바른 것은 집이 무너지는 걸 방지하기 위함이었다.

어미는 섬세한 순대 만들기에 골몰해서 아비에게는 휴식을 준 셈이다. 하지만 이 시간에 아비는 벽 바르기를 도맡았을 것이다. 금풍뎅이는 덜 규칙적이며 덜 완전했어도 이미 이렇게 발라서 벽 튼튼히 하기를 보여 주었다. 그런데 비슷한 솜씨의 예가 또 나타난 것이다.

내 호기심으로 재산을 빼앗긴 들소소똥풍뎅이 부부는 다시 일을 시작해서 9월 중순경 새 순대 3개를 만들어 모두 8개가 되었다. 하지만 이번에는 두 포로가 죽어 있었다. 하나는 땅 위, 다른 녀석은 땅속에서였는데, 무슨 사고였을까? 그보다는 자식을 보고 다음 해 봄에 두 번째 결혼까지 하는 왕소똥구리나 뿔소똥구리 따위와는 달라 장수하지 못하는 것일까?

내가 보기에는 사육장에서 어떤 불미스러운 일도 없었으니, 나는 자식 만나 보기가 거부된, 즉 곤충들의 일반 법칙인 단명 쪽을 수용하고 싶다. 만일 이 의심이 맞다면, 늙어서도 원기 왕성한 뿔소똥구리를 닮은 들소소똥풍뎅이가 가족을 정착시키고 나면 일반 곤충들처럼 빨리 죽는다는 것이 아닐까? 또 하나의 해답 없는 수수께끼였다.

턱과 수염 등에 대한 길고 읽기 지루한 설명보다는 재빠른 스케치가 더 낫겠다. 그래서 소똥구리 계열의 일반적 특성인 갈고리처럼 굽은 것, 등혹, 빠른 배설, 집의 벌어진 틈 틀어막기 등의 타고난 재능을 열거하면 애벌레에 대한 설명으로 충분할 것 같다. 소시지의 가운데가 다 먹혀서 일종의 망가진 상자처럼 되는 8월이면 애벌레가 아래쪽 끝으로 물러가 공 모양 울타리를 친다. 그래서 위쪽 빈 공간과 분리되며, 울타리 재료는 시멘트 주머니(창자)가 공급한다.

굵은 서양버찌만 한 제작물, 즉 멋진 경단의 구성 성분은 소똥이며, 전에 지중해소똥풍뎅이(Onthophages taureau : *Onthophagus taurus*)가 보여 준 것과 비교될 걸작이다. 일련의 동심원으로 배치되어 지붕의 기와처럼 번갈아 놓인 작은 마디들이 작품 전체에 장식되었다. 마디들이 회반죽을 그 자리에 갖다 놓은 것이며, 마치 생선칼 따위가 한 번씩 지나간 것에 해당할 것임이 틀림없다.

이 작품의 기원을 모르면 무슨 과일의 씨앗을 쪼아서 만든 것으로 생각할 것이다. 일종의 거친 종자의 껍질과 비슷해서 더 착각을 일으키게 한다. 하지만 이것은 가운데의 보석을 둘러싸고 있는 순대의 껍질이다. 그런데 호두 알에서 껍데기가 분리되듯이 어렵지 않게 벗겨진다. 알맹이를 빼내면 이렇게 훌륭한 것이 촌스런 껍질 속에 들어 있었다는 사실에 놀라게 된다.

탈바꿈하려고 지은 방은 이런 것이며, 애벌레는 그 안에서 겨울잠을 잔다. 봄이 오면 곧 성충이 된 곤충을 얻을 것이라 기대했으나, 아주 놀

지중해소똥풍뎅이
채집: Le Tech, Ales France, 7. IX. '71, J-P. Lumaret

랍게도 애벌레 상태는 7월 말까지 유지되었다. 결국 번데기가 되려면 1년이 필요한 셈이다.

이렇게 느린 성숙에 놀랐다. 야외의 자연 상태에서도 이렇게 늦는 것이 규정일까? 나는 그렇다고 생각한다. 사실상 내가 보기에는 포로 생활을 하는 사육장에서는 이렇게 지연될 만한 사건이 없었다. 그래서 주관적 관찰 결과이지만 오류의 염려가 없는 것으로 기록하련다. 다른 분식성(糞食性) 소똥구리들은 몇 주 만에 탈바꿈하는데, 들소뷔바스소똥풍뎅이 애벌레는 멋있고 단단한 상자에서 꼼짝 않고 있다가 12달 만에 번데기가 된다. 이런 이상한 장수(長壽)의 원인을 설명하든 의심하든, 모두가 미결 상태로 남겨 두어야 할 과제이다.

호두처럼 단단하던 똥 껍질이 9월의 소나기를 맞아 연해질 때, 갇혀 있던 녀석의 미는 힘으로 부서진다. 물론 성충이 된 곤충은 바깥세상으로 올라온다. 늦가을이지만 훈훈한 기후가 허락하는 동안 환희 속에서 살아간다. 그러다가 서늘해지면 땅속의 겨울막사로 다시 들어갔다가 봄에 나와 새로운 생활 주기를 시작한다.

3 격세유전

앞에서의 여러 사실에서 드러난 것은 곤충 세계의 일반 법칙인 아비의 무관심이 어떤 소똥구리의 경우엔 예외적이어서 집안 살림에 협력할 줄 안다는 점이다. 아비도 어미와 거의 같은 열성으로 가족의 정착 업무에 힘쓴다. 곤충으로서는 거의 도덕적이라 할 만한 이 특권은 어디서 왔을까?

새끼에게 집을 마련해 주고, 먹고 살 것까지 남겨 주어야 하니 녀석들을 입주시키는 게 힘들어서 그렇다는 이유를 내세울 수도 있을 것이다. 그렇다면 자기 종족의 이익을 위해 아비가 어미를 돕는 것이 유익하지 않을까? 두 마리가 함께 일하면 혼자의 힘으로는 벅차서 얻지 못할 안락을 얻을 수도 있을 것이다. 훌륭한 이유이긴 하다. 그러나 이런 생각이 사실로 확인되기보다는 오히려 그렇지 않은 경우가 더 많다.

수컷 왕소똥구리(*Scarabaeus*)는 할 일 없이 돌아다니는데, 긴다리소똥구리(*Sisyphus*)는 왜 부지런한 가장일까? 이 두 종은 경단을 제조하는 솜씨도, 양육 방식도 같은데 그렇다. 넓적뿔소똥구리는 가까운 친구인 스페인뿔소똥구리(*C. hispanus*)가 모르는 것을 어떻게 알았을까? 긴다리소똥구리는 암컷을 돕기만 할 뿐 결코 차 버리지 않는데, 스페인뿔소똥구리는 일찌감치 이혼한다. 그래서 한배의 새끼들이 먹을 것을 모아 빵을 만들기도 전에 신혼 가정을 떠난다. 이 두 종 모두 타원형 덩이를 많이 소비하며, 그것들을 지하창고에 나란히 배열해 두고서 오랫동안 보살필 필요가 있다. 산물이 같으니 습성도 같을 것으로 믿기 쉽지만 실은 그렇지가 않았다.

자손에게 물려줄 유산 수집의 제1인자는 당연히 벌 종족인데 이들을 살펴보자. 새끼를 위해 모으는 재산이 꿀단지든, 사냥물 광주리든, 아비는 절대로 그 업무에 참여하지 않는다. 집 앞을 청소해야 할 때도 비질 한 번 않는다. 아무것도 안 하는 것이 녀석들의 절대적인 철칙이다. 결국, 가족 양육에 비용이 무척 많이 드는 경우라도 녀석들에게는 부성 본능을 불어넣어 주지 않았단 말일까? 그 해답을 우리는 어디서 찾아야 할까?

문제를 더 키워 보자. 짐승은 잠시 놔두고 사람에게 관심을 돌려 보자. 우리가 가진 어떤 본능[1]이 대부분의 사람에서는 평지에 위치하나 천재라고 하는 사람일수록 산꼭대기로 올라가 있다. 평범한 것들 가운데에서 불쑥 솟아오른 놀라운 일은 우리를 감탄시킨다. 어두운 곳에서 밝게 빛나는 것 역시 매혹시킨다. 또한 이 사람이나 저 사람에게서 나타나는 그 찬란함이 어디서 피어나는지 몰라 우리는 감탄하며, 그런 사람을 보고 이렇게 말한다. "저 사람은 재능이 있어."

염소를 지키는 목동이 이리저리 작은 조약돌 무더기를 맞추며 기분 전환을 한다. 그

------

[1] '재능'이라고 썼어야 할 텐데 왜 '본능'이라고 했는지 알 수가 없다.

러다가 잠깐 정신을 가다듬은 것밖에 없는데 무서울 만큼 빠르고 정확한 계산기가 된다. 그의 머릿속에서 질서 있게 혼합되는 엄청난 수의 충돌이 우리를 놀라게 한다. 풀어낼 수 없을 만큼 뒤얽힌 것을 오직 그 혼자만의 진술이 우리를 압도한다. 이 기막힌 산수의 곡예사는 수의 본능, 천재, 재능을 가진 것이다.

두 번째, 대개 구슬치기와 팽이치기를 무척 좋아하는 나이의 어떤 어린이가 놀이는 잊어버리고, 소란한 친구들과 떨어져 자신만의 천상의 거문고 소리 같은 메아리의 노래를 듣는다. 그의 머리는 파이프 오르간의 울림 같은 것으로 꽉 차 있다. 그에게만 들리는 은밀한 합주곡의 풍부한 음향이 그를 황홀경으로 몰아넣는다. 선택된 이 아이가 언젠가 음악적 조합으로 우리를 감동시키게 조용히 놔두자. 그는 음의 본능, 천재, 재능을 가진 것이다.

세 번째, 아직 얼굴에다 잼을 지저분하게 그리지 않고는 빵을 먹을 줄 모르는 순진하고 서툰 어린애가 진흙으로 놀랄 만큼 박진감 있는 조각상 빚기를 좋아한다. 주머니칼로 히이드(Bruyères: *Calluna*, 히이드속) 뿌리에다 찡그린 얼굴 모양을 재미있게 새기고, 회양목(Buis: *Buxus*)으로 양이나 말을 만든다. 또 연한 돌에다 줄로 개의 모습을 새긴다. 그가 하는 대로 내버려 두자. 하늘이 돕는다면 유명한 조각가가 될 수도 있다. 그는 형체에 대한 본능, 천재, 재능을 가진 것이다.

다른 아이들도 인간 활동의 각 분야, 즉 예술과 과학, 공업과 상업, 문학과 철학적인 면에서는 역시 마찬가지다. 우리는 처음부터 잡다한 일반인과 구별된 싹을 우리 내면에 가지고 있다. 그런데 이 특성은 어디서 왔을까? 격세유전(隔世遺傳)으로 물수제비뜨듯이 온다고 단언하고들 있다. 때에 따라 직접 또는 멀리서 오는 유전이 이 특성을 우리에게 물려주는데, 시간이 흐름에 따라 증가하기도 변하기도 한다. 집안의 고문서를 뒤적여 보시라. 그러면 처음에는 하찮게 스며 나오다가 개울이 되고 강이 되는 천재의 근원까지 거슬러 올라갈 것이다.

유전이라는 단어 뒤에는 얼마나 짙은 어두움이 깔려 있더냐! 초월적 과학이 거기에 어떤 빛을 비춰 보려는 시도를 했었다. 하지만 과학은 부정확한 특수 용어를 만들어 내서 어둠을 더 어둡게 하는 데에만 성공했다. 우리는 분명한 것을 욕심낸다. 그러니 사리에 어긋나는 이론은 이를 좋아하는 사람에게 맡기자. 우리의 야심으로 원형질의 비밀을 설명하겠다고 고집하지 말고, 관찰되는 사실에만 국한시키자. 우리의 방법은 본능의 기원을 알려 주지 못할 것이 분명하다. 그러나 적어도 그것을 찾아보았자 소용없는 곳이 어디인지는 알려 줄 것이다.

이런 종류의 탐구는 피실험자의 은밀한 특성까지 속속들이 알아내는 것이 절대적으로 필요하다. 그런데 이런 피실험자를 어디에서 구할 수 있을까? 남의 비밀스런 생활을 알아낼 수만 있다면 훌륭한 피실험자가 무더기로 존재할 것이다. 하지만 누구도 자신 아닌 타인의 생활을 탐지할 수는 없다. 끈질긴 기억과 명상적 적성이 그의 탐색에 어느 정도 정확성을 가져오기만 해도 그야말로 다행일 것이다. 자신을 남의 입장에 놓는 것 역시 어느 누구도 능력 밖의 일이다. 결국 이 문제는 도리 없이 자기 자신의 입장에 머물 수밖에 없다.

자아(自我)가 가증스러운 것임을 나는 아주 잘 안다. 계획된 연구를 위해 이 자아를 용서해 주기 바란다. 말 없는 소똥구리 대신 내가 작은 발판에 올라서서 벌레를 대하듯이 아주 솔직한 마음으로 내 자신에게 물어보련다. 즉 내 본능들 중 다른 것을 지배하는 본능이 어디서 표류하는지를 물어보련다.

다윈(Darwin)이 내게 그야말로 훌륭한 관찰자라는 칭호를 붙여 준 뒤, 이 형용 문구가 여기저기서 조금씩 내게 몇 번 돌아왔다. 하지만 나는 아직 무엇으로 이런 찬사를 받는지는 깨닫지 못했었다. 내 생각에, 주변에서 우글거리는 것들이 흥밋거리라면 누구나 아주 쉽게 마음을 사로잡는 일이 아니겠더냐! 어쨌든 그냥 지나치고, 이 찬사에 근거가 있다고 해두자.

곤충의 사건에 관한 내 호기심을 확언해야 할 때는 망설임을 없 앴다. 그렇다, 나는 이 이상한 세계를 자주 드나드는 재능과 본능이 있음을 내 자신이 느낀다. 그렇다, 나는 늙은이의 많은 시간을 어떻게 보내야 할지에 대한 걱정을 곤충 연구에 유용하게 써서 예방한 사람임을 인정한다. 그렇다, 나는 벌레를 열심히 관찰한 사람이다. 내 생애의 고통인 동시에 즐거움인 이 특성이 어떻게 발전했을까? 무엇보다 먼저, 격세유전을 통해 이 경향을 받았을까?

서민은 역사가 없다. 현재에 목이 졸려 과거의 기억을 간직할 여력이 없기 때문이다. 그렇기는 해도 우리 조상들이 어땠는지는 집안의 기록이 알려 준다. 어려운 운명에 대한 그분들의 인내심 있는 투쟁, 그리고 오늘날의 우리 처지를 높여 주려고 모래를 한 알씩 쌓아 올리듯 정성을 쏟은 그분들의 노력을 설명한 기록을 찾아보자. 이 서류들이야말로 모든 문서 중 가장 교훈이 되고 위로가 되는 경건한 고문서일 것이다. 개인적인 이해관계로 볼 때는 어느 역사도 이만한 가치가 없을 것이다. 하지만 시대의 변화에 따라 가정이 버려지고 식구들은 뿔뿔이 흩어진다. 그러면 가정은 가치를 인정받지 못하게 된다.

부지런한 식구들이었으나 그 숫자가 많은 집안의 하찮은 일꾼, 즉 나는 결국 가족에 대한 기억이 무척 빈약하다. 2대째 선조에서 갑자기 자료들이 희미해진다. 두 가지 이유로 이 선조 2대에 잠깐 머물러야겠다. 먼저 격세유전을 알아보려고, 다음은 내 자식들에게 그들과 관계되는 문서 한 장을 남겨 주려고 머무르는 것이다.

나는 외할아버지를 본 일이 없다. 단지 그분이 루에르그(Rouergue)[2] 지방의 가장 빈약한 읍사무소 중 한 곳에서 집달관(執達官)으로 계셨다는 말을 들었다. 인지가 붙은 종이에 조잡한 철자법으로 등본을 만들고, 가방에 잉크와 펜을 챙겨서 빚을 갚지 못하는 가난한 집에서 더 가난한 집으로 방방곡곡을 돌아다니며 문서를 꾸미셨단다. 소송 사건을 다루는 사회에서 고된 생활과 싸우는 이 완벽하지 못한 선비는 당연히 곤충에 주의를 기울이지 않으셨다. 곤충을 만나면 기껏해야 발꿈치로 으깨기나 했을 것이다. 알지 못하는 벌레는 해롭다는 의심만 받을 뿐, 다른 정보를 받을 자격이 없었다.

한편 외할머니는 집안 살림과 묵주 외에는 무엇에도 관심이 없었다. 그분에게 알파벳이란 국가의 인증서에 글씨를 쓸 때 말고는 이득도 없고 눈이나 나빠지기 십상이니 알 필요가 없었다. 그 시대에 도대체 서민들 중 읽고 쓰기에 관심을 가진 사람이 누구였을까? 이런 사치는 공증인에게나 해당되었지

---

2 현재 몽펠리에(Montpellier) 서북쪽 아베롱(Aveyron) 주의 대부분을 차지하는 지역의 옛 주(province) 이름

만 그들도 남용하지는 않았다.

곤충은 외할머니가 조금도 관심을 기울일 대상이 아니었음을 말할 필요가 있을까? 혹시 우물에서 상추를 씻다가 잎에서 애벌레 한 마리라도 발견되면 질겁하며 펄쩍 뛰고, 위험하다며 내던져 녀석과의 관계를 끊어 버렸을 것이다. 요컨대 외조부모에게 곤충이란 전혀 관심이 없는 물건이었고, 거의 언제나 손으로 만져 볼 용기를 낼 수 없는 혐오스런 물건이었다. 곤충에 대한 내 취미가 분명히 그분들에게서 온 것은 아니다.

친할아버지와 친할머니께서 정정하게 오래 사신 덕분에 나는 두 분에 대해 모두 알며 정확한 자료도 가지고 있다. 그분들은 땅을 파고 살았으며, 평생 책이라곤 펼쳐 본 일이 없을 정도로 알파벳과는 담을 쌓고 지내셨다. 고원지대인 루에르그에서 화강암이 많고 추운 마루터기의 변변찮은 농토를 경작하며 사셨다. 금작화와 히이드 사이에 외따로 떨어져 사방 멀리까지 이웃도 없었으며, 가끔 늑대(Loup: *Canis lupus*)나 찾아오는 집이 이 세상의 전부인 분들이었다. 장날 송아지나 끌고 가던 근방 마을 말고는 도무지 아는 게 없거나, 그저 소문으로 아주 막연하게 아는 정도였다.

이 황량하고 쓸쓸한 곳에 무지갯빛이 하늘거리는 물이 스미는 늪지가 있고, 이탄(泥炭)질인 저지대는 주요한 재산, 즉 소에게 풍성한 풀을 제공했다. 여름에는 양들이 밤낮 짧은 풀로 덮인 비탈의 울타리 안에 갇혀 있었다. 울타리는 나뭇가지로 얼기설기 버텨서 약탈 짐승들에게서 보호되었다. 한 곳의 풀을 다 뜯어먹으면 울타리가 다른 곳으로 옮겨졌다. 그 가운데는 짚을 이은 오두막으로, 바퀴 달린 목동의 집이 있었다. 뾰족한 못이 박힌 목걸이를 두

른 몰로스(Molosse) 개 두 마리가 밤에 숲 속의 도둑인 늑대가 갑자
기 들이닥칠 때 안전을 보장해 주었다.

언제나 내 무릎까지 빠지는 소똥이 깔려 있었고, 가축의 오줌이
섞여 커피빛 물이 번들거리는 웅덩이로 차단된 가금들의 사육장
에도 식구가 많았다. 거기서는 젖을 떼야 하는 어린 양들이 뛰어
다니고, 거위들이 날카로운 소리를 내며, 닭들이 땅을 긁고, 젖에
매달린 한배의 새끼와 암퇘지가 꿀꿀거리고 있었다.

풍토가 거칠어서 농사가 항상 일정하게 잘되지는 않았다. 봄철
에는 금작화가 깔린 들판에 불을 놓고, 불탄 재로 기름져진 땅 위
로 쟁기가 지나간다. 이렇게 해서 호밀, 귀리, 감자를 가꾸는 몇 평
의 땅을 얻는 것이다. 제일 좋은 땅에는 삼(대마)을 심기로 되어 있
었다. 삼은 집 안의 물레와 토리개(씨아, 가락 또는 전정자, 銓筵子)에
아마포 재료를 제공해서 할머니가 가장 좋아하는 추수거리였다.

결국 할아버지는 무엇보다도 소와 양치기 업무에는 훤해도 다
른 일은 전혀 모르는 목자였다. 만일 먼 훗날 자손 중 하나가 자기
는 한평생 한 번도 거들떠보지 않은, 그런 하찮은 벌레에게 열중
할 것을 아셨다면 얼마나 놀라셨겠더냐! 만일 그 정신 나간 녀석

이 식탁에서 할아버지 곁에 앉아 있는 꼬마, 즉 나였음을 짐작하셨다면 가엾은 내 뒤통수가 얼마나 알밤을 많이 맞았을 것이며, 얼마나 매서운 눈총을 받았겠더냐! "그런 부질없는 일에 시간을 낭비하다니, 되겠나?" 하시며 호통을 치셨을 것이다.

근엄하신 할아버지는 농담이 없으신 분이었다. 손질하지 않은 머리채는 엄지로 자주 귀 뒤로 쓸어 넘기는 옛날 갈리아 사람들의 텁수룩한 머리처럼 어깨에 펼쳐졌었다. 그분의 작은 삼각모, 무릎에 고리를 채우는 짧은 바지, 군더더기를 모두 깎아내서 시끄러운 나막신이 아직도 눈에 선하다. 아! 안 되고말고. 어린 시절의 장난이 끝난 다음에는 할아버지 곁에서 메뚜기를 기르거나 소똥구리 파내기 따위는 어림도 없었을 것이다.

거룩하신 할머니는 산골 여자 루테니아(Ruthénoises)[3]의 기묘한 모자를 쓰고 계셨다. 널빤지처럼 빳빳한 검정 펠트로 만든 커다란 원반 가운데는 높이가 손가락 한 마디만 하고, 넓이는 6프랑짜리 은전보다 별로 넓지 않은 장식이 있었다. 턱에 묶는 검은 리본 모양도 멋있었고, 불안정한 바퀴도 균형이 잡혔었다.

소금에 절여 보존하는 식품, 삼베, 햇병아리, 우유 제품, 버터, 빨래, 어린아이 돌보기, 가족의 음식, 이런 것들이 용감한 할머니의 사고 범위를 요약한 것이다. 왼쪽 옆에는 삼 부스러기를 감은 토리개를 세워 놓고, 오른손에는 물렛가락을 들고, 가끔씩 침을 축인 엄지로 재빨리 돌리며, 이렇게 집 안의 훌륭한 질서 유지에 피로를 모르고 지내셨다.

3 아베롱(Aveyron) 주 로데즈(Rodez) 지방의 주민을 이르는 말

내 추억은 특히 집안 식구들의 이야깃거리인 겨울 저녁의 할머니를 떠올린다. 식사

시간이 되면 크고 작은 모든 아이가 긴 식탁에 둘러앉았다. 다리가 불안정한 전나무 널빤지로 만든 두 줄의 걸상에 자리를 잡는 것이다. 거기는 각자의 사발과 주석으로 만든 숟가락이 놓여 있었다.

식탁의 한쪽 끝에는 수레바퀴만큼 엄청나게 큰 호밀빵이 모두 먹힐 때까지 갓 빨아 냄새가 좋은 리넨 수건에 싸여 있었다. 할아버지는 식칼로 그때 필요한 만큼 잘라 낸 다음, 다시 주머니칼로 잘라서 우리 모두에게 나누어 주셨다. 주머니칼의 사용은 할아버지만의 권리였다. 이제는 각자가 제 몫을 가져다 손가락으로 부수어서 자기 사발을 채울 차례이다.

다음에는 할머니의 역할이 뒤따랐다. 활활 타는 아궁이 위에서 배가 불룩한 솥이 부글부글 소리를 내며 끓고 있었다. 솥에서는 순무와 기름살의 맛있는 냄새가 풍겨 나온다. 할머니는 주석 도금이 된 쇠 국자로 먼저 빵이 잠길 정도의 수프를 떠서 각자에게 차례로 나눠 주고, 다음은 가득 찬 사발 위에 절반은 기름, 절반은 살코기인 돼지 엉덩이의 살덩이를 얹어 주셨다. 식탁 반대편에는 물 항아리가 놓여 있었으며, 목마른 사람은 마음대로 퍼 마실 수 있었다. 아! 왕성한 식욕, 행복한 식사! 더구나 집에서 만든 흰 치즈가 보태졌을 때는 더욱 그랬다.

옆에는 엄청나게 큰 벽난로에서 불이 활활 타고 있었는데, 몹시 추울 때는 통나무를 통째로 태우곤 했었다. 그을음으로 반들반들 해진 벽난로 한구석에는 적당한 높이에서 튀어나온 얇은 판암(板岩) 하나가 밤의 조명 기구가 되었다. 송진이 제일 많아 가장 밝은 빛을 내는 소나무 조각들이 거기서 타고 있었다. 그곳에서 연기를 내뿜는 불그스름한 빛이 방안을 비추어서, 등잔꼭지를 밝히는 호

56

두 기름을 아꼈던 것이다.

사발이 비고 치즈의 마지막 부스러기까지 치우고 나면 할머니는 벽난로 옆의 나무 걸상에 앉아 토리개를 다시 잡으셨다. 사내아이 계집아이 할 것 없이 꼬마들은 할머니 주변에 원을 그리며 꿇어앉아, 금작화 나무가 기분 좋게 타고 있는 불쪽으로 손을 내밀고는 할머니 이야기에 귀를 기울였다. 해주신 이야기에는 별로 변화가 없었지만, 그래도 늑대가 자주 등장해서 신기하고 환영을 받았다. 나는 우리를 소름끼치게 한 그 숱한 이야기의 주인공인 늑대를 무척 보고 싶었다. 그러자면 양을 가둔 울타리 가운데의 짚 이엉 오두막으로 가야 한다. 하지만 목자는 밤에 나의 그곳 방문 요청을 거절하신다.

그 밉살스러운 짐승, 용, 살무사 이야기를 실컷 듣고, 송진이 밴 나뭇조각이 불그스레한 마지막 빛을 발산하면 일을 끝내고 편안한 잠자리로 갔다. 집안에서 제일 어린 나는 귀리 껍질을 잔뜩 넣은 자루의 매트에서 잘 권리가 있었으나 형들은 그저 지푸라기밖에 몰랐다.

사랑하는 할머니, 저는 할머니 신세를 많이 졌습니다. 제가 처음 슬픔을 느꼈을 때 할머니 무릎 위에서 위로를 받았습니다. 할머니는 아마도 그 튼튼함과 일에 대한 열정을 제게 조금 물려주셨나 봅니다. 그렇지만 할머니도 곤충에 대한 제 정열과는 상관이 없었습니다.

내 부모도 관계가 없다. 교육이라곤 고통스러운 생활의 쓰라린 경험밖에 받지 못해서 완전 문맹인 어머니는 내 취미의 발생에 필요한 것과는 정반대였다. 나는 장담한다. 내 특성의 근원을 다른 데서 찾아야 한다.

그것이 아버지에게서 찾아질까? 역시 아니다. 할아버지처럼 몸이 튼튼하고 근면하시며 훌륭한 어르신네는 어렸을 때 학교를 다녔다. 아버지는 글을 쓸 줄 아셨다. 하지만 철자법이 아주 자유로워서 인정되지 않는 글이었다. 읽을 줄도, 이해할 줄도 아셨다. 다만 문학적 난이도가 달력에 실린 토막글 수준을 넘지는 못했다. 집안의 맏이인데, 그만 도시의 유혹에 넘어가셨다. 그것은 아버지에게 불행한 일이었다.

재산도 별로 없고, 솜씨도 보잘것없는 아버지는 그럭저럭 살아가며 도시 사람이 되었으나 시골 사람이 겪는 곤경을 모두 맛보셨다. 불운에 들볶이고, 아무리 열성을 다해도 무거운 짐에 짓눌려 허덕이는 아버지 역시 내게 곤충학을 시작하라고 할 만한 분은 아니셨다. 그것과는 거리가 한참 멀었다. 그보다는 훨씬 직접적이고, 더 비통한 다른 걱정들이 있었다. 내가 코르크 병마개에 핀으로 곤충을 꽂는 것을 보시면 알밤 몇 개를 톡톡히 주셨는데, 이것이 내가 받은 격려(?)의 전부였다. 아버지의 생각이 옳았는지도 모른다.

결론은 명백하다. 유전에서는 관찰자로서의 내 취미를 말해 주는 것이 없다. 내가 충분히 거슬러 오르지 못했을 수도 있다. 하지만 자료가 끝난 조상들 너머에서는 무엇을 발견할 수 있을까? 한층 더 무식한 조상들, 땅을 갈고 호밀 씨앗을 뿌리고 소를 기르는 농부들, 모두 극복할 수 없는 형국으로 미묘한 관찰과는 완전히 무관한 분들이나 만나게 될 것이다.

그런데도 내 안에서는 아주 어릴 적부터 사물에 대한 주의 깊은 관찰자가 나타나기 시작했다. 나의 첫번째 뜻밖의 발견에 대해 왜 말하지 않겠나? 그것은 지극히 순박한 것이었다. 그래도 적성의 출현에 대해 알려 주는 데는 제법 적절한 것이다.

대여섯 살 때였다. 가난한 살림에 식구 하나라도 덜고자, 나는 방금 말한 것처럼 할머니가 보살펴 주셨다. 그곳, 조용한 그곳, 거위와 송아지와 양들 사이에서 내 최초 지능의 희미한 빛이 눈을 떴다. 그때보다 앞의 일들은 내게 들여다보이지 않는 암막이었다. 내게 오랜 기억을 남겨 줄 만큼 무의식의 구름에서 충분히 벗어난 내심의 여명이 밝기 시작한 순간부터 나는 진짜 생명으로 태어난 것이다. 거칠고 진흙에 더럽혀진 모직물의 긴 옷을 맨발 뒤꿈치에 질질 끌며 돌아다니던 내 모습이 눈에 선하다. 끈으로 허리띠에 매달았던 손수건의 기억도 잘 간직하고 있다. 자주 잃어버려서 접은 소맷자락으로 대용했던 손수건 말이다.

어느 날 생각에 잠긴 꼬마, 즉 나는 뒷짐을 지고 해를 향해 서 있었다. 눈부신 햇빛에 황홀해졌다. 등잔불에 유인되는 자나방(Phalène) 같았다.[4] 이처럼 찬란한 태양의 빛은 입으로 느끼는 것일까? 눈으로 보는 것일까?

이제 막 태어나기 시작한 내 과학적 호기심의 질문은 이런 것이었다. 독자 양반, 웃지 마시라. 미래의 관찰자가 벌써 훈련하고 실험하는 행동을 했던 것입니다. 나는 입을 딱 벌리고 눈을 감는다. 영광이 사라진다. 눈을 뜨고 입을 다문다. 영광이 다시 나타난다. 또다시 해본다. 같은 결과가 나온다. 됐다. 나는 해를 눈으로 본다는 것을 확실히 알았

---

4 『파브르 곤충기』 제9권 11장의 곤충 그림으로 보아 보아미자나방(*Boarmia cinctaria*)인 것 같다. 등불에는 자나방보다 박각시나 밤나방이 더 잘 유인되므로 적절한 예가 아니다.

다. 오! 훌륭한 발견! 이 이야기를 저녁때 집안 식구들에게 했다. 할머니는 내 순진함을 보시고 다정스럽게 빙그레 웃으셨다. 다른 사람들은 비웃었다. 세상은 이런 것이다.

하나 더 발견했다. 해질 무렵 근처 덤불에서 저녁의 고요 속에 무척 약하지만 아주 기분 좋게 울리는, 물건 부딪치는 듯한 소리가 내 주의를 끌었다. 무엇이 저렇게 희미한 소리를 낼까? 새끼 새가 둥지에서 짹짹거리는 것일까? 가 봐야지, 아주 빨리 가서 봐야지. 이 시간에는 숲에서 늑대가 나온다고 했다. 그래도 가 보자. 아주 깊이는 말고, 그저 저 금작화 덤불 뒤, 저기까지만 가는 거다.

한동안 감시했으나 쓸데없는 짓이었다. 덤불이 흔들려 바스락 소리만 나도 그 소리가 그친다. 이튿날 다시 보고, 다음 또 다음 날도 다시 가 본다. 이번에는 나의 끈질긴 감시가 성공했다. 탁! 손을 내밀어서 노래 부르는 녀석을 잡았다. 새가 아니라 일종의 베짱이였다. 친구들은 녀석의 허벅지살 맛보기를 가르쳐 주었다. 나의 오랜 매복에 대한 변변찮은 보상이었다. 이 사건에서 중요한 부분은 아주 맛있는 넓적다리 고기 두 점이 아니라 내가 알게 된

작은멋쟁이나비 세계 공통 종이다. 성충은 봄부터 가을까지 엉겅퀴, 토끼풀, 코스모스 따위에서 꿀을 빨아 먹으며, 지방에 따라 연 2~4회 발생한다. 애벌레는 떡쑥, 우엉 등의 잎을 말아 집을 짓고 그 속에서 산다.
시흥, 17. IX. '91

이것이었다. 즉 이제 나는 베짱이가 노래한다는 것을 관찰을 통해서 알았다. 햇빛 이야기로 당했던 놀림이 다시금 재연될까 겁나서 내가 발견한 것을 퍼뜨리지는 않았다.

오오! 집과 아주 가까운 밭에 예쁜 꽃이 참으로 많기도 하구나! 커다란 자줏빛 꽃들이 눈으로 내게 미소를 보내는 것 같았다. 나중에 거기서 빨갛고 굵은 버찌 다발이 맺혔다. 맛을 본다. 맛이 없다, 게다가 씨도 없다. 이 버찌들은 도대체 무엇일까? 계절이 끝날 무렵, 할아버지는 내가 관찰하던 그 밭을 삽으로 뒤집어엎었다. 땅속에서 둥근 뿌리 같은 것이 몇 바구니, 몇 부대씩 나왔다. 이 물건은 안다. 집에 많다. 화전을 하려고 놓은 불에 구워 먹은 적도 여러 번 있었다. 감자였다. 감자의 자줏빛 꽃과 빨간 열매가 내 기억에 영원히 자리 잡았다.

미래 관찰자인 6살짜리 꼬마는 항상 곤충과 초목에게 눈을 떴다. 보호도 없이 혼자서 훈련했다. 꼬마는 흰나비가 배추를 찾아가듯, 작은멋쟁이나비(Vanesse au chardon : *Vanessa → Cynthia cardui*)가

엉겅퀴를 찾아가듯, 꽃을 찾아가고 곤충을 찾아갔다. 이 꼬마가 유전에서는 그 비밀을 알지 못하던 호기심에 끌려서 관찰하고 알아내는 것이었다. 그에게는 그 집안에서 알지 못하는 어떤 적성의 싹이 있었다. 조상들의 가정에서는 알려지지 않은 불씨를 품고 있었다. 아무것도 아닌 이것, 별것 아닌 어린애의 변덕이 어떻게 될까? 만일 교육이 개입해서 실례로 그것을 길러 주고, 훈련으로 성장시키지 않는다면 아마도 없어질 것이다. 그때는 유전이 설명하지 못하고 남겨 둔 것을 학교가 설명해 주겠지. 이제 그것을 알아보자.

4 나의 학교생활

이제 나는 마을로, 즉 아버지 집으로 돌아왔다. 7살이 되어 학교에 갈 때가 된 것이다. 선생님은 내 대부였으니 이보다 더 좋은 만남이 있을 수 없었다. 알파벳과 대면하게 된 방을 어떻게 불러야 할까? 그 방은 아주 여러 용도로 쓰여서 정확한 이름을 찾아낼 수가 없다. 방이 학교인 동시에 부엌, 침실, 구내식당도 되었고, 때로는 닭장이나 돼지우리도 되었다. 그 시절, 대궐 같은 학교는 생각할 수도 없었고, 형편없는 피난처라도 충분했었다.

그 방은 넓은 붙박이 사다리를 통해 위층으로 올라가게 되어 있었고, 사다리 밑에는 널빤지로 막은 침대칸에 커다란 침대 하나가 놓여 있었다. 저 위에 무엇이 있을까? 나는 끝까지 그것을 알아내지 못했다. 선생님이 때로는 거기서 암탕나귀(Ânesse: *Equus asinus*)에게 먹일 건초를 한 아름 안고 내려왔고, 어느 때는 감자를 한 바구니 들고 내려오는 것을 보았다. 감자는 가정부가 새끼 돼지(Porc: *Sus scrofa domestica*)의 죽이 끓고 있는 가마솥에 쏟아 넣었다. 그곳은 아마도 다락방으로, 사람과 가축의 식량을 보관하는 곳이었을 것이다. 집 전체가 이 두 개의 방으로 이루어졌다.

아랫방, 즉 학교 이야기를 다시 해보자. 남쪽에는 이 집에서 하나뿐인 창문이 있었는데, 창틀에 머리를 집어넣으면 두 어깨가 걸릴 만큼 좁고 낮은 창이었다. 창은 해가 잘 들어서 이 집에서 오직 하나뿐인 기분 좋은 장소였다. 깔때기 모양 계곡의 비탈에 자리 잡은 마을의 대부분도 이 창을 통해 내려다보였다. 창문 앞에는 선생님의 작은 탁자가 놓여 있었다.

맞은편 벽에는 벽감(壁龕)이 하나 파여 있었는데, 거기서 물이 가득한 구리 양동이가 번쩍이고 있었다. 마시고 싶거나 목이 마른 사람은 거기 있는 컵으로 떠서 마음대로 마시면 된다. 벽감 위쪽으로는 몇 개의 선반 위에 주석 식기, 큰 접시, 작은 접시, 물 컵 따위가 반짝이고 있었는데, 이것들은 큰 명절날이 되어야 그 집 제단으로 내려온다.

희미한 빛이 조금이라도 스며드는 곳은 어디든, 얼룩졌을망정 커다란 그림들이 벽에 걸려 있었다. 거기엔 칠고(Sept-Douleurs, 七苦)의 성모상이 있다. 파란 외투가 약간 벌어졌고, 일곱 자루의 칼에 찔린 심장을 보여 주는, 비탄에 잠긴 성모마리아였다. 해와 달 사이에는 크고 둥근 눈으로 내려다보는 영원하신 아버지가 계신데, 옷은 폭풍우에 부푼 것처럼 불룩하다.

창문 오른쪽 어귀에는 방랑하는 유대인 그림이 있었다. 삼각모에 흰 가죽으로 만든 커다란 앞치마, 징을 박은 구두에 든든한 지팡이, 그림 가장자리에는 "이렇게 수염 많은 사람은 본 일이 없다."는 푸념이 적혀 있었다. 화가는 그 세밀한 부분까지 잊지 않아, 노인의 수염이 눈사태처럼 앞치마 위로 펼쳐지고 무릎까지 내려왔다.

왼쪽에는 암사슴(Biche: *Cervus*)을 데리고 있는 브라반트(Brabant)의 주느비에브(Geneviève)[1]가 있고, 숲에는 사납게 비수를 손에 든 골로(Golo)가 숨어 있었다. 그 위에는 자기 술집 문전에서 못된 빚쟁이들에게 죽음을 당한 크레디(Crédit)[2] 씨의 주검이 있었다. 네 벽에서 빈 곳은 어디든, 이렇게 아주 다양한 주제의 그림들이 계속 걸려 있었다.

나는 빨강, 파랑, 노랑, 초록의 넓은 판으로 눈길을 끄는 이 박물관에 감탄했다. 하지만 선생님은 우리의 정신과 심성의 도야를 목적으로 그것들을 계획하고 수집한 것은 아니다. 거기의 선량한 사람들에 대해서도 거의 관심이 없었다. 자기 나름대로 예술가인 그는 집을 자기 취미대로 꾸민 것이고, 우리는 아름답게 꾸민 것을 이용하는 것뿐이다.

한 푼짜리 박물관의 그림이 연중 내내 나의 기쁨이 되었지만, 대단히 춥고 오랫동안 눈이 내리는 겨울에는 이 방의 또 다른 기쁨이 내 마음을 끌었다. 벽에 벽난로가 있었는데, 우리 할머니 집 벽난로처럼 굉장히 큰 것이다. 둥근 천장 모양의 돌림띠가 방의 이 끝에서 저 끝까지 간다. 엄청나게 큰 그 공간은 여러모로 쓸모가 있었다.

한가운데에는 화덕이 있었다. 좌우로는 팔걸이 높이에 벽감이 두 개 뚫려 있었는데, 반은 목공으로 반은 벽돌 공사로 마감한 것이다. 벽감마다 비늘 같은 밀기울의 매트가 깔린 침대가 있었다. 두 개의 홈으로 여닫는 널빤지 미닫이 두 장이 덧문 노릇을 해 잠자

1 Genoveva 또는 Genovefa. 궁내관의 정숙한 부인이었으나 청지기인 골로의 거짓말로 인해 비난을 받고 이혼당했다는 중세 유럽의 전설적 이야기의 여주인공. 독일 화가 Adrian Ludwig Richter의 1803~1884년 작품 **2** 아마도 19세기 초 파리의 Genty 씨 집에서 그려진 「CREDIT EST MORT」라는 제목에 'Les mauvais payeurs l'ont tué.'라고 설명된 그림(작가 미상)을 말한 것 같다.

는 사람이 혼자 있고 싶을 때 그 상자(침실)를 막아 준다. 벽난로 자락 밑에 자리 잡은 침실은 그 집에 특권이 있는 두 하숙생에게 더블 침대를 제공했다. 컴컴한 배수구 입구에서 북풍이 윙윙거리고, 눈이 소용돌이치는 밤에 그 안에서 덧문을 닫고 있으면 아늑했다.

벽난로 외에도 화덕과 그에 딸린 것들, 세 다리의 걸상, 물건들을 건조하게 보존하려고 벽 앞에 매달아 놓은 소금상자, 무거워서 두 손으로 다뤄야 하는 부삽, 그리고 할아버지 집에서 내가 뺨을 볼록하게 부풀렸던 것과 같은 송풍 장치가 차지하고 있었다. 그것은 굵은 전나무 가지를 벌겋게 달군 쇠로 속을 끝까지 파낸 것이다. 이 구멍을 통해 입김이 불려 나가 불이 다시 키워질 부분으로 가게 된다. 두 개의 돌받침 위에서는 선생님이 공급한 잡목 가지가, 그리고 화덕에서 즐길 권리를 얻으려면 각자 가져와야 하는 장작이 타고 있었다.

물론 불을 피우는 게 꼭 우리만을 위한 것은 아니다. 나란히 걸어 놓은 세 개의 냄비를 데우려는 것인데, 거기서는 밀기울과 감자를 섞은 새끼 돼지의 죽이 천천히 삶아지고 있었다. 장작을 세금으로 바침에도 불구하고, 타오르는 불길의 용도는 바로 이것이었다. 두 하숙생은 제일 좋은 곳에 자리 잡은 걸상에 각각 무릎을 꿇고 앉았는데, 다른 아이들이 앉은 걸상이 화덕의 둘레 가득 풋, 풋, 풋 소리를 내며 작은 김을 내뿜는 커다란 냄비들을 반원처럼 둘러쌌다.

제일 대담한 아이들은 선생님의 눈길이 딴 곳을 향했을 때, 알맞게 익은 감자를 주머니칼로 찔러 내서 자기네 빵 조각에 보태곤

했다. 사실 우리 학교에서 공부는 별로 안 했지만, 적어도 많이는 먹었다는 말을 해야겠다. 자기 공책에다 글씨를 쓰거나 숫자를 정렬시키면서 호두를 몇 개 깨고, 딱딱해진 빵을 갉아먹는 것이 으레 하는 일이었다.

우리 꼬마들에게는 무엇인가를 입 안에 잔뜩 넣고 공부하는 즐거움에다, 때로는 호두를 깨뜨리는 재미가 이중의 즐거움이 되었다. 안쪽 문은 가축우리와 통했었다. 거기서는 한배의 병아리에 둘러싸인 암탉(Poule: *Gallus*)이 두엄 더미를 긁고 있었고, 12마리쯤 되는 새끼 돼지가 돌을 파내서 만든 구유에서 절벅거리고 있었다. 이 문은 우리가 나가느라 자주 열렸는데, 실은 너무 남용했다. 장난꾸러기들은 열린 문을 일부러 닫지 않았다.

끓는 감자 냄새에 이끌린 새끼 돼지가 즉시 한 마리씩 차례로 달려온다. 벽에 기대어진 아이들의 걸상에서 내 자리는 호두를 먹다가 목이 막혀 물을 마시러 가는 구리 양동이 아래쪽이다. 거기는 바로 새끼 돼지들이 지나가는 길목이었다. 녀석들은 가느다란 꼬리를 고리처럼 꼬고, 꿀꿀거리며 종종걸음으로 달려왔다. 다리를 스치며 차갑고 볼그스레한 콧잔등으로 우리 손 안의 딱딱한 빵조각을 쑤셔 내 먹었다. 호주머니에 저희에게 줄 마른 밤 몇 톨은 없는지, 겨우 째진 그 작은 눈으로 물어 왔다. 한 바퀴를 요리조리 돌아다니던 녀석들이 다정스런 선생님의 손수건에 쫓겨서 우리로 돌아갔다.

다음은 보슬보슬한 솜털이 덮인 햇병아리들을 암탉이 몰고 방문한다. 우리는 재빨리 빵을 조금씩 부수어 이 귀여운 방문객들에게 준다. 병아리의 비위를 맞춰 유인해서 부드러운 솜털을 쓰다듬어 보려고 서로 경쟁했다. 그랬다, 우리에게는 심심풀이가 얼마든지 있었다.

이런 학교에서 우리가 무엇을 배울 수 있었겠나? 우선 내가 끼여 있는 어린애들 이야기부터 하자. 우리는 각자 회색 종이에 알파벳이 인쇄된 두 푼(sou)짜리 작은 책을 가지고 있었다. 아니, 가진 것으로 되어 있었다. 책뚜껑은 비둘기 한 마리, 혹은 그와 비슷한 것으로 시작되었다. 그 다음 십자가가 한 개 나오고, 그 뒤에 일련의 글자들이 뒤따랐다. 책장을 넘기면 많은 아이에게 공포감을 주는 장애물, 즉 바, 베, 비, 보, 부(ba, be, bi, bo, bu)가 나타났다. 그 무서운 책장을 지나가면 글을 읽을 줄 아는 것으로 간주되어 큰 아이들 틈에 끼게 된다.

하지만 그 책을 이용하려면 적어도 선생님의 보살핌이 있어야 했다. 그런데 그 선량한 분께서는 큰 학생들에게 너무 골몰한 나머지 우리를 돌볼 여유가 없었다. 비둘기 그림이 있는 문제의 알파벳은 순전히 우리에게 학생으로서의 태도를 가지라는 강요였고, 우리는 걸상에 앉아서 그것을 묵상해야만 했다. 혹시 옆에 앉은 아이가 몇 글자 알면 그의 도움으로 해독해야만 했다. 냄비의 감자에 문안드리고, 구슬 한 알로 동문끼리 다투고, 꿀꿀거리는 새끼 돼지들이 침입하고, 햇병아리들의 방문에 방해를 받아 우리의 묵상이 잘되지는 않았다. 이런 심심풀이 덕분에 밖으로 나가기를 참을성 있게 기다렸다. 그것이 우리의 가장 중대한 일과였다.

큰 아이들은 글씨를 썼다. 방랑하는 유대인과 사나운 골로가 서로 바라보고 있는 좁은 창문 앞, 즉 방안의 희미한 빛은 그들 것이었고, 둘레에는 걸상들이 놓였고, 한 개뿐인 탁자도 그들 차지였다. 잉크 한 방울까지도 각자가 자기 도구의 일습으로 가져가야 했다. 당시의 잉크병은 라블레(Rabelais)가 말한 옛날 갈리마르(Galimart)의 추억처럼 두 층으로 나뉜 기다란 골판지 상자였다. 위 칸에는 칠면조나 거위 깃털을 주머니칼로 다듬어서 만든 펜들이 들어 있고, 아래 칸에는 그을음을 식초에 녹여 만든 잉크가 조금 든 작은 병이 있었다.

선생님의 큰일거리 중 하나는 펜 다듬기였다. 익숙지 않은 손가락에는 그것도 까다로운 일이었기 때문이다. 다음은 아이의 실력에 따라 흰 종잇장의 위부터 사선, 글자, 단어 따위를 그리거나 써주는 일이다. 그렇게 그리다가 갑자기 아름다워진 공책의 걸작을 돌아보시라.

새끼손가락에 의지한 손과 손목의 굴곡운동 몇 번이 합쳐져서 돌진하려 한다. 손이 갑자기 날아가 맴돈다. 그러면 글씨 쓴 줄 밑에 문고리 모양의 소용돌이, 포도주병 따개 모양의 꼬임이 펼쳐지며 날개 편 새를 둘러싼다. 이 모든 것이, 미안하지만 이 펜의 용도에 마땅한 것은 붉은 잉크로 그려지는 것뿐이었다. 크고 작은 우리 모두가 그 비범한 작품 앞에 깜짝 놀란다. 저녁에 식구들의 단란한 모임에서는 학교에서 가져온 이 걸작이 손에서 손으로 계속 넘겨진다. "어떤 사람이, 도대체 누가 펜을 한 번 움직여서 이런 성령을 그려 냈담!"

학교에서 읽은 것은 무엇이었을까? ―기껏해야 프랑스 어로 쓰인 『성서』이야기 몇 편이었다. 으레 그랬듯이, 만도(晚禱, 저녁 기도)를 외울 때는 라틴 어가 더 자주 나왔다. 가장 앞선 아이들은 어떤 서류, 매도 증서, 알 수 없는 공증인의 글 따위를 해독하려고 애썼다.

그러면 역사와 지리는? ─아무것도 들어 본 게 없다. 지구가 둥글든 입방체(정육면체)이든 우리와 무슨 상관이더냐! 지구에서 무엇인가를 생산하는 일은 역시 어려운 것으로 그냥 남아 있다.

또 문법은? ─선생님은 그것에 별로 관심이 없었고, 우리는 더욱 그랬다. 새로운 용어, 즉 명사, 직설법, 접속법, 기타 문법적 특수 용어와 따분한 표현이 우리를 아주 놀라게 했을 것이다. 쓰거나 말하는 언어의 정확성은 실제로 용법을 배워야 한다. 하지만 학교에서 나오면 다시 양 떼로 돌아가는데 그렇게까지 다듬어서 뭣 하겠더냐!

이제 산수는? ─그렇다, 산수는 조금 했다. 하지만 이렇게 유식한 이름으로 하지는 않았고 그냥 셈이라고 했다. 숫자가 너무 길지 않은 것들로 서로 보태고, 한 수에서 다른 수를 빼는 것, 이런 것들을 아주 흔하게 했다. 토요일 저녁에는 1주일을 마감하려고 전반적인 셈의 법석이 벌어졌다. 제일 잘하는 아이가 일어나서 잘 울리는 목소리로 책 처음의 열두 곱셈을 외웠다. 내가 열둘이라고 한 것은, 당시는 옛날의 12진법을 썼으므로 구구단을 12단까지 연장하는 게 일반적이었다.

노래의 절이 끝나면 꼬마들까지 포함한 반 전체가 합창으로 다시 외운다. 어찌나 요란했던지 우연히 거기에 머물렀던 병아리나 돼지들이 도망칠 정도였다. 12단까지 12번씩 계속된다. 그 다음 12번을 줄반장이 외우면 반 전체가 소리를 한껏 키워서 되풀이했다. 학교가 우리에게 가르쳐 준 모든 것 중, 이 구구단을 적어 놓은 소책자가 우리에게 가장 잘 알려진 것이다. 요란한 이 방법이 그만큼 수를 우리 뇌 속에 강력히 때려 넣고 말았다.

그렇다고 해서 계산을 아주 잘하게 되었다는 말은 아니다. 가장 숙련된 아이라도 숫자를 한 단위 올린 곱셈에서는 도중에 곧잘 헤맸다. 나누기는, 거기까지 올라가는 아이가 드물었다. 요컨대 아주 작은 문제를 풀 때도 유식한 숫자의 개입보다는 머리로 술책을 부리는 일이 훨씬 많았다.

어쨌든, 우리 선생님은 훌륭하셨다. 하지만 학교를 제대로 운영하기에는 꼭 한 가지가 부족했다. 그것은 시간이었다. 선생님은 수많은 직책을 수행하고, 약간 남는 여가 시간을 우리에게 쓰신 것이다.

우선 선생님은 가끔씩 찾아오는 다른 마을 사람, 즉 지주의 재산을 관리했다. 지금은 비둘기 집이 되었으나 4개의 탑이 서 있는 성채도 감시해야 했다. 건초 깎아 들이기, 호두나 사과 따기, 귀리 추수하기 등도 감독했다. 늦봄부터 여름까지는 우리가 선생님을 도왔다.

열심히 다니던 학교가 겨울에는 거의 비고 아직 농사일에 동원되지 못하는 몇 명의 아이들만 남는다. 거기에 어느 날 이런 기억들을 쓰게 될 꼬마도 끼어 있었다. 그때는 수업 내용이 더 즐거웠다. 건초나 짚 더미에서 수업하는 일이 잦았으나 훨씬 더 잦은 일은 비둘기 집 청소였다. 성채에 딸린 정원은 키가 큰 회양목으로 둘러싸여 울타리를 이루었는데, 비가 올 때는 이 울타리 요새에서 달팽이들이 나왔다. 그러면 녀석들을 밟아 죽이러 나갔다.

선생님은 또 이발사였다. 손이 날렵해서 글씨를 쓴 우리 공책에다 배배 꼬인 새를 그려 곧잘 아름다움을 주기도 했던, 그런 손으로 이곳의 명사들, 즉 면장, 본당 신부님, 공증인의 수염을 깎았다. 선생님은 또 종지기였다. 결혼식이나 세례식이 있으면 주명종을 울려야 해서 수업이 중단된다. 폭풍우의 징후가 있으면 벼락과 우박을 몰아내고자 큰 종을 마구 쳐서 우리는 또 방학을 맞는다. 또 성가대의 선창자였다. 만도에서 '마니피카트(magnificat, 성모마리아의 찬가)'를 부를 때면 그 우렁찬 목소리로 성당을 가득 채우곤 했다. 선생님은 마을의 큰 시계에 태엽을 감고 시간을 맞추었다. 이것은 선생님의 명예로운 직책이었다. 시간을 대강 알아보려고 해를 한 번 쳐다보고, 종각으로 올라가 커다란 상자의 널빤지를 연다. 그리고 톱니바퀴들 사이에서 선생님만 아는 비밀의 그 커다란 태엽감기 장치를 찾아낸다.

이런 학교와 이런 선생님이 본보기였으니, 이제 겨우 싹트기 시작한 내 취미는 어떻게 될까? 이런 환경에서는 영원히 숨이 막혀 죽게 될 것이다. 자, 그런데 그게 아니었다. 싹은 생명력이 강하다. 그 싹은 내 핏줄에서 작동할 뿐, 거기서 빠져나가지 않을 것이다. 이 싹이 사방에서 영양분을 얻는다. 심지어 두 푼짜리 알파벳 책뚜껑에 투박하게 그려진 한 마리의 비둘기를 보고, 나는 A, B, C에 대한 열성보다 훨씬 강한 열성으로 그 그림을 묵상했다.

점들이 코로나처럼 둘러쳐진 그 동그란 눈이 내게 미소를 짓는 것 같았다. 하나씩 세어 보는 깃털의 그 날개는 저 위의 아름다운 구름 사이로 날아오른다고 말하는 것 같았다. 그 날개가 나를 이끼 양탄자 위에 매끈한 줄기를 세우고 있는 너도밤나무(Hêtres: *Fagus sylvatica*) 숲으로 실어다 준다. 거기는 어느 떠돌이 암탉이 남겨 둔 달걀 같은 흰 버섯들이 돋아났다. 새가 빨간 다리로 눈 덮인 산꼭대기에 별 같은 발자국을 남겼다. 또 나를 그 꼭대기로 데려간다. 내 친구 비둘기는 훌륭하다. 그는 책뚜껑 밑에 숨어 있는 슬픔에서 나를 위로해 준다. 비둘기 덕분에 나는 내 걸상 위에 아주 얌전히 앉아 있었다. 밖에 나가 놀기도 별로 짜증내지 않고 기다렸다.

야외 수업에는 또 다른 즐거움들이 있었다. 선생님이 정원 둘레에 심어 놓은 회양목의 달팽이(Escargots: Pulmonata)를 밟아 죽이라고 우리를 데려갈 때, 나는 몰살시키는 사람으로서의 내 직분을 양심적으로 다하지는 않았다. 방금 떼어 낸 한 줌의 달팽이 앞에서 가끔씩 내 발뒤꿈치가 망설인다. 요렇게 아름다운 녀석들인데! 생각을 좀 해보시라. 노란 녀석, 볼그레한 녀석, 흰 녀석, 갈색을 띤 녀석 모두가 나선형으로 돌아가는 검정 리본을 달고 있다. 나는 녀석들을 내 멋대로 즐기고자 제일 빛깔이 좋은 녀석들을 호주머니 가득 집어넣는다.

선생님의 풀밭에서 꼴을 베는 날이면 개구리(Grenouille: *Rana*)와 인연을 맺는다. 개울가에서 개구리 껍질을 벗겨 갈라진 장대 끝에 매단다. 숨어 있는 가재(Écrevisse: Cambaridae)가 나오도록 미끼를 만든 것이다. 오리나무(Aulnes = Aune: *Alnus*)에서는 파란 하늘빛마저 죽일 듯이 눈부신 긴다리풍뎅이(Hoplie: *Hoplia*)를 잡는다. 수선화(Narcisse: *Narcissus*)를 따서 작고 달콤한 물방울 혀끝으로 끌어내기를 배우는데, 갈라진 꽃부리 속까지 찾아가야 한다. 이 즐거움을 너무 오래 끌면 두통이 온다는 것도 알게 되었다. 이런 두통에도 불구하고, 화려한 꽃은 내 감탄을 조금도 줄여 주지 못한다. 하얀 꽃인데 깔때기 모양의 꽃부리 초입에 빨간 고리를 가진 화려함 말이다.

호두를 딸 때는 마른 풀밭이 메뚜기(Criquets: Acrididae)를 남겨 준다. 파란색이나 빨간색 날개를 부채 모양으로 펼쳐 주는 녀석이 다. 촌구석 학교는 이렇게 겨울에도 사물에 대한 내 호기심에 계속 영양분을 공급했다. 안내자나 실례는 필요도 없었고, 저절로 동식물에 대한 열정을 향해 발전해 나갔다.

발전하지 않는 것은 비둘기 덕분에 무척 소홀했던 글자 익히기 였다. 까다로운 알파벳은 여전히 서툴렀다. 그런데 아버지께서 우연한 생각으로 내가 글 읽기의 길에 정열을 쏟도록 해준 물건을 도시에서 가져오셨다. 나의 지능이 깨어나는 데 상당한 역할을 했음에도 불구하고 그 물건은 별로 비싸지 않았다. 오오! 안 비쌌지. 그것은 여러 장으로 나뉘어 채색된 6리아드(Liard, 1/4sou)짜리 커다란 그림이었다. 각 칸에는 여러 동물의 그림이 그 이름의 첫 글자와 함께 쓰여 일련의 글자들을 가르치고 있었다.

이 귀중한 그림을 어디다 모셔 둘까? 마침 집의 아이들 방에 학교 창문처럼 작은 창이 있었는데, 역시 학교처럼 마을 전체가 내려다보였고 안쪽에는 일종의 벽감이, 맞은편에는 출입구가 열려 있었다. 비둘기가 사는 성채의 오른쪽에 하나, 왼쪽에 또 하나, 이렇게 두 개의 문은 마치 깔때기 모양의 계곡 꼭대기에 있는 것 같았다. 학교 창문은 선생님이 작은 탁자를 떠났을 때나 가끔씩 즐길 수 있었다. 하지만 우리 집 창문은 얼마든지 내 마음대로였다. 나는 창틀에 박아 넣은 작은 널빤지에 올라앉아 오랫동안 머물곤 했었다.

나는 조망이 아주 좋은 거기서 세상의 끝을 보았다. 말하자면, 오리나무와 버드나무 아래로 가재가 사는 개울이 흘러내려 희미하게 뚫린 곳이 아니라 지평선을 가로막고 있는 야산들 말이다.

저 위에서는 꼭대기를 곧추세워 하늘을 찌르는 참나무(Chênes: *Quercus*) 몇 그루가 북풍에 시달리고 있었으며, 그 너머는 아무것도 존재하지 않고 신비만 가득한 미지의 세계였다.

깔때기 맨 아래쪽에는 종 3개와 커다란 시계의 문자판이 매달린 성당이 있고, 조금 위에는 넓게 펼쳐진 광장이 있다. 거기는 넓고 둥근 천장의 보호를 받는 이 샘터, 저 샘터로 깨끗한 물이 소리 내며 흐르고 있었다. 창문에서는 빨래하는 여자들의 수다, 빨랫방망이 소리, 모래와 식초로 닦는 냄비 긁히는 소리가 들려왔다. 비탈에는 드문드문 작은 집들이 있는데, 층층의 작은 뜰이 건들거리는 담으로 받쳐졌으나 흙에 밀려서 배처럼 볼록해졌다. 여기저기의 아주 좁고 가파른 길은 우툴두툴한 돌로 자연의 포장길이 되었다. 굽이 단단한 노새가 잡목 가지 단을 싣고서는 감히 이런 위험한 통로로 들어가지 못했을 것이다.

동구 밖 저 아래는 우리가 텔(Tel)이라 부르던 커다란 보리수나무(Tilleul: *Tilia*)가 있는데, 수백 년을 지나며 줄기에 구멍이 뚫렸다. 우리들이 놀 때 숨기 좋아서 인기 있는 구멍이었다. 큰 장이 서는 날에는 엄청나게 많은 그 잎이 소 떼와 양 떼에게 그늘을 드리워 주었다.

1년에 한 번밖에 없는 그 성대한 날에는 내게도 몇 가지 개략적인 지식이 찾아왔다. 세상이 저 야산으로 둘러싸인 소라고둥처럼 생기지만은 않았다는 사실을 배우게 된 것이다. 술집 주인의 포도주가 염소 가죽으로 만든 부대에 담겨 노새 등에 실려 오는 것을 보았고, 큰 장마당에서 삶은 배가 가득한 항아리를 여는 것도, 잘 모르는 과일이며 몹시 먹고 싶던 포도 바구니를 늘어놓은 것도 보았다. 바늘이 둥글게 배열된 못들의 어느 지점을 가리키며 멎느냐에 따라, 때로는 사탕으로 만든 볼그레한 털북숭이 강아지를 따고, 또는 아니스 열매를 가운데 박아 편도와 설탕에 졸인 것이 든 둥근 병을 따게 된다. 그러나 대체로는 아무것도 따지 못하는 일종의 룰렛 도박을 감탄하며 바라보았다.

땅바닥에는 넓은 회색 보자기 위에 작고 빨간 꽃무늬 옥양목 두루마리가 펼쳐져 처녀들을 유혹했다. 별로 멀지 않은 곳에는 너도밤나무로 깎은 나막신, 회양목 팽이, 피리가 산더미처럼 쌓였다. 양치기들은 악기를 고르며 소박한 음 몇 개를 불어서 시험해 본다. 나로서는 새로운 것이 얼마나 많았고 이 세상에는 볼 것이 얼마나 많더냐! 하지만 경탄할 수 있는 시간은 별로 오래가지 못했다. 저녁때 술집에서 주먹질이 몇 번 오간 다음에는 모든 게 끝났다. 마을은 1년 동안의 고요 속으로 다시 들어가는 것이다.

내 생애가 시작되던 무렵의 이 추억에서 머뭇거리지 말자. 도시에서 가져온 문제의 그림 이야기를 해보자. 그것을 적절하게 즐기려면 어디에 두어야 할까? 그렇지, 내 창문 옆에 붙여 놓자. 작은 널빤지가 있는 벽감은 공부방이 될 것이다. 거기서 커다란 보리수나무를 바라보다가 내 알파벳 동물들을 들여다보게 될 것이다. 실제로 그렇게 되었다.

이제는 내 귀중한 그림, 너하고 나하고 단둘이다. 먼저 거룩한 짐승 나귀(Âne)부터 시작이다. 녀석의 커다란 머리글자는 A자를 가르쳐 주었고, 황소(Bœuf)는 B자를, 오리(Canard)는 C자를 가르쳐 주었으며, 칠면조(Dindon)는 D자 소리를 내게 했다. 다른 짐승들도 마찬가지였다. 하기야 어떤 칸은 좀 불명확하기도 했다. 하마(Hippopotame), 외침새〔Kamichi, 기러기목(Anseriformes)〕[3], 혹소(Zébu)[4] 따위는 H, K, Z자를 가르치려 했으나 이들은 참으로 냉랭해서 기억하기 어려웠다. 이런 외국 동물은 현실이 글자의 추상을 받쳐 주지 못해서 완강하게 저항했으며, 이 자음들은 얼마간 나를 머뭇거리게 했다.

그래도 상관없다. 어려운 것은 아버지가 참견해 주신 덕분에 진전이 무척 빨랐다. 그래서 그때까지 읽지 못하던 비둘기 표지 그림의 조그만 교과서를 며칠 만에 제대로 뒤적거릴 정도가 되었다. 초보 교육을 받았고, 글을 더듬더듬 읽을 줄 알게 된 것이다. 부모님은 경탄했다. 오늘날 나는 이 뜻밖의 진보를 이해했다. 숨겨진 진실을 제시한 그림이 나와 짐승을 친숙하게 하여, 내 본능과 맞았던 것이다. 동물들이 내게 약속해 준 것은 아니지만 적어도 나는 그들의 신세를 졌기에 글을 읽게 된 것이다. 아마 다른 수단으로도 읽을 줄은 알게 되었겠지만 그렇게 빨리, 또 그렇게 즐겁게 되지는 않았을 것이다. 짐승 만세!

두 번째 행운이 또 도움을 가져왔다. 빠른 내 진척에 라 퐁텐(La Fontaine)[5]의 우화집을

---

3 떠들썩오리과(Anhimidae)에 속하는 남아메리카산 물새
4 동남아시아산으로, 어깨가 큰 혹 모양인 소
5 17세기 프랑스의 시인. 『파브르 곤충기』 제5권 1장 참조

보상으로 받은 것이다. 20수(sou)짜리 책인데 그림이 아주 많았다. 작고 무척 부정확한 그림이긴 했어도, 그야말로 기분 좋은 것들이었다. 거기는 까마귀(Corbeau: *Corvus*), 여우(Renard: *Vulpes*), 늑대(Loup: *Canis lupus*), 까치(Pie: *Pica*), 개구리, 토끼(Lapins: *Oryctolagus*), 나귀, 개(Chiens: *Canis lupus familiaris*), 고양이(Chat: *Felis catus*) 따위의 내가 아는 녀석들이 모두 들어 있었다. 아아! 짐승들이 말하고 행동하는 하찮은 그림일망정 내 취미에 참 잘 맞는 아주 훌륭한 책이었구나! 그 안의 말들을 이해하는 것은 별개의 문제였다. 꼬마야, 아직 네가 뜻도 모르는 구절들이지만 계속 모아 놓아라. 나중에 그 구절들이 네게 말할 것이고, 라 퐁텐은 언제까지나 네 친구로 남아 있을 것이다.

10살이 되자 로데즈(Rodez)[6]의 중학교에 들어갔는데, 대학 구내 성당의 성가대원 역할로 무료 통학생의 혜택을 받았다. 우리는 4명이었는데, 사제들이 법복 위에 입는 흰색 겉옷과 빨간 수탄을 입었고, 빨간 빵모자를 썼다. 그 중 가장 어린 나는 그저 들러리였다. 언제 방울을 흔들어야 하는지, 언제 미사 경본을 옮겨야 하는지 전혀 몰랐으니, 그저 숫자를 채우는 것에 불과했다. 이쪽 둘, 저쪽 둘이 성가대 가운데로 모여 무릎을 꿇고 절하며, 미사가 끝날 때 부르는 「주여, 왕을 보호해 주소서(*Domine, salvum fac regem*)」라는 노래를 외울 때는 몸이 떨렸다. 수줍음에 내 입이 닫혀 버려 다른 아이들이 하도록 했음을 고백해야겠다.

하지만 나는 프랑스 문장을 라틴 어로 번역하거나, 라틴 어를 프랑스 문장으로 훌륭히 번역해 내서 잘 보였었다. 로마와 고대 그

6 몽펠리에 북서부의 아베롱 강을 따서 지명을 붙인 아베롱 주의 중심 도시

리스의 전통을 이어받은 그 사회에서는 알바(Albains)의 왕 프로카스(Procas)와 그의 두 아들 누미토르(Numitor)과 아물리우스(Amulius)가 문제였다. 또 전쟁터에서 두 손을 잃고도 턱뼈가 강해서 페르시아의 갤리선(船)을 이로 물어 꼼짝 못하게 하는 시네지르(Cynégire) 이야기도 나왔다. 잠두콩 대신 용의 이빨을 뿌리고, 뿌려진 땅에서 나오는 족족 서로 죽이는 깡패 군인들의 군대를 거둔 페니키아(Phénicien)의 카드모스(Cadmus) 이야기도 했다. 이 살육전에서는 완강한 자 하나만 살아남았는데, 그는 필경 큰 어금니의 아들이었을 것이다.

달에서 일어난 사건들의 이야기를 들었어도 나는 별로 당황하지 않았을 것이다. 나는 짐승들에게서 보상받았고, 저 영웅들과 반신(半神)들의 환영 속에서도 짐승을 잊지 않았다. 카드모스와 시네지르의 장거를 명예롭게 하면서도, 일요일과 목요일에는 거의 어김없이 수선화(Jaune Coucou: *Narcissus pseudonarcissus*)⟡와 서양앵초(Primevère: *Primula veris*)가 풀밭에 나타났는지, 홍방울새(Linotte)가 노간주나무에서 알을 품고 있는지, 수염풍뎅이(Hanneton: *Melolontha*)가 흔들리는 포플러에서 떨어지는지 알아보러 갔었다. 삶은 언제든지 그렇게 활기찼으며 신성한 불꽃이 타고 있었다.

나는 단계를 올려 베르길리우스(Virgile)에 등장하는 멜리브(Mélibée), 코리돈(Corydon), 메날크(Ménalque), 다메타스(Damétas), 그밖의 인물들에 심취했다. 아주 다행스럽게도 옛날의 방탕한 목자들은 눈에 띄지 않았다. 등장인물이 움직이는 배경에는 벌, 매미, 멧비둘기, 작은 까마귀, 염소, 그리고 식물 중 양골담초 무리에 대한 멋진 이야기들이 있었다. 운율에 잘 맞춰져 말하는 이 전원의 사건들은 정말 즐거운 것이었다. 그래서 이 라틴 시인들은 내게 고전에 대한 추억을 끈질긴 인상으로 남겨 놓았다.

그러다 갑자기 공부여 안녕, 티티르(Tityre)[7]와 메날크도 안녕이었다. 무자비한 불운이 닥쳐왔던 것이다. 집에 빵이 떨어질 판이다. 그러니 꼬마야, 너는 이제 운명을 하늘에 맡기고, 여기저기 돌아다니며 네 재주껏 두 푼짜리 튀긴 감자를 벌어먹어라. 고약한 고난의 생활이 벌어질 판이다. 빨리 지나가자.

이런 통탄할 낭패의 와중에서는 당연히 곤충에 대한 사랑이 파멸됐어야 할 것이다. 그런데 결코 그렇지 않았다. 이 사랑은 메두사(Méduse)의 뗏목[8]에서라도 남아 있었을 것이다. 내가 처음 만났던 소나무수염풍뎅이(Hanneton des pin: *Polyphylla fullo* = 흰무늬수염풍뎅이) 생각이 그대로 남아 있었다. 녀석의 깃털장식 같은 더듬이, 갈색 바탕에 멋지게 뿌려진 흰 무늬가 암울한 그날의 비참함에서 한 줄기 햇살이 되었다.

소나무수염풍뎅이 장수풍뎅이를 제외하면 우리나라에서 제일 큰 풍뎅이이며, 등판의 불규칙한 흰색 무늬에 파브르는 대단히 황홀해했다.

이야기를 좀 줄이자. 행운은 결코 용감한 사람을 저버리지 않는다. 그래서 나를 보클뤼즈(Vaucluse)의 초등사범학교로 데려간다. 거기서는 비록 마른 밤과 이집트콩일망정 확실한 끼니를 얻게 되었다. 너그러운 견해를 갖추신 교장선생님은 방금 온 학생을 곧 신임하게 된다. 그분은 학교의 교육 과정만 만

7 『파브르 곤충기』 제2권 63쪽 참조

8 프랑스의 화가 제리코(Géricault)의 작품. 『파브르 곤충기』 제3권 149쪽 참조

족스럽게 이수하면 거의 마음대로 하게 내버려 두었다. 그런데 그때의 교육 과정은 아주 평범했다.

나는 라틴 어와 철자법을 조금 배운 덕분에 동급생들보다 약간 앞서 있었다. 그래서 그때를 이용해 식물과 동물에 관한 내 막연한 지식을 정리했다. 주변에서는 사전의 힘을 크게 빌려 가며 받아쓰기한 것을 세밀히 검토하고 있는데, 나는 내 책상의 비밀 속에서 유도화 열매, 금어초 꼬투리, 말벌의 독침, 딱정벌레의 딱지날개를 검사했다.

그럭저럭 몰래 주워 모은 박물학에 대해 미리 느껴 보는 이 맛에 그 어느 때보다도 곤충과 꽃에 대해서 더 열렬해진 상태로 학교를 나왔다. 하지만 그것을 포기해야 했다. 미래의 생계 수단과 광범하게 보충해야 하는 교육이 급박하게 포기할 것을 요구해 왔다. 당시 회사원이 되거나 겨우 먹고 살 정도의 초급학교 선생님 이상으로 올라가려면 어떤 시도가 필요할까? 박물학을 했다가는 아무짝에도 쓸모없는 사람이 될 것이다. 그 시절의 교육에서 박물학은 라틴 어나 그리스 어와는 조화를 이룰 자격이 없는 학문처럼 한편으로 제쳐 두었다. 내게는 칠판, 분필 한 개, 책 몇 권이라는 연장 한 벌만 있으면 되는, 아주 간단한 수학이 남겨졌다.

그래서 원추곡선, 미분, 적분에 필사적으로 달려들었다. 알쏭달쏭한 어려움, 마주 대하며 받는 지도도 없고, 조언도 없고, 혼자서 수없이 며칠씩 싸우는, 그지없이 힘든 투쟁이었다. 내 끈질긴 명상이 마침내 그 어려움을 암흑 속에서 끌어내곤 했었다. 그 다음에는 물리학이 돌아왔다. 물리학도 마찬가지였다. 말도 안 되는 내 솜씨의 실험실에서 배웠다.

이렇게 생존과 악착같이 싸우던 와중에, 내가 좋아하던 학문이 어찌 되었을지는 독자 여러분의 상상에 맡긴다. 어떤 새로운 벼과 식물이나 알지 못하던 딱정벌레목 곤충의 유혹에 넘어갈까 봐 무서웠다. 이런 막연한 공포심에서 해방되어야 한다는 생각이 조금만 들어도 내 자신을 훈계하며 억제했다. 박물학 책들은 큰 가방 속으로 쫓겨 들어가 잊히게 되었다.

결국 나는 물리학과 화학을 가르치라며 아작시오(Ajaccio) 중학교로 보내졌다. 이번에는 유혹이 너무 컸다. 경이로움으로 가득찬 바다, 무척 아름다운 조개들이 파도에 밀려오는 해변, 도금양(Myrtes: *Myrtus*), 서양소귀나무(Arbousiers: *Arbutus*), 유향나무(Lentisques: *Pistacia*) 따위의 관목지대(Maquis: 코르시카 섬의 밀림), 찬란한 자연의 이 낙원 전체가 코사인(cosinus)에 대항하며, 그야말로 유리한 싸움을 벌인다. 나는 졌다. 여가 시간이 두 몫으로 나뉘었다. 좀더 중요한 몫은 계획에 따라 미래 대학의 기초가 되는 수학에 할애되었고, 다른 몫은 식물 채집과 바다의 사물 탐구에 머뭇거리며 쓰였다. 내가 만일 x와 y의 강박관념에 사로잡히지 않고 내 취향에 거리낌 없이 전념했더라면 얼마나 훌륭한 고장이었으며, 또 얼마나 훌륭한 연구거리가 많았더냐!

우리는 바람 부는 대로 날려 다니는 지푸라기 같았다. 운명은 우리를 다른 곳으로 밀어 갔으나 스스로 선택한 목적을 향해 가는 줄 알았다. 젊었을 때의 지극한 관심사였던 수학은 내게 별 도움이 되지 않았고, 내 스스로가 가능한 한 금했던 동물이 지금의 늙은 세월에 위로가 되었다. 그러긴 했어도 코사인에 대해 원한을 품지는 않았으며, 늘 그것을 높이 평가한다. 그것이 전에 내 얼굴을 창백하게 만들기도 했었지만, 곧 잠들지 않는 날 베개 위에서 어떤 기분 전환을 가져다주었고, 지금도 가져다준다.

그러는 동안, 아비뇽(Avignon)의 유명한 식물학자 르키앵(Re-quin)이 여기로 왔다. 그는 볼록한 회색 종이 상자를 옆구리에 끼고, 오래전부터 코르시카에서 식물을 채집해 납작하게 말려 친구들에게 나누어 주고 있었다. 우리는 곧 대면하게 되었다. 시간이 나면 그가 채집 다닐 때 같이 다녔는데, 그는 일찍이 이렇게 관심 있는 제자를 두어 본 적이 없었다.

사실대로 말하자면, 르키앵은 학자가 아니라 열성적인 아마추어였다. 어떤 식물의 이름과 지리적 분포를 설명하라면 그와 경쟁할 사람이 별로 많지 않았을 것이다. 풀의 새싹, 이끼의 엽침(葉枕), 해초의 가는 섬유에 이르기까지 모르는 것이 없었다. 즉석에서 학명이 튀어나왔다. 얼마나 정확한 기억력이며, 본 것들의 방대한 뭉치 속에서 얼마나 질서정연하게 분류가 이루어지더냐! 나는 깜짝 놀랐다. 식물학에 관해서 그에게 많은 신세를 졌다. 만일 죽음이 그에게 시간을 더 남겨 주었다면, 나는 아마도 훨씬 더 많은 신세를 졌을 것이다. 그는 초보자들의 고생에 관심을 보이는 너그러운 마음씨의 소유자였다.

다음 해, 모킨 탄돈(Moquin-Tandon)[9]을 알게 되었다. 르키앵 덕분에 벌써 그와 식물학에 관한 편지를 몇 장 주고받았었다. 그는 툴루즈(Toulouse)[10] 대학의 저명한 교수로, 식물 채집가들의 보고에 따라 서술하려던 이 지방 식물상(相)에 대해 현지 연구차 왔

9 Horace Benedict Alfred. 1804~1863년. 마르세유(Marseille) 대학 동물학 교수. 툴루즈(Toulouse) 대학 식물학 교수, 식물원 원장. 1850년부터 3년간 코르시카 식물상 연구 후 파리 학술원의 식물원 원장을 지냈다.
10 프랑스 남단 근처 대도시

다. 그가 도착했을 때, 호텔 방은 때마침 소집된 지방의회 의원들이 모두 차지해 버렸다. 그래서 나는 그에게 침식을 제의했다. 바다를 향한 방에 임시로 마련한 침대와 곰치, 가자미, 성게로 만든 요리였다. 무엇이든 다 있는 꿈나라인 이 고장에서는 흔해 빠진 식단이다. 하지만 박물학자에게는 새롭고 대단히 흥미로운 것이었다. 진심어린 내 제안에 그는 마음이 끌렸고, 매수되었다. 그래서 우리는 보름 동안 근방의 식물학 여행을 끝내고, 식사 중에 '모든 알 만한 것에 대해(*de ommi re scibili*)' 한담을 나누었다.

모킨 탄돈이 와서 머문 동안 내 안에서는 새로운 가망성이 나타났다. 이제는 이분이 완전한 기억력을 가진 학명 명명자이기보다는 광범한 구상을 가진 박물학자이며, 광대한 개관에다 상세한 세부 사항을 갖춰 주는 철학자이며, 장식 없는 진리에다 생기를 불어 주는 말로 겉옷을 걸쳐 줄 줄 아는 문학가요 시인이었다. 나는 결코 다시는 이와 같은 지성의 잔치에 참석하는 일이 없을 것이다. 그는 내게 이렇게 말했다. "수학을 집어치우시오. 당신의 공식에는 아무도 관심을 갖지 않을 거요. 동물과 식물에게로 오시오. 내가 보는 눈이 맞다면 당신은 자질과 열정이 충분한 듯한데 그 방면에서 정진하면 뜻깊은 결과가 있을 거요."

내가 잘 아는 섬 중앙의 르노조산(Monte Renoso)으로 탐험 여행을 가서, 그에게 무척 반가운 식물들을 수집하게 했다. 훌륭한 은빛 식탁보처럼 깔린 국화과의 일종(*Helichrysum figidum*), 코르시카 사람들이 에르바 무브로네(Erba muvrone)라고 부르는 야생양(Mouflons: *Ovis orientalis*)의 식초인 갯질경이과의 일종(*Armeria multiceps*), 솜옷 차림에 눈 옆에서 떨고 있는 국화과 일종(*Leucan-*

themum tomentosum), 그 밖의 다른 희귀식물들이 채집되었다. 그는 무척 기뻐했다. 나 또한 나대로 영원한 신선함보다 훌륭하고 재치 있는, 또 나를 휘어잡는 그의 말솜씨에 훨씬 마음이 끌렸다. 추운 정상에서 하산하면서 내 결심은 서 있었다. 수학을 버리자.

그가 떠나기 전날 내게 이렇게 말했다.

"당신은 조개(Coquillages: Mollusca)에 관심이 있던데, 그것도 좋지만 거기에 만족해서는 안 되오. 무엇보다도 살아 있는 벌레를 알아야 해요. 내가 살아 있는 생명체의 구조는 어떤지 보여 주겠소."

그러고는 집 안의 반짇고리에서 가져 온 가느다란 가위와 포도나무 가지를 잘라 급히 임시 해부할 손잡이를 만든 바늘 두 개로 깊은 접시에 담긴 물속에서 달팽이를 해부해 보여 주었다. 그와 동시에 벌여 놓은 기관들의 설명서를 가져왔다. 내 일생에서 받은 유일하고 기억할 만한 박물학 수업은 이런 것이었다.

이제 결심을 내릴 때이다. 나는 본능에 대해 '과묵한 왕소똥구리(*Scarabée taciturne*)'[11]에게 물어볼 수 없으니 나 자신에게 물어보았다. 내 안에서 내가 읽을 수 있는 한 나는 이렇게 대답한다.

"아주 어릴 때부터, 그리고 지능이 처음 눈떴을 때부터, 나는 자연의 사물에 대한 취향을 가지고 있었다. 적절한 용어로 다시 쓰자면 나는 관찰에 재능이 있다."

내 조상들의 이야기는 자세히 했으니 여기에다 유전을 내세우는 것은 가소로운 일일 것이다. 선생님의 말과 본보기를 관여시켜 보려 해도 그럴 만한 사람이 전혀 없는 것 같다. 학교에서 배운 과학 교육은 전혀, 절대로 없다. 대학 강의실은 시험을 치르느라

11 곤충의 정식 학명이 아니라 '말이 없는 벌레'를 학명 방식으로 표현한 것이다.

들어간 적밖에 없다. 선생도, 지도자도, 책도 없이, 게다가 무섭도록 숨 막혔던 빈곤에도 불구하고, 나는 끈기로 밀며 전진했고, 시련과 정정당당하게 맞섰다. 결국 불굴의 재능이 내용을 쏟아 놓았다. 오오! 그랬다. 무척 빈약한 자산이었다. 하지만 사정이 좀 나았다면, 어쩌면 얼마간의 가치는 있었겠지. 나는 동물 화가로 태어났겠지. 왜, 어떻게? 여기에는 해답이 없다.

우리는 각자의 방향이 다양하고 정도도 다르지만, 그만큼 헤아릴 수 없는 특성의 특수 도장을 찍어 주는 특성들이 있다. 그 특성들은 존재했기에 가진 것이지, 그 이상은 아무것도 아는 게 없다. 타고난 재능은 유전되지 않는다. 유능한 사람이 바보 아들을 둘 수도 있다. 그런 재능은 얻어지는 것도 아니며, 단지 훈련으로 완성될 뿐이다. 그런 재능을 타고나지 않은 사람을 온실에서 아무리 모든 정성을 들여 교육시켜도 결코 그 재능을 갖지 못할 것이다.

짐승에서 본능이란 용어로 불리는 것은 우리의 천재와 비슷한 것이다. 양쪽 모두 평범함 위에 솟아오른 봉우리들이다. 본능은 종 전체에 걸쳐서 항상 똑같이 유전되며, 항구불변이며, 또한 일반적이다. 천재는 유전되지 않고 사람에 따라 차이가 있다는 것이 다른 점이다. 본능은 한 과(科)의 유산으로 침범당할 수 없으며, 모두에게 골고루 돌아간다. 차이는 여기서 끝난다. 본능은 구조의 유사함과 관계없이, 뚜렷한 동기도 없이 여기저기서 천재처럼 뛰쳐나온다. 어느 것도 예측할 수 없고, 생물 조직은 무엇도 그것을 설명하지 못한다. 각자 나름대로의 천재성을 가진 소똥구리나 다른 곤충들이 이 점에 대해 질문을 받고, 우리가 이해할 수 있는 말로 답변해 준다면 "본능은 짐승의 천재입니다." 할 것이다.

5 팜파스 초원의 소똥구리

세상을 볼 줄 아는 사람에게는 북극에서 남극까지 바다와 육지를 돌아다니며, 모든 풍토에서 무한히 다양하게 나타나는 생명을 살펴보는 건 두말할 나위도 없이 굉장한 행운일 것이다. 이것이야말로 내 어린 시절의 로빈슨 크루소 이상으로 즐거웠던, 멋진 꿈이었다. 그렇게도 풍부했던 장밋빛 환상의 여행이 완전히 집 안에만 틀어박히는 쓸쓸한 현실로 이어졌다. 탐험 장소였던 인도의 정글, 브라질의 처녀림, 콘도르(Condor: *Vutur gryphus*) 새가 즐기는 안데스 산맥의 높은 봉우리, 이런 것들이 네 개의 담으로 둘러싸인 사각형 자갈밭이 되고 말았다.

나를 가둔 하늘에 대해 한탄할 생각은 없다. 개략적인 지식을 거두는 데 반드시 멀리까지 탐험 여행을 떠나야 하는 것은 아니니 하는 말이다. 장 자크(Jean-Jacques)[1]는 검정 방울새(Serin)에게 준 별꽃(Mouron: *Stellaria*) 꽃다발 안에서 식물을 채집했다. 그리고 베르나르댕 드 생 피에르(Ber-

1 Rousseau. 1712~ 1778년. 프랑스혁명, 자유 유지 및 사회주의적 이론에 크게 영향을 미친 정치 철학자이며 문필가. 1794에 파리 Panthéon에 안장되었다.

nardin de Saint-Pierre)[2]는 우연히 창틀 한 귀퉁이로 온 딸기밭에서 세계를 발견했다. 사비에르 드 메스트르(Xavier de Maistre)[3]는 베를린형 마차 대신 안락의자로 방안을 돌아다니며 가장 유명한 여행을 시도했었다.

덤불을 가로지르며 운전하기에는 너무도 어려운 베를린형 마차를 제외하면, 한 고장을 보는 이 방식이 바로 내 방식이다. 나는 울타리 안의 땅에서 느긋하게 대여행을 수없이 하고, 또 하며 이 녀석 저 녀석의 집에서 발을 멈춘다. 그리고 참을성 있게 물어본다. 그러면 가끔씩 한 토막의 대답을 얻을 수 있다.

아주 작은 그 마을이 내게 익숙해졌다. 거기서 황라사마귀(*Mantis religiosa*)가 자리 잡는 풀잎들을 모두 알고, 고요한 여름밤에 창백한 유럽긴꼬리(Grillon d'Italie: *Oecanthus pellucens*)가 조용히 울고 있는 덤불을 하나하나 모두 다 안다. 주머니 같은 고치를 짓는 가위벌붙이(*Anthidium*)가 긁어모을 솜털 덮

2 1737~1814년. 프랑스 작가, 식물학자. 1803년 Académie Française 회원이 되었다.
3 1763~1852년. 주로 Sardinia 왕국의 Savoy에서 군인 생활을 하였다. 프랑스 문학가로 알려졌으며, 1794년에 『내 방 둘레의 여행(Voyage autour de ma chambre)』을 저술하였다.

왕관가위벌붙이
실물의 1.5배

인 풀들도 하나같이 다 알고, 잎을 재단하는 가위벌(*Megachile*)이 이용할 덤불도 모두 알고 있다.

정원 구석구석의 연안 항해가 충분치 못하면 원양 항해가 내게 푸짐한 보수를 가져다준다. 나는 이웃의 울타리

곶(岬)으로 간다. 몇 백 미터 밖에는 진왕소똥구리(*S. sacer*), 하늘소(*Cerambyx*), 금풍뎅이(*Geotrupes*), 뿔소똥구리(*Copris*), 중베짱이(Sauterelle verte: *Locusta*→ *Tettigonia viridissima*→ *ussuriana*)◉, 여치, 귀뚜라미가 있는데, 결국은 이런 토민사회(土民社會)의 무리와 인연을 맺게 되고, 그들 이야기를 자세히 하려면 한평생이 모두 지나갈 것이다. 확실히 나는 먼 지방으로 여행할 필요 없이 가까운 이웃들과 충분하고도 넘칠 만큼의 관계를 맺게 된다.

반면에 세상을 두루 돌아다니며 많은 소재에 주의를 분산시키는 것은 관찰이 아니다. 여행을 즐기는 곤충학자는 명명자와 수집가를 즐겁게 해줄 수많은 종류를 표본상자에 꽂아 놓을 수는 있다. 하지만 그것과 상황을 표현하는 문헌 얻기는 별개의 문제이다. 학문하는 사람은 방황하는 유대인처럼 발을 멈출 여유가 없다. 이러저러한 사실을 연구하려면 오래 머물 필요가 있는데도 다음 여정이 재촉한다. 이런 형편이니 그에게 불가능한 것을 요구하지 말자. 코르크판에 핀으로 꽂아 놓은 것, 럼주(알코올) 병에 담아 놓은 것, 그리고 끈기 있게 기다리고 시간이 많이 걸리는 것에 대한 관찰은 한곳에 머무는 사람에게 맡기자.

학명 명명자들은 무미건조한 특징 표시 이외의 설명이 극히 빈

약하다. 이유는, 수적으로 우리를 압도하는 외국 곤충들이 거의 언제나 제 습성을 비밀에 붙여 두어서 그럴 것이다. 그래도 여기와 거기서 벌어지는 것을 서로 비교해 보는 게 좋겠다. 같은 노동 조합원들이 풍토가 바뀌면 근본적인 본능이 어떤 모습으로 바뀌는지 알아보는 것은 훌륭한 일일 듯하다.

그래서 천일야화(千一夜話)에 나오는 양탄자, 즉 올라타면 어디든 가고 싶은 곳으로 데려다 주는 그 유명한 양탄자의 한자리를 원했으나 얻지는 못했다. 오늘은 유난히 그 꿈같은 여행에 대한 아쉬움이 되살아난다. 오오! 사비에르 드 메스트르의 베를린 마차보다 훨씬 훌륭하고 신기한 교통수단이여! 내가 왕복표를 가져, 거기에 한구석을 얻는다면 말이다!

그런데 뜻밖에도 그 한구석을 얻었다. 행운은 부에노스아이레스(Buenos-Aires, 남아메리카 아르헨티나) 기독교 학교인 라 살르(la Salle) 중학교의 수도회 수사 쥐딀리앙(Judulien) 덕분에 얻은 것이다. 그에게 신세를 졌으니 인사를 해야 할 것이다. 하지만 그는 겸손해서 찬사에는 기분 상할 것 같다. 그러니 내 지시를 따르는 그의 눈이, 내 눈을 대신한다는 것만 말해 두자. 그는 찾아내서 관찰하고, 그 기록과 뜻밖의 발견물을 내게 보내 준다. 그러면 나는 편지로 그와 함께 관찰하고, 찾고 발견한다.

됐다. 나는 훌륭한 도우미 덕분에 마력을 지닌 양탄자에 자리를 얻은 셈이다. 그래서 세리냥(Sérignan)의 소똥구리들 솜씨와 남반구(南半球)의 경쟁자들 솜씨를 비교 검토하고 싶어서 아르헨티나(Argentine) 공화국의 팜파스(Pampas)에 와

반짝뿔소똥구리

있는 셈이다.

홀륭한 시작이로다! 먼저 반짝뿔소똥구리(Phanée splendide: *Phanaeus splendidulus*)로, 우연히 만난 이 녀석은 에메랄드 빛깔의 찬란한 초록색에 구릿빛 광채가 보태졌다. 그렇게 보석 같은 녀석이 쓰레기통을 짊어진 것을 보면 깜짝 놀라게 된다. 그것은 두엄 속의 보석이다. 수컷은 앞가슴이 초승달처럼 넓게 파였고, 양 어깨는 예리한 날개 끝 같으며, 이마에 있는 한 개

반짝뿔소똥구리 브라질에서 채집된 남아메리카의 화려한 뿔소똥구리. 채집: Tucurui-Pará, Brézil, 11~24. II. '87

의 뿔은 스페인뿔소똥구리(*Copris hispanus*)에 견줄 만하다. 암컷 역시 금속성 광택을 가졌으나 이상한 장식을 갖추지는 않았다. 라플라타(La Plata) 지방 소똥구리들의 그 이상한 장식도 이곳 녀석들처럼 수컷 전유물인 멋 부리기 복장이다.

자, 그러면, 찬란한 이 외국산 소똥구리가 하는 일은 무엇일까? 바로 이곳의 넓적뿔소똥구리(*C. lunaris*)와 같은 일을 한다. 소의 빈대떡 밑에 자리 잡아, 땅속에서 타원형 빵을 반죽한다. 잃어버린 것은 하나도 없어서 가장 작은 표면적에 가장 큰 부피인 배 모양, 빠르게 건조되는 걸 방지하려고 단단하게 만든 껍데기, 경단의 젖꼭지 부분에 들어 있는 알의 부화실, 부화실 끝은 배아에게 필요한 공기가 들어갈 수

반짝뿔소똥구리의 경단

있는 펠트의 뚜껑 따위들이다.

이 모든 것을 여기서 보았는데, 거의 세상 반대편인 그곳에서 다시 본다. 불변의 논리로 다스려지는 생명은 그들의 작업에서 되풀이되며, 이 위도에서 참된 것이 위도가 다르다고 해서 거짓이 될 수는 없다. 우리는 우리 울타리 안에, 즉 눈앞에 무궁무진한 새로운 광경을 가지고 있는데, 명상을 위해 아주 멀리 새로운 광경을 찾아간다.

반짝뿔소똥구리는 소의 호화판 둥근 빵 밑에 자리 잡았으니, 넓적뿔소똥구리의 본을 땄을 것 같다. 그래서 땅굴로 푸짐한 몫을 떼어다 여러 개의 타원형 덩어리를 만들어 놓았을 것이라는 생각이다. 그런데 녀석은 전혀 그렇게 하지 않았다. 여기저기서 발견되는 몇몇 덩이로 돌아다니며 오직 한 개의 구슬에 필요한 양만 조금씩 떼어다가 빚었다. 그리고 품어 주는 것은 대지에게 맡기기를 더 좋아한다. 부에노스아이레스의 초원과는 멀리 떨어진 곳에서 양 똥으로 만들 때도 그렇게 절약이 강요되지는 않았다.

팜파스의 보석이 아비의 협력을 몰라서 그렇게 행동하는 것일까? 내게는 하나뿐인 창고에 여러 개의 구슬을 만들어 놓았음을 보여 준 스페인뿔소똥구리가 내 말을 부인할 것 같아서 용기 있게 그렇다고 역설하지는 못하겠다. 하지만 저 녀석들은 어미 혼자서 가족의 정착에 골몰한다. 각자에게는 제 몫의 습성이 있는데, 우리는 그 비밀을 모르고 있다.

두색메가도파소똥구리(Mégathope bicolore: *Megathopa bicolor*)와 중재메가도파소똥구리(M. intermédiaire)[4] 두 종은 진왕소똥구리(*S. sacer*)

[4] 여기밖에 기록된 일이 없는 이름이며, 유사 종명도 없어서 어느 종인지 추적할 수가 없다.

와 비슷한 모습인데, 칠흑빛 대신
푸른빛이 도는 검은색이다. 한편
두색메가도파소똥구리는 앞가슴이
눈부신 구릿빛 반사로 빛난다. 녀
석들의 긴 다리, 톱니 모양으로 반
짝이는 머리장식, 평평한 딱지날개
등은 그 유명한 소똥구리의 축소판
같아서 빈약하나마 성공을 한 모습
이다.

두색메가도파소똥구리

녀석들의 재주도 진왕소똥구리
와 비슷했다. 두 종 모두 배 모양
경단을 만드는데, 솜씨가 좀 부족
해서 목에 우아한 굴곡이 없이 거
의 원뿔 모양이다. 즉 멋은 진왕소

중재메가도파소똥구리의 경단

똥구리의 작품과 비교되지 않는다. 이 두 모형 제작자의 연장이
활동에 자유롭고, 부둥켜안기에 적당해서 좀더 훌륭한 작품을 기
대했었다. 그것이야 어쨌든 메가도파소똥구리들의 작품도 기본적
인 기술 면에서는 진왕소똥구리와 일치했다.

네 번째 종인 적록색볼비트소똥구리(Bolbites onitoïdes: *Bolbites
onitoides*)는 반복적인 방법을 추가해 문제를 넓혀 주긴 했어도 새로
운 것은 없었다. 이 종은 광선의 각도에 따라 초록색 또는 구릿빛
을 띤 빨간색 금속성 외투를 걸친 아름다운 곤충이다. 외모가 사
각형이며 톱니 모양의 앞다리가 무척 길어서 우리네 오니트소똥
풍뎅이(*Onitis*)와 비슷하다.

브라질의 소똥구리 옮긴이는 1990년대 초에 한 브라질 사람으로부터 약 10종 100여 개체의 액침표본 뭉치를 받았다가 몇 해 뒤에 그 표본을 정리했다. 꾸러미 안에는 채집 장소와 날짜만 표시되었을 뿐 다른 자료는 없어서 채집자나 채집 방법 등의 내용은 확인할 수 없다.
채집: Tucurui-Pará, Brézil, 11~24. Ⅱ. '87

　　그런데 이 종 때문에 아주 예기치 않던 소똥구리 조합의 모습이 새로 나타났다. 우리가 알았던 녀석들은 빵을 부드럽게 반죽했는데, 이제는 서늘한 상태에서 빵이 더 잘 보존되는 도자기 제조법을 발명했다. 녀석들은 진흙을 가공하는 도기 제조공이 되어, 그 제품으로 새끼의 식량을 둘러쌌다. 내 살림꾼보다 먼저, 또한 우리 모두보다 먼저 이 녀석들은 배불뚝이 항아리를 이용해 무더운 여름에 음식이 마르는 것을 예방할 줄 알았다.

　　적록색볼비트소똥구리의 작품도 타원형이라 형태는 뿔소똥구리의 그것과 별반 다를 게 없다. 하지만 여기서는 아메리카 곤충

적록색볼비트소똥구리
실물의 1.5배

의 빈틈없는 짜임새가 나타났다. 으레 소나양이 제공한 똥 케이크인 경단 겉에 진흙을 한 층 골고루 입혀서 증발을 완전히 막는 견고한 도자기가 되었다.

　　진흙 항아리는 흙이 골고루 꽉 차서 접합선의 미세한 틈새조차 없다. 이런 치밀함이 녀

석의 제작 방법을 알려 준다. 항아리는 식량
겉에 케이스처럼 만들어진 것이다. 적록색
볼비트소똥구리는 일상의 빵 제조 습관에
따라 타원형 경단을 만들고, 부화실에
알을 낳은 다음 근처의 진흙을 한 아
름씩 퍼다 그 위에 바르고 눌렀다.
무슨 일이 있어도 지칠 줄 모르는
인내력으로 적당히 닦음질을 했
다. 조각들 붙이기 작업이 끝난 꼬마
항아리는 선반으로 돌려서 만들어
낸 모습이다. 그래서 그 반듯함이 우
리네 항아리와 견줄 정도였다.

　타원형 경단 끝의 젖꼭지 부분에는 으레 알이 든 부화실이 있
다. 그런데 이렇게 진흙으로 덮인 안층은 공기의 출입이 차단될
텐데, 배아와 갓난이 애벌레는 어떻게 숨을 쉴까?

　걱정할 것 없다. 옹기장이는 그 사정을 훤히 알고 있어서 위쪽
벽까지 진흙으로 막지는 않는다. 진흙의 덧칠은 젖꼭지 끝의 조금
밑에서 끝나고, 대신 소화되지 않은 건초의 작은 목질(木質) 조각
들이 쓰였다. 조각들은 어떤 순서에 따라 서로 포개져서 알 위에
일종의 초가지붕을 만들어 놓았다. 엉성한 이 가리개를 통해 공기
의 유통이 확보된다.

　음식을 신선하게 보존하는 진흙칠, 한 줌의 지푸라기 마개로 입
구를 지키되 공기를 자유롭게 유통시키는 통풍구, 이런 것 앞에서
우리는 곰곰이 생각해 보게 된다. 속된 생각을 뛰어넘지 못하면

적록색볼비트소똥구리의 경단   부화실, 공기통, 진흙 상자를 보여 준다.

이런 질문이 영원히 남는다. 곤충이 이런 분별력 넘치는 재주를 어떻게 배웠을까?

애벌레의 안전과 쉬운 통풍, 이 두 법칙은 누구도 어기지 않았다. 어느 누구도, 제 재주로 새로운 경지를 열어 준 라꼬르데르돼지소똥구리(Gromphas de Lacordaire: *Gromphas lacordairei*) 역시 어기지 않았다.

늙은 암퇘지라는 뜻의 험상궂은 이름, 즉 그롬파스(*Gromphas*)라는 학명 탓에 이 곤충을 오해하지 않기 바란다. 이 녀석 역시 앞에서처럼 멋있는 소똥구리로, 이곳의 들소뷔바스소똥풍뎅이(*Bubas bison*)처럼 어두운 갈색에, 몸은 사각형으로 뚱뚱하며, 크기도 거의 비슷하다. 작품 제작의 전반적인 면에서는 솜씨도 같다.

땅굴은 몇 가닥의 원통 모양 오두막으로 갈라졌는데, 그 각각에 애벌레가 들어 있다. 식량은 소똥을 둥글게 뭉친 것인데, 높이는 1인치가량이다. 부드러운 반죽이 거푸집 속으로 밀려 들어간 것처럼 정성스럽게 다져진 재료가 막다른 골목에 꽉 채워졌다. 여기까지는 들소뷔바스소똥풍뎅이와 같은 모양의 작품이다. 하지만 더는 비슷한 점이 없이, 우리 고장의 것들과는 무관하며 이상하고 대단히 다른 모습으로 바뀌었다.

사실상 거푸집 모양의 소시지를 만드는 뷔바스소똥풍뎅이와 금풍뎅이(*Geotrupes*)는 원통 모양 아래쪽 끝의 식량 뭉치 속에 마련한 둥근 방안에 알을 낳는다. 그런데 팜파스의 돼지소똥구리는 정반대 방식이다. 녀석은 알을 식량 위, 즉 소시지 위쪽 끝에 놓아둔다. 따라서 애벌레가 먹으려면 올라가는 것이 아니라 내려가야 한다.

더 훌륭한 점도 있다. 알이 식량 바로 위에 놓인 게 아니라, 벽 두께가 2mm가량 되는 진흙으로 만든 방안에 들어 있다. 벽은 식량기둥을 밀봉한 뚜껑이 되며, 컵처럼 구부러졌다가 펴진 다음 다시 둥근 천장처럼 구부러졌다.

배아는 이렇게 밀폐된 식량 창고와는 무관한 광물성 상자 안에 갇혀 있다. 갓난이 애벌레의 첫 이빨은 봉인을 뜯고, 진흙 벽을 뚫어서 밑의 케이크로 통하는 뚜껑을 열어야 한다.

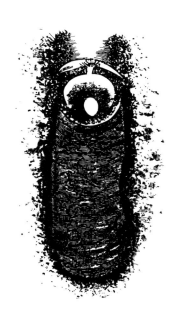

뚫을 곳이 얇기는 해도, 재료가 진흙이라 연약한 이빨로는 힘들 것 같다. 다른 애벌레들은 사방을 둘러싼 연한 빵을 즉시 물어뜯는데, 이 녀석들은 부화했어도 식사를 하려면 벽을 뚫어야 한다.

이 장애물이 왜 필요할까? 이것

라꼬르데르돼지소똥구리의 둥지

의 존재 이유가 있을 것이라는 점에는 의심의 여지가 없다. 애벌레가 꽉 덮인 냄비 바닥에서 태어나고, 식량 창고에 도달하려면 벽돌을 씹어야 하는 것, 이는 분명 어떤 번영의 조건이 요구했을 것이다. 하지만 어떤 조건일까? 그것을 확인하려면 현지에서 연구해야 할 텐데, 내가 참고할 만한 자료는 몇 개의 둥지밖에 없다. 다시 말해 무척 까다로운 의문을 간직했을 뿐, 생명은 없는 물건밖에 소유하지 못했다. 하지만 어렴풋하게 이런 이유가 보이는 것 같다.

돼지소똥구리의 땅굴은 깊지가 않아서 가느다란 원통 모양 케이크가 바싹 마를 위험성이 무척 높다. 여기든 거기든 식량이 건조되는 건 치명적인 위험이다. 이 위험을 피하려면 식량을 꼭 닫힌 그릇 안에 넣어 두는 것보다 더 이치에 맞는 일은 없다.

자, 그래서 돌은 고사하고 무척 작은 모래알조차 없는 아주 곱고 균질인 흙으로 그릇을 마련했다. 이 뚜껑 안쪽에 준비한 부화실, 즉 오목한 여기는 하나의 단지가 되어 무척 뜨거운 햇볕 아래에서도 오랫동안 그 내용물이 마르지 않는다. 부화가 아무리 늦어져도 갓난이 애벌레가 뚜껑을 찾아내면 바로 그날 만든 것처럼 신선한 식량을 먹게 된다.

토담 창고에는 꼭 닫히는 뚜껑이 있다. 이는 무척 훌륭한 처리법으로, 우리네 농업에서 건초를 보관할 때도 이보다 나은 방법은 없을 정도였다. 그러나 한 가지 불편이 따른다. 애벌레가 식량 더미까지 가려면 먼저 방바닥을 뚫어서 통로를 만들어야 하는 것이다. 녀석의 연약한 위장이 요구하는 죽 대신 먼저 씹어야 하는 벽돌을 만나는 것이다.

만일 상자 안의 식량 위에 직접 알이 놓였다면 이렇게 심한 과정은 면할 것이다. 우리의 논리는 여기서 중요한 점을 잊어서 길을 잘못 들었다. 하지만 곤충은 단단히 조심해서 그 길을 잊지 않았다. 배아가 발생하려면 숨 쉴 공기가 필요한데, 진흙 단지가 완전히 막혔다면 공기가 안으로 들어갈 수 없다. 따라서 애벌레는 단지 밖에서 태어나야 한다.

좋다, 그렇다 치자. 호흡이란 관점만 본다면 항아리처럼 완전히 밀폐된 진흙 상자 속의 식량에 놓인 알은 공기를 얻을 수 없다. 사정을 좀더 자세히 살펴보자. 그러면 만족스러운 해답이 나올 것이다.

부화실 내벽은 정성스럽게 다듬어졌다. 어미는 세심하게 정성을 기울여 회반죽으로 매끈하게 매만졌다. 천장은 거칠다. 건축가의 작업 도구가 뚜껑 안쪽까지 미치지 못해서, 거기는 매끈하게 매만질 수가 없었다. 더욱이 우툴두툴한 이 천장의 가운데는 좁은 구멍이 마련되어 있는데, 이것이 상자 안과 밖 사이에 가스를 교환할 수 있는 환기창이다.

완전 자유 상태라면 이 통로가 위험하다. 어느 약탈자가 이곳을 통해서 상자 안으로 침입할 것이다. 하지만 어미는 위험을 예견해서, 투과성이 대단한 소똥의 섬유 부스러기 마개로 숨구멍을 막았다. 거푸집 만드는 여러 곤충이 이미 호리병 모양, 배 모양, 호리병박 모양의 경단 꼭대기에서 보여 준 것을 그대로 반복한 것이다. 모두가 꽉 닫힌 실내의 알에게 공기를 공급하는 펠트 제품 마개의 미묘한 비밀을 알고 있었다.

귀여운 팜파스 돼지소똥구리야, 네 이름은 예쁘지가 않구나. 하지만 솜씨는 크게 주목할 만하다. 네 동료 중 너보다 솜씨가 훌륭한 녀석이 알려졌는데, 온통 푸른빛이 감도는 검은색의 현란한 곤충인

밀론뿔소똥구리

밀론뿔소똥구리(Phanée Milon：*Pha-naeus milon*)이다.

수컷의 앞가슴은 불쑥 튀어나왔고, 머리에는 아주 짧고 넓은 뿔이 있으며, 그 끝은 납작한 세 가락 작살처럼 생겼다. 암컷은 이런 장식 대신 그저 주름만 잡혔다. 하지만 암수 모두 머리장식 앞쪽에 두 개의 뾰족한 끝이 있는데, 이것은 틀림없이 땅파기 연장 겸 잘게 자르는 해부칼이다. 단단하며 뚱뚱한 사각형의 몸매는 몽펠리에 (Montpellier) 근처 희귀종의 하나인 올리버오니트소똥풍뎅이(*Onitis olivieri→ belial*)와 비슷하다.

만일 곤충의 모습이 서로 비슷할 때 솜씨까지 비슷해야 한다면, 밀론뿔소똥구리의 소시지는 뷔바스소똥풍뎅이의 것과 비슷하거나, 오니트소똥풍뎅이보다 훨씬 굵지만 좀 짧은 순대를 만든다고 서슴없이 말할 것이다.[*] 아아! 본능을 설명하려 할 때 구조란 불량한 안내자로다. 네모난 등판에 짧은 다리를 가진 소똥구리의 호리병 모양 경단 제작 기술은 탁월했다. 진왕소똥구리라도 녀석보다 더 정확한 것, 특히 부피가 더 큰 것을 만들지는 못한다.

나는 이 뚱보의 멋진 작품에 놀랐다. 기하학적으로도 흠잡을 데가 없다. 목은 덜 날씬해도 튼튼함에다 은총이 베풀어짐과 관련이 있는 것이다. 본은 마치 인도의 어느 호리병에서 따온 것 같다. 병목이 벌어졌고, 뚱뚱한 부분은 발목마디로 멋지고 경사진 줄무늬를 새겨 넣은 것 같아 더욱 그렇다. 세공

[*] 후자의 기술에 대한 정보와 스케치는 몽펠리에 농업학교 발레리마예(M. Valéry-Mayet) 교수님과의 교신에서 얻은 것이다.

100

품의 짚으로 둘러쳐서 보호하는 술통 같기도 하다. 크기가 달걀만한데, 더 클 때도 있다.

녀석의 체격은 육중하고 딱 벌어져서 서툴 것 같은 형상인데, 그렇게도 신기하고 드물어 보이는 작품을 만들다니 더욱 그렇다. 그렇다, 인간이든 소똥구리든, 연장이 예술가를 만드는 것은 역시 아니다. 거푸집 제작 곤충을 인도하는 데는 연장보다 더 훌륭한 것이 있다. 앞에서 내가 재능이라고 했던 것처럼 짐승의 천재가 있는 것이다.

밀론뿔소똥구리는 난해한 작업도 우습게 생각한다. 녀석들은 우리네 분류학조차 무시했다. 소똥구리라면 으레 소똥을 무척 좋아할 것으로 생각한다. 하지만 녀석은 저 자신을 위해서든, 새끼를 위해서든, 소똥은 중요시하지 않았다. 녀석에게는 죽은 시체의 혈농(血膿)이 필요해서 가금(家禽), 개, 고양이의 시체 밑으로 유인된 장의사(葬儀社) 곤충을 만나게 된다. 내가 그려 놓은 호리병 모양 경단은 올빼미(Chouette: *Strix aluco*)* 시체 밑의 땅속에 있었다.

송장벌레(*Necrophorus*)의 식욕에다 왕소똥구리 재주를 결합해 설명하고 싶지만 포기해야겠다. 곤충은 한 가지 맛밖에 모른다고 생각했던 사람들을 당황시킬 것 같으니 말이다.

이 근방에도 역시 상한 시체를 찾는 소똥구리가 단 한 종 있음을 나는 알고 있다. 녀석은 야산소똥풍뎅이(*Onthophagus ovatus*)인데, 가끔 두더지(Taupes: *Talpa*) 시체나 토끼(Lapins: *Oryctolagus*)똥에 머문다. 이 난쟁이 장의사는 소똥도 거절 않고 즐겨 먹는다. 아마도 이중 식사법을 가졌나 보다. 그래서 성충은 소똥과자를, 애벌레는 썩기 시작한 고기의 고급 사탕조림을 먹는 것 같다.

다른 곳에도 취향은 다르나 비슷한 사실이 있다. 사냥성 벌들은 꽃부리 밑에서 따 온 꿀을 먹지만 새끼는 고기로 기른다. 같은 위장에다 처음에는 고기, 그 다음에는 설탕물을 공급하는 것이다. 소화주머니가 도중에 변해서야 되겠더냐! 요컨대 어렸을 때는 좋아했던 것을 만년에는 무시하는 우리의 밥통도 마찬가지인 셈이다.

밀론뿔소똥구리의 작품을 좀더 면밀히 조사해 보자. 호리병들은 완전히 마른 상태로 내게 도착했는데, 연한 초콜릿 빛깔로 거의 돌처럼 단단했다. 확대경은 내부에서도, 표면에서도 풀 찌꺼기로 인정될 만한 아주 작은 섬유 조각조차 발견하지 못했다. 따라서 이 이상한 소똥구리는 소의 빈대떡이나 그와 비슷한 것은 이용하지 않았다. 처음에는 분명히 다루기가 상당히 어려웠을 다른 성질의 생성물로 만들었다.

귀 가까이에 대고 흔들어 보면 씨가 흔들리는 마른 열매처럼 소리가 조금 난다. 안에 말라서 오그라든 애벌레가 들어 있을까? 죽은 곤충이 들어 있을까? 나는 그렇게 예상했었는데 틀렸다. 그보다 훌륭한 것이 우리의 지식을 위해 들어 있었다.

세 개의 호리병 표본에서 제일 큰 것을 칼로 갈라 보았다. 두께가 2cm인 동질성 벽 안쪽 공동을 꽉 채운 공 모양 핵이 박혀 있었다. 하지만 어디도 울타리를 이룬 벽과는 붙어 있지 않았다. 그래서 아주 조금 움직였고, 흔들었을 때의 충돌 소리가 이해되었다.

그 덩어리의 빛깔과 개략적인 모습, 즉 핵과 껍데기는 다르지 않았다. 핵을 깨뜨려 깨진 조각들을 샅샅이 조사해 보았다. 거기에는 각각 작은 뼛조각 여러 개, 솜털 뭉치, 끈 모양 가죽, 살점 따위 모두가 초콜릿 같은 흙 반죽 속에 잠겨 있음을 알 수 있었다.

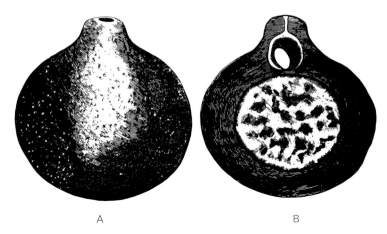

밀론뿔소똥구리의 작품 A: 실물 크기, B: 진흙 경단 속의 부화실과 환기통

확대경으로 조사해서 추려 낸 시체 조각들의 반죽을 뜨거운 숯불에 올려놓았다. 아주 까매지는데, 군데군데 빛을 내며 부풀어 오르고, 동물성 물질이 타는 것임을 쉽게 알 수 있는 매캐한 연기가 피어난다. 결국 핵의 덩어리 전체에 혈농이 잔뜩 배어 있는 것이다.

껍데기도 태워 보았더니 역시 검게 되었으나 아주 까매지지는 않았고, 연기나 부풀어 오름도 별로 없었다. 결국 껍데기에는 핵처럼 시체가 들어 있지는 않았다. 두 가지 모두 태워서 석회처럼 남은 찌꺼기는 불그스레하며 고운 진흙이었다.

이렇게 간단한 분석으로 밀론뿔소똥구리 애벌레의 요리를 알아냈는데, 그것은 일종의 고기 파이(vol-au-vent)[5]였다. 잘게 다져진 고기는 머리장식의 해부칼 두 개와 앞다리의 깔쭉깔쭉한 식칼로 시체에서 떼어 낼 수 있는 모든 것, 즉 작은 덩어리, 솜털, 빨은 잔뼈, 섬유 모양의 살, 가죽 따위를 긁어내서 가늘게 썰어 양념한 것이다. 구운 고기 스튜

---

5 닭이나 생선을 크림과 섞어 만든 파이

가 지금은 벽돌처럼 단단하지만 처음에는 진흙에 썩은 즙이 잔뜩 배어 마치 묵 같은 모습이었다. 우리네 고기 파이는 반죽이 얇게 겹쳐진 것이나, 소똥구리에게서는 고기즙이 덜 풍부한 주머니 형태로 나타난 것이다.

제빵 기사는 제품을 멋있게 만들어서 장미꽃, 꼬인 술, 멜론의 세로줄 모양 따위로 장식한다. 밀론뿔소똥구리도 요리의 미학에 관심이 없지는 않았다. 녀석은 고기 파이 상자를 우리네 손가락 지문처럼 비스듬한 줄무늬로 장식해 훌륭한 호리병을 만든다.

딱딱하고 건조한 껍데기는 맛있는 진액이 별로 배어들지 않아 먹는 부분이 아님을 짐작할 수 있다. 애벌레가 나중에 위가 튼튼해져서 거친 음식도 사양치 않게 되면, 그 파이의 벽을 조금은 갉아먹을 수 있을 것이다. 하지만 전체적으로 볼 때, 호리병은 성충이 탈출할 때까지 온전한 상태로 남아서 보호 상자 노릇을 할 것이다. 즉 잘게 썰어서 양념한 고기를, 그리고 탈출하기 전까지 숨어 있는 새끼를 끝까지 보호하는 것이다.

벽 전체가 진흙으로 구성된 호리병의 목 부위 아래쪽이며, 신선한 파이의 위쪽에 둥근 칸막이로 둘러쳐진 방이 있다. 이 방의 마루는 같은 진흙이 상당히 두껍게 깔려서 식량 창고와 완전히 차단되었는데, 여기가 부화실이다. 말라 있는 여기서 산란된 것을 찾아냈다. 여기서 부화한 애벌레가 식량에 도달하려면 먼저 두 층을 분리시킨 칸막이 뚜껑을 열어야 한다.

결국 이것이 건축양식이 다른 돼지소똥구리의 저택이다. 애벌레는 먹이 뭉치 위에 있지만 그것과는 연결되지 않은 상자 안에서 태어난다. 태어난 녀석은 적당한 시기에 그 통조림통의 뚜껑을 스스로 열어야 한다. 실제로 가늘게 썰어 양념한 고기 위에 애벌레가 도달했을 때는 반드시 마룻바닥에 녀석이 충분히 통과할 정도의 구멍이 뚫려 있었다.

사방이 두꺼운 질그릇 껍질로 둘러싸인 고기 요리는 그 기간을 자세히는 모르겠으나 더딘 부화에도 필요한 만큼 오랫동안 신선하게 보존된다. 알 역시 토담집 독방에서 안전하게 쉬고 있다. 완벽하다. 그때까지 모든 것이 순조롭게 진행된다. 밀론뿔소똥구리는 축성술(築城術)의 비밀과 위험한 식량, 즉 너무 빨리 증발하는 식량의 비밀을 완벽하게 알고 있다. 이제는 배아의 호흡 문제가 남아 있다.

이 곤충은 호흡 문제의 해결에도 영감을 받았다. 호리병의 목 부위에 축을 따라 작은 관이 뚫려 있는데, 이 관은 기껏해야 가느다란 밀짚이나 들어갈 정도의 지름이다. 관 안쪽은 부화실 천장에 열렸고, 바깥쪽은 젖꼭지 끝에 나팔처럼 열린 입구와 연결되었다. 이것이 통풍구인데, 대단히 좁은 이 구멍을 먼지 알갱이들이 어설프게 막지 않고 보호되어 있다. 이것의 존재 자체가 놀랍다고 했는데, 내 생각이 틀렸을까? 이런 건조물이 우연한 것이라면, 맹목적인 우연(偶然)이 기막힌 통찰력을 가졌다고 해야 할 것이다.

우둔한 곤충이 어떻게 이처럼 섬세하고, 이토록 복잡한 건축을 해냈을까? 이 문제에 대한 안내자는 작품의 구조밖에 없다. 중개 역할자의 눈으로 대초원을 탐험하는 나는 이 구조에서 제작자의 방법을 크게 틀리지 않고 추론할 수 있겠다. 즉 작업의 진행과정은 이럴 것이다.

작은 시체 하나를 만났는데 거기서 스민 액체로 그 밑의 진흙이 부드러워졌다. 곤충은 광맥이 풍부한가, 아닌가에 따라 이 진흙을 좀더 많이 또는 적게 긁어모은다. 여기에 정확한 한계는 없다. 만일 조형 재료가 풍부하면 채취자가 아낌없이 이용할 것이며, 그러면 식량 상자가 그만큼 더 단단해질 것이다. 이때는 달걀보다 크고, 벽의 두께가 2cm나 되는 엄청나게 큰 호리병을 얻을 수 있다. 하지만 모형 제작자의 힘에 부칠 정도로 큰 덩어리는 서툴게 다루어진다. 너무 까다로운 겉모양 만들기에도 서투름이 엿보인다. 만

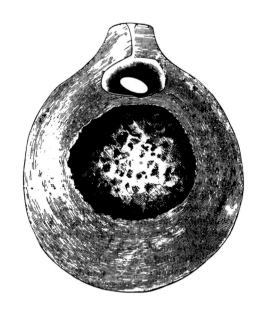

밀론뿔소똥구리의 작품: 관찰한 경단 중 제일 큰 것의 실물 크기

106

일 재료가 풍부하지 못하면 수집에 꼭 필요한 양으로 한정될 수밖에 없다. 이때는 마음대로 움직일 수 있어서 규칙적인 호리병을 훌륭하게 만들어 낸다.

아마도 먼저 진흙을 경단 모양으로 빚을 것이다. 그 다음, 앞다리와 머리방패로 누르고 넓은 절단면을 파낼 것이다. 뿔소똥구리와 왕소똥구리는 이런 식으로 경단 꼭대기에 그릇을 마련했고, 배 모양으로의 마지막 마무리 작업 직전에 그 안에다 알을 낳는다.

이 첫 작업에서는 밀론뿔소똥구리가 단지 옹기장이에 지나지 않았다. 그녀는 시체에서 흘러나온 액체가 별로 많이 배어 있지 않았어도, 어떤 진흙이든 조형 재료로 쓸 수 있다.

이제 그녀는 서투른 외과의사가 된다. 톱니 모양 식칼로 썩은 시체를 몇 조각 썰고 자른다. 애벌레의 호화판 식사감으로 가장 적합하다고 판단한 것을 뜯어내서 잘게 썬다. 이 조각들을 모두 모아 혈농이 많은 지점에서 고른 진흙에 섞는다. 교묘하게 반죽된 덩어리는 다른 환약 제조자들이 구슬을 만들 때처럼 굴리지 않고 현지에서 얻는 경단이 된다. 경단은 애벌레의 필요에 따라 계산된 식량의 할당량으로, 그 크기가 호리병의 마지막 크기와는 무관하게 거의 일정하다는 말을 덧붙이자.

이제 가늘게 썰어 양념한 고기가 준비되면, 넓게 열린 진흙 대접 안에 넣는다. 압축 않고 넣은 요리는 전혀 벽에 붙지 않고 떨어져 있을 것이다. 다시 도자기 제작이 시작된다.

어미는 진흙 컵의 두꺼운 테두리를 눌러서 얇아진 것을 준비된 고기 위에 덮는다. 그래서 식량의 위는 얇은 벽, 다른 곳은 모두 두꺼운 층으로 둘러싸인다. 나중에 갓난이 애벌레가 식량 창고로 내려갈 때 얇은 벽은 연약한 녀석의 힘에도 쉽게 뚫리고, 두꺼운 똬리 모양은 그대로 남는다. 이 똬리 역시 둘레가 조작되어 오목한 반구형이 되며, 이 안에 산란을 하는 것이다.

작업은 작은 분화구의 테두리를 살며시 눌러서 붙여 주는 것으로 끝나며, 이렇게 닫힌 곳은 부화실이 된다. 여기서 특히 섬세하고 우수한 기술이 요구된다. 젖꼭지 모양이 빚어짐과 동시에 재료를 압축하면서도 축을 따라 환기통이 될 관이 남겨져야 하니 말이다.

계산 착오로 잘못 눌렀다가는 막혀 버릴 테니, 다시 손써 볼 수도 없을 이 좁은 구멍의 제작은 극히 어려울 것 같다. 가장 능란한 인간 옹기장이라도 바늘을 꽂았다 빼내는 방법 말고는 관을 만들지 못할 것이다. 관절로 구성된 곤충은 일종의 자동 장치처럼 생각도 않고 두꺼운 돌기를 관통하는 관을 얻어 낸다. 만일 녀석이 생각을 했다면 뜻을 이루지 못했을 것이다.

호리병이 만들어졌으니 이제는 미학적 작업이 남았다. 인내심으로 곡선을 수정하는 이 작업 과정에서, 선사시대의 옹기장이가 불룩한 항아리에 검지 끝으로 지문처럼 긁어 놓은 것과 비슷한 흔적들을 무른 진흙 위에 남겨 놓는다.

자, 끝났다. 이제 다른 시체에서 다시 시작할 것이다. 왕소똥구리가 배 모양 경단을 만들 때처럼, 이들도 굴 하나에 호리병을 한 개만 만들고는 다시 시작해야 하는 것이다.

또 다른 팜파스 초원의 예술가가 있다. 아주 까맣고, 이곳 소똥풍뎅이 중 가장 큰 종류만 한 크기에, 전체적인 생김새도 무척 닮은 가시코푸로비소똥구리(Coprobie à deux épines)[6] 역시 시체 탐색자이다. 녀석은 항상 자신만을 위한 것이 아니라, 적어도 새끼를 위해서라도 시체를 찾아다닌다.

녀석들은 경단 제작을 독창적으로 혁신했으
며, 그 작품 역시 앞의 작품처럼 지문 흔적이
깔렸다. 모양은 순례자의 수통처럼 볼록한 부
분이 두 개인 호리병이다. 분명히 좁아진 목으
로 연결된 두 층인데, 좀 작은 위층 부화실에
알이 있고, 더 큰 아래층은 식량 뭉치이다.

가시코푸로비소똥구리의
작품

경단은 꼬마인 긴다리소똥구리(*Sisyphus schaefferi*) 부화실을 축소
시킨 것과 이보다 작은 공을 만들었다고 상상해 보자. 두 공 사이
에 일종의 넓은 도르래의 홈이 있다는 가정도 해보자. 그러면 대
략 코푸로비소똥구리의 작품 모양과 크기를 짐작하게 될 것이다.

불룩한 덩어리가 두 개인 이 호리병을 숯불 위에 얹어 놓으면
재료의 표면이 반들거리는 흑옥 모양의 농포(膿泡, 작은 혹)들로 뒤
덮이고, 동물성 물질 타는 냄새를 풍기다가 붉은 진흙을 남긴다.
따라서 이 호리병은 진흙과 혈농으로 이루어진 것이다. 더욱이 반
죽 여기저기에 자질구레한 시체 조각들이 있다. 작은 덩어리 끝에
는 공기 유통에 필요한 듯 작은 구멍들이 무
척 많이 뚫려 있고, 그 아래 천장 밑의 방안
에 알이 들어 있다.

이 꼬마 장의사에게는 두 종의 작은 소시
지 제작자보다 훌륭한 면이 또 있다. 즉 들
소뷔바스소똥풍뎅이, 긴다리소똥구리, 넓적
뿔소똥구리(*Copris lunaris*)처럼 아비의 협력을
알고 있다. 땅굴마다 여러 개의 요람이 있

6 D. Ramon Joaquin Domin-
gues(1846년)의 사전 『Di-
ccionario universal francés-
español por~』에 의하면
Coprobie는 소똥구리과의
*Canthon*속과 밀접한 관계가 있
는 *Coprobia*속이라고 했다. 그
러나 이 속은 소똥에 피는 곰팡이
종류(자낭균류)의 속명이며, 곤
충에서는 이 속명을 발견하지 못
했다.

고, 으레 어미, 아비가 함께 있다. 떨어질 줄 모르는 이 두 녀석은 거기서 무엇을 할까? 한배의 새끼를 보살핀다. 작고 갈라지거나 마를 위협이 많아서 시원찮은 순대를 꾸준히 손질해 훌륭하게 유지시킨다.

내게 팜파스 초원으로 조사 여행을 허락해 준 마법의 융단도 특기할 만한 것을 제공하지는 못했다. 물론 신대륙에는 소똥경단을 만드는 곤충이 많지 않다. 뿔소똥구리와 왕소똥구리의 낙원인 세네갈[7]이나 나일 강 상류 지방과는 비교되지 않는다. 그러나 신대륙에서 귀중한 자료 하나는 얻었다. 즉 통속어로 소똥구리라 불리는 족속은 짐승 똥이나 동물 시체를 경영하는 두 종류의 노동조합으로 나뉜다는 사실이다.

프랑스의 분식성(糞食性) 조합원은 아주 드문 예외 말고는 시체를 경영하는 대표 종이 없다. 타원형 꼬마 소똥풍뎅이를 시체를 좋아하는 녀석으로 소개했었지만, 달리 이와 비슷한 예는 더 생각나지 않는다. 이런 취향을 발견하려면 신대륙으로 가야 한다.[8]

원시 위생처리사들 사이에 분열이 생겨, 처음에는 같은 기업에 종사하다가 나중에는 위생 업무를 분담해서, 어떤 녀석은 창자의 오물을 파묻고, 다른 집단은 시체를 파묻기로 했을까? 이런 식량, 저런 식량을 비교적 자주 만나게 되자 두 업종의 단체가 형성되었을까?

그것은 인정할 수 없다. 죽음이란 삶과 분

---

7 파브르가 말하는 아프리카 열대지방

8 파브르는 긴다리소똥구리도 개나 사람의 똥에 많이 모이고(프랑스의 경우 30%), 시체에서도 자주 발견됨을 몰랐다. 『파브르 곤충기』제5권 4장에 등장했던 황딱지소똥풍뎅이도 시식성(屍食性)인데, 야외 조사를 하지 않아 몰랐을 것이다. J. P. Lumaret(1990년)의 보고서를 보면 프랑스에 분포하는 소똥구리류 대다수 종의 10~30%는 인분을 이용했고, 어떤 종은 산속 야생동물의 배설물을 찾는다.

리될 수 없는 것이어서 시체가 있는 곳이면 어디든 산 동물이 소화하고 남은 찌꺼기가 여기저기 널려 있게 마련이다. 그리고 경단 제조 곤충은 그 찌꺼기가 어디서 왔는지에는 별로 신경 쓰지 않는다. 따라서 진짜 소똥구리가 사실상의 장의사로 되었거나, 진짜 장의사가 소똥구리로 되었더라도 식량 부족과 이 분열과는 상관이 없다. 이들에게나 저들에게나, 그리고 언제든, 이용할 물자가 부족한 적은 없었다.

어느 것도, 즉 식량의 희귀성도, 풍토 차이도, 정반대의 계절 차이도, 이 취향의 분할을 설명할 만한 것은 없다. 여기서는 당연히 타고난 특수성, 즉 후천적이 아니라 처음부터 강요된 취향으로 보아야 한다. 그리고 그것을 강요한 것은 절대로 구조가 아니다.

가장 유능한 사람에게 경험으로 알기 전에, 또한 곤충의 겉모습만 보여 주고, 가령 밀론뿔소똥구리를 보여 주고, 어느 업종에 종사하는 곤충인지 물어보자. 거의 같은 모습이며 소똥을 다루는 오니트소똥풍뎅이가 생각난 그는, 이 외국 곤충도 소똥을 다룬다고 생각할 것이다. 하지만 틀렸다. 우리는 고기 파이를 분석해 보고 그것을 알게 되었다.

겉모습이 진정한 소똥구리를 만들지는 않는다. 내 표본상자에는 카옌(Cayenne)[9]에서 온 현란한 곤충으로, 축제뿔소똥구리(*Phanaeus festivus*)라고 불리는 녀석이 있다. 복장이 멋지게 빛나서 매력적이며 아름다운 곤충이다. 정말 이름에 걸맞은 녀석이구나! 금속성 붉은색의 몸통이 마치 새빨간 루비처럼 반짝거린다. 앞가슴에는 찬란한 보석 세공품과는 대조적으로 아주 넓고 새까만 점무늬들이 여기저기 널려 있다.

9 프랑스령 기아나(Guiana)의 수도

반짝이는 석류석아, 너는 뙤약볕 아래서 무슨 직업에 종사하느냐? 몸치장이 너와 경쟁자인 반짝뿔소똥구리처럼 전원생활의 취미를 가졌느냐? 밀론뿔소똥구리처럼 썩은 돼지고기를 자르는 일꾼이냐? 나는 정말이지 너를 바라보면서 자세히 살펴본다. 그런데 네 연장은 아무것도 알려 주지 않는구나. 너의 작업 광경을 보지 않은 사람은 너의 직업을 알 수가 없구나. 나는 솔직한 대가들, 즉 모른다고 말할 줄 아는 학자들 편이다. 이 시대에는 그런 사람이 별로 없지만, 결국은 있게 마련이다. 그런 사람은 다른 사람보다 무분별한 싸움에는 열의가 덜하면서도 성공한 자들이다.

팜파스 초원의 여행에서는 약간 중요한 결론이 연역된다. 서반구에는 정반대의 계절과 다른 풍토의 생물학적 조건에서 사는 일련의 진짜 소똥구리들이 있는데, 녀석들의 습성과 솜씨는 본질적으로 우리네 소똥구리들과 같다. 나처럼 대리로 실행한 연구가 아니라, 거기서 실제로 오랜 연구가 지속되면 비슷한 일꾼들의 목록이 크게 늘어날 것이다.

한편 여기서 쓰이는 소똥 모형 제작자의 원칙을 오직 라플라타의 초원에서만 따라서 제작하는 것은 아니다. 에티오피아의 뿔소똥구리나 세네갈의 왕소똥구리도 우리네 소똥구리와 똑같은 방법으로 제작한다고 단언해도 틀릴 염려가 없다.

다른 곤충 세계에서는 서로의 서식 장소가 아무리 멀리 떨어졌어도 솜씨는 같음을 볼 수 있다. 나는 수마트라의 청보석나나니(Pélopée: Pelopoeus→ Sceliphron)에 관해 읽고서 그 녀석들도 이곳 청보석나나니와 똑같이 거미를 열심히 사냥하고, 집 안에다 진흙으로 방을 만들고, 둥지 받침대로는 흔들리는 창문의 커튼이나 천을 대단히 좋아한다는 것을 알았다. 또 마다가스카르의 배벌(*Scolia*)에 관해 읽고, 녀석들은 새끼에게 장수풍뎅이(Orycte: *Oryctes*) 굼벵이를 한 마리씩 제공해서 살찐 비곗덩어리를 먹임을 알았는데, 이곳의 배벌도 신경계가 집결되어 비슷한 장수풍뎅이, 꽃무지(*Cetonia*), 검정풍뎅이(Anoxie: *Anoxia*)의 굼벵이 같은 생물체 식량으로 가족을 기른다.

텍사스에서 대모벌과 비슷하며 무서운 독거미 사냥을 무척 즐기는 독거미대모벌(Pepsis: *Pepsis*) 이야기를 읽고, 대담하기가 검정배타란튤라(*Lycosa narbonnensis*) 독거미를 몹시 괴롭히는 이곳 황띠대모벌(Calicurgues: *Batozonellus* → *Cryptocheilus annulatus*)⁕과 막상막하임을 알게 되었다.

흰줄조롱박벌(*Prionyx kirby*)에 필적하는 사하라조롱박벌(Sphex sahariens)[10]도 메뚜기를 수술한다고 읽었다. 인용을 추가한다는 것이 쉽지는 않으니 이 정도만 해두자.

동물이 우리 이론대로 바뀌는 데는 환경의 영향만큼 편리한 것도 없다. 이것은 막연하고 융통성이 있으며, 정확성에 대한 위험도 별로 크지 않다. 설명할 수 없는 것에도 설명 비슷한 것을 던져 준다. 하지만 영향이란 것이 사람들의 말처럼 그렇게 강력한 것일까?

환경 영향으로 동물의 크기나 털 빛깔처럼 부차적인 외형들이 조금 변한다는 것은 나도 인정한다. 하지만 그 이상을 주장하는 것과 사실과는 별개의 문제이다. 만일 환경이 너무 많은 것을 요구하면 동물은 참고 견디던 폭력에 대항하거나, 변질되기보다는 차라리 쓰러진다. 만일 환경이 부드럽게 진행된다면 거기에는 그럭저럭 만족하려 한

---

10 정확한 종명을 추적할 수 없다.

다. 하지만 본래부터 갖지 못한 성질인 것은 막무가내로 거절한다. 자신이 태어난 틀에 맞추어 살거나 죽을 뿐, 그 밖의 다른 방법은 없다.

상위 특성인 본능도 그 활동의 하수인인 기관들이 그랬듯이 환경의 명령에 저항한다. 곤충 세계의 일감은 수많은 조합원이 분담했다. 또한 이 노동조합의 하나에 속하는 조합원은 한결같이 풍토나 위도, 한층 중대한 혼란에도 굴하지 않는 조합의 규칙을 따라야 한다.

팜파스 소똥구리들을 보시라. 세상 저쪽 끝에 있는, 이곳의 건조한 풀과는 너무도 다른, 즉 무한히 넓게 물에 잠긴 목초지에서도 녀석들은 현격한 변화 없이 프로방스 지방 친구들의 방법을 따랐다. 커다란 환경 변화도 집단의 솜씨는 거의 변화시키지 못했다.[11]

마음대로 이용될 식량도 솜씨를 바꾸지 못한다. 오늘날의 소똥구리 식량은 특히 소가 배출한 물질이다. 하지만 그 나라의 소는 스페인 정복 때 처음 수입되었다. 그러면 현재의 공급자인 소가 들어오기 전에는 메가도파소똥구리, 볼비트소똥구리, 반짝뿔소똥구리가 무엇을 먹었으며, 무엇에 만족했을까? 고원지대에 사는 라마(Lama)는 평야 지대의 분식성(糞食性) 곤충에게 식량을 대 주지 못한다. 아마도 고대에는 이들을 먹여 살릴 엄청난 양의 똥 생산 공장 역할을 흉측하게 생긴 메가테리움(Megatherium, 최초 초식성 포유류)이 담당했을 것이다.

그래서 지금은 해골이나 겨우 드물게 남은 초대형 동물의 배설물을 빚던 녀석들이 양이나 소의 배설물로 옮겨 왔지만, 타원 모

11 이 문단은 곤충의 외부 형태의 변화 여부만 다룬 것으로 이해해야 하겠다.

양이나 호리병 모양의 제품에는 변화가 없다. 마치 우리네 왕소똥구리도 좀더 선호하는 양의 빵과자가 없을 때는 소의 파이를 수용하고, 계속해서 배 모양 경단 제작에 충실한 것과 같다.

남쪽에서든 북쪽에서든, 여기서든 지구의 반대쪽에서든, 뿔소똥구리라면 모두 타원형 경단을 빚어 작은 부분의 끝 쪽에 알을 낳으며, 소똥구리라면 모두가 배나 호리병 모양의 제품을 만들어 목 부위에 부화실을 마련한다. 그러나 제품 재료는 때와 장소에 따라 메가테리움, 소, 말, 양, 사람, 또 다른 많은 동물로 제공자에 따라 크게 달라질 수 있다.

이런 다양성 덕분에 본능이 변했다는 결론을 내리지는 말자. 그러면 초가지붕의 짚은 보면서 대들보는 못 보는 격이 될 것이다. 예를 들어, 가위벌(*Megachile*)의 솜씨는 잎 조각으로 부대를, 솜틀공인 가위벌붙이(*Anthidium*)의 재주는 식물의 솜털로 부대를 짜는 데에 있다. 잎 조각을 이 나무에서 잘랐든 저 나무에서 잘랐든, 또

장미가위벌의 집짓기 벽제. 4. VIII. '92

1, 2. 나뭇잎을 타원형으로 오려 벽 틈이나 파이프 안에다 컵 모양의 집을 일렬로 짓는다.

는 어떤 꽃잎에서 잘랐든, 그리고 솜도 우연한 만남에 따라 어디서 얻었든, 이 벌들이 가진 솜씨의 본질적인 면에는 변함이 없다.

소똥구리의 솜씨도 이처럼 재료를 이 광맥에서 마련했든 저 광맥에서 마련했든, 변하지 않는다. 자, 참말로 변함없는 본능이며, 우리 이론에 흔들리지는 않는 바윗덩이로다.

그리고 그 작업에 관한 한 그렇게도 논리적인 본능이 왜 변하겠나? 혹시 어디선가 더 좋은 수단이 첨가되어 도움이 된 본능을 찾아낼 수 있을까? 이 작업 양상이 저 양상으로 바뀌었어도, 똥을 빚는 소똥구리의 경우는 종에 따라 겨우 알의 보관 장소가 조금 달라진 정도일 뿐, 본능은 언제나 기본적인 건축양상인 공 모양의 형태를 만들게 한다.

모든 소똥구리가 처음부터 컴퍼스도, 선반 위에서 돌리기도, 제품의 바탕을 이동하는 일도 없이 공 모양을 얻는다. 이 형태는 애벌레의 안락에 특히 유리하며, 게다가 멋있게 제작된 고체 형태이다. 모두가 돌볼 가치가 없는 조잡한 덩어리보다는 지대한 사랑과 엄청난 수공이 요구되는 공 모양을 더 좋아한다. 태양에 대해서든, 소똥구리의 요람에 대해서든, 에너지 보존에 적합한 형태인 공 모양 물체 말이다.

맥리이(Mac Leay)가 왕소똥구리에게 햇빛소똥구리(Héliocanthare)란 이름을 주었을 때, 무엇을 보고 그랬을까?[12] 반짝이는 듯한 머리방패의 톱니 모양, 아니면 강한 햇빛에서 뛰노는 것을 보고 그랬을까? 이집트의 신전 정면에는 태양의 상징으로 구슬 대신 공 모

[12] 맥리이는 1819년에 풍뎅이를 현재와 같은 과들로 나누고 그 이름을 붙인 미국의 학자이다. 소똥구리과에는 뿔소똥구리류인, 즉 머리방패가 톱니 모양이 아닌 *Heliocopris*속과 *Catharsius*속은 존재하나 *Heliocantharsius* 형태의 이름은 없다. 게다가 곤충 이름을 프랑스 어 형태로 바꾸어 쓴 파브르에게 착오가 있었는지도 의심된다.

양 주사(走砂)가 하늘을 향했다. 저들보다는 오히려 이집트의 상징인 이 왕소똥구리를 회상한 것은 아닐까?

우주의 커다란 천체와 곤충의 하찮은 구슬과의 대조가 나일 강변 사상가들에게 혐오감을 일으키지는 않았다. 그들의 생각은 자신들의 초상에 최고의 찬란함을 극도의 비천함에서 발견하는 것이었다. 그들의 생각이 아주 틀렸을까?

그렇지 않다. 이유는, 깊게 사고할 줄 아는 사람에게는 소똥구리의 작품이 중대한 문제를 제기해서이다. 그것은 우리에게 양자택일을 강요한다. 즉 소똥구리의 얄팍한 두뇌가 스스로 통조림의 기하학적 문제를 풀었다는 영광을 그에게 돌려주던가, 아니면 모든 것을 알아서 미리 준비된 어떤 지능의 관리 밑에서 사물 전체가 조절되는 어떤 조화에 의지했던가, 둘 중 하나를 택해야 한다는 것이다.

6 색깔

팜파스 대초원의 가장 아름다운 소똥구리, 반짝뿔소똥구리(*Phanaeus splendidulus*)를 공식적인 학술 용어로는 반짝이는 것, 찬란한 것이라 부른다. 이 이름은 조금도 과장된 것이 아니다. 불타는 듯이 붉은 보석의 빛깔과 금속성의 찬란함을 아우른 이 곤충은 광선의 각도에 따라 에메랄드의 초록빛과 붉은 구릿빛 광채를 발산한다. 오물을 쑤시고 다니는 이 녀석이 보석상의 보석 상자를 명예롭게 할 것이다.

게다가 대체로 검소한 옷차림인 이곳의 소똥구리(Bousiers)들도 아주 호사스럽게 장식하는 경향이 있다. 소똥풍뎅이(*Onthophagus*) 중에도 앞가슴을 피렌체(Florence)풍 청동색으로 꾸몄거나, 딱지날개에 석류석 빛깔을 띤 녀석들이 있다. 윗면이 검정색인 검정금풍뎅이(*Geotrupes → Sericotrupes niger*)의 아랫면은 누런 구릿빛이며, 역시 겉은 모두 검정색인 똥금풍뎅이(*Geotrupes stercorarius*)는 배 표면이 찬란한 자수정의 보랏빛

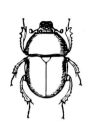

검정금풍뎅이

118

을 띤다.

습성이 서로 다른 딱정벌레과 딱정벌레(*Carabus*), 꽃무지(*Cetonia*), 비단벌레(*Buprestis*), 잎벌레(*Chrysomela*), 이 밖의 많은 곤충 족속도 보석 같은 점에서는 찬란한 소똥구리와 맞먹거나 이를 능가한다. 때로는 보석상의 상상력이 감히 생각해 낼 수도 없을 만큼 찬란한 녀석을 만나기도 한다. 산골 개울가의 오리

똥금풍뎅이
채집: Violos-en-Lavals
Hérault France, 21. VIII.
'96, 김진일

나무나 버들가지를 찾아드는 하늘빛 청남색긴다리풍뎅이(Hoplie azurée: *Hoplia coerulea*)는 놀랄 만큼 푸른빛인데, 더없이 부드럽고 파란 하늘보다 더 정다워 보인다. 이와 맞먹는 장식은 어느 벌새(Oiseau-mouche: Trochilidae)의 목덜미나 적도지방의 어느 나비 날개에서 볼 수 있을 것이다.

풍뎅이 우리나라에서도 한때는 야외에 개체 수가 많았고, 광택이 강해서 합성수지에 매몰한 상품으로 팔린 적이 있다.
대청도, 5~6. VII. 06, 강태화

비단벌레 원래는 좌우 중앙에 빨간 세로 줄무늬가 있으나, 카메라 각도를 정확히 맞추지 못하면 사진처럼 줄을 구별할 수 없다. 한국, 중국, 일본의 남부 지방에 분포하는데, 옮긴이가 보기에는 한국산이 가장 매끄러워서 제일 예쁜 것 같다. 해남, 14. VIII. 03, 강태화

이 녀석들은 제 몸을 이렇게 꾸미려고 골콘다(Golconde)[1]의 어디에서 그 보석들을 찾아냈을까? 어느 광산에서 천연 귀금속 덩이를 캐냈을까? 오오! 비단벌레의 딱지날개는 참으로 중대한 문제로다! 색채 화학이 거기서 매혹적인 수확을 가져올 것이다. 하지만 아직은 가장 초라한 복장의 동기조차 과학이 말해 줄 수 없을 정도로 대단히 어려운 문제인 것 같다. 언젠가는 완전한 해답이 나오겠지만, 아마도 먼 장래의 일일 것이다. 이유는, 우리의 증류기로는 금지된 비밀이며, 생명연구소는 이 비밀을 자신만 간직하려할지도 모르니까 하는 말이다. 지금 당장은 내가 본 약간의 정황만 말하겠으며, 혹시 이것이 미래의 결과물에 모래 한 알을 가져오는 격이 될지는 모르겠다.

기초적 관찰은 상당히 오래전에 있었다. 당시 나는 사냥벌에 관심이 있었고, 알에서 고치에 이르는 애벌레의 변화를 관찰했다. 그 지방에서 사냥을 즐기는 곤충의 거의 모두를 적어 놓았던 것 중에서 하나의 예를 꺼내 보자. 노랑조롱박벌(*Sphex flavipennis→funerarius*) 애벌레를 선택했는데, 녀석은 크기가 적당해서 사육이 쉬울 것 같았다.

이제 겨우 부화해 처음으로 귀뚜라미를 먹기 시작했는데, 금방 투명한 애벌레의 피부 아래층에 작고 하얀 점들이 나타났다. 이 점들의 숫자가 무척 빠른 속도로 늘어나며 부피도 커져서 끝내 몸의 앞쪽 두세 마디 외의 전신에 퍼졌다. 애벌레를 갈라 보면 이 점들에 넓적한 지방질이 달려 있어서 그 지방층이 대부분을 이룬다는 것을 알 수 있었다. 그 점들이 표면에만 있는 게 아니라 두께 전체

---

1 인도 남부 지방에 1512~1687년에 존재했던 시아 왕국의 수도. 다이아몬드 생산지로 유명하다.

에 스며들었고, 숫자가 너무 많아서 그 중 얼마간을 뜯어내지 않으면 한 토막의 조직조차 핀셋으로 집어낼 수 없을 정도였다.

수수께끼의 반점들은 확대경 없이도 잘 보이지만 그래도 자세히 검사하려면 현미경이 필요하다. 검경해 보면, 두 종류의 작은 주머니로 이루어진 지방조직임을 알 수 있다. 한 종류는 엷은 노란색인데, 작고 투명한 기름방울들이 가득 차 있다. 다른 종류는 불투명하며 녹말처럼 흰빛을 띠는데, 무척 고운 가루가 부푼 알맹이로 되어 있다. 이 가루의 작은 주머니가 현미경 슬라이드 글라스 위에서 터지면 구름 모양으로 좍 퍼진다. 겉에서 보면 질서 없이 뒤범벅처럼 보이는 이 두 종류의 주머니가 모양이나 부피는 서로 같다. 전자는 엄밀히 말해서 영양분 비축용 지방조직이며, 흰 점 모양은 좀더 관찰해 보자.

흰 주머니의 내용물을 검경해 보면 물보다 짙은 농도의 불투명하며 무척 고운 입자들로서 수용성은 아님을 알 수 있다. 유리 슬라이드 위에서 질산으로 화학반응을 시켜 보면 입자들이 부글부글 끓으며 용해되어 찌꺼기가 남지 않는다. 주머니 속에서도 같은 현상을 보였으나 진짜 지방질 주머니는 질산의 공격에 반응 없이 조금 더 노래질 뿐이었다.

이 특성을 이용해서 좀더 광범한 실험을 해보자. 여러 애벌레에서 추출한 지방질 조직을 질산으로 처리했다. 흰 알갱이도 똑같은 반응을 보였다. 즉 끓어오름이 가라앉으면 노란 응결 물질이 뜨고, 이것들은 쉽게 분리해 낼 수 있었다. 주머니의 막 역시 지방질에서 온 물질이다. 남은 것은 흰 입자들이 용해된 투명한 액체뿐이다.

입자들의 정체가 처음으로 드러났다. 선배 생리학자나 해부학자들의 자료로는 전혀 알 수 없어서 나는 몇 번의 망설임 끝에 그 특성을 찾아냈다. 대단히 기뻤다.

작은 도자기 증발접시에 용액을 넣고, 뜨거운 재에 얹어 증발시켰다. 남은 것에 암모니아수나 물 몇 방울을 떨어뜨리면 곧 화려한 카민 색(진홍빛)이 나타난다. 문제가 해결되었다. 이 착색은 무렉시드 반응[2]에서 온 것이며, 따라서 흰 주머니 속 가루 모양 물질은 요산(尿酸), 더 정확히 말해 암모니아성 요산염일 수밖에 없다.

이렇게 중요한 생리학적 사실을 사장시킬 수는 없다. 이 기초 실험 후, 이 지방의 모든 사냥벌(Hyménoptère: giboyeur) 애벌레의 지방조직에서 요산 입자를 확인했고, 번데기 상태의 꿀벌류에서도 확인했다. 다른 종류의 여러 곤충에서도 이 입자를 관찰했는데, 애벌레 상태와 성충 상태에서 모두 확인했다. 하지만 전신이 흰 점으로 얼룩진 사냥벌들의 애벌레는 그렇지가 않았다. 내 생각에는 그 이유가 어렴풋이 보이는 것 같았다.

육식성인 조롱박벌과 물땡땡이(Hydrophile: Hydrophilidae)[3]의 애벌레를 살펴보자. 두 종류 모두 생명유지에 필연적으로 따르는 변화의 산물인 요산이나 그 유사 물질이 형성되게 마련이다. 하지만 후자에는 이것들의 축적이 보이지 않으며, 전자에는 잔뜩 들어 있다.

조롱박벌 애벌레는 아직 고형 배설물의 배출 기능이 없다. 소화기관 끝이 막혀서 아무것도 내보내지 못하는 것이다. 배설공이 없으니 생성된 오줌은 체외로 배출되지 못하고 지방층에 쌓인다. 결국 지방층은 현재 기관의 생활 찌꺼기와 장차 조직 형성에 필요한 재료의 합동창고 역할을 한다. 여기서 신장(콩팥)을 절제당한 고등동물과 비슷한 현상이

---

2 요산의 존재를 증명하는 반응

3 수서성 딱정벌레

일어난다. 즉 절제 전에는
혈액 속에 극히 소량의 요소
가 존재했으나 나중에는 확
실하게 혈액에 축적된다.

반대로 물땡땡이 애벌레
는 처음부터 배설공이 뚫려
있어서 배설기관의 생성물
이 생기는 즉시 배출된다.
따라서 지방조직에 생활 찌

잔물땡땡이 물땡땡이와 물방개는 겉모습이 서로 비슷해서 혼동하기 쉽다. 또한 대부분이 부식성인 물땡땡이를 포식성으로 잘못 알 수도 있다. 이 두 무리는 사실상 계통도 완전히 달라서 가까운 친척이 되지도 않는다. 김태우 사진

꺼기가 남지 않는다. 하지만 탈바꿈이란 심각한 변화가 진행 중일
때는 모든 분비가 불가능하므로, 여러 애벌레의 지방체 안에 요산
이 축적되게 되고, 실제로 축적되었다.

비록 오줌의 문제가 중요하긴 해도 지금의 주제는 착색(색깔)이
니 배설 문제를 계속 다루는 것은 옳지 않다. 조롱박벌 애벌레가
제공한 기존의 내용으로 이 주제를 다시 다뤄 보자. 거의 투명한
애벌레는 엉기지 않은 단백질의 중성 색조를 띠고 있다. 다만 얇
고 투명한 피부 밑에 길게 암적색으로 흐릿한 소화관 말고는 색깔
이 없다. 암적색은 녀석이 먹은 귀뚜라미가 가죽처럼 되어 부풀어
생긴 것이다. 하지만 분명히, 어렴풋하게 반투명한 바탕에 흰색의
불투명한 요(尿) 입자들이 수없이 많이 부각된다. 이 반점들로부
터 그럴듯한 복장의 윤곽이 나타난다. 그것이 아주 평범해 보이긴
해도 결국은 무엇인가가 존재한다는 이야기인 것이다.

이 애벌레는 창자가 처치할 수 없는 오줌 죽으로 자신을 약간 아
름답게 꾸미는 법을 찾아낸 것이다. 가위벌붙이(*Anthidium*)는 자신

의 오물로 솜 자루에 보석을 만들어 놓는 방법을 알려 주었었다. 하얀 입자로 장식된 복장도 이처럼 교묘한 발명품의 하나였다.

제게 쓸모없어진 물건을 별로 힘들이지 않고 잘 이용해서 자신을 아름답게 꾸미는 방법은 찌꺼기의 배설에 모든 수단을 갖춘 곤충들이 많이 이용하는 방법이다. 사냥벌의 애벌레는 할 수 없이 요산으로 얼룩이 진다. 하지만 배설관이 훤히 뚫렸는데도 찌꺼기를 훌륭한 솜씨로 보존하여 아름다운 옷을 만들어 입는 녀석도 있다. 남들은 급히 배설하는 찌꺼기를 이 녀석은 아름답게 꾸미려고 저축한다. 그 비천한 것으로 몸치장을 하는 것이다.

이 중에는 프로방스의 곤충 중 가장 긴 칼을 찬 대머리여치(Dectique à front blanc : *Decticus albifrons*)가 포함된다. 상앗빛의 희고 넓은 얼굴에 흰 크림 색의 포동포동한 배, 갈색 얼룩이 진 긴 날개의 이 여치는 멋쟁이 곤충이다. 혼례복을 입는 7월에 녀석을 물에 담그고 해부해 보자.

황백색의 풍부한 지방조직이 불규칙한 그물코처럼 넓게 접합되어 레이스를 형성했다. 이것은 가루 같은 물질이 부풀어 오른 관상(管狀) 그물인데, 투명한 바탕 위의 가루는 흰 분필 같은 점들의 얼룩으로 응축되어 아주 분명하게 부각된다. 물속에서 으깨면 이

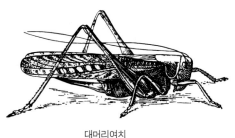

대머리여치

그물 조각이 우윳빛 구름처럼 퍼진다. 현미경으로는 그 속에 불투명한 미립자가 수없이 떠 있는 게 보이지만 지방질 알맹이는

아주 작은 것조차 발견되지 않는다.

　여기서도 암모니아수의 요산염이 있음을 알게 되었다. 대머리여치의 지방조직도 질산으로 처리하면 흰 입자처럼 끓어오르고, 한 컵 가득한 물을 카민으로 물들일 만큼 많은 무렉시드 반응을 보인다. 지방질의 흔적은 안 보이면서도 요산으로 꽉 찬 이 레이스 뭉치는 참으로 이상한 지방질이 아니더냐! 짝짓기 계절이 왔다. 수명이 다한 곤충은 저장해 둔 영양분을 어떻게 처리할까? 녀석들은 미래를 위해 절약할 필요가 없어졌으니, 얼마 남지 않은 여생을 즐겁게 보내기만 하면 된다. 그래서 최후의 즐거움을 위해 아름답게 꾸미면 된다.

　따라서 그 녀석들은 영양분을 저축했던 창고를 그림물감 공장으로 전환시킨다. 그리고 분필 같은 오줌 죽으로 배를 넓게 칠해서 점점 크림 색이 된다. 이마, 얼굴, 뺨에도 칠해서 오래된 상앗빛이 되게 한다. 실제로 반투명한 진피층(眞皮層) 바로 밑의 이 부분도 무렉시드로 변환할 수 있고, 지방질 레이스인 흰 가루 성질의 색소도 한 겹이 입혀진 것이다.

　생화학은 대머리여치의 옷치장에 대한 이 분석만큼 간단하고 놀라운 실험을 해보지 못했다. 이상한 이 난대성 곤충을 구하기 어렵다면 분포가 훨씬 광범한 유럽민충이(Éphippigère des vignes: *Ephippigera vitium→ephippiger*)를 추천하겠다. 흰 크림 색인 녀석의 배 역시 요산 물감에 의한 것이다. 동정

등대풀꼬리박각시

녹색박각시 박각시는 대개 대형인 나방인데, 몸통은 굵으나 배 끝과 앞날개 끝이 뾰족해서 전체적으로 날씬해 보인다. 게다가 야간에는 불빛에 맹렬하게 모여들어 활발하고 화려한 인상을 준다. 녹색박각시는 중국을 포함한 극동아시아 지방에 분포하며, 성충은 5월부터 8월 사이에 나타난다. 대둔산, 20. VI. '96

(同定)이 어려운 소형 여치 족속도 정도의 차이는 있으나 같은 결과를 보여 줄 것이다.

여치가 보여 준 오줌색은 모두 황백색이다. 등대풀꼬리박각시 (Sphinx de l'euphorbe: *Hyles euphobiae*) 애벌레는 색채가 아주 훌륭하다. 빨강, 검정, 하양, 노랑으로 얼룩져서, 제복에 관한 한 이 고장에서 가장 뛰어난 녀석이다. 그래서 레오뮈르(Réaumur)[4]도 '아름다운 벌레(La Belle)'라고 불렀고, 받을 만한 이름이다. 검은 바탕에 진사의 빨강, 크롬의 노랑, 분필의 흰색 공, 점, 수정체 따위가 장식줄처럼 나란히 배열되어 마치 아를르캥(arlequin)[5]에서 볼 수 있는 어릿광대 복장의 원색 천 조각만큼이나 분명하게 경계가 지어졌다.

송충이를 절개해 확대경으로 모자이크를 살펴보자. 진피의 안쪽면 검은색 외의 여기저기서 빨간색, 노란색, 또는 흰색 색소층을 확인할 수 있다. 여러 색의 이 속옷에서 끈 모양의 근육을 떼어 내 한 토막을 질산으로 반응시켜 보자. 어느 색이든 색소가 끓어오르면서 용해되고, 나중에는 무렉시드 반응을 남긴다. 결국 애벌레의 화려한 제복도 요산

4 17세기 프랑스 물리학자, 동물학자. 『파브르 곤충기』 제1권 319쪽 참조
5 이탈리아의 유명한 Commedia dell'Arte를 프랑스에서 번역한 말. 화려한 복장으로 유명하다.

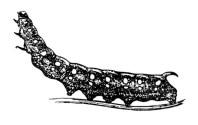

등대풀꼬리박각시 송충이

에 의한 것이다. 한편 애벌레의 풍부한 제복에 비하면 지방조직에 들어 있는 요산은 아주 소량이다.

검은 부분은 예외적으로 질산의 공격을 잘 견뎌 낸다. 그래서 반응 전이나 후가 똑같이 어두운 색을 그대로 간직하며, 약품으로 색소를 잃어버린 부분은 거의 유리처럼 투명해진다. 이 아름다운 애벌레의 진피는 두 착색 면을 가진 것이다.

검게 진한 부분은 색깔 염료가 완전히 배어서 한 분자가 된 것이다. 즉 물감의 동화 산물로서 질산에는 분리되지 않는다. 빨강, 하양, 노랑 등의 다른 부분은 진짜 물감이다. 이 부분들은 얇고 반투명한 판 위의 지방층에서 미세관을 통해 흘러드는 물감 요소를 간직하고 있다. 질산의 작용이 끝났을 때, 광택 없는 검정 바탕 위에 투명한 부분의 무늬들이 나타난다.

다른 동물군에서 예를 하나 더 들어 보자. 이곳 거미 중 멋진 복장의 혜택을 가장 많이 받은 세줄호랑거미(Épeire fasciée: *Argiope trifasciata→ bruennichii*)를 보자. 녀석의 뚱뚱한 배는 등에 짙은 검은색, 노른자위처럼 선명한 노란색, 눈처럼 하얀색 가로띠가 교대로 쳐졌다. 아랫면에도 검정과 노랑이 나타나지만 배치된 모양은 다르다. 특히 노랑은 여기서 세로띠 두 개를 형성하는데, 이것들은 출사돌기(出絲突起) 옆에서 오렌지색을 띤 빨간색으로 끝난다. 옆구리에는 엷은 맨드라미 빛깔이 희미하게 퍼져 있다.

겉을 확대경으로 보면 검은 부분은 특별한 것이 없고, 농도도

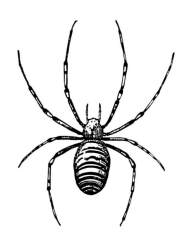

세줄호랑거미 실물의 약 1.25배

어디나 같아 보인다. 다른 색 부분은 다각형의 작고 오톨도톨한 돌기들이 촘촘한 코의 그물 모양이다. 가위로 배의 둘레를 자르고 등면의 외피를 통째로 드러내면 내장기관이 딸려 나오지 않고 쉽게 분리된다. 넓은 이 진피 조각이 자연 상태에서 흰 띠에 해당하던 부분은 반투명하고, 노랑이나 검정 띠였던 부분은 노랗거나 까맣다. 사실상 황색이나 흑색 띠는 어떤 색소에 의한 색채들인데, 이런 물감은 핀셋으로 쉽게 떼어 내서 없앨 수 있다.

흰 띠의 기원을 보면 이렇다. 드러낸 복부 등판의 진피층은 띠에 따라 더 또는 덜 조밀하게 분포된 다각형 흰 점들의 층을 보여 주며, 이 멋진 무늬들은 흐트러지지 않는다. 조밀한 띠는 불투명하며 아름다운 흰색 입자들로서 흰색 지역에 해당한다. 투명한 진피를 통해 이것들을 보면 살았을 때의 거미에서 눈처럼 흰 장식술을 이루던 것이다.

이것들은 슬라이드 위에서 질산을 처리해도 분해되거나 끓지 않는다. 따라서 요산과는 무관하고, 분명히 거미류의 요산 생성물로 알려진 알칼로이드성 물질인 구아닌(Guanine)이다. 진피 밑에 색소를 형성한 노랑, 검정, 진한 자주, 주황 등의 색소도 마찬가지다. 결국 이 현란한 거미는 동물성 산화물의 찌꺼기가 다른 화합

을 거친 현란한 송충이
와 견주게 된 것이다. 송
충이가 요산으로 아름답
게 했듯이 거미는 구아
닌으로 그렇게 한 것이다.

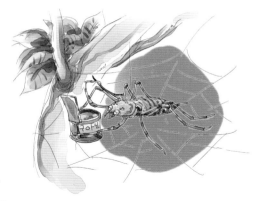

　무미건조한 주제를 줄이
자. 필요하면 많은 자료가
증명해 줄 테니 몇몇 자료로
끝내자. 방금 알게 된 약간의 지식이 무엇을 알려 주었나? 생명을
세련되게 한 다음의 찌꺼기, 즉 조직체의 잔재인 구아닌과 요산이
거미와 곤충 착색에 중요한 역할을 했음을 확인시켜 주었다.

　염료인가, 아니면 단순히 물감인가에 따라 두 가지 경우로 구별
된다. 붓으로 쓸어 낼 수 있는 도료는 자체의 색깔이 없는 반투명
진피층을 부분 부분 착색시킨다. 이것은 피부 안쪽 면에 놓인 요
산 성분의 결과이다. 마치 색유리 예술가가 유리에 채색 원료를
넣는 격이다.

　다른 부위에는 진피층 안에 색소가 들어 있다. 진피가 그것과
결합되어 붓으로 쓸어 낼 수는 없는 염료이다. 염료는 유리를 녹
이는 도가니에 금속 산화물을 섞어 넣어, 이런저런 색채로 균일하
게 꾸민 색유리라고 표현할 수 있다.

　이상의 두 경우가 착색 물질의 분배 면에서 차이가 컸는데, 화
학적 성질 면에서도 그럴까? 이것은 아무래도 인정하기 어렵겠다.
유리 제품 제작자도 같은 산화물로 물을 들이거나 칠을 한다. 그
야말로 진짜 예술가인 생명체는 단일 방법으로 훨씬 다양한 결과

를 얻을 것이다.

생명이라는 세계는 등대풀꼬리박각시 애벌레 등판의 검은색 바탕에 섞여 있는 흰색, 노란색, 빨간색 등의 반점을 보여 주었다. 여기서는 염료 옆에 물감이 나란히 존재한 것이다. 경계선 이쪽에는 그림물감이, 저쪽에는 성질이 완전히 다른 염료가 있었을까? 화학은 두 재료의 공통 기원을 아직 그 반응물로 증명할 수는 없지만, 적어도 가장 긍정적인 유사성은 확인시켜 준다.

미묘한 곤충의 채색 문제에서 지금까지는 한 가지 사실, 즉 색깔 변화가 점진적으로 일어나는 경우만 관찰되었다. 팜파스 초원의 석류석 빛깔 소똥구리가 이 문제를 제기했었다. 이제 녀석과 가까운 이웃에게 물어보자. 어쩌면 한 걸음 더 전진할지도 모를 일이다.

번데기 옷을 갓 벗어 버린 진왕소똥구리(*Scarabaeus sacer*)는 성숙한 곤충의 전유물인 새까만 옷과는 무관한 이상한 옷을 입고 있다. 머리, 다리, 가슴은 철분을 함유한 듯 선명한 붉은색이고, 딱지날개와 배는 흰색이다. 붉은색의 느낌은 등대풀꼬리박각시 애벌레의 붉은색과 비슷하다. 하지만 이 색깔은 질산이 요산 성분을 반응시키지 못하는 염료에서 온 것이다. 배와 딱지날개의 진피에도 분자 배치가 다른 상태의 생성물일 것이다. 따라서 여기서도 틀림없이 같은 염색 원칙이 개입되어 흰색 부분들이 머지않아 붉은색으로 바뀔 것이다.

없었던 색깔이 2~3일 만에 나타난다. 이렇게 빨리 나타나니 구성의 변화보다는 분자의 새로운 조직인 듯하다. 같은 벽돌인데 순서가 달리 배열되어 건물 모습이 다른 격이다.

왕소똥구리는 이제 전체가 빨개졌다. 제일 먼저 머리방패와 앞다리의 톱니에서 희미한 갈색이 나타나는데, 이는 특히 단단해야 하는 연장이 먼저 성숙한다는 표시이다. 붉은빛 다음에 사방에서 그을음 빛이 생겨나고, 다시 갈색이 되었다가 마침내 정규의 검정이 된다. 무색이던 성충이 1주일도 안 되어 철분의 붉은색이 되고, 다음은 그을음 같은 갈색이 되었다가 마지막에는 아주 까매진다. 이제 끝났다. 곤충이 정상 색깔을 띠게 된 것이다.

뿔소똥구리(*Copris*), 소똥구리(*Gymnopleurus*), 소똥풍뎅이(*Onthophagus*), 오니트소똥풍뎅이(*Onitis*), 그 밖에 많은 곤충도 이렇게 진행된다. 팜파스의 보석 곤충인 반짝뿔소똥구리도 분명히 똑같이 진행될 것이다. 나는 번데기의 배내옷을 벗는 순간에 녀석을 직접 지켜본 것처럼 배와 딱지날개 외에는 분명히 광택 없는 붉은색임을 확신한다. 이 두 부분도 처음에는 색깔이 없었으나 곧 다른 부분과 같은 빛깔을 띠게 된다. 처음에 이렇게 붉던 왕소똥구리가 그 다음에는 검게 되었다. 그런데 반짝뿔소똥구리는 붉은색을 번쩍이는 구릿빛과 에메랄드의 광택으로 바꾸어 놓았다. 그렇다면 칠흑 같은 검은색과 보석 같은 금속성 색깔의 기원이 동일하다는 말일까? 분명히 그렇다.

금속성 광채는 본질의 변화를 요구한 것이 아니다. 그런 광채는 대단치 않은 것으로도 충분히 생길 수 있다. 은을 적당한 화학적 수단으로 아주 잘게 나누면 그을음처럼 볼품없는 먼지의 모습이 된다. 그런데 두 개의 단단한 물체 사이에서 압축되면 진흙처럼 더럽던 가루가 곧 금속성 광택을 얻어 우리가 잘 아는 은빛을 다시 구성한다. 그저 분자가 접근한 것만으로도 이런 희한한 일이 일어나는 것이다.

요산의 유도체인 무렉시드를 물에 녹이면 아름다운 진홍빛의 카민 색이 된다. 그런데 고체의 결정체가 되면 그 풍부한 색깔이 병대벌레(Cantharidae)의 금녹색과 우열을 가릴 수 없게 된다. 무척 널리 사용되는 염기성 염료는 이런 특성의 예들에 불과하다.

결국 모든 게 배뇨기관의 동일한 유도물질이 그 입자의 마지막 집결 방식에 따라 반짝뿔소똥구리의 붉은 금속성 빛을 발산하든가, 왕소똥구리의 무

서울병대벌레 우리나라에는 금녹색 병대벌레가 없다. 대신 비교적 흔한 서울병대벌레를 소개한다. 병대벌레는 포식성이라 천적 곤충의 연구 대상이며, 성충의 교미 자세가 사진처럼 독특하다. 이름이 지어진 내력은 『파브르 곤충기』 제3권 301쪽에 설명했다. 광릉, 29. V. '96

색, 붉은색, 그리고 검은색을 만들든가, 하고 단언하는 것 같다. 이 물질이 똥금풍뎅이와 검정금풍뎅이의 등판을 검게 했다가 배 쪽에서 갑자기 변해 전자는 자수정, 후자는 누런 구릿빛이 된다. 또 이것이 구릿빛점박이꽃무지(*Protaetia cuprea*)의 등판은 금빛 청동색을, 복면은 금속성 주홍색을 띠게 한다. 곤충에 따라, 또 몸의 부위에 따라, 이 물질이 결합체인 흑색으로 남거나, 아니면 더는 다양하고 선명한 광택을 가질 수 없을 만큼의 금속성 광택으로 빛

유럽점박이꽃무지

132

난다.[6]

햇빛과 광택의 발달과는 무관한 것 같다. 광선은 광택의 발달을 촉진시키지도, 지연시키지도 않는다. 허약한 번데기가 햇빛을 직접 받으면 치명적일 것이므로 얇은 판유리 사이에 물을 채운 차폐막으로 햇살을 누그러뜨렸다. 색깔이 변하는 동안 이렇게 온도를 조절해 왕소똥구리, 금풍뎅

상복꽃무지 파브르는 검정 바탕에 흰색 점 무늬가 대조적이라 상복을 연상했다.
L'As des Prix, Hérault France, 15. V. '88, 김진일

이, 꽃무지를 날마다 강한 햇빛에 내놓았다. 일부는 실험의 대조군으로 산란광(散亂光) 밑이나 암흑 속에 놓아두었다. 이렇게 실험한 결과 집단별 차이가 없었다. 색깔의 발전은 햇빛이든 암흑이든, 속도에도 색조에도, 차이가 없었다.

이렇게 부정적인 결과는 쉽게 예측할 수 있다. 깊은 줄기 속에서 애벌레로 살다가 나오는 비단벌레도, 태어난 땅굴을 떠나는 금풍뎅이와 반짝뿔소똥구리도 자유로운 대기권으로 나타나자마자 최종의 몸치장을 하는데 햇살이 무엇을 더 보태지는 못할 것이다. 곤충은 자신의 염색화학에 빛의 협력을 요구하지 않았고, 매미 역시 마찬가지였다. 매미는 애벌레 상자를 부숨과 동시에 연한 초록색에서 갈색으로 변하는데, 어두운 실험 기구 안에서든, 규정대로 햇살을 직접 받는 곳이든 똑같이 그렇게 변했다.

---

6 134쪽 역주 내용 참조

노폐물인 오줌을 기초로 하는 곤충의 착색 현상은 여러 고등동물에서도 흔히 볼 수 있는 문제일 것이다. 적어도 하나의 예가 알려졌다. 아메리카 꼬마 도마뱀의 색소는 끓는 염산에서 오랫동안 반응해 요산으로 변한다.✳ 이 경우도 별개의 문제가 아니라, 파충류도 피부 빛깔을 이와 비슷한 생성물로 변화시킨 것으로 생각된다.

파충류와 조류 사이는 가깝다. 멧비둘기의 무지갯빛, 공작새의 눈알 모양 무늬, 물총새의 청록색, 홍학의 카민 색, 또 어떤 외국 새들의 놀라울 만큼 풍부한 깃털의 색채는 직접적이든, 간접적이든 배뇨와 관련이 있을까? 왜 아닐까? 자연은 탁월한 절약가로서, 사물의 가치에 대해 우리의 개념을 당황시킬 만큼 엄청난 정반대의 사건 벌이기를 좋아한다. 자연은 흔해빠진 탄소 조각으로 금강석을 만들고, 고양이 밥그릇용 사발 재료인 옹기장이의 진흙으로 루비를 만든다. 또 자연은 생물체의 천한 노폐물로 곤충과 새의 화려한 색채를 만든다. 비단벌레와 딱정벌레의 오묘한 금속성 색채, 잎벌레와 소똥구리의 호사스러움, 여러 벌새의 자수정, 루비, 사파이어, 에메랄드, 황옥 빛깔들, 보석상들의 용어를 바닥낼 정도의 찬란함, 즉 너희의 실재는 무엇이냐? ─대답 중 얼마는 오줌이라는 물질이다.[7]

✳ A.-B. Griffith가 1894년 11월 26일에 소개한 논문 『Comptes rendus de l' Académie des sciences』에서 인용

[7] 곤충의 피부색은 크게 화학적인 것과 물리적인 것의 두 요소로 발현된다. 화학적인 색소는 먹이를 통해 흡수되거나 체내 합성물로서 멜라닌, 카르테노이드, 오모크롬, 프테린, 플라빈 등의 많은 종류가 알려졌다. 화려한 나비의 비늘이나 여러 딱정벌레의 금속성 광택은 대개 피부 표면의 굴절이 빛을 산란시킨 구조적 색깔, 즉 물리적 요소이다. 노폐물의 저장에 의한 경우도 있기는 하나, 파브르의 생각처럼 곤충의 모든 색깔의 근원이 요소 물질은 아니다.

7 곤봉송장벌레 – 매장

4월, 농부의 삽에 배를 찢긴 두더지(Taupes: *Talpa*)가 오솔길 옆에 누워 있다. 난폭한 어린이는 울타리 밑의 녹색눈알장지뱀(Lézard vert de perles: *Lacerta lepida*)을 돌로 쳐서 죽였다. 뱀을 만난 행인은 독이 없는데도 발뒤꿈치로 뭉개 버리고 나서는, 스스로 존경받을 일을 했다고 생각한다. 바람이 한번 휙 불어서 깃털도 나지 않은 새끼 새를 둥지에서 떨어뜨린다. 이 작은 시체들과 그 밖의 애처로운 생명체 폐기물들은 어떻게 될까? 들판에는 위생담당자가 많으니 이것들이 우리의 눈과 코를 오랫동안 불쾌하게 하지는 않을 것이다.

좀송장벌레
실물의 2.5배

어떤 일에도 적합하며 열성적인 횡령꾼 개미가 제일 먼저 달려와 해부하고 조각내기에 착수한다. 곧 불쾌한 구더기를 낳는 파리(Diptère: *Diptera*)들이 시체 냄새에 이끌려 온다. 동시에 어디선가 납작한 송장벌레(Silphes: *Silpha*), 반짝이는 몸뚱이로 종종걸음을 치는 풍뎅이붙이(Escarbots: *Hister*), 배 밑에 눈처럼 흰 점무늬들을 가진

수시렁이(Dermeste: *Dermestes*), 몸통이 홀쭉한 반
날개(Staphylin: *Staphylinus*) 따위가 떼로 몰려오는
데, 모두가 전혀 싫증 나지 않는 열성으로 악취
풍기는 시체에 구멍을 뚫고 파헤쳐서 모두 없애
버린다.

봄에 두더지 시체 밑은 참으로 장관이로다! 지
독하게 혐오스런 이 실험실을 보고 묵상할 줄 아는 사람에게는 그
래도 아름다운 물건이다. 더러운 시체의 불쾌감을 꾹 참고 발로
뒤집어 보자. 그 밑에서 얼마나 많은 녀석이 우글거리고, 분주한
일꾼이 얼마나 법석을 떨더냐! 넓고 우중충한 상복 같은 딱지날개
를 가진 송장벌레가 벌어진 틈새의 땅속으로 미친 듯이 도망쳐서
쪼그리고 있다. 새까만 딱지날개에 햇빛이 반사되는 풍뎅이붙이
도 종종걸음으로 급히 작업장을 떠난다. 그 중 한 종류로서 엷은
황갈색 짧은 외투에 검정 무늬가 있는 수시렁이는 날아가려 하지
만 혈농에 취해 쓰러진다. 그래서 녀석의 복장과는 확실히 대조적
인 흰 빛깔의 배를 드러내 보인다.

좀반날개 딱지날개가 반쪽짜리라
는 뜻에서 반날개라는 이름이 지
어졌다. 종류별로 생활환경이 매
우 다양하고, 미세한 종류도 무척
많아서 앞으로도 많은 연구가 필
요한 곤충군이다. 아직은 비교적
대형인 좀반날개류가 많이 알려졌
는데, 이들은 대체로 잡식을 하는
부식성(腐食性) 곤충이다.
단양, 10. VII. '96

　열광적으로 작업 중이던 녀석들이 거기서 무엇을 하고 있었을까? 생명의 은총을 받고자 죽음을 개간하고 있었다. 녀석들은 뛰어난 연금술사로서, 공포의 그 썩는 물질로 무해한 생성물인 생명체를 만드는 중이었다. 그래서 위험한 시체를 말려 버렸다. 마치 헌 슬리퍼가 겨울 안개와 뜨거운 여름 햇볕에 구릿빛으로 변한 것 같다. 그리고 쓰레기장에 버려진 것처럼 말라서 소리가 날 정도로 만들어 놓았다. 시체가 우리에게 해롭지 않도록 만들었으니 녀석들은 가장 시급한 일을 하고 있었던 것이다.

　한편 머지않아 좀더 작고 끈질긴 녀석들이 몰려올 텐데, 이들 역시 남은 시체에 달려들어 힘줄도, 뼈도, 털도 하나씩 차례대로 캐내서 마침내 모든 것이 생명의 보고 속으로 들어가게 할 것이다. 이 위생담당자들에게 경의를 표하자. 두더지도 도로 놔두고 물러나자.

　봄철 농사일의 또 다른 희생자인 들쥐(Mulot: *Apodemus*), 뾰족뒤지(Musaraigne: *Sorex*), 두더지, 두꺼비(Crapaud: *Bufo bufo*), 몽뻴리에구렁이(Couleuvre, de Montpellier: *Malpolon monspessulanus*), 장지뱀(Lézard) 따위는 지표면 청소부들 중 가장 튼튼하고 가장 유명한 녀석을 불

왕반날개●
실물의 약 1.5배

러들일 텐데, 바로 곤봉송장벌레(Nécrophores: *Nicrophorus*)로서 크기, 겉모습, 습성 등이 평민 수준의 보통 시식성(屍食性) 곤충들과는 크게 다르다. 사향 냄새를 풍기는 그 녀석의 막중한 역할에 경의를 표하자. 더듬이 끝에 빨간 술이 달렸고, 가슴은 담황색 플란넬로 덮였으며, 딱지날개는 새빨간 꽃 장식이 가로줄무늬처럼 가로질렀다. 장의사 일꾼에 어울리게 늘 검은 옷을 걸친 송장벌레보다 훨씬 고급의 멋쟁이로, 거의 화려한 수준의 복장이다.

이 송장벌레는 큰턱 해부칼로 시체를 절개해 살점을 떼어 내는 해부학 실습 조수가 아니라, 문자 그대로 직접 무덤을 파고 매장하는 녀석이다. 송장벌레(*Silpha*), 수시렁이, 풍뎅이붙이 같은 조무래기들은 가족을 위해 시체 토막을 수집하지만 자신도 잊지 않고 잔뜩 먹는다. 이에 반해 곤봉송장벌레는 영양을 조금만 취하며, 발견한 시체도 자신을 위해서는 거의 건드리지 않는 수준이다. 녀석은 시체를 현장에서 지하묘소에 파묻는데, 거기서 시체가 알맞게 숙성하면 애벌레의 먹이가 될 것이다. 결국 후손을 거기에 정착시키려고 시체를 묻은 것이다.

시체를 축재하는 녀석은 거의 우둔할 정도로 뻣뻣한 모습인데, 창고에 시체 넣기는 놀라울 정도로 재빠르다. 몇 시간의 작업으로 제법 큰 시체, 가령 두더지 한 마리가 땅속으로 삼켜져서 사라진다. 다른 녀석들은 속을 파먹은 해골을 공기 중에 그대로 남겨 둔다. 그래서

송장풍뎅이붙이
실물의 2.5배

마른 것이 몇 달 동안 바람의 노리개가 되지만, 곤봉송장벌레는 통째로 작업해서 단번에 그 자리를 깨끗하게 해놓는다. 녀석이 작업한 흔적이라곤 나지막한 두더지 흙 둔덕 모양의 봉분뿐이다.

민첩한 곤봉송장벌레의 방법은 들판의 꼬마 위생처리사들 중 으뜸이다. 적성도 가장 이름난 곤충 중 하나이다. 이 장의사는 꿀이나 사냥감을 가장 잘 수집하는 벌들도 갖추지 못한 수준의 이성에 가까운 지능을 가졌다고 한다. 그래서 다음과 같은 두 가지 일화로 찬양되었다. 내 수중에 가진 일화는 유일하게 전반적인 개론서인 라코르데르(Lacordaire)의 『곤충학 개론(*Introduction à l'entomologie*)』[1]에서 따온 것이다.

저자는 이렇게 말했다.

클레르빌(Clairville)[2]의 보고에 따르면 상여꾼곤봉송장벌레(*N. vespillo*) 한 마리가 죽은 쥐를 땅에 파묻으려 했는데, 놓인 자리가 너무 단단함을 알았다. 그래서 조금 떨어져 파기 쉬운 땅에 구멍을 뚫는 것을 보았다. 굴착을 끝내고 쥐를 그 구덩이에 묻으려 했으나 제대로 되지 않았다. 그러자 날아갔다가 조금 뒤에 자기와 같은 녀석 네 마리를 데리고 왔다. 녀석들은 그를 도와 쥐를 옮겨 파묻었다.

1 Jean Théodore. 1801~1870년. 프랑스에서 태어난 벨기에 곤충학자이자 Liege대학 교수의 이 책은 1834년과 1838년에 발행되었다.
2 1806년에 딱정벌레목 곤충의 여러 속을 명명하고 소속을 정리한 학자

라코르데르는 이런 경우 추리력이 개입되었음을 부정할 수 없다는 말을 덧붙였다.

이런 말도 있다.

글레디츠(Gledditsch)가 말한 다음의 행동 역시

큰넓적송장벌레 이 송장벌레 무리는 동물 시체나 이미 썩은 것에 모여드는데, 종에 따라서는 육질 때문이 아니라 구더기를 잡아먹기 위해서이다. 오물에 사는 곤충에는 사진처럼 진드기가 꼬이기도 하는데, 숙주를 이용해서 다른 장소로 이동하기 위함이다. 151쪽 주석 참조. 울릉도, 2. VII. '96

이성이 관여했다는 표시이다. 그의 한 친구가 두꺼비를 말리려 했는데 곤봉송장벌레들이 훔치러 온다. 이를 막으려고 땅에 막대기를 박아놓고 그 위에다 두꺼비를 얹어 놓았다. 하지만 이런 조심도 소용이 없었다. 녀석들은 두꺼비 있는 곳까지 갈 수가 없자 밑을 파서 막대기를 쓰러뜨린 다음 시체를 땅속에 파묻었다. ✴

곤충의 지능 속에 결과와 원인 사이, 또한 목적과 수단 사이에 명석한 지식을 인정하려는 주장은 중대한 결과를 초래할 수 있다. 나는 이 시대의 난폭한 철학에 어울리는 주장들 중 이보다 더 그럴듯한 것은 알지 못한다. 그런데 이 두 이야기가 정말로 사실일까? 사람들이 연역한 결과가 그 사실 안에 들어 있을까? 그 이야기를 훌륭한 증언이라고 믿는 사람은 좀 지나치게 순진한 사람이 아닐까?

곤충학에는 분명히 순진함이 필요하다. 이런 특성의 정신적 결함을 거의 보유하지

✴ 뷔퐁(Buffon)의 『곤충학 개론 (*Introduction à l'entomologie*)』 제2권 460~461쪽 인용〔역주: 뷔퐁은 『자연사(*Histoire naturelle*)』를 썼으나 주석과 같은 책은 없다. 책 이름으로 보아 라코르데르의 책 제2권을 가리키는 것 같다.〕

않은 실리적인 사람이라면 어떻게 그 작은 벌레에 관심을 갖겠는가? 그렇다, 순진해지자. 그러나 유치하게 아무것이나 믿지는 말자. 동물이 이치를 따지게 하기 전에 우리 자신이 좀더 이치를 따져 보자. 무엇보다도 실험에 근거한 것을 참고하자. 우연히 수집된 사실 하나가 평가 없이 법칙이 될 수는 없을 것이다.

오, 무덤구덩이를 파는 용감한 친구들아, 나는 너희 공로를 헐뜯겠다고 작정한 적은 없다. 그럴 생각은 꿈에도 없었다. 오히려 나는 말뚝에 두꺼비를 올려놓았던 일보다 더 훌륭한 너희의 칭찬거리를 따로 기록해 두었다. 나는 여기저기서 너희의 장한 일들에 관해 수집했는데, 그것들이 너희의 평판을 새로운 각도에서 돋보이게 할 것이다.

그렇다, 내 의도는 너희의 명성을 깎아내리자는 게 아니다. 더군다나 편파성 없는 이야기로 어떤 정해진 주장을 지지할 필요도 없다. 편파성이 없다면 사실이 이끄는 곳으로 끌려가게 된다. 나는 다만 너희에게 한 가지만 물어보고 싶다. 사람들이 너희가 가졌다고 하는 논리에 대해서 말이다. 너희는 인간 이성의 미미한 싹인 이성적 반짝임을 잠시라도 가졌느냐, 안 가졌느냐? 바로 이것이 문제이다.

이 문제를 해결하는 데 행운이 너희를 여기저기서 만나게 해줄 것이라는 기대는 갖지 말자. 부지런히 찾아보고 계속 조사해야 한다. 다양한 장치를 설치할 수 있는 사육장도 필요하다. 그렇지만 어떻게 해야 녀석들이 사육장에서 살 수 있을까? 올리브나무가 자라는 고장에는 곤봉송장벌레가 많지 않다. 내가 알기에 여기는 무늬곤봉송장벌레(N. vestigateur: *N. vestigator*) 한 종밖에 없다. 북쪽 지방에서도 이 녀석과의 경쟁자는 극히 드물다. 전에는 봄에 서너 마리를 만나는 것이 내가 채집할 수 있었던 것의 전부였다. 오늘은 덫으로 짐승을 잡는 사냥꾼의 꾀를 쓰지 않으면 더 얻지 못할 텐데, 나는 적어도 한 타(12마리)가 필요할 것이다.

무늬곤봉송장벌레
실물의 1.5배

들판에 아주 드물게 사는 매장충(埋葬蟲, 송장벌레)을 찾아 나섰다가는 거의 매번 헛수고일 것이다. 녀석을 쫓아다니기는 너무도 불확실한 일이며, 사육장을 적당히 채우기 전에 최적기인 4월이 지나갈 것이다. 꾀는 아주 간단하다. 죽은 두더지를 많이 수집해서 울타리 안에 늘어놓고 녀석들을 불러들이자. 틀림없이 햇볕에 익은 시체 안치소로 사방의 매장충들이 달려올 것이다. 마치 후각이 송로버섯을 찾는 데[3] 이골이 난 녀석처럼 찾아올 것이다.

넓지도 않은 자갈투성이의 내 땅은 형편이 없다. 그래서 좀 기름진 땅에서 자란 채소를 1주일에 두세 차례씩 보충해 달라고 농부와 계약을 맺었다. 그에게 두더지가 얼마든지, 급히 필요하다는 설명을 했다. 그는 날마다 농작물을 뒤엎어 놓아 불쾌한 이 땅굴 파기 녀석과 덫이나 삽으로 싸우고 있었다. 그러니 지금 내게는 아스파라거스 묶음이나 양배추보다 훨씬 귀중한 재료를 그 누구보다도 그가 더 잘 마련해 줄 위치에 있다.

내 청을 들은 그 선량한 사람이 전에는 몹시 싫어했던 짐승인 두더지를 그렇게 중히 여기는 것에 놀라며 웃었다. 결국 수락했는데, 속으로는 아마도

---

3 『파브르 곤충기』 제5권 1장의 끝 부분 내용 참조

내가 두더지 가죽의 폭신한 우단으로 어떤 희한한 플란넬 조끼를 해 입으려 한다고 생각했을 것이다. 또 그것은 통증 해소에 좋은 약제임이 틀림없다. 그것은 그렇다 치고 결론을 내리자. 가장 중요한 문제는 두더지가 내 손에 들어오는 일이다.

채소 바구니 밑 양배추 잎 몇 장에 싸인 두더지가 2마리, 3마리, 4마리씩 어김없이 왔다. 이상한 내 소원에 그토록 기꺼이 동의한 그 선량한 농부는 비교심리학이 그에게 얼마나 큰 신세를 지고 있는지 결코 짐작조차 못할 것이다. 며칠 만에 30마리가량을 확보하게 되었고, 도착 즉시 그것들을 울타리 안의 로즈마리, 서양소귀나무, 라벤더 무더기 사이의 빈 공간 여기저기에 흩어놓았다.

이제 기다리며 하루에 몇 번씩 그 시체 밑을 살피면 된다. 그런데 열성 없는 사람이라면 이 짓은 도망쳐 버릴 만큼 대단히 불쾌한 고역이다. 식구 중 어린 폴(Paul)만 나를 도와, 그 재빠른 손으로 달아나는 녀석들을 붙잡는다. 이미 말했듯이 곤충학에 몰두하려면 순진함이 필요하다. 이 굉장한 송장벌레 연구에 나는 한 어린애, 즉 한 문맹자를 조수로 두었다.

폴과 나는 교대로 가 보았는데 오래 기다릴 필요도 없었다. 대기가 시체 냄새를 사방으로 퍼뜨리자 장의사들이 즉시 달려왔다. 그래서 4개의 시체로 시작된 실험이 14개로 이어졌다. 이는 계획도, 미끼도 없이 사냥했던 예전의 것 전부를 합친 것보다 많은 숫자이다.

사육장에서 얻은 결과를 설명하기 전에 잠시 곤봉송장벌레의 정상조건을 살펴보자. 이 곤충은 사냥벌들처럼 제힘에 맞는 사냥감을 고르는 것이 아니라 제게 우연히 닥친 그대로를 받아들인다.

녀석이 만나는 것은 뾰족뒤지처럼 작은 것도, 중간 크기의 들쥐, 무척 많은 두더지, 시궁쥐(Rat d'égout: *Rattus norvegicus* = 집쥐)[*], 몽뻴리에구렁이 모두가 혼자서 매장하기에는 능력 밖의 벅찬 것들이다. 대개 옮기기는 불가능하다. 그만큼 힘과 무거운 짐은 균형이 잡히지 않았다. 녀석들이 얻을 수 있는 힘은 등줄기로 시체를 약간 움직이는 것이 전부이다.

나나니, 노래기벌, 조롱박벌, 대모벌 따위는 저희가 파고 싶은 곳에 굴을 판다. 녀석들은 잡은 것을 날아서 옮겨 가거나, 너무 무거우면 걸어서 끌어간다. 곤봉송장벌레는 이런 운반 수단이 없다. 어디서나 만나는 엄청난 시체는 옮겨 갈 수 없으므로 시체가 누워 있는 바로 그 자리에 구덩이를 파는 수밖에 없다.

도리 없이 장사를 지내야 할 그곳이 파기 쉬운 땅일 수도, 돌이 많은 땅일 수도 있다. 장애물이 없는 땅을 차지할 수도, 잔디 특히 개밀(Chiendent: *Elytrigia*) 뿌리가 얼기설기 얽힌 땅의 차례가 올 수도 있다. 게다가 짧은 덤불이 온통 덮여서 시체가 지면에서 몇 센티미터쯤 공중에 걸려 있는 경우도 얼마든지 있다. 농부의 삽에 허리가 부러지고 던져진 두더지는 여기, 저기, 또 다른 곳의 아무 데나 떨어진다. 그런데 시체가 떨어진 지점의 장애가 무엇이든, 극복이 불가능한 것만 아니면 매장충은 그곳을 이용해야 한다.

매장에 따르는 다양한 난제들이 벌써 송장벌레가 특정 방법만으로 작업을 진행할 수 없음을 어렴풋이 예감하게 한다. 우연의 운명에 좌우될 수밖에 없는 그들이므로 틀림없이 조그마한 식별 능력의 한도 내에서 책략을 변경시킬 수 있을 것이다. 톱으로 자르고, 끊고, 빼내고, 끌어올리고, 흔들고, 옮기는 그 모두가, 난처한 처지의 매장꾼에게 없어서는 안 될 수단이다. 이런 수단 없이 고정된 방법만 써야 한다면 녀석들은 맡겨진 일을 해낼 수 없을 것이다.

그렇다고 해서 이성적인 교묘한 수단과 의도적인 계획이 개입한 것처럼 보이는 어떤 특정 사실에 근거해 결론을 내린다면 무모한 짓이 될 것이다. 아마도 본능 행위는 무엇이든, 그 존재 이유가 있을 것이다. 하지만 우선, 벌레가 그 행위의 타당성을 평가했을까? 이제 작업 전체를 이해하는 것부터 시작해서 개개의 증거들을 다른 증거들로 강화시켜 보자. 그러면 혹시 우리가 이 질문에 답변할 수 있게 될지도 모른다.

가장 먼저 곤봉송장벌레의 식량에 대해서 한마디 하자. 녀석은 총괄적 위생처리사로, 썩은 시체는 무엇이든 사양하지 않는다. 깃이 달린 날짐승(Aves)이든, 털로 덮인 들짐승(Mammalia)이든, 녀석의 힘에 부치지 않는 시체라면 어느 것이든 다 좋아한다. 양서류(Batraciens: Amphibia)나 파충류(Reptile: Reptilia) 역시 똑같은 열성으로 이용한다. 녀석은 아마도 자기 종 내에서는 몰랐던 뜻밖의 발견물이라도 서슴없이 수용할 것이다. 중국산 금붕어(Cyprin doré: *Carassius auratus*)가 그런 증거이다. 금붕어도 사육장에서 당장 한 조각의 훌륭한 식량으로 판단되어 규정대로 매장되었다. 적당히 썩기 시작한 양(Mouton)의 갈비나 비프스테이크 조각도 두더지나 쥐에서 아낌없이 보여 주었던 경의(敬意)와 함께 땅속으로 사라진다. 결국 곤봉송장벌레는 특정한 것만 선호하지는 않는다. 썩은 것이면 무엇이든 움막에 저장한다.

따라서 이 녀석들이 영업을 유지하는 데 어려움은 없다. 이러저러한 사냥감이 없으면 무엇이든, 그러저러한 다른 사냥감으로 얼마든지 대신할 수 있다. 정착 문제에도 별 걱정이 없다. 신선한 모래를 다져서 가득 채워 놓은 항아리 위에 철제 뚜껑을 덮기만 하면 된다. 하지만 분명히 고기에 유혹당할 고양이의 못된 짓을 피하려고 사육장을 유리로 막았다. 그래서 겨울에 화초의 피난처(온실)가 여름에는 이 녀석들이 사는 실험실이 되었다.

이제는 작업이다. 두더지는 울타리 안의 사육장 가운데 누워 있다. 흙은 동질의 파기 쉬운 것으로, 작업에 가장 좋은 조건을 만들어 놓았다. 곤봉송장벌레의 방안에는 수컷 세 마리와 암컷 한 마리의 총 네 마리가 들어 있다. 시체 밑에 쭈그리고 있어서 보이지는 않는다. 시체가 가끔씩 녀석들의 등에 떠밀려서 아래위로 흔들리는 바람에 살아 움직이는 것 같다. 이 사정을 모르는 사람은 죽은 짐승이 움직여서 약간 놀란다. 가끔씩 구덩이를 파던 녀석 하나가 밖으로 나와서 짐승의 둘레를 한 바퀴 돌고 부드러운 털을

헤치며 조사한다. 그런데 그것은 거의 언제나 수컷이었다. 녀석은 서둘러서 다시 들어갔다가 또다시 나타나서 다시 조사하고는 시체 밑으로 미끄러져 들어간다.

진동이 더욱 심해진다. 시체가 좌우로 흔들리며 심하게 움직이는데, 안쪽 흙이 똬리 모양으로 밀려 나와 시체 둘레에 쌓인다. 파내는 녀석들의 노력으로 시체 밑의 흙이 없어진 것이다. 그러면 두더지가 자신의 몸무게 덕분에 받침이 없어진 공간으로 조금씩 꺼져 들어간다.

밖으로 밀려 나온 흙더미가 시체에 가려진 곤충들에게 밀려 구렁으로 무너져 내린다. 꺼져 들어간 두더지는 무너진 흙더미로 덮여 버린다. 이것이 매장의 비밀이다. 시체는 유동성 매질(媒質)에 삼켜지듯 저절로 사라지는 것 같다. 시체의 하강 작업은 깊이가 충분하다고 판단될 때까지 한동안 계속될 것이다.

결국 작업은 아주 간단한 것이다. 매장꾼들이 빈 공간의 밑을 깊이 파내면 시체를 직접 끌어들이지 않아도 흔들리며 밑으로 당겨진다. 이렇게 빠져 들어감과 동시에 유동적인 흙이 무너져 내린다. 무덤은 이런 과정만으로 저절로 메워지는 것이다. 작업에 필요한 것은 발끝에 장착된 훌륭한 삽과 작은 지진을 일으킬 수 있는 등줄기의 힘밖에 없다. 여기에 아주 중요한 기술 하나를 덧붙이자. 힘든 통과 과정에 시체를 작게 압축하고 자주 흔들어 주는 기술 말이다. 이 기술은 곤봉송장벌레의 임무에서 대단히 중요한 것임을 곧 보게 될 것이다.

비록 두더지가 자취를 감추긴 했어도 목적지까지 도달하려면 아직 멀었다. 지표면에서 하던 일을 지금은 땅속에서 계속한다.

그래서 새로이 보여 주는 것은 없지만 2~3일 기다리면서 장의사들이 일을 끝내게 놔두자.

때가 되었다. 이제 저 밑에서 벌어진 일을 알아보자, 즉 썩은 것을 방문해 보자. 시체 발굴에는 어린 폴만 주변에서 용감하게 나를 돕게 하고, 결코 아무도 초청하지 않으련다.

두더지는 이제 두더지가 아니라 털이 빠져 마치 포동포동한 비곗덩어리처럼 오그라들었고, 고약한 냄새에 푸르스름하고 추악한 물건이 되었다. 이렇게 부피를 줄인 것을 보면 마치 닭이 요리사의 손에서 다루어지듯, 이 물건도 세심한 손질을 받았음이 틀림없다. 특히 털이 이렇게까지 빠진 것으로 보아 더욱 그렇다. 털 때문에 불편해질지도 모를 애벌레들을 위한 요리 장치일까? 아니면 썩어서 탈모되었을 뿐, 목적은 없었던 결과일까? 나는 결정하지 못하겠다. 어쨌든 모든 발굴 결과가 꽁지깃이나 꼬리털 말고는 탈모된 짐승이나 깃이 빠진 날짐승만 보여 주었다. 한편 파충류와 물고기는 비늘이 그대로 남아 있었다.

실제로는 두더지였으나 알아볼 수 없게 된 물건을 다시 관찰해 보자. 덩어리가 벽이 단단하고 널찍한 지하동굴에 놓여 있다. 그곳은 뿔소똥구리가 빵을 굽는 곳과 맞먹는 참다운 작업장이다. 털 뭉치가 여기저기 흩어진 것 말고는 덩치가 온전하다. 그것은 자식들의 유산이지 부모의 식량은 아니므로 광부들이 건드리지는 않았다. 부모가 영양을 취하고 싶으면 기껏해야 사전에 스민 혈농 몇 모금을 마시는 것뿐이다.

녀석들이 지키며 반죽하는 뭉치 옆에는 곤봉송장벌레가 한 쌍뿐이다. 매장할 때는 네 마리가 협력했는데 다른 두 마리의 수컷은 어찌 되었을까? 녀석들은 거기서 떨어진 지표면 밑에서 웅크리고 있는 것이 발견되었다.

이번만 이런 모습이 발견된 것은 아니다. 열정적인 수컷이 압도적으로 많은 한 분대의 매장 작업을 참관했을 때마다 그랬었다. 매장이 끝나면 시체가 보관된 지하동굴에는 한 쌍의 암수만 남고, 다른 녀석들은 협력한 다음 슬그머니 물러간다.

이 매장꾼들의 가장은 정말로 주목할 만한 대상이다. 곤충 세계에서는 아비가 한동안 어미를 희롱하고 나서 자식들을 운명에 맡겨 버리는 게 일반적인 관례이다. 그런데 이렇게 태평한 아비들과 장의사 아비들과는 얼마나 거리가 멀더냐! 다른 사회에서는 임무가 없는 계급이 여기서는 고생을 한다. 제 가족, 남의 가족 구별 없이 그들의 이익을 위해 용감하게 고생한다. 암수 한 쌍이 난처한 경우에 놓이면 고기 냄새로 그 사정을 알게 된 조수들이 쏜살같이 달려와 귀부인의 시종이 된다. 시체 밑으로 들어가 등줄기와 다리를 이용해 파묻는다. 그런 다음 그 주인들이 즐기도록 놔두고 떠난다.

한 쌍은 여전히 오랫동안 일치협력해서 그 덩치의 털을 뽑고, 다듬고, 애벌레들의 입맛에 맞도록 천천히 숙성되게 놔둔다. 모든 것이 정리된 다음에는 나와서 헤어진다. 각자의 마음대로 새 곳을 찾아가, 적어도 단순한 조수로서 다시 시작한다.

지금까지 아비가 자식들의 장래를 걱정하고, 재산을 남겨 주려고 애쓰는 경우를 나는 두 번 발견했다. 소똥구리 중 일부와 시체를 이용하는 곤봉송장벌레였다. 청소부들과 장의사들은 모범적인 습성을 가진 것이다. 이런 덕행이 어디로 가서 터전을 잡으려는 것이더냐!

애벌레의 생활, 탈바꿈 등은 부차적인 세목이며 이미 알고 있는 것이다. 그래서 멋없는 이 주제는 간단하게 다루련다. 5월 말경, 2주일 전에 매장꾼들이 묻어 놓은 시궁쥐 한 마리를 파냈다. 끈적이는 검은색 마멀레이드(설탕에 졸인 과일)처럼 되어 소름이 끼치는 덩어리에 15마리의 애벌레가 있었는데, 대개는 벌써 정상 크기로 자랐다. 몇 마리의 성충은 분명히 녀석들의 부모이며, 같은 부패물 속에서 우글거리고 있었다. 산란기는 이제 끝났고 식량도 풍부하다. 다른 일거리가 없는 부모가 새끼들 곁에서 식사를 한다.

장의사들은 가족의 양육이 빠르다. 시궁쥐를 묻은 지 겨우 2주일밖에 안 되었는데, 벌써 활기찬 애벌레들이 탈바꿈을 하려 한다. 이런 조숙성은 놀라운 일이다. 다른 종류의 위장이었다면 누구든 퇴폐성 시체로 치명적이었을 텐데 여기서는 시체가 기관을 자극해 높은 에너지를 내는 요리가 되며, 또한 그것이 부식토로 변하기 전에 빨리 소비되어 성장을 촉진하는가 보다. 유기화학이 마지막의 무기화학적 반응에 앞서 가는 것이다.

어두운 곳에 사는 곤충의 일반적인 속성은 벌거벗은 흰색에다 장님이다. 창끝처럼 생긴 곤봉송장벌레 애벌레의 겉모습은 딱정벌레(Carabidae)의 애벌레를 연상시킨다. 검은색의 강력한 큰턱은 훌륭한 시체 해부용 가위이다. 다리는 짧아도 날쌔게 종종걸음을 친다. 배마디의 등 쪽은 좁은 다갈색 판자로 감춰졌고, 판자에는 작은 바늘 4개가 장착되었다. 바늘의 역할은 아마도 애벌레가 탈바꿈하려고 태어난 집을 떠나 땅속으로 파고들 때 지지대 노릇을 할 것이다. 가슴마디는 넓은 갑옷으로 덮였으나 가시는 없다.

**뿔소똥구리와 똥구리삼각
생식순좀진드기** 대형 소똥
구리에서 가끔 진드기 떼가
발견되는데, 대개는 동물에
서 흡혈하는 종류가 아니라
곤충 버스를 타고 여행하려
는 종류이다. 본문 하단 설
명과 주석 참조
오대산, 6. VIII. '96

새끼와 함께 썩은 시궁쥐에 머문 성충들에게는 모두 소름이 끼칠 정도로 이(虱)⁴가 들끓는다. 4월에는 두더지 밑에서 그토록 단정한 복장으로 반짝였던 녀석들이 6월이 가까우면 보기조차 징그럽다. 기생충(진드기)들이 한 꺼풀 좍 덮였는데, 거의 모든 관절 사이에 박혀 있다. 이런 조끼를 입어 불구가 된 곤충을 핀셋으로 긁어내 본다. 배 쪽의 끈질긴 부랑자 집단을 사냥했더니 등 쪽에다 천막을 칠 뿐 도망가려 하지 않는다.

(똥)금풍뎅이의 남보라색 배도 가끔 똥구리삼각생식순좀진드기〔Gamase des coléoptères: *Parasitus* sp. 진드기목 삼각생식순좀진드기과 (Parasitidae)〕⁵로 더럽혀짐을 이미 알고 있었다. 그렇다. 아름다운 생명의 몫은 이로운 곤충에게 돌아가지 않는다. 곤봉송장벌레와 금풍뎅이는 유익한 공중보건에 헌신했다. 이 두 동업자, 위생 기능으로 그토록 이익을

4 실제로는 이가 아니라 진드기이다.
5 세계적으로 400종가량이 알려졌고, 이들이 사는 곳은 이끼, 흙속, 배설물, 썩은 유기물, 동굴, 곤충이나 소형 포유류의 둥지 등으로 매우 다양한데, 새 삶터로의 이동은 딱정벌레나 벌목 곤충에게 의존하는 종류이다. 특히 여러 뒤영벌(*Bombus*)에서 많이 발견되었고, *Parasitus*속 중 몇 종은 딱정벌레를 이용한다. 진드기가 많이 붙은 소똥구리를 보고 징그럽게 기생당했다며 혐오감을 갖는 사람은 오해가 없기를 바란다. 진드기가 기생의 목적보다는 다른 곳으로의 이동 수단으로 달라붙은 경우가 많이 알려졌다.

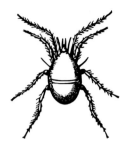
똥구리삼각생식순좀진드기

주는, 그리고 가정적 습성으로 그토록 주목받는 그들이 가치 없는 기생충에게 넘겨지다니. 하느님 맙소사! 봉사의 대가와 가혹한 생애 사이의 이 부조리는 장의사와 오물 청소부의 세계 밖에서도 많은 예가 존재한다.

모범적인 가정 습성, 그렇다. 하지만 곤봉송장벌레의 사회가 끝까지 그렇지는 못하다. 6월 전반부에 가족의 식량이 충분히 갖추어지면 더는 매장 작업을 하지 않는다. 그래서 쥐와 참새(Moineaux: *Passer*)를 새로 사육장에 갖다 놓아도 나타나는 녀석이 없다. 가끔씩 어느 송장벌레가 지하동굴에서 나와 자유로운 공간을 맥없이 기어 다닌다.

그때 벌써 나는 무척 이상한 사실에 주의가 끌렸다. 땅속에서 올라온 녀석들 모두가 다리 관절이, 개별적으로 위나 아래쪽이 잘린 불구자였다. 온전한 다리가 하나밖에 안 남은 녀석도 보였다. 게다가 진드기가 좍 덮여 참혹해진 누더기를 걸치고, 외짝다리와 모두 불구인 나머지 다리로 편편한 모랫바닥을 기어 다닌다. 갑자기 튼튼한 다리의 동료가 나타나 이 불구자를 아주 죽여서 그의 뱃속을 청소했다. 남아 있던 곤봉송장벌레 13마리는 모두 이렇게 동료들에게 잡아먹히거나, 적어도 다리가 몇 개쯤은 잘린 다음 끝장났다. 평화적이던 처음의 관계에 잔인성이 뒤따른 것이다.

역사를 보면, 마사게트(Massagètes)[6] 인들과 다른 어느 민족은 노인들이 늙음의 괴로움에서 벗어나라고 죽였단다. 백발이 된 머리를 내리치는 도끼질이

---

6 고대 중앙아시아의 한 종족

그들의 눈에는 효도
행위로 비쳤던 것
이다. 곤봉송장
벌레도 고대의
이 잔인성에 참
여한다. 나이 먹

어 이제는 쓸모없는 존재가 되어 버린 녀석들이 지친 삶을 끌고
다니며 서로를 몰살시킨다. 몸이 자유롭지 못해 바보가 된 녀석이
고통을 질질 끌고 다녀 무엇하겠나?

　마사게트 사람들은 잔인한 풍속에 대한 못된 조언자, 즉 식량
부족이란 핑계를 댈 수 있었다. 하지만 곤봉송장벌레는 후덕한 내
덕분에 땅속이든, 지표면이든 식량이 아주 풍부했으니 그럴 수가
없다. 학살과 굶주림은 관계가 없는 것이다. 여기서는 쇠약해지며
온 착란, 꺼지기 직전에 찾아든 생명의 병적 격렬함이다. 일반적
통칙이 그랬듯이, 노동은 송장벌레에게 평화의 습성을 주지만 일
감이 없는 것은 녀석들에게 변태적 취미를 불러일으킨다. 업무가
완전히 없어진 녀석들은 저와 똑같은 녀석의 다리를 부러뜨려서
먹는데, 제 다리 역시 잘리고 먹히는 것은 걱정하지 않는다. 이 행
위로 진드기가 들끓는 노후에서 마지막 해방이 올 것이다.

　뒤늦게 맹렬히 폭발하는 이 살기가 이 녀석들에게만 특별한 것
은 아니다. 처음에는 무척 온순했던 뿔가위벌(Osmia)의 말년 타락
행위에 대해서도 말한 적이 있었다. 난소가 소진되었음을 느끼면
이웃의 알을 터뜨리고, 심지어는 제 알까지 깨뜨린다. 알에서 달
큼한 가루를 핥기도, 찢어서 먹기도 했다. 사마귀는 임무가 끝난

수컷을 잡아먹고, 여치는 불구가 된 남편의 허벅지를 갉아먹었다. 양순한 귀뚜라미도 땅에 알을 낳고는 비극적인 부부 싸움을 하며, 아무런 가책도 없이 서로의 배를 갈랐다. 한배의 새끼들에 대한 보살핌이 끝나자 삶의 기쁨도 끝나는 것이다. 그때는 종종 거칠어지고, 고장 난 그 기계는 끝내 착란을 일으키고 만다.

애벌레 솜씨에는 특별한 것이 없다. 그저 적당히 자라면 태어난 지하실과 썩은 시체를 버리고 땅속 깊이 내려간다. 거기서 다리와 등에 장착된 연장으로 둘레의 모래를 밀어내고, 탈바꿈의 휴식용 방을 마련한다. 방이 준비되고 곧 닥칠 허물벗기의 혼수상태가 오면 꼼짝 않고 누워 있다. 하지만 조금만 불안한 조짐이 있어도 즉시 움직이며, 자신의 축을 따라 돈다.

다양한 종류의 번데기, 특히 7월인 지금 내 눈앞에 보이는 울퉁불퉁한 뿔의 소유자, 붙이버들하늘소(Aegosome scabricorne: *Aegosoma* → *Megopis scabricornis*)의 번데기는 방해를 받으면 터빈이 돌아가듯 심하게 움직인다. 미동 상태의 미라들이 갑자기 그 상태에서 벗어나 어떤 장치에 의해 뱅글뱅글 돈다. 이 행위는 항상 뜻밖의 새로운 발견이 된다. 그 장치의 비밀도 깊이 캐 볼 가치가 있을 것이다. 어쩌면 여기서 합리적인 기계학이 가장 훌륭한 이론을 실현시켰음을 발견할지도 모른다. 유연하고 활기찬 어릿광대의 허리와 이제 겨우 점액으로 엉겨 붙어 새로 태어날 살덩이의 유연성과의 활력은 비교되지 않는다.

제 방에 홀로 남아 있던 곤봉송장벌레 애벌레는 약 10일 만에 번데기가 된다. 내게는 녀석들을 직접 관찰한 기록이 없지만 저절로 보충된다. 곤봉송장벌레는 여름에 성충의 형태를 취할 것이 틀림없으며, 소똥구리처럼 가을에는 가족 걱정 없이 즐거운 몇 날을 보낼 것이다. 그러다가 추위가 다가오면 겨울 땅속 막사로 들어갔다가 봄이 되면 즉시 나올 것이다.

8 곤봉송장벌레 – 실험

무늬곤봉송장벌레(*Necrophorus vestigator*)가 이성적인 재주로 훌륭한 명성을 얻게 된 부분을 다뤄 보자. 우선 클레르빌(Clairville)의 말, 즉 단단한 땅에서 원군을 불렀다는 사실을 실험해 보자.

실험 목적에 따라 갓을 씌운 울타리 안의 가운데에다 벽돌 한 장을 지면과 같은 높이에 깔아 놓고, 그 위에 모래를 얇게 뿌려 놓았다. 둘레는 부드러워서 파기 쉬운 땅이 넓게 펼쳐졌으나 여기는 팔 수 없는 땅이 되었다.

그 이야기 조건과 가까우려면 생쥐(Souris)가 필요하다. 두더지는 너무 무거워서, 어쩌면 옮기지 못할 것 같아서이다. 그래서 생쥐를 구하려고 친구들과 이웃을 동원했다. 그들은 변덕스런 내 생각을 비웃겠지만, 그래도 쥐덫을 놓는다. 그러나 개똥도 약에 쓰려면 없는 법이다. 그들의 조상인 라틴 어를 본받았을망정 점잖은 말에는 도무지 신경 쓰지 않는 여기, 즉 프로방스 말로는 직역하는 것보다 더 노골적으로 "나귀 똥을 찾으면 녀석이 변비에 걸린다." 한다.

마침내 원하던 생쥐를 손에 넣었다. 기름진 땅을 방황하는 극빈자들에게 관청의 자선심이 하룻밤 숙소를 제공하는 저 구호소, 즉 분명히 이(蝨)투성이가 되어서 나올 읍 소유의 그 오두막에서 온 것이다. 당신의 애벌레가 허물 벗는 것을 보러 오라고 후작 부인들을 초청했던 레오뮈르(Réaumur) 씨, 당신은 그런 하찮은 일에 이골이 난 미래의 제자에게 어떤 말을 하시겠습니까? 벌레의 비참함을 동정하려면 그런 하찮은 일을 알아야 할 것입니다.

그렇게도 갈망하던 생쥐를 얻자 벽돌 한가운데다 올려놓았다. 뚜껑 덮인 사육장에 지금 일곱 마리의 곤봉송장벌레가 들어 있는데, 그 중 세 마리는 암컷이다. 모두 흙 속에 있었는데 일부는 할일도 없이 지표면 가까이를, 나머지는 지하실을 점령하고 있었다. 시체의 존재가 곧 알려진다. 아침 7시경 세 마리, 즉 곤봉송장벌레 암컷 한 마리와 수컷 두 마리가 달려온다. 생쥐 밑으로 비집고 들어가자 쥐가 흔들려서 움직인다. 녀석들이 힘을 썼다는 표시이다. 벽돌이 감춰진 모래층 파내기가 시도된다. 파낸 모래가 죽은 생쥐

둘레에 똬리처럼 쌓인다.

흔들림이 두 시간가량 계속되었으나 성과가 없다. 이제는 진행되는 상황을 알아볼 차례이다. 모래가 덮여 보이지 않던 벽돌이 지금은 드러나 있다. 시체를 움직여야 할 때는 곤충이 뒤로 자빠진다. 즉 등을 땅바닥에 대고 이마와 배 끝을 지렛대 삼아, 여섯 다리로 죽은 동물의 털을 움켜잡는다. 땅을 팔 때는 다시 정상 자세로 돌아온다. 녀석들이 이렇게 시체를 흔들거나 아래쪽으로 끌어당겨야 할 때는 다리를 공중으로 들어 올리고, 구덩이를 더 파야 할 때는 다리를 땅 위에 놓는데, 이 행동을 번갈아 가며 힘껏 노력한다.

결국 생쥐가 누워 있는 곳을 공격할 수 없음이 확인된다. 수컷 한 마리가 밖으로 나와 시체를 한 바퀴 돌며 조사하고 아무 데나 조금 긁어 본다. 도로 내려가고 시체가 다시 흔들린다. 사정을 알아본 녀석이 도우미들에게 확인 결과를 알려 주었을까? 다른 유리한 땅으로 옮겨 가서 자리 잡도록 어떤 조치를 취했을까?

사실들은 아무것도 확인시켜 주지 않았다. 한 녀석이 덩어리를 흔들면 다른 녀석들도 덩달아 떠민다. 하지만 노력이 일정한 방향으로 결집되지는 않았다. 그래서 벽돌의 가장자리로 조금 전진했던 짐이 다시 되돌아서 출발점으로 뒷걸음친다. 합의가 없었으니 지렛대질은 헛수고가 된 것이다. 거의 세 시간을 시체가 흔들렸다가 무효가 되곤 했다. 녀석들의 갈퀴질로 생쥐가 주변에 쌓인 작은 모래 둔덕을 넘어서진 못한다.

두 번째 수컷이 나와서 사방을 탐사한다. 벽돌 바로 옆의 연한 땅을 파 본다. 여기는 땅의 성질을 알아보려는 시험용 구멍이라 녀석은 좁고 낮은 우물에 절반밖에 잠기지 않는다. 다시 작업장으로 들어가 등줄기의 조종이 시도된다. 시체가 적절한 지점을 향해 손가락 굵기만큼 이동한다. 이번에는 맞았을까? 아니다. 생쥐는 잠시 후 다시 제자리로 돌아왔다. 난관을 극복하는 데 아무런 진전도 없었다.

지금은 두 마리의 수컷이 알아보러 왔는데 각자가 제멋대로였다. 녀석들은 아주 가까운 곳이 이미 파여서, 힘들게 운반하지 않아도 될 지점을 찾았으나 거기에는 머물지 않는다. 그저 사육장 전체를 분주히 돌아다니며 여기저기를 집적거리고, 만져 보고, 또 낮은 고랑을 파 본다. 결국 녀석들은 울타리 안의 벽돌에서 점점 멀어져 간다.

녀석들은 뚜껑의 기둥 밑 파기를 즐기며 시굴 형태도 다양했다. 벽돌 밖의 지층은 어디나 똑같이 연한 땅이다. 그런데 처음 팠던 곳을 버리고 두 번째 구멍을 파는데, 그 이유를 모르겠다. 이것 역시 버려지며 3번, 4번, 다른, 또 다른 구멍이 뒤따른다. 6번째 구멍에 가서야 선택되었다. 하지만 어느 구멍도 무척 낮고 굴착자의 몸통 굵기의 좁은 시험용 구멍이었을 뿐, 결코 생쥐를 수용하려는 것은 아니었다.

생쥐에게 다시 돌아온다. 또 쥐가 흔들려 좌우로 움직이며 앞으로 옮겨졌다가 다시 다른 방향으로, 그리고 다시 후퇴하게 된다. 이렇게 너무 여러 번 반복하다가 마침내 생쥐가 낮은 모래 둔덕을 넘게 되었다. 이제는 벽돌 밖의 연한 땅으로 왔다. 시체가 조금씩, 조금씩 하강한다. 하지만 멍에에 메어져서 분명하게 끌려가는 것이 아니라, 보이지 않는 지렛대의 단속적인 작용으로 이동하는 것이다. 마치 시체가 혼자서 움직이는 모습이다.

그토록 많은 망설임 다음, 이번에는 노력이 계획적으로 실행되었다. 적어도 내가 예상했던 것보다 훨씬 빨리 시체가 파낸 지점에 도달했다. 이제부터는 통상적인 방법에 따라 매장 작업이 시작된다. 지금은 오후 1시이다. 곤봉송장벌레들이 장소의 상태를 확인하고 쥐를 옮기는 데에는 시곗바늘이 문자판의 반 바퀴를 도는 시간이 필요했다.

이 실험에서 우선, 수컷들이 살림살이에 주도적 역할을 한다는 점이 명백해졌다. 아마도 수컷은 암컷보다 재능이 많아서 일이 난처해졌을 때 사정을 알아보러 가는 것 같다. 녀석들은 장소를 시찰하고, 어디서 지장이 생겼는지 확인하고, 새 구덩이 팔 지점을 선택한다. 이토록 오래 걸린 벽돌 이용 실험에서 두 마리의 수컷만이 바깥을 답사하며 난관을 해결하려 노력했다. 수컷의 도움을 믿는 암컷은 생쥐 밑에서 꼼짝 않고 탐색결과를 기다렸다. 뒤이은 후속 실험에서 이 용감한 조수들의 공로가 확인될 것이다.

두 번째 생쥐가 누워 있는 지점 역시 녀석들이 극복해 낼 수 없을 만큼 저항했지만, 약간 떨어진 곳의 연한 땅에는 파놓은 구덩이가 없다. 거듭 말하지만 곤충은 매장 가능성에 대한 정보가 빈약해도 모든 게 이를 감수하도록 결정되어 있다.

지금, 나중에 시체를 옮겨 갈 구덩이를 미리 준비한다는 것은 엄청난 난센스였다. 굴착 작업을 하려면 일꾼의 등이 시체의 무게를 느껴야 한다. 또한 시체의 털에 자극받아야만 작업한다. 장차 묻힐 시체가 이미 그 자리에 와 있지 않으면 녀석들은 절대로 굴착을 시도하지 않는다. 이것이 내가 두 달 남짓, 날마다 관찰한 결과이며, 절대적으로 단언하는 결과이다.

송장벌레 사진과 같이 몸통이 두껍고,
더듬이의 끝 쪽 서너 마디가 유난히 넓
으며, 딱지날개에 불규칙한 주황색 내
지 빨간색 무늬 쌍을 가진 종류가 '곤봉
송장벌레'이다. 그러나 사진의 종은 우
리나라에서 무리 이름이 정해지기 전에
이미 '송장벌레'란 이름을 받았다. 성
충은 야행성이며, 애벌레는 썩은 시체
를 먹는다. 시흥, 10. V. '90

클레르빌의 나머지 일화도 내 실험에서 버텨 내지 못했다. 곤봉
송장벌레가 난처한 경우를 당하면 도움을 청하러 가서 동료들을
데려오고, 불려 온 녀석들이 매장을 도와준다고 했다. 이것은 수레
바퀴 자국에 빠진 왕소똥구리의 똥경단 이야기를 다른 형태로 바
꾸어 놓은 것에 불과하다. 노획품을 꺼낼 힘이 없는 간사한 왕소똥
구리가 서너 마리의 이웃을 불렀더니 녀석들이 관대하게 똥경단을
꺼내 주었다고. 이런 구조 활동 다음에는 각자 제 일을 하러 돌아
갔다고.

이렇게 잘못 해석한 소똥구리의 공적 덕분에 나는 장의사들의
공적 역시 경계했다. 네 마리 조수와 함께 돌아온다는 생쥐 소유
자가 도착한 다음, 그 소유자를 확인할 방도를 마련해 놓았는지,
그 관찰자에게 물어본다면 내가 너무 까다로운 사람일까? 그 다섯
마리 중, 합리적으로 구원을 호소할 줄 아는 한 마리를 어떻게 구
별해 냈을까? 최소한 사라졌던 녀석이 그 무리에 끼여 있는 게 확
실할까? 알려 주는 것은 아무것도 없다. 하지만 이 점은 훌륭한 관
찰자가 소홀해서는 절대로 안 되는 중요한 대목이다. 혹시 버려진

쥐에게 아무 송장벌레든 다섯 마리가 후각에 인도된 것이며, 녀석들 각자가 자신을 위해 그것을 이용한 것은 아닐까? 나는 정확한 자료가 없으니 그저 가장 그럴듯해 보이는 마지막 의견으로 기울린다.

사건을 실험적 검사에 붙여 보면 개연성이 확실성으로 바뀌게 된다. 벽돌을 이용한 실험이 벌써 알려 왔다. 관찰된 곤봉송장벌레 다섯 마리는 6시간을 헤맨 끝에야 겨우 노획물을 연한 땅으로 가져다 놓을 수 있었다. 이렇게 어렵고 오래 걸리는 일에 도와줄 동료가 필요 없는 것은 아니다. 아는 친구들이며 어제의 도우미들이었던 네 마리는 이제 같은 뚜껑 밑에서 약간의 모래 속 여기저기에 틀어박혀 있다. 그런데 함께 일하던 다섯 마리 중에서 세 마리는 구원을 요청할 생각을 못했다. 생쥐를 차지한 녀석들 역시 대단히 난처해졌으나, 아주 쉬운 원조의 요청 없이 자신들의 일만으로 작업을 끝냈다.

녀석들은 세 마리였으니 힘이 충분했을 것이라는 말을 할지도 모르겠다. 하지만 그래서 남의 도움이 필요 없었다는 반론은 의미가 없다. 단단한 흙의 조건보다 훨씬 어려운 조건에서, 또한 설치된 장치가 저항하는 조건에 녹초가 되지만, 녀석들이 조수를 구하겠다고 작업장을 떠난 경우는 단 한 번도 보지 못했다. 떠나지 않았음도 여러 번 확인했다. 도우미들이 갑자기 찾아오는 경우가 잦은 것은 사실이다. 하지만 그 녀석들은 자신의 후각이 감지해서 온 것이지 먼저 시체를 차지한 녀석이 알려 주어서 온 것은 아니다. 녀석들은 우연히 만난 일꾼이지 결코 동원된 일꾼은 아니다. 서로 싸우지 않고 수용하지만 고맙다며 받아들인 것도 아니다. 녀석들은 동료를 불러 모은 게 아니라 그저 용납한 것뿐이다.

유리로 보호된 사육장으로 우연히 찾아온 도우미 한 마리를 본 적이 있다. 녀석은 밤에 거기를 지나치다 시체 냄새를 맡고 온 것이며, 거기는 아직 아무도 용감하게 제 몫이라며 침투하지 않은 곳이다. 나는 뜻밖의 녀석을 뚜껑의 돔 위에서 발견했다. 만일 뚜껑이 없었다면 녀석도 다른 녀석들과 함께 즉시 작업에 참여했을 것이다. 내 포로들이 그 녀석에게 부탁했을까? 분명히 아니다. 그저 남들의 노고와는 상관없이 두더지 냄새에 이끌려서 온 것뿐이다. 사람들이 친절하게 협력했다고 칭찬한 경우는 바로 이런 녀석들이다. 상상력에서 나온 송장벌레의 공적 역시 왕소똥구리의 공적에서 했던 말의 반복이다. 순진한 사람에게 기분 좋은 졸업장을 주어서 따돌려 보내는 데에나 적당한 유치한 이야기 말이다.

곤봉송장벌레가 자주 만나는 어려움은 또 있다. 땅이 단단해서 시체를 다른 곳으로 옮길 수밖에 없는 경우만 어려운 게 아니다. 잔디가 깔린 땅, 특히 개밀이 덮인 곳은 가는 뿌리들이 땅 밑에서 빠져나올 수 없게 그물을 쳐놓은 격인데, 어쩌면 이런 경우가 가장 흔할 것이다. 뿌리 사이를 파낼 수는 있다. 하지만 시체를 그 틈새로 통과시키는 것은 사정이 다르다. 그물코가 너무 촘촘해서 지나갈 수 없는 것이다. 굴착자가 특히 자주 만나는 이런 장애물에 대해 자신의 무능함을 알까? 그렇지는 않을 것이다.

솜씨를 발휘하는 데 잡다한 장애물과 자주 맞닥뜨리는 동물은 항상 그에 따른 대비책이 마련되어 있다. 그렇지 않으면 작업을 실현시키지 못할 것이다. 필요한 수단과 적성이 없으면 목적을 달성할 수 없다. 곤봉송장벌레는 땅파기 기술 말고도 다른 기술을 가졌음이 분명하다. 구덩이로 시체 내려 보내기를 막는 밧줄, 뿌리, 가는 줄기, 가는 뿌리줄기(根莖) 따위를 끊는 기술 말이다. 삽과 곡괭이의 작업에 전정가위의 작업이 더 있는 게 분명하다. 이모든 것은 무척 논리적으로 아주 뚜렷하게 예견되는 것이다. 하지만 의심에 대한 방패로 가장 좋은 증거인 실험을 내놓자.

부엌에서 쓰는 화덕의 삼발이를 이용했다. 그것의 쇠막대들은 내가 생각한 기구에서 든든한 뼈대가 된다. 라피아야자수(raphia) 잎에서 뽑은 섬유제품의 투박한 그물은 개밀의 얼기설기 얽힌 뿌리와 거의 같다. 전혀 고르지 못한 이번의 그물코 어디에도 매장시킬 두더지 시체가 통과할 넓이가 없다. 사육장 표면에 삼발이가 설치되었다. 가는 끈은 모래를 조금 뿌려서 가렸다. 두더지 시체를 가운데 놓고 송장벌레들을 풀어놓았다.

매장 작업이 오후 한나절 내내 지장 없이 진행된다. 얼기설기 얽힌 개밀 뿌리와 거의 똑같은 라피아 섬유의 해먹(그물 침대)은 별로 작업을 방해하지 않았다. 일이 좀 느리게 진행되는 것뿐이다. 두더지는 특별한 시도도 없이 누워 있던 바로 그 자리에서 옮기려는 땅속으로 묻혀 들어간다. 작업이 끝난 다음 삼발이를 들어 올렸다. 몇 줄의 가는 끈, 즉 시체가 통과하는 데 꼭 필요한 소수의 끈만 갉혀서 끊어졌다. 나의 장의사들아, 참으로 훌륭하게 해냈다. 나는 너희의 솜씨에서 그 정도를 기대하고 있었다. 너희은 자연에서 장애물에 썼던 수단을 여기서도 써서 내 수작을 실패시켰다. 너희는 큰턱을 가위 삼아 풀뿌리를 끊은 것처럼 내 끈들을 끈덕지게 갉아서 끊었다. 그것은 칭찬받을 만하다. 하지만 아직 특별히 찬양받을 정도는 아니다. 흙을 파내는 곤충 중에서 지능이 가장 열등한 녀석

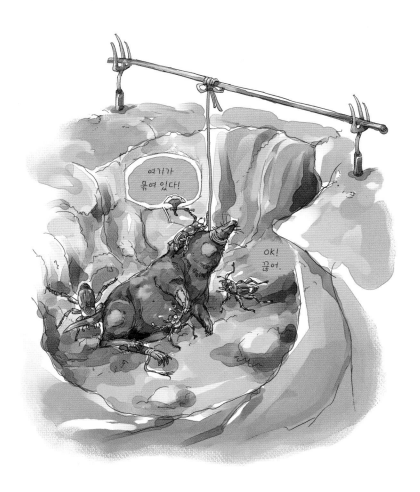

이라도 그런 상황에 놓이면 그 정도는 해냈을 것이다.

　일련의 난제에서 한 단계 올려 보자. 이번에는 수평의 가로막대에 두더지의 앞뒤를 라피아야자수 끈으로 묶어서 고정시키고, 요지부동인 두 개의 포크 위에 얹어 놓았다. 이것은 이상한 꼬챙이에 꿴 일종의 사냥감이다. 죽은 짐승은 몸길이 전체가 땅에 닿아 있다.

　시체 밑으로 들어간 곤봉송장벌레들은 그 털과의 접촉을 느껴 굴착을 시작한다. 구덩이가 파여 빈자리가 생겼다. 하지만 녀석들이 바라는 물건은 내려오지 않는다. 간격을 두고 세워진 두 포크 위의 가로대에 붙잡혀 있기 때문이다. 굴착 공사가 느려지고 망설임이 길어진다.

그사이 한 마리가 지면으로 올라와 두더지 위를 왕래하며 검사한다. 마침내 묶어놓은 뒤쪽의 끈을 발견한다. 녀석은 그것을 끈질기게 씹어서 올을 풀어놓았다. 마지막 끊는 가위질 소리가 들린다. 탁! 이젠 됐다. 두더지는 제 무게에 끌려 구덩이 속으로 떨어진다. 하지만 머리 쪽을 묶은 또 한 군데는 여전히 바깥에 남아 있어서 비스듬하게 내려졌다.

하반신을 묻는다. 그 다음 아주 오랫동안 이리저리 끌어당기며 흔들어 댄다. 소용이 없다. 물건은 내려가지 않는다. 저 위에서 무슨 일이 생겼는지 알아보러 다시 한 마리가 나온다. 두 번째 끈이 발견되고 그것도 끊어졌다. 이제는 소원대로 일이 진행된다.

줄 끊기의 통찰력을 가진 너희를 칭찬한다. 하지만 과찬은 하지 않겠다. 두더지를 묶은 끈이 너희에게는 잔디 깔린 땅에서 그토록 익숙해진 뿌리와 같은 것이니 말이다. 너희는 너희 지하묘지를 가로질러 쳐놓은 자연의 가는 줄들이 무엇이든 날카로운 가위로 해치운 것처럼, 조금 전의 해먹도 그렇게 끊었다. 너희의 생업에서 그 일은 없어서는 안 될 재주였다. 만일 너희가 그 재주를 실제로 쓰기 전에 그것을 경험에서 배우거나 계획해야 했었다면, 너희 종족은 훈련 기간 중 망설이다가 죽어서 사라졌을 것이다. 두더지, 두꺼비, 장지뱀, 그 밖에 너희 입맛에 맞는 식량이 많은 곳은 대개가 풀밭이었으니 말이다.

너희는 더 훌륭한 일도 해낼 능력이 있다. 하지만 그것을 설명하기 전에 작은 덤불이 지면을 온통 덮고 있어서 시체가 지표면에서 조금 떨어진 곳에 걸쳐진 경우를 조사해 보자. 우연히 떨어지다가 매달려진 발견물은 쓸모가 없을까? 곤봉송장벌레는 제 머리 몇 인치 위에 걸린 시체 냄새를 맡아 훌륭한 식량임을 인식하고도 그냥 무심하게 지나칠까, 아니면 그 교수대에서 떨어뜨릴까?

사냥감은 막대한 노력을 요구할 뿐, 무시당할 만큼 흔하지는 않다. 사실을 안 보고도 나는 그것을 떨어뜨린다는 쪽을 택했다. 곤봉송장벌레는 시체가 바로 땅 위에 놓이지 않아서 곤란함을 자주 겪지만, 녀석들은 그것을 떨어뜨려 매장하는 본능이 있음을 확신하기에 그 쪽을 택한 것이다. 들에서는 몇 대의 밀짚이나 몇 개의 가시가 얽혀서 받침이 되는 일은 허다한데, 이런 것들이 송장벌레를 당황시키지는 못할 것이다. 시체가 높이 매달렸으면 떨어뜨리는 것이 녀석들의 본능적 수단의 일부일 것이다. 하지만 그런 작업 장면을 실제로 확인해 보자.

사육장에다 볼품없는 백리향(Thym: *Thymus vulgaris*)을 한 무더기 심었다. 식물의 키는 기껏해야 옷자락 높이밖에 안 된다. 잎이 달린 가지에 생쥐 한 마리를 걸쳐 놓았다. 하지만 꼬리와 다리, 그리고 목을 가지들 사이에 얽어매 놓았으니 얼마나 어려운 일이겠더냐! 뚜껑 밑의 곤봉송장벌레가 지금은 14마리인데, 이 식구는 연구가 끝날 때까지 그대로 유지될 것이다. 물론 모두가 동시에 그 날의 일에 참여하지는 않는다. 대부분은 땅속에 남아서 졸고 있거나 자신의 움막을 정리한다. 때로는 한 마리, 흔히는 2마리, 3마리, 4마리가 제공된 시체를 다룰 뿐, 그보다 많은 경우는 드물다. 오늘은 두 마리가 달려와서 곧 백리향의 저 위에 쥐가 있음을 알아챘다.

녀석들은 철망을 통해 나무 꼭대기로 올라간다. 거기는 몸을 의지할 곳이 마땅치 않아 훨씬 망설이면서 지상에서 시체를 옮길 때 쓰이는 불리한 술책이 반복된다. 즉 줄기에 몸을 기대고 등과 다리를 교대로 밀고 흔들어 본다. 공격 지점이 걸린 곳에서 빠져나올 때까지 세게 흔들어 댄다. 잠시 뒤 마구 얽힌 곳에서 등줄기를 이용한 두 동업자가 시체를 끄집어냈다. 다시 한 번 흔들자 쥐가 떨어진다. 그리고 매장이 시작된다.

이 실험에서 새로운 것은 아무것도 없다. 뜻밖의 사냥감이었으나 매장이 불편했던 지상에서와 똑같이 행해졌다. 떨어진 것은 옮기려는 시도의 결과였다.

이제는 글레디츠가 찬양했던 두꺼비의 교수대를 세울 차례이다. 꼭 양서류가 필요한 것은 아니다. 두더지로 같은 일을 해낼 수 있고, 더 잘해낼 수도 있을 것이다. 라피아 끈으로 두더지 뒷다리를 막대기에 묶고, 막대기는 땅에다 별로 깊지 않게 박아 놓았다. 두더지는 교수대를 따라 수직으로 내려와서 머리와 어깨가 널찍하게 땅에 닿았다.

송장벌레들은 막대기 바로 아래, 두더지가 늘어진 부분 밑에서 일을 시작했다. 곧 깔때기 모양으로 땅을 파서 그 안으로 두더지의 주둥이와 머리, 그리고 목이 차차 빠져 들어간다. 결국은 말뚝도 밑동이 드러나며 무거운 짐에 끌려서 쓰러진다. 지금 곤충에게 가장 이성적인 놀라움의 하나라고 일찍이 말했던, 그래서 쓰러진 말뚝을 목격한 셈이다.

본능 문제를 다루는 사람에게는 이 결과가 참으로 감동적이다.

하지만 아직은 결론을 내리지 않도록 조심하자. 그러면 너무 서두르는 게 될 것이다. 일단 말뚝이 쓰러진 것은 계획적이었는지, 또는 우연히 쓰러진 것인지 생각해 보자. 곤봉송장벌레들이 막대기를 넘어뜨리려는 뚜렷한 목적을 가지고 그 밑을 파냈을까? 아니면 반대로, 땅과 접촉된 부분의 두더지를 묻으려고 땅을 팠을까? 이것이 문제인데, 물론 아주 풀기 쉬운 문제이다.

실험을 다시 했다. 그러나 이번에는 교수대가 비스듬하게 세워졌고, 수직으로 매달린 두더지는 말뚝 기부에서 2인치 정도 떨어진 지면과 접촉했다. 이때는 말뚝을 넘어뜨리려는 시도가 조금도, 전혀 조금도 없었다. 교수대 밑동은 건드리지 않았다. 굴착 공사는 말뚝과 좀 떨어진 곳, 즉 어깨가 땅에 접촉된 시체 밑에서만 행해졌다. 거기서, 거기만 굴착자들이 접근했고, 시체의 상반신을 받아들일 구멍이 파였다.

매달린 짐승의 위치에서 떨어진 2인치가 그 유명한 전설을 물거품으로 만들었다. 이렇게 어느 정도 논리적으로 다루되, 어수선한 주장의 무더기를 아주 엉성한 체로 걸러 내기만 해도 훌륭한 진리의 낟알을 골라내기에 충분했다.

다시 한 번 체질을 해보자. 말뚝이 비스듬하거나 똑바로 섰거나 상관없다. 하지만 언제나 뒷다리가 말뚝 꼭대기에 고정된 두더지는 땅과 접촉하지 않고, 손가락 몇 개 넓이만큼 지면에서 떨어져 굴착자들이 직접 미치지 못하는 거리에 있다.

녀석들은 결국 어떻게 할까? 교수대를 쓰러뜨릴 목적으로 그 밑을 긁을까? 전혀 아니다. 그런 술책을 기대했던 순진한 사람이라면 대단히 실망할 것이다. 그 밑동에는 전혀 주의를 기울이지 않는다. 한 번 긁는 수고조차 헛되이 쓰지 않았다. 말뚝을 쓰러뜨리는 시도는 어느 것도, 언제라도, 정말 아무것도 없었다. 곤봉송장벌레는 다른 방법으로 두더지를 차지했다.

이렇게 다양한 형태로 반복된, 그리고 결정적인 실험들은 매달린 시체가 그 지점의 땅과 접촉되지 않으면 결코 정말로, 또한 절대로 말뚝 밑동을 파내지 않으며 겉을 긁지도 않음을 확증했다. 그 지점에 시체가 매달려 있을 때 말뚝이 쓰러졌다면 그것은 전혀 의도적인 결과가 아니다. 시작된 매장 작업에서 그저 우연한 결과일 뿐이다.

그렇다면 글레디츠가 말했던 두꺼비를 말리던 사람은 무엇을 보았을까? 그가 세운 말뚝이 정말 넘어졌다면, 송장벌레의 공격을 피하려고 놓아두었던 두꺼비가 틀림없이 땅에 닿았을 것이다. 약탈자와 땅의 습기에 대한 희한한 조심성이 아니더냐! 그는 마른 두꺼비를 포식하는 녀석이 좀더 통찰력이 있음을 가정하고, 그 죽은 동물을 지상에서 몇 인치 떨어지게 매달아 놓았어야 옳았다. 내 실험이 분명하게 단언했듯이, 송장벌레가 밑동을 파서 말뚝이 쓰러졌다는 그의 경우는 순전히 상상력에서 온 사건이다.

광명의 실험 앞에서 도망쳐 오류의 수렁으로 빠져든 곤충의 이성에 대해 또 한 번 훌륭한 논증을 얻었다. 진실보다 상상력이 더 풍부한 관찰자의 우연한 만남의 말을 사실로 인정한 선생님들, 나는 그대들의 순진한 믿음에 감탄합니다. 그대들이 그렇게 어리석은 말을 비판 없이, 또 그 위에다 그대들의 이론을 세워 놓을 때, 그대들의 순진한 열의에 감탄합니다.

실험을 계속해 보자. 이제는 말뚝을 똑바로 세우고 여기에 매달

야~!
어지러워.

흔들…
흔들…

린 시체가 땅에 닿지 않는 방법이다. 그 밑에는 결코 구덩이가 파이지 않을 조건이다. 생쥐를 매달았으니 가벼워서 곤충이 다루기에는 좀더 유리할 것이다. 죽은 생쥐의 뒷다리를 라피아 끈으로 묶어서 말뚝 꼭대기에 고정시켰다. 쥐는 말뚝 줄기에 기댄 채 수직으로 내려졌다.

곧 두 마리의 곤봉송장벌레가 시체를 발견했다. 녀석들은 따 먹을 보물을 찾아 기둥으로 올라간다. 시체를 조사하고, 머리방패로 털을 헤쳐 본다. 훌륭한 횡재로 판정되어 작업에 착수한다. 여기 역시 불편한 자리에 놓인 시체를 옮길 때의 전술이 쓰인다. 하지만 좀더 까다로운 상황에서 시작된다. 두 마리가 생쥐와 말뚝 틈새로 비집고 들어가, 말뚝에 기댄 등을 지렛대 삼아 시체를 흔들고 움직여 본다. 시체가 좌우로 흔들리다 뱅그르르 돌며 말뚝을 벗어난다. 아침나절 내내 시체를 조사하고 흔들어 보기를 반복했으나 헛수고만 계속된다.

드디어 오후에, 녀석들은 정지된 이유를 알아냈다. 이 악착스런 두 노상강도가 교수대 끈의 조금 아래쪽, 즉 쥐의 뒷다리를 공격한다. 하지만 아직은 확실하게 알아낸 것이 아니라는 증거였다. 녀석들은 발뒤꿈치의 털을 뽑고, 가죽을 벗기고, 살점을 뜯어낸다. 마침내 뼈까지 도달하자, 그제야 한 마리가 라피아 섬유 끈을 발견했다. 이것은 녀석들에게 잘 알려진 물건이나 다름없다. 잔디 깔린 땅에서 매장할 때 아주 자주 만나는 풀뿌리나 마찬가지였다. 그래서 가위로 끈질기게 씹는다. 식물성 족쇄가 끊어지며 생쥐가 떨어지고, 잠시 후 파묻힌다.

묶어놓은 끈을 끊었다는 점만 따로 분리해서 생각해 보면 아주 훌륭한 행위가 될 것이다. 하지만 일상의 전체적인 일들을 고려해 보면 고도의 그 행위에서의 중요성은 완전히 의미를 잃는다. 동여 맸으나 무엇에도 가려지지 않은 끈을 공격하기 전에, 녀석들은 아침나절 내내 자신들이 늘 쓰던 방법인 흔들기로 지쳐 버린다. 마지막에 가서야 끈을 발견하고 땅속에서 만난 개밀 뿌리를 처리할 때처럼 끊었다.

녀석들에게 주어진 상황에서 전정가위의 사용은 삽의 사용에 필요 불가결한 보충 수단이다. 녀석들이 활용할 수 있는 약간의 분별력, 이것이 자신에게 식칼의 사용이 타당함을 알려 주었다. 시체를 묻는 데 필요한 추리 이상의 추리는 없이 방해물을 끊은 것이다. 즉 원인과 결과 사이의 관계는 정말로 파악하지 못했다. 그래서 바로 곁의 라피아 끈을 물어뜯기 전에 다리뼈를 끊으려고 애썼다. 아주 쉬운 일의 시도 전에 어려운 일을 먼저 시도했던 것이다.

일이 어려운 것은 사실이다. 하지만 어린 생쥐였다면 불가능한 일도 아닐 것이다. 그래서 나는 절반쯤 성체로 자란 새끼생쥐를 녀석들의 큰턱으로 끊을 수 없는 철사로 묶어서 다시 실험했다.

이번에는 발뒤꿈치가 시작되는 부위의 정강이뼈를 큰턱으로 갉아 완전히 잘랐다. 다리 하나가 빠지자 다른 다리는 헐거워져 자유롭게 움직였다. 그래서 철사 올가미에서 쉽게 빠질 수 있었고, 흔들어 대자 그 작은 시체가 땅으로 떨어졌다.

만일 뼈가 너무 단단하고, 매달린 시체가 두더지나 생쥐 성체 또는 참새였다면 철사는 곤봉송장벌레의 계획에 뛰어넘을 수 없는 걸림돌이 된다. 녀석들은 매달린 시체를 거의 1주일 동안 괴롭혔고, 깃이나 털을 부분적으로 뽑았고, 털을 헝클어뜨려 참혹한 물건으로 만들어 놓았다. 그러다가 시체가 말라 버리고, 마침내 포기한다. 합리적이면서도 틀림없는 방법의 하나인 말뚝 쓰러뜨리기가 남아 있다. 하지만 어느 녀석도 그 생각을 하지 못한다.

마지막으로 한 번 더 계략을 바꿔 보자. 나뭇가지 교수대의 꼭대기는 가지가 갈라져 작은 쇠스랑 모양이며, 벌어진 가지 사이는 겨우 1cm 정도였다. 라피아 끈보다 훨씬 공격하기 힘든 삼끈으로 다 자란 생쥐 뒷다리의 발꿈치 조금 위쪽을 함께 묶어서 쇠스랑의 한 갈래에 걸어 놓았다. 쥐를 떨어뜨리려면 밑에서 조금만 위로 밀면 된다. 장난감 상점 앞에 매달아 놓은 토끼 인형처럼 말이다.

준비된 사냥감에 곤봉송장벌레 다섯 마리가 찾아왔다. 여러 번 흔들어 봐도 소용이 없자 정강이뼈로 달려든다. 시체의 다리 하나가 덤불의 어느 가지 틈에 걸렸을 때 으레 쓰는 방법인가 보다. 작업 중이던 녀석 하나가 어려운 뼈 자르기를 시도하려고 묶여 있는 다리 사이로 들어간다. 자리를 잡자 짐승의 털이 등줄기에 닿는 것을 느낀다. 녀석에게 등으로 미는 성향을 불러일으키기에 더 필요한 것은 없다. 지렛대로 몇 번 움직였더니 성공했다. 생쥐가 조금 올라가면서 뒤에 묶였던 갈고리가 미끄러져 올라갔다가 쇠스랑을 벗어나 땅으로 떨어졌다.

이 행위는 정말로 계획된 조작이었을까? 이 곤충은 실제로 이성의 빛이 반짝여서 갈고리를 따라 미는 방법으로 벗겨 내야 함을 알고 있었을까? 녀석은 매단 장치를 실제로 알아냈을까? 이렇게 훌륭한 결과를 접한 나는 또 다른 자료는 기다리지 않고 만족스러워할 사람이 누구인지 알고 있다. 알아도 많이 안다.

더욱 확신하기 어려워진 나는 결론을 내리기 전에 실험 방법을 바꾸었다. 내 짐작에 곤봉송장벌레는 제 행위의 결과에 대해 조금도 예측하지 못했다. 다만 자신 위에 얹힌 짐승의 다리를 느끼자 등으로 밀었을 것이다. 내가 채택한 매달기 방식에서 난처해진 경우 항상 쓰이던 등줄기로 밀기, 바로 이것이 정지해 있던 시체에게 영향을 주었다. 이런 행운의 일치로 떨어지는 결과가 나온 것이다. 녀석이 갈고리를 따라 밀어서 올가미에 걸린 생쥐를 벗겨 내게 하려면 그것의 접촉 부분이 벌레의 등에 직접 닿지 않도록 조금 떨어진 곳에 설치해야 한다.

참새의 정강이뼈와 발가락 사이, 또는 생쥐의 발뒤꿈치를 함께 철사로 묶고 2cm쯤 떨어진 곳을 구부려 작은 고리를 만들어, 고리를 교수대의 갈고리 중 하나에 헐렁하게 걸어 놓았다. 갈고리가 아주 짧아서 거의 수평 수준이다. 이것을 떨어뜨리려면 고리를 조금만 밀면 되는데, 불거진 고리는 곤충의 도구로도 충분할 것이다. 결국 배치는 먼저와 같으나 매달린 짐승의 밖에 정지점이 있다는 점에서 차이가 난다.

그토록 순진한 내 계략이 완전히 성공했다. 심한 흔들림이 오래 반복되지만 소용없다. 정강이뼈도, 너무 단단한 발목뼈도 녀석들의 끈질긴 톱질에 넘어가지 않았다. 참새와 생쥐가 이용되지 못하고 교수대에서 말라 버린다. 곤충별로 좀 빠르거나 늦게라도 풀 수 없는 역학 문제, 즉 이동성의 정지점을 조금만 밀어서 원하는 짐승을 벗겨 내는 문제를 포기한다.

참으로 괴상한 추론자들이다. 만일 녀석들이 좀 전에 묶인 다리와 매달아 놓은 갈고리 사이의 상호관계에 대한 명확한 개념을 가졌다면, 그래서 이성적인 조작으로 생쥐를 떨어뜨렸다면, 이것 역시 첫번째처럼 간단한 계략이었다. 그렇다면 녀석들이 극복할 수 없었던 장애의 원인은 어디에 있을까? 녀석들은 며칠간, 그리고 또 며칠, 시체를 다루며 아래위로 자세히 검사하고 또 하면서도 실패의 원인인 이동성 정지점에는 주의를 기울이지 않았다. 나의 감시가 계속되지만 다리나 이마로 거기를 미는 녀석은 전혀 볼 수 없었다.

녀석들의 실패의 원인은 무능력이 아니다. 녀석들 역시 금풍뎅이(Geotrupidae)처럼 힘차게 땅을 파는 곤충이다. 한 녀석을 손으로 잡으면 손가락 틈으로 비집고 들어가면서 어찌나 피부를 긁어 대는지 곧바로 놓아 버릴 수밖에 없다. 녀석들도 그 짧은 거점에 걸린 고리를 튼튼한 보습날 이마로 쉽게 벗겨 낼 수 있을 텐데 그렇게 하지 못한다. 이유는 그렇게 할 생각을 못해서 그렇다. 무엇인가가 갖춰지지 않아 그런 생각을 못하는 것이다. 불건전한 생물변이설(진화설)의 낭비성이 자체 이론을 뒷받침하려고, 녀석들이 가졌다고 주장하는 것을 실제로는 갖지 못한 것이다.

짐승을 찬양하는 사람들이 이런 우둔함으로 자신의 품격을 떨뜨릴 때, 지성의 태양인 숭고한 이성을, 그리고 자신의 위엄 있는 얼굴을 얼마나 서투르게 가리는 짓이더냐!

곤봉송장벌레의 우둔함을 다른 각도에서 조사해 보자. 내 포로들이 도망치려는 시도조차 없을 만큼, 호화로운 집에 만족하는 것은 아니다. 짐승이든, 사람이든, 최고의 위안거리인 일감이 없을 때 특히 괴로워한다. 녀석들도 뚜껑 밑에 갇혀 있는 게 괴롭다. 그래서 두더지를 파묻고 지하동굴을 완전히 정리해 놓은 다음은 철망으로 둘러쳐진 지붕 밑을 이리저리 불안하게 돌아다닌다. 저리 올랐다가 내려오고, 다시 오르고, 날아올랐다가 철망에 부딪쳐 곧바로 떨어진다. 다시 일어나 새로 시작한다. 하늘은 눈부시게 아름답고, 날씨는 따뜻하고 주변은 조용하니, 오솔길 가장자리에 으스러진 장지뱀을 찾기에는 아주 좋은 날씨로다. 어쩌면 곤봉송장벌레의 후각 말고는 어느 후각도 느끼지 못하는, 썩기 시작한 고기 냄새가 멀리서 여기까지 오는지도 모른다. 그러니 녀석들은 몹시 떠나고 싶을 것이다.

벌레가 떠날 수 있을까? 희미한 빛이라도 이성의 도움을 받으면 이보다 쉬운 일은 없을 것이다. 녀석들은 무척 자주 돌아다녔던 철망 너머로 바깥의 자유로운 땅을, 가기로 약속된 땅을 보았다. 성벽 밑을 수없이 파기도 했었다. 일이 없을 때는 수직 우물 밑에 머물면서 하루 종일 졸고 있었다. 새로 두더지가 주어지면 은신처의 통로로 빠져나와 그 시체의 배 밑에 자리 잡았다. 매장이 끝나면 한 녀석은 이쪽, 다른 녀석은 저쪽 울타리 가장자리의 땅속으로 사라진다.

자, 그런데 잡혀 있는 두 달 반 동안, 곤봉송장벌레는 2cm가량의 모래 속에 박힌 철망 밑에서 장시간을 머물렀다. 그런데도 울타리 밑의 장애물을 교묘히 피해서 파내고, 계속된 굴을 구부려서 울타리 밖 저쪽으로 빠져나간 일은 극히 드물었다. 그렇게 활기찬 녀석들에게는 아무것도 아닌 일인데, 14마리에서 탈출에 성공한 녀석은 한 마리뿐이다.

그 한 마리도 계획적이 아니라 우연한 해방이었다. 이유는, 만일 이 다행스런 사건이 정신적 책략으로 이루어졌다면, 거의 동일한 통찰력을 가진 다른 포로도 모두 순리적으로 바른 외출을 인도할 곡선통로를 뚫었을 것이며, 그래서 사육장은 곧바로 텅 비어버렸어야 했다. 하지만 거의 모두가 실패했다는 것은 유일한 탈옥수가 우연히 뚫었음을 단정적으로 증명하는 셈이다. 상황이 그를 도운 것, 그런 것뿐이다. 다른 녀석들이 모두 실패한 곳에서 성공했다고 해서 그 녀석을 칭찬하지는 말자.

곤봉송장벌레는 곤충의 일상적인 심리상태보다 제한된 판단력을 가졌다고 보는 것 역시 삼가자. 나는 둥근 지붕의 둘레가 흙 속에 조금 박혔고, 그 안에 모래흙을 조금 깐 금속 철망 사육장에서 길렀던 모든 곤충이, 이 송장벌레와 똑같이 어리석었음을 발견해 왔다. 아주 드문 예외적 사고가 아니면, 소똥구리처럼 땅파기 작업에 무척 뛰어난 광부라도, 누구 하나 울타리 밑으로 빠져나갈 생각을 하지 못했다. 누구도 경사진 통로를 통한 탈출을 이루지 못했다. 둥근 철망 밑에 갇혀서 도망치기를 갈망하는 왕소똥구리(*Scarabaeus*), 금풍뎅이(*Geotrupes*), 뿔소똥구리(*Copris*), 소똥구리(*Gymnopleurus*), 긴다리소똥구리(*Sisyphus*) 따위가 주변의 자유로운 공간과 밝은 햇빛의 기쁨을 보면서도, 자기네 곡괭이로는 전혀 어려운 일이 아닌데도, 울타리 밑으로의 교묘한 탈출은 어느 한 녀석도 생각해 내지 못했다.

고등동물에도 이와 비슷한 어리석은 행동의 예들이 있다. 오듀본(Audubon)[1]은 당시에 북아메리카에서 야생 칠면조(Dindon sauvages: *Meleargis gallopavo*)가 잡히는 방법을 설명했다.

칠면조들이 잘 다니는 숲 속 빈터에 말뚝을 박아 커다란 새장을 만든다. 울타리 중간에 짧은 지하통로를 만들어 놓는데, 그것은 울타리 밑으로 들어갔다가 새장 바깥의 위쪽으로 완만하게 뚫린 비탈길을 통해 지상으로 다시 올라온다. 울타리의 극히 일부분만 차지한 이 구멍은 새가 마음대로 지나다닐 만큼 아주 넓다. 이 주위를 돌아가면서 둥글게 말뚝을 박았고, 그 안에는 넓게 텅 빈 공터가 있다. 몇 줌의 옥수수를 함정 안쪽과 그 둘레에, 특히 일종의 다리 밑을 통해 장치의 한가운데로 들어가는 비탈길에 뿌려 놓는다. 말하자면 칠면조의 함정에는 언제나 마음대로 드나들 수 있는 문이 보인다. 그래서 칠면조가 들어갈 때는 입구를 찾았는데, 나올 때는 같은 출구가 생각나지 않는다.

미국의 유명한 조류학자의 말을 들어 보면, 실제로 칠면조들이 옥수수 낟알에 유혹되어 교활한 비탈길을 내려가서 짧은 지하공간으로 들어가고, 그 끝에서 쪼아 먹을 것과 밝은 빛을 본다. 이 식충이들은 몇 걸음을 더 전진하면서 한 마리씩 다리 밑으로 머리를 들이민다. 그리고 울타리 안의 여기저기로 흩어진다. 옥수수는 많다. 그래서 모이주머니가 불룩해진다.

다 주워 먹은 녀석들이 돌아가려 한다. 하지만 포로 중 한 마리도 들어왔던 그 구멍에

---

1 John James. 1785~1851년. 미국의 조류학자

는 주의를 기울이지 못한다. 바로 옆에 문틀이 입을 벌리고 있는 다리 위를 그저 불안하게 끌럭, 끌럭 울어 대며, 지나간 데를 수없이 지나고 또 지나면서 말뚝 울타리 안을 돌기만 한다. 때로는 붉게 늘어뜨린 목장식을 울타리의 살 사이에 집어넣고, 부리는 자유로운 공중으로 내밀고, 지칠 때까지 애를 쓴다.

이 어리석은 녀석들아, 조금 전에 있었던 일을 생각해 보려무나. 너를 여기까지 인도한 통로를 생각해 보란 말이다. 너의 빈약한 머리에 타고난 재능이 조금이라도 있다면, 양쪽 생각을 연합시켜서 너의 바로 옆에 네가 바라는 출구가 활짝 열려 있음을 생각해 내라. 하지만 너는 결코 그렇게 하지 못할 것이다. 밝음, 즉 저항할 수 없는 유혹의 빛이 너를 사로잡아 울타리 안에 붙잡아 놓았다. 조금 전에 들어오게 했고, 지금도 쉽게 나가도록 크게 벌어진 구멍의 침침한 빛이 너를 무관심으로 유도했다. 그 구멍에 행운이 있음을 알려면, 네가 생각을 좀 해서 과거를 회상해야 할 것이다. 하지만 과거를 돌아보는 이 하찮은 계산마저도 너의 능력을 초월하는구나. 결국은 며칠 뒤, 짐승을 잡는 사냥꾼이 그 함정으로 찾아와 너희 떼거리가 모조리 잡히는, 그래서 풍부한 사냥물을 얻게 될 것이다.

머리가 나쁘다는 평판의 칠면조가 그 평판을 그대로 들어 마땅할까? 칠면조가 다른 새보다 지능이 낮을 것 같지는 않다. 오듀본은 칠면조도 훌륭한 꾀가 있음을 보여 준다. 특히 버지니아 올빼미(Hibou de Virginie)의 공격을 피해야 하는 야간에 그렇단다. 밝은 빛을 좋아하는 새라면 어느 종류든, 칠면조가 지하통로의 함정에서 한 짓과 똑같이 행동할 것이다.

곤봉송장벌레는 좀더 어려운 상황에서 칠면조의 어리석은 행동을 되풀이했다. 뚜껑 둘레의 낮은 굴속에서 쉬다가 밝은 곳으로 나오려 할 때, 들어갔던 처음의 구멍에서 무너진 흙더미 사이로 새어 들어오는 빛을 보고 다시 그 구멍으로 올라온다. 쉬던 곳에서 통로와 반대인 울타리 쪽으로 들어온 만큼 파 나가면 해방될 수 있다는 생각을 해낼 능력이 없다. 심사숙고의 지표를 잘못 찾는 또 하나의 곤충이로다. 송장벌레의 전설적인 명성에도 불구하고, 녀석들 역시 다른 곤충처럼 본능의 무의식적 충동만을 인도자로 삼을 뿐이다.

9 대머리여치 - 습성

이 지방에 있는 여치 계열 곤충 중 당당한 풍채에다 가수(歌手)인 곤충으로는 대머리여치(Dectique à front blanc : *Decticus albifrons*)가 첫머리에 온다. 녀석의 복장은 회색인데, 넓은 얼굴은 상앗빛이며, 큰턱이 아주 튼튼하다. 흔하지는 않아도 찾고 싶을 때 큰 어려움 없이 볼 수 있다. 한여름에는 해가 쨍쨍 내리쬐는 자갈밭으로, 특히 유럽옻나무(Térébinth: *Pistacia terebinthus*)가 뿌리를 내리고 벼과 풀들이 우거진 곳의 낮은 곳으로 가면 깡충깡충 뛰어다니는 녀석을 만날 수 있다.

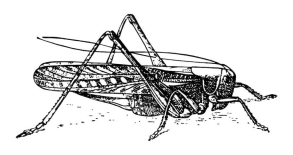

대머리여치

7월 말 여치 사육장 하나를 만들었다. 체질한 흙 위에 넓은 철망 뚜껑을 덮은 것이다. 식구는 12마리인데, 암수의 숫자가 같다.

한동안은 식량문제로 난처했었다. 푸른 것이면 무엇이든 정규의 식량이 되어 먹어 주는 메뚜기를 보아 왔으니, 녀석들도 틀림없이 초식성일 것 같아 울타리 안에서 가꾸는 채소 중 가장 맛있고 연한 상추(Laitue: *Lactuca*), 풀상추(Chicorée: *Cichorium intybus*), 콘샐러드(Doucette: *Valerianella locusta*)의 잎을 포로들에게 주었다. 하지만 녀석들은 거만한 이빨로 겨우 건드려 보는 정도였다. 이런 채소는 그들의 요리가 아니었다.

혹시 억센 녀석의 큰턱에는 가죽처럼 질긴 게 더 잘 맞을지도 몰라, 여러 종의 벼과 식물로 시험해 보았다. 이곳 농부들이 기장(Panic: *Panicum*)이라고 부르는 조의 일종(Miauco)으로, 식물학자가 금강아지풀(*Setara glauca*)⁕이라고 하는 풀이 있다. 밀을 추수한 밭에서 무성하게 퍼지는 이 잡초를 여치가 접수하는데, 잎에는 관심이 없고 이삭에만 달라붙는다. 아직 연한 씨앗은 확실히 좋아라 하며 씹어 먹는다. 적어도 임시 양식은 찾아낸 셈이다. 좀더 두고 보자.

아침 햇살이 연구실 창문에 자리 잡은 사육장을 비추면, 문 앞에서 잡초 같은 금강아지풀의 푸른 이삭을 한 다발 거둬다가 여치들에게 그날 먹을 식량으로 바쳤다. 여치들이 낟알 무더기로 몰려든다. 저희끼리 싸움은 전혀 없이 아주 평화롭게 큰턱을 연한 이삭에 쑤셔 박고, 아직 덜 여문 씨앗을 조금씩 빼내 먹는다. 녀석들의 옷 빛깔 덕분에 마치 농부의 아내가 뿌려 주는 낟알을 쪼아 먹는 한 무리의 뿔닭(Pintade: *Numida meleagris*) 같다. 여치들은 이삭에서 연한 알갱이를 모두 빼먹고, 그러고 나서 나머지는 아무리 허기가 져도 거들떠보지 않는다.

모든 것을 말려 버리는 삼복더위 때는 될 수 있는 대로 단조로운 식단을 피해 보려고, 더위를 별로 타지 않으며, 알이 많이 차서 두툼한 풀을 거둬다 준다. 이것 역시 텃밭의 작물을 침해하는 잡초 쇠비름(Pourpier: *Portulaca oleracea*)⁕이다. 이 풀도 환영을 받지만 즙이 많은 잎과 줄기에는 역시 이빨을 대지 않으며, 반쯤 여문 알갱이로 부푼 꼬투리에만 달려든다.

나는 연한 씨앗에 대한 기호에 놀라웠다. 이 곤충의 그리스 말(Δηχτιχός)은 깨물기, 즉 깨물기를 좋아한다는 뜻이다. 이름에 의미가 없다면, 명명자는 일련번호를 매겨도 충분할 것이다. 이름은 듣기 좋으면서도 특징을 나타내 주면 더욱 훌륭하겠다는 것이 나의 생각이다. 그런데 이 곤충의 이름이 바로 그런 경우이다. 덱티크(Dectique, 여치)의 전형적인 의미는 깨무는 경향이 있다는 것이다. 억센 여치에게 손가락이 잡히면 물려서 피까지 흘리게 돼 큰일이다.

이런 곤충이라 다룰 때 무척 조심해야 하는 억센 큰턱이 단단하지 않은 알갱이 씹는 것 말고는 다른 기능이 없다니! 이런 맷돌이 작고 덜 여문 씨앗이나 빻다니! 분명히 무엇인가 내가 이해하지 못한 것이 있다. 집게치고는 그토록 무장이 잘되었고, 씹기에 필요한 근육을 잘 갖춰서 뺨이 그토록 불룩하다면, 이런 이빨로는 가죽처럼 질긴 식량이라도 잘게 부술 것이 틀림없다.

이번에는 한 가지만은 아니나 진짜 기본적 식이체계를 발견했다. 제법 크게 자란 녀석들의 사육장에다 우연히 포충망에 걸려든

매부리 갈색형과 녹색형이 풀밭에서 발견되며, 다리에 비해 몸이 비대해 움직임이 둔한 편이다. 머리의 정수리가 앞으로 돌출하여 삼각형을 이룬 여치의 일종이다. 몸집이 좀 작고 가슴의 위쪽이 더 좁으나, 정수리가 더 뾰족한 종은 '애매부리' 이다.
시흥, 5. X. '93

곤충들을 털어놓았다. 노트에 기록해 둔 종들은 주석과 같다.[*] 또 일부의 메뚜기는 접수는 해도 별로 좋아하지는 않았다.[*] 내게 채집 기회만 좋았다면 모든 메뚜기 무리와 모든 여치 무리가 식량 대열에 끼었을 것이다. 조건이 있다면 그저 크기가 적당한지의 문제뿐이다.

메뚜기든 여치든 맛만 신선하면 어느 종이든, 이 대식가에게 모두 인기 있었다. 가장 흔한 희생자는 청날개메뚜기(Criquet à ailes bleues: *Oedipoda* → *Sphingonotus caerulans*)로, 녀석들은 사육장에서 비참하게 잡아먹혔다. 절차는 다음과 같다.

사냥감이 들어가자마자 사육장에 있던 녀석들 사이에 소란이 벌어진다. 특히 대머리여치가 얼마 동안 굶었을 때는 더욱 심했다. 녀석들은 거추장스러울 만큼 긴 다리로 어설프게 달려든다. 잡혀 온 메뚜기 떼는 발을

[*] 청날개메뚜기(*Oedipoda coerulescens* → *Sphingonotus caerulans*), 독일얼룩메뚜기(*Oedipoda miniata* → *germanica*), 이태리메뚜기(*Caloptenus Calliptamus italicus*), 서부팔중이(*Pachytilus nigrofasciatus* → *Oedaleus decorus*), 유럽방아깨비(*Truxalis nasuta* → *Acrida ungarica mediterranea*)

[*] 이빨매부리(*Conocephalus mandibularis* → *Ruspolia nitidula*), 유럽여치(*Platycleis intermedia*), 유럽민충이(*Ephippigera vitium* → *ephippiger*)

184

동동 구르며 필사적으로 뛰어오른다. 몸집이 너무 커서 저 위까지 올라가지 못하는 여치를 피해, 둥근 천장으로 튀어 올라 거기에 머문다. 하지만 몇 마리는 들어가는 즉시 잡힌다. 높은 천장으로 피난 간 녀석들도 기다림의 운명을 조금 늦춘 것뿐이다. 녀석들 차례도 올 것인데, 그것도 바로 온다. 피곤해서 그런지, 아니면 아래쪽의 푸른 잎에 유혹된 것인지, 거기서 내려온다. 그러면 여치들이 즉시 해치운다.

사냥꾼의 앞다리에 붙잡힌 사냥물은 먼저 목덜미부터 상처를 받는다. 메뚜기의 겉 딱지가 제일 먼저 탁, 하며 터지는 곳은 언제나 머리 뒤쪽, 거기였다. 여치가 포로를 잠시 놓아주기 전에, 또는 제멋대로 먹어 치운 다음까지 끈질기게 파헤치는 곳은 언제나 거기였다.

이빨 놀림이 아주 정확하지만 메뚜기는 목숨이 질기다. 머리가 잘려 나가도 아직 튀어 오른다. 절반쯤 갉아 먹힌 녀석이 필사적으로 뒷발질을 하며, 마지막 힘을 다해서 빠져나가 멀리 도망치는 것도 보았다. 덤불에서 그랬다면 녀석을 잃어버렸을 것이다.

여치는 그런 사정을 알고 있는 것 같았다. 그토록 재빨리 도망치는 사냥감이 가능한 한 꼼짝 못하게 두 개의 강한 이빨로 메뚜기 신경 분포의 중심인 목덜미 신경을 씹어서 도려낸다.

이것은 도살자가 의도적으로 선택한 게 아니라 우연의 일치일까? 사냥감이 팔팔하게 살아 있을 때 살육을 감행해도, 실행하는 모습에는 변함이 없으니 우연은 아니다. 메뚜기가 갓 죽은 시체 상태이든, 약해지며 죽어 가든, 즉 방어 능력이 없는 상태에 놓였든, 또는 지금 어느 부위를 공격당하든, 공격자의 이빨에 가장 먼저 걸리는 부위가 늘 같은 것으로 보아 우연의 일치는 아니다. 하지만 때로는 허벅지나, 배, 등, 또는 가슴부터 공격을 시작하는 것으로 보아 목덜미를 먼저 무는 것은 힘든 경우뿐이다.

다른 경우에서도 많은 예를 보았듯이, 지능이 무척 우둔한 이 여치도 결국은 살상기술을 가진 것이다. 하지만 해부가의 기술보다는 백정의 전문 분야인 각 뜨기의 상스러운 기술이다.

대머리여치 한 마리의 하루치 식량으로 청날개메뚜기 두세 마리가 너무 많은 것은 아니다. 너무 질겨서 무시되는 날개와 단단한 겉날개[1] 외에는 전신이 같은 운명이다. 게다가 녀석은 기장의 덜 여문 낟알과 푸짐한 사냥물을 번갈아 가며 식사한다. 내 하숙생들은 대식가이며, 또한 폭식으로 나를 놀라게 했다. 더욱이 동물성 먹이에서 식물성 먹이로 쉽사리 옮겨 가 더욱 놀라웠다.

여치의 위장은 전문화한 게 아니라 관대하다. 만일 녀석들의 개체 수가 많다면 농사에 얼마간 도움이 될 것이다. 농촌에서는 여러 종류의 메뚜기에 대한 평판이 나쁜데, 여치는 이런 메뚜기를 박멸한다. 텃밭에서 악명 높은 몇몇 잡초 역시 이삭이 여물기 전에 부숴 버린다.

여치는 밭을 보존하는 데 약간 협력하는 것보다는 사육장을 명예롭게 하는 것으로 훨씬 훌륭한 일을 한다. 즉 먼 옛날의 노래와 짝짓기 습성에 대한 우

---

1 직시목 곤충의 경우에는 흔히 두텁날개라고 부른다.

리의 추억을 회상시켜 준다.

이 곤충의 선배들은 지질시대에 어떻게 살았을까? 과거에는 조잡함과 이상한 점, 즉 한층 온건해진 현재의 동물군에서는 이미 사라진 점들이 존재했을 것이 추측된다. 오늘날에 와서는 거의 쓰이지 않게 된 풍습을 막연하게 상상해 본다. 화석을 다루는 고고학자는 이렇게 훌륭한 주제에 관해 아무 말도 없으니, 우리 호기심을 충족시키기엔 유감스러운 일이다.

다행스럽게 우리에게도 한 가지 방안이 남아 있으니, 석탄기 곤충의 후계자를 조사해 보자는 것이다. 즉 이 시대의 메뚜기 무리가 옛날 습성을 비쳐 줄 무엇인가를 보존하고 있으며, 그것을 보여 줄지도 모른다는 생각이다. 우선 대머리여치부터 살펴보자.

사육장에서 배가 잔뜩 부른 녀석들이 햇볕에 배를 깔고 엎드려서 편안히 소화시킨다. 살아 있다는 표시는 더듬이를 천천히 움직이는 것뿐이다. 지금은 더워서 무기력해지는 때로 낮잠을 자는 시간이다. 가끔 수컷 한 마리가 일어나서 무턱대고 점잖게 산책을 하며, 어쩌다가 두텁날개를 조금 쳐들며 틱, 틱, 소리를 낸다. 그러다가 활기를 띠며 서둘러서 노래를 부른다. 자기 애창곡 중에서 가장 아름다운 곡을 날카롭게 노래한다.

결혼식의 축하연일까? 녀석의 노래는 결혼 축가일까? 나는 어떤 말도 단정적으로 하지는 않겠다. 사실상 이웃 암컷들을 유혹한 것이라면 별로 성공한 것 같지 않으니 말이다. 듣고 있는 암컷 집단에서 한 마리도 움직임이 없으니, 주의를 기울였다는 표시가 전혀 없는 셈이다. 햇볕에 자리 잡아 그 좋은 자리를 뜨는 녀석은 하나도 없다. 솔로에서 어쩌다가 두세 마리의 합창단 연주가 진행된다. 여럿이 권해도 더 좋은 결과가 오지는 않는다. 하기야, 태연한 저 상앗빛 얼굴에서는 은밀한 감정을 조금도 읽을 수가 없다. 구혼자들의 노래에 실제로 유혹되었더라도, 그 징후가 겉으로 드러나는 것은 없기 때문이다.

겉보기에는 무관심한 암컷에게 부딪치는 소리가 보내지는데, 그 소리가 연속적인 톱니바퀴 소리처럼 될 때까지 점점 열정적으로 커진다. 해가 구름 뒤로 가려지면 소리가 멈추고, 해가 다시 나타나면 다시 시작된다. 하지만 암컷은 그런 것에 상관하지 않는다.

따듯한 모래 위에 긴 다리를 뻗고 쉬던 녀석은 제자리를 흩뜨리지도, 더듬이 흔들기를 더 하거나 덜 하지도 않는다. 메뚜기를 먹던 녀석은 남은 덩어리를 내려놓지도, 한입을 잃지도 않는다. 그렇게 무감각한 암컷들을 보면, 노래하는 녀석은 그저 자신이 정말로 살아 있다는 느낌의 즐거움만으로 소리를 내는 것 같다.

별다른 일이 없다가 8월 말경 결혼식의 시초를 목격하게 되었다. 정열적인 전조는 조금도 없이 암수 한 쌍의 대머리여치가 우연히 마주친다. 두 녀석은 화석처럼 꼼짝 않는다. 하지만 이마를 거의 맞대다시피 하고, 머리카락처럼 가늘고 긴 더듬이로 서로를 애무한다. 수컷은 크게 겁을 먹었는지 발목마디를 닦는다. 즉 큰 턱으로 제 발바닥을 핥는 것이다. 가끔씩 활질을 한 번 해서 틱, 소리를 낼 뿐 더 하지는 않는다.

그런데 이때야말로 자신의 재능을 돋보이기에 가장 좋은 순간일 텐데, 왜 발을 핥는 대신 부드러운 노래로 정열을 고백하지 않는 것이더냐! 하지만 전혀 그런 짓을 하지 않는다. 탐나는 암컷 앞에서 묵묵하며, 암컷은 암컷대로 냉정한 태도였다.

지나가던 수컷과 암컷 사이에 단순한 인사 교환뿐인 회견은 잠시 동안으로 끝난다. 서로 이마를 마주 대고 무슨 말을 했을까? 필경 별말이 없었을 것 같다. 녀석들은 단지 그뿐, 각자가 제 가고 싶은 곳으로 가 버렸으니 말이다.

이튿날 같은 쌍이 또 만났다. 이번 역시 노래가 아주 짧았는데, 전날보다는 강조되었다. 그렇지만 교미 시기 훨씬 이전의 화려했던 노래에 도달하기에는 어림도 없다. 다른 행동은 서로 불룩한 옆구리를 더듬이로 부드럽게 두드려 애무하는 것뿐, 어제 본 것의 반복이다.

수컷은 별로 열광적이지 않은 것 같다. 또 발을 잘근잘근 씹으며 깊이 생각하는 모습이다. 계획은 매력적이었으나 어쩌면 위험한 것은 아니었는지 모르겠다. 여기도 사마귀가 보여 준 것과 비슷한 결혼의 비극이 있는 것은 아닐까? 사건이 특별히 중대한 것은 아닐까? 지금 당장은 아무것도 없으니 참고 기다려 보자.

며칠 뒤에 서광이 약간 비쳤다. 수컷이 땅바닥에 엎어져서 밑에 깔려 있다. 힘센 신부에게 눌려 있는 것이다. 암컷은 꽁지의 칼(산란관)을 곧추세우고, 긴 뒷다리를 높이 세워 수컷을 껴안고 꽉 찍어 누른다. 이런 자세는 정말로 그 불쌍한 수컷 대머리여치가 승자는 아닌 것 같다. 암컷은 수컷의 뮤직 박스에도 신경 쓰지 않고, 무지막지하게 두텁날개가 열리도록 한다. 그러고는 배가 시작되는 쪽의 살을 잘근잘근 씹는다.

여기서는 두 마리 중 누가 행동의 주도권을 잡았을까? 역할이 뒤바뀐 것은 아닐까? 일반적으로는 암컷이 유혹을 당하는데, 여기서는 암컷이 살점을 뜯어낼 만큼 거친 애무로 유혹한다. 암컷이

복종하는 게 아니라, 거만하게 관심을 끌던 녀석이 자기를 인정하게 했다. 땅에 깔린 수컷은 마치 발을 구르며 저항하는 것처럼 보였다. 혹시 무슨 예사롭지 않은 일이라도 벌어질 것인가? 오늘은 아직 알 수가 없을 것 같다. 패배한 녀석이 빠져나와 도망친다.

드디어 이번에는 되었다. 수컷 대머리여치가 등을 아래로 향하고 땅바닥에 누웠다. 암컷은 긴 다리를 한껏 쳐들고, 꽁지의 칼도 거의 수직으로 세워, 누운 녀석과 거리를 두고 교미를 한다. 두 배의 끝이 갈고리처럼 구부러져 서로 찾다가 합쳐진다. 이윽고 경련을 일으키는 수컷의 허리가 굉장히 힘을 들이며 애를 쓴다. 그러는 와중에 자신의 창자를 통째로 밀어내는 것처럼 엄청나게 큰 것, 일찍이 들어 본 적이 없는 커다란 덩어리가 빠져나온다.

그 덩어리는 크기와 빛깔이 겨우살이(Gui: Santalales, 단향목)의 열매와 비슷한 단백석(蛋白石) 색깔의 가죽 부대인데, 좀더 큰 아래쪽과 작은 위쪽의 두 개씩이 낮은 골로 구역이 져, 네 개의 주머니 모양으로 생긴 부대였다. 때로는 방(주머니)의 수가 더 많고, 전체의 모양은 흔한 갈색정원달팽이(Helix aspersa)가 땅속에 낳아 놓은 알주머니와 비슷하다.

이상한 이 물체는 칼 모양인 암컷의 산란관이 시작되는 곳 바로 밑에 매달린다. 장차 산란할 암컷은 이상한 주머니, 즉 난세포에게 생명의 근원이며, 생리학자들이 정포(精包)라고 부르는 이 주머니를 가지고 점잖게 물러간다. 달리 말해서, 이제는 배아의 발달에 필요한 보조 물품을 필요한 곳으로 전해 줄 호리병을 스스로 가져가는 셈이다.

현재 세상에서 이런 호리병은 아주 드문, 아주 무척 드문 물건이다. 내가 알기로, 현 시대에는 두족류(頭足類)[2]와 왕지네(Scolopendre: *Scolopendra*) 따위가 이런 이상한 기구를 사용하는 유일한 동물들이다. 그런데 낙지(Poulpes: *Octopoda*)와 노래기(Mille-pattes: Millipoda→Diplopoda)[3]는 초기 시대부터 존재한 동물들이다. 대머리여치가 오늘날에는 이상한 예외적 동물이지만, 옛날 세상에서는 하나의 대표로, 당시는 상당히 일반화된 규격의 동물일 수도 있음을 보여 주는 것 같다. 다른 여치에서도 이와 같은 사실이 발견되어 더욱 그렇다.

벼락을 맞았다가 원상태로 돌아온 수컷은 먼지를 털고, 곧 즐거운 날개 부딪치기 소리를 다시 시작한다. 지금 당장은 녀석이 자신의 환희에 빠지게 내버려 두자. 대신 무거운 짐을 꽁무니에 매달고, 묵직한 걸음걸이로 방황하는 장래의 어미를 따라가 보자. 짐은 유리처럼 투명한 젤리 상태의 꼭지로 고정되어 있다.

가끔씩 긴 다리를 뻗고 몸통을 추켜세워 고리처럼 구부려서, 큰 턱으로 무거운 유백색 짐을 물고 부드럽게 잘근잘근 씹어서 압축시킨다. 하지만 껍질막을 찢지는 않으며, 내용물을 쏟지도 않는다. 매번 막에서 한 조각을 뜯어내 천천히 씹고 또 씹다가 마침내 삼켜 버린다.

2 문어, 오징어, 낙지처럼 다리를 가진 연체동물
3 지네와 함께 다지류(多肢類)에 속한다.

약 20분 동안 같은 일이 반복된다. 다음은 고갈된 병 모양의 밑부분인 젤리 상태의 꼭지만 빼놓고 한꺼번에 뜯어낸다. 점착력으로 한동안 안 떨어지던 끈적끈적하고 엄청나게 큰 뭉치를 큰턱으로 우물거리고, 이기고, 반죽하다가 결국은 하나도 남김없이 삼켜 버린다.

처음에는 소름끼치며 호화로운 이 식사가 그 개체만의 착란이거나, 일종의 사고라고 생각했었다. 그만큼 대머리여치의 행동은 어디서도 그런 예를 볼 수 없을 만큼 유별났다. 하지만 지금은 행동의 명백성에 굴복했다. 포로들이 주머니를 끌고 다니는 것을 연달아 네 번이나 발견했는데, 매번 주머니를 떼어 큰턱으로 몇 시간 동안 엄숙하게 씹다가 끝내는 삼켜 버렸다. 따라서 이 행위는 공통 규칙이다. 아마도 그 내용물은 정력적인 자극물이며, 믿기지 않을 만큼 맛있는 것으로서, 목적지에 도달하고 나면 번식용 호리병이 씹혀 맛이 느껴지고 삼켜지는가 보다.

만일 이런 행동이 옛날 습성인 것으로 볼 수 있다면, 또한 그 흔적이라면, 옛날 곤충은 이상한 이 풍습을 정상적인 행동으로 인정해야겠다. 레오뮈르는 발정기에 있는 잠자리의 유별난 술책을 묘사했다. 원시시대의 또 하나의 유별난 결혼 풍습이로다.

대머리여치가 이상한 음식을 다 먹은 다음에도, 그 병의 밑받침은 아직 제자리에 남아 있다. 거기서 가장 잘 보이는 부분은 후추알만 한 크기에 투명한 두 개의 젖꼭지 모양이다. 여치는 이 꼭지를 없애려고 이상야릇한 자세를 취한다. 산란관을 땅에 수직으로 절반쯤 박는데, 이것은 지탱하는 데 필요한 지팡이가 된다. 긴 뒷다리는 정강이를 넓적다리에서 멀리 떼어 놓고, 머리는 될수록 쳐들어서 칼 모양인 산란관과 함께 삼각대를 이룬다.

그러고는 몸을 완전히 둥글게 구부려서 투명한 젤리 모양의 병 밑받침을 큰턱으로 잘게 부숴 모두 뽑아낸다. 부서진 것들은 하나도 남김없이 삼킨다. 아주 작은 조각이라도 잃어버리면 안 된다. 마침내 산란관이 수염들로 씻기고, 깨끗이 지워져서 매끈하게 된다. 모든 것이 정리되었다. 거추장스러운 짐에서 남은 것은 아무것도 없다. 다시 정상 자세가 되고, 기장 이삭도 다시 먹기 시작한다.

수컷에게 가 보자. 술에 취하고 벼락을 맞은 것처럼 무기력해진, 그리고 바싹 여윈 녀석이 제자리에서 몸을 잔뜩 웅크리고 그대로 남아 있다. 어찌나 꼼짝 않던지 죽은 줄 알았다. 정신을 차린 녀석이 일어나 몸을 가다듬고 떠난다. 15분쯤 뒤에 몇 입 먹고 나서 다시 날카로운 소리로 울기 시작한다. 하지만 분명히 열정은 없는 노래였다. 결혼 전처럼 화려하지도, 오래 지속되지도 않는 노래였다. 하지만 지친 그로서는 최선을 다하는 것이다.

녀석은 또다시 사랑의 야망을 가질까? 파산적인 지출을 요구하는 일들이 반복되어서는 안 될 테니, 별로 야망을 다시 가질 법하지는 않다. 육체의 공장이 감당해 낼 수가 없을 것이다. 하지만 메뚜기를 먹고 기운을 회복한 여치는 이튿날, 그리고 그 뒤의 여러 날 동안 여느 때와 똑같이 요란하게 활을 켠다. 마치 실컷 만족을 맛본 노익장이 아니라 초보자 같다.

일생 동안 저축해 불룩한 배에 몽땅 쌓여 있던 괴상한 주머니는 조금 전에 빠져나갔다. 만일 녀석이 정말로 암컷의 주의를 끌려고 노래했다면, 첫번 주머니가 없어진 다음의 배로 맞이할 암컷을 어떻게 할까? 녀석은 이미 철저하게 지쳐 버렸다. 그렇다. 다시 한 번 말하지만, 대형 메뚜기목 곤충에게 이 사건은 비용이 너무 많이 들어서 다시 시작할 수가 없다. 그렇다. 오늘의 노래가 비록 명랑할지라도 확실히 결혼 축가는 아니다.

실제로 자세히 살펴보면, 노래하는 녀석은 지나가는 암컷들의 더듬이 교태에도 대응하지 않는다. 날이 갈수록 노래가 약해지고 빈도도 드물어진다. 보름쯤 지나자 벙어리가 되었다. 활질에 기운이 없어졌으니, 팀파니도 더는 울리지 않게 되었다.

드디어 몸을 망친 대머리여치가 먹기를 망설이다가, 지친 몸으로 조용한 은신처를 찾아가 주저앉는다. 그러고는 긴 다리를 뻗어 마지막 경련을 일으키며 죽는다. 과부 여치가 우연히 지나치다 죽은 수컷을 보고는 ―영원한 슬픔의 표현인지― 그의 허벅살을 갉아먹는다.

중베짱이(*Locusta* → *Tettigonia viridissima* → *ussuriana*)°도 이렇게 행동한다. 한 쌍을 따로 뚜껑 밑에 넣고 특별히 지켜보았다. 마지막 교미 시기에 목격했는데, 미래의 어미는 산란관이 시작되는 곳에 고정된 멋진 산딸기 모양의 주머니를 가지고 있었다. 이 주머니 역시 우리가 곧 다룰 문제이다. 사건을 끝내고 쇠약해진 수컷은 조용했으나, 이튿날 기운이 회복되어 여느 때처럼 열심히 노래했다. 암컷이 땅속에 알을 낳는 동안 수컷은 날카로운 소리로 운다. 산란은 오래전에 끝났고, 종족의 보존에는 아무것도 필요치 않은데 계속 소리를 내고 있다.

이렇게 끈질긴 노래의 목적이 사랑의 호소가 아님은 명백하다. 지금은 모든 것이 끝났고, 그것도 깨끗이 끝났다. 마침내 어느 날 생명은 물러가고 팀파니 소리도 멎었다. 열정적인 가수가 죽은 것이다. 살아남은 과부는 대머리여치를 본뜬 장례식을 치른다. 즉 제일 맛있는 부분을 아귀아귀 먹는 것이다. 암컷은 수컷을 먹어 줄 만큼 사랑했었다.

이런 잔인한 습성은 대부분의 여치에서 찾아볼 수 있다. 하지만 정을 나누는 수컷이 아직 팔팔하게 살아 있음에도 사냥감 취급을 하는 사마귀의 잔인성에는 미치지 못한다. 대머리여치도, 중베짱이와 다른 여치 어미들도 최소한 불쌍한 수컷들이 죽기를 기다린다. 겉으로는 그토록 양순해 보이는 민충이(*Ephippigera*)를 여기서는 제외시켜야겠다. 사육장에서 산란기가 임박한 암컷은 굶주렸다는 핑계를 댈 수 없는데도 수컷에게 즐겨 이빨을 댄다. 수컷 대부분은 절반쯤 잡아먹힌 이런 참혹한 상태로 생을 마감한다.

갈기갈기 찢긴 수컷이 항의한다. 아직 더 살고 싶고, 더 살 수 있단다. 녀석들은 다른 방어 수단이 없어 활로 몇 번 삐걱거리는 소리를 내는데, 지금의 노래는 분명히 결혼 축가가 아니다. 배에 구멍이 뻥 뚫려서 죽어 가는 수컷이 햇볕에서 즐기던 때처럼 신음한다. 녀석들의 악기는 고통을 나타낼 때나, 행복을 나타낼 때나 똑같은 소리를 낸다.

10 대머리여치 – 산란과 부화

대머리여치(*Decticus albifrons*)는 아프리카 곤충으로서, 프랑스에서는 프로방스와 랑그독(Languedoc)[1] 지방의 밖으로는 거의 모험해 가며 진출하지 않는다. 녀석들에게는 올리브를 익혀 주는 태양열이 필요하다. 더위가 그 괴상한 결혼 풍습을 만든 자극제가 되었을까, 아니면 기후와는 상관없는 이 무리의 습성으로 보아야 할까? 얼음장 같은 하늘 밑에서도 불 같은 동네와 똑같은 일이 벌어질까?

조사에 연중 절반은 눈 덮인 방뚜우산(Mt. Ventoux)의 높은 산등성이에 사는 여치류인 알프스베짱이(Analote des Alpes: *Analota alpina* → *Anonconotus alpinus*)를 택했다. 전에 식물을 채집하러 다닐 때 배가 뚱뚱한 곤충이 돌밭 사이의 손바닥만 한 풀밭에서 깡충거리며 뛰어다니는 것을 여러 번 눈여겨보았었다. 이번에는 녀석을 찾아간 게 아니라 녀석이 우편으로 왔다. 내 지시에 따른 착한 자원봉사 산림감시원[*]이 8월 초순에 두 번 올라가서 내 사육장을 충분히 채울 만큼 보내 준 것이다.

1 지중해안의 프랑스 중서부 지방. 『파브르 곤충기』 제1권 130쪽 참조

* 보클뤼즈 보몬트(Vaucluse Beaumont) 국유림 산림감시원 벨로(Bellot) 씨

이 베짱이는 색깔과 형태가 희한했다. 아래쪽은 양단처럼 윤이 나는 흰색인데, 위쪽은 부분적으로 올리브의 검은색, 밝은 초록색, 연한 밤색이었다. 비상기관인 날개는 흔적만 남아 있다. 두텁날개(＝앞날개)가 암컷은 흰색의 짧고 얇은 조각 두 장이 서로 떨어졌고, 수컷은 가슴 밑에 작고 오목한 비늘 모양으로 달렸는데 역시 흰색이며 왼쪽 것이 오른쪽 것 위에 겹쳐졌다.

아주 작은 두 개의 빵모자 모양에 활과 팀파니를 함께 갖춰서, 규모는 작아도 제법 유럽민충이(*Ephippigera vitium*→ *ephippiger*)의 발음기관을 연상시켰다. 이 산골 녀석은 전반적인 모습 역시 민충이를 많이 닮았다.

이렇게 작은 심벌즈가 어떤 소리의 노래를 부르는지 모르겠다. 현장에서는 들어 본 기억이 없고, 3개월 동안 사육했어도 노래는 전혀 들려주지 않았다. 이 포로들은 기쁜 삶을 살면서도 언제나 조용했다.

주황색 고산양귀비(Pavot orangés: *Papaver rhaeticum*)와 북극지방의 범의귀(Saxifrages: *Saxifraga*) 틈에 살던 녀석들이 추운 산꼭대기의 고향을 많이 그리워하는 것 같지는 않았다. 저 위에서는 어떤 풀을 먹으며 살았을까? 알프스의 포아풀(Pâturin: *Poa*), 쓰니(Cenis)산의 오랑캐꽃(Viollette: *Viola*), 아니면 알리오니(Allioni)의 초롱꽃(Campanule: *Campanula*)이었을까? 모르겠다. 내게는 알프스의 풀이 없으니 텃밭에서 자란 보통 풀상추(Endive: *Cichorium intybus*)를 주었는데 서슴없이 받아들였다.

제대로 저항하지 못하는 메뚜기도 접수해 식물성과 동물성 먹이를 번갈아 먹었다. 그런데 잔악한 행위가 벌어진다. 함께 온 포로 중

다리를 절며 몸을 질질 끄는 녀석이 생기면 잡아먹는다. 이런 행동은 여치 무리의 통상적인 습성이라 특별히 주목되지는 않았다.

흥미로운 광경은 사전에 아무런 징조도 없이 갑자기 행해지는 교미 장면이다. 만남은 땅에서도, 뚜껑의 철망에서도 이루어진다. 후자의 경우는 칼 같은 산란관을 가진 암컷이 철망에 단단히 매달려서 두 마리 모두의 무게를 감당한다. 수컷은 벌렁 자빠져서 뒤집힌 자세로 배 끝끼리 합친다. 허벅지가 살색인 뒷다리로 암컷의 옆구리에 의지하고, 네 개의 앞다리와 흔히는 큰턱으로 비스듬히 서 있는 산란관을 붙잡고 당긴다. 이처럼 일종의 보물 따 먹기 기둥에 매달려서 공중 작업을 하는 것이다.

땅에서 만났을 때도 암수의 배치는 같다. 다만 수컷이 등을 땅에 대고 누웠을 뿐이다. 두 경우 모두 단백석 색깔의 뭉치가 나오는데, 보이는 부분의 형태와 크기는 포도 씨의 볼록한 끝을 연상시킨다.

뭉치가 나오기 무섭게 수컷은 재빨리 도망친다. 녀석에게 무슨 위험이라도 있는 것일까? 꼭 한 번은 정말로 보았으니 아마도 그런 것 같다.

이번에는 암컷이 두 녀석을 상대하고 있었다. 하나는 산란관에 매달려서 관례적인 행위를 하고 있었고, 다른 녀석은 다리에 매달려 배를 드러냈다. 그런데 성미 고약한 암컷에게는 달갑지 않은 요란함과 재빠른 몸짓으로 저항한다. 암컷은 냉정하게 녀석을 조금씩 갉아먹는다. 전에 사마귀가 보여 준 소름끼치는 행위를 더 잔인한 상황에서 목격하고 있는 셈이다. 억제하지 못하는 발정, 살육과 더불어 행해지는 음란성, 아마도 이런 행동은 옛날에 가졌던 잔인성이 무의식중에 추억처럼 발동한 것은 아닌지도 모르겠다.

대개는 몸집이 비교적 작은 수컷이 제 일을 끝내면 급히 도망친다. 혼자 남은 암컷은 움직이지 않는다. 그렇게 20분 정도 기다렸다가 조용히 앉아 호화판 식사를 한다. 포도 씨 모양의 끈적이는 것을 갈기갈기 찢어 내, 엄숙하게 씹고 음미하다가 삼킨다. 덩어리 전체를 삼키는 데 한 시간 이상 걸린다. 한 조각도 안 남았을 때 철망에서 내려와 무리 속에 섞인다. 약 이틀 뒤 산란할 것이다.

이제는 증명되었다. 대머리여치의 혼인 습성은 더운 기후 때문에 생긴 예외가 아니다. 추운 산꼭대기에 사는 녀석도 그런 습성을 가진 것은 물론 한층 더 심했다.

이제 상앗빛 이마의 대머리여치 이야기를 다시 해보자. 산란은 방금 말한 것처럼 이상한 행위를 한 다음 실행되는데, 난자가 성숙된 정도에 따라 무더기로 나누어서 낳는다. 어미는 6개의 다리로 단단히 버티고 서서, 배를 반원처럼 구부려 칼 같은 산란관을 수직으로 땅속에 박는다. 철망 밑의 땅은 체로 거른 흙이라 별로 저항이 없다. 그래서 산란관이 거리낌 없이 내려가 산란관의 기부까지 박힌다. 결국 1인치쯤 깊이 박히는 셈이다.

약 15분 동안 조금의 미동조차 없는데, 이때가 알이 나오는 순간이다. 마침내 산란관이 조금 올라오고, 배를 좌우로 아주 강하게 흔든다. 보링기구를 번갈아 움직이는 셈이다. 그러면 구멍이 기구에 긁혀서 조금 넓어졌다가, 벽에서 흙이 다시 떨어져 구멍 아래를 메운다.

이때쯤 산란관이 절반쯤 올라오고 그 흙들을 다진다. 산란관은 여러 번 갑작스럽고 단속적인 움직임으로 올라왔다가 다시 박힌다. 우리도 수직 구멍에 흙을 다져 넣으려면 이런 식으로 한다. 알을 낳은 어미는 이처럼 산란관을 좌우로 흔들고 아래위로 쑤시기를 반복해서 팠던 곳을 상당히 빠르게 덮고 일을 끝낸다.

이제 바깥의 작업 흔적을 없앨 일이 남았는데, 이 일은 다리가 맡을 것으로 기대했으나 아니었다. 아직도 산란 자세를 유지한 채, 산란관으로만 무척 서툴게 긁고, 쓸고, 고를 뿐이다.

모든 것이 정돈되었다. 배와 산란관은 제 위치로 돌아왔다. 어미는 잠깐 휴식을 취하고 근처를 한 바퀴 돈다. 조금 뒤 먼저 낳았던 자리로 되돌아와, 그곳과 아주 가까운 곳에 다시 산란관을 꽂는다. 같은 일이 되풀이된다.

다시 한 번 쉬고, 또 한 바퀴 휘돌아보고, 산란했던 곳으로 되돌아와, 이미 만들어진 움막 가까이에서 세 번째 산란관이 땅속으로 들어간다. 겨우 한 시간 동안, 5번이나 계속해서 근방을 잠시 산책하고는 언제나 서로 조금 떨어진 지점에서 다시 산란하는 것을 보았다.

간격은 일정치 않으나 다음 며칠간 씨앗들이 몇 번 더 심어졌는데, 정확한 횟수는 모르겠다. 이렇게 부분적 산란이 유리한 장소를 발견함에 따라 여기저기로 바꾸어 가며 행해진다.

모든 산란이 완전히 끝난 다음, 대머리여치의 움막들을 파냈다.

갈색여치 몸 전체가 거의 암갈색 내지 흑갈색이다. 앞날개는 앞가슴보다 긴 정도로, 뒷날개는 훨씬 더 짧게 퇴화하였다. 러시아 우수리부터 우리나라의 중부지방 사이에서 많지 않게 분포하던 종인데, 2000년대에 들어서자 갑자기 충북 영동 일대에서 많이 발생하였다. 농작물은 물론 주민들까지 피해를 보고 있다.
옥천, 11. VII. '94

여기는 메뚜기 알집처럼 거품으로 덮인 덩어리도 없고, 칸막이로 된 방도 없었다. 아무 보호 장치도 없이 따로따로 떨어져 있다. 한 마리의 어미에게서 모두 60개가량의 알을 수집했는데, 알은 백합꽃처럼 연한 회색을 띠었고, 베틀의 북처럼 좁은 타원형으로, 길이는 5~6mm였다.

검은색 회갈색여치(Dectique gris: *Platycleis albopunctata grisea*) 알이나 포도밭의 잿빛 유럽민충이 알 역시 알프스베짱이 알처럼 백합의 연한 회색이었는데, 각각은 떨어져 있었다. 짙은 갈색을 띤 올리브색 중베짱이(*Tettigonia ussuriana*) 알들은 대머리여치처럼 60개 정도였는데, 이 알도 각각 떨어졌거나 소규모 집단으로 엉켜 있다.

여러 예로 미루어 볼 때, 여치 무리는 땅을 파고 산란하는 곤충이며, 알은 메뚜기처럼 거품을 굳혀서 만든 주머니 속에 넣지 않고, 하나씩 또는 작은 무더기로 낳는다.

부화도 조사해 보는 것이 좋겠는데, 이유는 조금 뒤에 말하겠다. 8월 말에 대머리여치의 굵은 알을 많이 수집해 한 켜의 모래를

간 표본병에 넣었다. 알이 겉에서는 어떤 변화도 보여 주지 않았다. 이것들은 자연에서도 서리, 소나기, 뜨거운 햇볕 아래서 마른 상태로 8개월을 보내듯이 병 안에서도 그렇게 보냈다.

6월이 되자 들에서 어린 대머리여치를 자주 만났다. 어떤 녀석이 벌써 많이 자라서 어른 크기의 절반 정도였다. 이런 상태는 그해 초기에 날씨가 따뜻했음을 추적할 수 있는 증거였다. 하지만 표본병에서는 머지않아 부화할 것이라는 조짐조차 보이지 않았다. 8개월 전에 수집한 알들이 주름도 잡히지 않았고, 갈색으로 변하지도 않은 아주 훌륭한 알의 모습 그대로였다. 왜 이렇게 무한정 늦어질까?

어떤 의혹이 순간 떠오른다. 여치의 알들은 씨앗처럼 땅속에 묻혔지만 아무 보호도 없이 눈비와 습도의 영향을 받았다. 병 속의 알들은 1년의 2/3를 건조한 상태에서 보냈다. 아마도 이 알들이 부화하는 데는 낟알의 싹트기에 절대로 필요한 것이 빠졌나 보다. 동물의 씨앗도 식물 씨앗에 필요한 습기를 땅속에서 요구하는 것 같다. 실험해 보자.

계획대로 관찰할 수 있도록 유리관을 준비하고, 그 안에다 부화가 늦어진 알을 몇 개 넣었다. 그리고 아주 가는 모래를 물에 적셔서 그 위로 한 겹 덮고, 물에 적신 솜으로 마개를 하여 내부의 습기가 계속 유지되게 해놓았다. 모래 두께는 1인치가량으로, 산란된 깊이와 비슷했다. 내용을 모르는 사람은 이 준비물이 부화기라는 짐작은 못하고, 무슨 씨앗 실험을 하는 식물학자의 기구라고 생각할 것이다.

예상은 적중했다. 하지의 높은 기온을 받은 여치의 씨앗들에서 바로 싹이 텄다. 알들이 부풀어 오르며, 앞쪽 끝에 눈의 징후인 두 개의 커다란 검은색 점이 얼룩처럼 나타났다. 머지않아 껍질이 터질 것이라는 예고였다.

매 순간을 지루하게 지켜보며 보름이 지났다. 오래전부터 내 머릿속에 맴도는 의문을 풀려면, 껍질에서 나오는 어린것부터 포착해야 했다. 의문이란 바로 이런 것이다.

여치 알은 산란관 길이, 즉 구멍 파는 연장의 길이에 따라 묻히는 깊이가 다르다. 이 고장에서 연장을 잘 갖춘 녀석들의 씨앗은 그 깊이가 1인치이며, 거의 전부가 그렇다.

그런데 여름이 다가올 무렵에 새로 태어나서 풀밭을 서툴게 뛰어다니는 새끼들도 머리에는 다 자란 녀석처럼 머리카락만큼 가늘고 무척 긴 수염(더듬이)이 있다. 또 하반신에는 엄청나게 크며 구부러진 지렛대 모양의 괴상하고 긴 다리들이 있는데, 보통 때의 걸음에서는 무척 불편하지만 뛸 때는 아주 유리한 뜀뛰기 도구들이다.

아주 작고 허약한 동물이 이렇게 거추장스러운 도구들을 지니고 땅에서 솟아 나오려면 어떻게 해야 할까? 어떤 기술로 단단한 흙을 뚫고 나올까? 아주 작은 모래알에도 꺾일 듯한 털 모양의 긴 더듬이, 별일 아닌데도 관절에서 잘려 나갈 만큼 터무니없이 긴 다리, 이런 것이 이 꼬마가 지상으로 올라와 해방될 수 없게 할 것임을 단언한다.

광부가 땅속으로 내려가려면 보호복을 입는다. 꼬마 여치는 광부와 반대 방향이나, 땅 위로 올라올 때 입는 겉옷을 입을 게 분명하다. 녀석도 모래를 뚫고 탈출할 수 있도록 좀더 단순하고, 훨씬 간결한 일시적 형태를 가졌을 것임에 틀림없다. 매미와 사마귀의 경우, 전자는 목질섬유가 붙은 잔가지에서, 후자는 자신의 미궁 같은 둥지에서 빠져나올 때 썼던 형태와 비슷한 해방의 형태를 틀림없이 가졌을 것이다.

여기서도 추리와 사실이 일치했다. 실제로 대머리여치는 이미 태어나서 풀밭을 깡충거릴 때 보이는 모습으로 알에서 나오지는 않았다. 녀석들은 땅 위로 솟아나기에 아주 적합한 일시적 구조를 갖추고 있었다. 살색을 띤 흰색의 아주 작은 동물이 어떤 케이스 안에 들어 있는데, 6개의 다리는 그 안에서 배에 착 달라붙어서 생기 없이 뻗어 있었다. 녀석은 땅속에서 더 잘 미끄러지려고 자신의 긴 다리를 몸의 축을 따라 감싸 놓았다. 또 다른 거추장스런 부속물인 더듬이도 그 안에 꼭 끼어서 움직이지 못하게 되어 있었다.

머리는 가슴 쪽으로 크게 구부러졌다. 검고 커다란 점의 눈과 약간 부풀어 올라 분명치 않은 마스크(얼굴)는 잠수부의 헬멧을 연상시켰다.

목은 뒷덜미가 넓게 벌어졌고, 느린 꿈틀 운동으로 부풀었다 꺼졌다 한다. 이것이 녀석의 동력(動力)이며, 갓 태어나는 새끼가 뒷머리의 부풀음으로 전진하는 것이다. 꺼졌을 때 앞부분이 젖은 모래를 조금 뒤로 물리게 하고, 그리 비집고 들어가 작은 구멍을 판다. 다시 부풀면 봉오리처럼 되어 파낸 자리를 꽉 채운다. 이때 뒷부분을 수축하면 한 걸음 전진하는 것이다. 운동을 맡은 피막이 확장과 수축을 거듭할 때마다 지나간 길이가 약 1mm씩 길어진다.

갓 태어나서 겨우 발그레해진 살덩이가 수종에 걸린 듯한 뒷덜미로 단단한 땅에 부딪치고, 누르고 하는 것을 보노라면 불쌍한 생

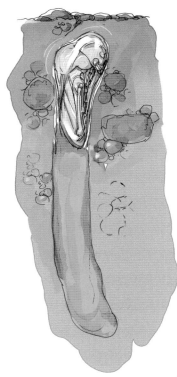

각이 든다. 아직 제대로 엉겨 붙지도 못한
점액성 동물이 통증을 이겨 가며 조약돌과
싸운다. 그래도 녀석의 노력은 아주 잘 축
적되어, 아침나절에 길이는 1인치, 굵기는
밀짚 정도의 직선이나 곡선 굴이 뚫리게
된다. 이렇게 해서 지쳐 버린 곤충이 지면
에 도달한다.

　땅속에서 빠져나온 녀석은 절반쯤 출
구에 걸치고 정지해서 기운을 차린다.
다음 마지막으로 뒷덜미를 가능한 한
도까지 한 번 더 부풀려서, 지금까지
그를 보호해 주던 상자를 터뜨린다.
미세한 동물이 땅 위로 솟아오를 때 필
요했던 겉옷을 벗어 던지는 것이다.

　아직은 아주 창백한 색깔이나 마침내 어린
대머리여치가 생겨난 것이다. 하지만 다음 날이면 햇볕에 그을어
다 자란 녀석과 비교될 정도의 짙은 갈색이 된
다. 다 자랐을 때의 얼굴처럼 상앗빛이던
넓적다리 아래쪽에 흰색의 좁은 장식줄무
늬를 갖게 된다.

　내 눈앞에서 땅속을 탈출한 귀여운 대
머리여치야, 너로서는 생이 무척 어렵
게 시작되는구나. 네 친구들은 자유의 몸
이 되기 전에 지쳐서 많이 죽겠구나. 시험

휴, 나왔다!

관에서도 모래알에 붙잡혀서 도중에 쓰러지거나, 은화식물의 가는 균사들로 온통 덮어 버리는 녀석들을 많이 보았다. 곰팡이가 연한 그들의 찌꺼기를 재활용하는 것이다. 내가 보살펴 주지 않았다면 세상에 나오기가 훨씬 더 위태로웠을 게 틀림없구나. 대개는 땅이 거칠고 햇볕에 뜨거워진다. 소나기라도 한 줄기 와 주지 않으면 벽돌 밑에 갇힌 녀석들이 어떻게 될까?

체로 거르고 축축한 부식토가 깔린 내 시험관에서는 그래도 다행스럽게 너, 꼬마 깜둥이가 흰 장식줄을 달고 밖으로 나왔다. 내가 주는 상추 잎을 잘근잘근 씹었고, 너를 넣어 둔 뚜껑 밑에서 즐겁게 깡충거렸다. 너의 사육이 쉽다는 것을 알았지만 새로운 자료가 풍부하지 않다는 것도 안다. 그러니 여기서 헤어지자. 네게 자유를 돌려주마. 방금 네가 알게 해준 것에 대한 보답으로 정원의 푸른 풀과 메뚜기들도 넘겨주련다.

네 덕분에 여치가 알을 넣어 둔 땅속에서 나오려고 임시 형태, 즉 거추장스런 더듬이와 다리 부품들을 케이스에 싸서 해결하는 첫째 애벌레[2]의 형태를 거침을 알았다. 또 미라 같은 종(種)이 겨우 조금씩 확장이나 수축하는 목덜미의 기묘한 장치로 꿈틀 운동을 해 추진기관으로 이용함도 알았다. 다른 곤충에서는 이런 전진법이 사용된 경우를 보지 못했다.

2 파브르는 이 명칭을 동종이형 애벌레에게 붙여 주기로 했다 (『파브르 곤충기』 제3권 11장 참조). 하지만 여치는 주머니를 벗어나기 전이나 후에 형태적 차이가 없으므로 동종이형 애벌레가 아니다. 따라서 이 문장은 옳지 않으며, 다른 곤충처럼 '1령 애벌레' 라고 불러야 한다.

11 대머리여치-
발음기관

사물의 영역에서 예술에는 세 개의 이용 분야인 형태, 색깔, 그리고 소리가 있다. 조각가는 형체를 다루는데, 끌이 생명을 모방할 수 있는 한 완전한 형태를 흉내 내려 한다. 또 다른 모방자인 소묘 화가는 평면에다 흰색과 검은색으로 입체감을 주려고 노력한다. 화가는 소묘의 어려움에다 역시 어렵고 더하지도, 덜하지도 않은 색깔을 덧붙인다.

화가와 조각가 앞에는 무진장한 모델이 포즈를 취하고 있다. 화가의 팔레트가 아무리 풍부해도 언제나 현실의 풍부함만은 못하다. 조각가의 끌도 자연의 조형술을 따른 보배를 모두 표현하지는 못하리라. 형태와 색깔, 곡선의 아름다움, 조명 효과는 사물의 장관에서 배울 수 있다. 이것들을 우리 취미에 따라 흉내 내고 배합해 보지만 생각으로 만들어 낼 수는 없다.

하지만 존재하는 교향악 속에는 음악의 원형이 없다. 물론 약하거나 강하거나, 부드럽거나 장엄한 소리가 없지는 않다. 뒤얽힌 나무들의 숲 속에서 으르렁거리는 폭풍, 해변으로 산더미처럼 밀려드는 파도, 구름들의 메아리로 우르릉거리는 천둥, 이런 것은 그 장엄한 음으로 우리 마음을 흔들어 놓는다. 가는 솔잎 사이로 불어오는 산들바람과 봄꽃 위로 날아드는 벌들의 속삭임도 예민한 귀를 어느 정도 매료시킨다. 하지만 이것들은 단조로운 울림일 뿐, 서로 연결되지는 않았다. 자연은 훌륭한 음을 가졌으나 음악을 갖지는 못했다.

개나 늑대의 울부짖음, 나귀의 울음소리, 돼지의 꿀꿀 소리, 말의 울음, 소의 울음, 양이나 염소의 울음, 여우 따위의 날카로운 울음소리, 이런 것들이 육체적으로 우리와 가까운 동물들의 한정된 음성이다. 이런 요소들로 편성된 악곡은 시끄러운 소리로 취급될 것이다. 세련되지 않은 소리를 내는 저 동물 부류의 꼭대기에 존재하는 인간은 놀라운 예외로, 노래 부를 생각을 해냈다. 어느 동물도 인간과 나누어 갖지 못한 속성, 거기에다 비할 데 없는 선물인 말(언어)에서 유래해 정리된 음의 속성, 이것은 사람을 자극해 정확한 모음들의 발성 연습을 하게 했다. 하지만 모델이 없어서 훈련하기는 힘들 수밖에 없다.

유사 이전의 우리 조상들이 매머드 사냥에서 살아 돌아온 것을 축하하려고 나무딸기[라즈베리(*Rubus idaeus*)] 열매나 버찌(Prunelles) 술에 취했을 때, 그의 거친 목구멍에서 무슨 소리를 낼 수 있었을까? 규칙에 따른 멜로디를 냈을까? 물론 그렇지는 않았을 것이며, 바위굴의 천장이 떨리게 할 정도로 목쉰 소리였을 것이다. 세차게 외쳐 대는 것이 장점이었다. 오늘날에도 동굴 대신 술집에서 목구멍이 자극되었을 때는 원시시대의 노래를 들을 수 있다.

그런데 세련되지 않은 목소리를 내던 이 테너 가수가 벌써, 방금 잡은 짐승의 모습을 상아에 새기려고 뾰족한 부싯돌을 아주 잘 다룰 줄 알게 되었고, 혈석(血石)으로 그들 신의 뺨을 꾸밀 줄을 알았으며, 착색한 유리로 자기 자신을 그릴 줄도 알았다. 형태와 빛깔의 모델은 많았다. 그러나 운율이 정돈된 소리의 모델은 없었다.

목구멍에서 애쓰던 음이 악기의 발전을 명령했다. 사람들은 가늘고 물이 오른 나뭇가지에서 잘라 낸 대롱을 불었고, 보리(Orge) 짚을 울리게 했고, 갈대(Roseau) 대롱으로 소리를 냈다. 주먹을 쥐고 두 손가락 사이에 끼운 달팽이(Colimaçon→ Escargot: Mollusca) 껍질은 자고(鷓鴣, Perdrix: *Perdix*)[1]의 부름 소리를 흉내 냈다. 넓은 리본 모양 나무껍질을 원뿔처럼 만든 사냥 나팔은 황소(Taureau: *Bos taurus*) 울음소리를 냈고, 속을 파낸 호리병박의 뚱뚱한 배에 팽팽하게 걸어 놓은 몇 가닥의 가느다란 끈은 최초로 현악기의 음을 삐걱거렸다. 또 야생염소(Bouquetins: *Capra*)의 방광을 단단한 테에 둘러맨 것은 진동판의 시초였고, 납작한 조약돌 두 개를 박자에 맞추어 흔들어서 처음으로 캐스터네츠의 부딪침 소리를 알려 주었다. 원시의 음악 도구들은 이러했을 것이 틀림없다. 이런 도구들이 아이들에 의해 보존되어, 그들의 천진한 예술 감각에서 큰 아이에게 옛날의 어렴풋한 추억이 된다.

그리스와 로마의 시인 데오크리티우스(Thécrite)와 베르길리우스(Virgile)의 목가들이 증언했듯이, 그들 시대에도 다른 음악 도구는 별로 알지 못했다. 멜리브(Melibée)[2]가 티티르(Tityre)에게 "산림 시의 여신을 귀리 대롱으로 잡았소(*Sylvestrem tenui musam meditaris avena*)."하고 말한다. 내가 어린 시절에 번역

---

1 메추라기와 비슷한 꿩과의 새
2 베르길리우스의 『목가』에서 티티르와 함께 등장하는 양치기. 제4장 참조

했던 귀리 대롱, 그 가벼운 대롱에서 무엇을 기다렸을까? 시인은 '귀리 대롱으로 잡았소(*avena tenui*).'라는 말을 수사적(修辭的) 상징으로 넣었을까, 아니면 사실을 잘 회상하려는 것이었을까? 나는 대롱의 합주를 직접 들었기에 사실의 회상 쪽을 지지하련다.

코르시카의 아작시오(Ajaccio)에서였다. 어느 날 이웃 꼬마들이 설탕에 절인 한 줌의 아몬드를 받았던 감사의 표시로 내게 세레나데를 들려주러 왔다. 뜻밖에도 놀라울 만큼 부드럽고 이상한 소리들이 거친 화음에 섞여서 간간이 들려왔다. 창문으로 달려가 보았다. 저 아래, 악장을 중심으로 둥글게 모여선 진지한 꼬마 악단이 있었다. 대부분의 꼬마는 배가 볼록한 방추형 양파 꽃대를 입술에 대고 있었다. 아직 여물지 않아 덜 단단한 밀짚이나 갈대 토막을 가진 아이도 있었다.

꼬마들이 그것들을 불고 있었다. 아니, 그보다도 어쩌면 그리스 사람들의 소중한 유물일 보체로(vocero, 코르시카의 조가, 弔歌)를 엄숙하게 부르고 있었다. 확실히 그것은 우리가 이해하고 있는 종류의 음악은 아니었고, 조잡한 소음은 더욱 아니었다. 그보다는 오히려 불분명하게 파동 치는 천진난만함의 부정확성이 내재된 단조로운 가락이었다. 밀짚 피리 소리는 떨리는 양파 꽃대의 소리를 두드러지게 하며 아름다운 음향으로 혼합되었다. 나는 양파 꽃대의 교향악을 듣고 감탄했다. '귀리 대롱으로 잡았소.'라는 목가의 목자들도 대개는 이렇게 했을 것이고, 순록시대에는 신부의 결혼 축가도 거의 이렇게 불렀을 것이다.

그렇다. 로즈마리 꽃에 날아드는 벌들의 윙윙 소리 같은 코르시카 꼬마 친구들의 슬픈 노래가 내 기억에 오랫동안 흔적을 남겼다. 그 노래가 아직도 내 귀에 쟁쟁하다. 지금은 내게 구식이 되어 버린 문학인데, 농촌에서는 그 노래가 그렇게도 많은 찬양을 받아, 그 피리의 가치를 알려 주었다. 우리는 그 천진난만함에서 얼마나 멀어졌더냐! 이 시대는 속된 사람들을 즐겁게 하려고 오피클라이드(Ophicléide, 저음의 관악기), 색소폰, 트롬본, 코넷(금관악기) 등의 생각해 낼 수 있는 모든 금관악기와 작은북, 큰북이 필요하고, 파이프 오르간 대신 한 방의 대포 소리가 필요하다. 이것이 진보라는 것이다.

2,300년 전, 그리스 사람들은 금빛 갈기를 가진 포이보스(Phoï-bos)[3]의 태양축제를 위해 델포이(Delphes)[4]에 모이곤 했었다. 그들은 가끔씩 종교적인 감동에 사로잡혀, 겨우 피리와 키타라(cithare)[5]의 빈약한 반주가 뒷받침된 몇 줄의 멜로디, 즉 「아폴론 찬가」를 듣곤 했었다. 이 신성한 노래는 걸작이라며 환호를 받아 대리석에 새겨졌는데, 최근에 고고학자들이 그것을 발굴했다.

음악에 관한 고문서 중 가장 오래된, 무척 오래전의 노래를 사라진 그 소리에 걸맞은 돌무더기의 폐허, 즉 오랑주(Orange)의 고대 극장에서 들을 기회가 생겼다. 하지만 동쪽에서 불꽃놀이가 벌어지면 서쪽으로 달려가는 내 습관에 사로잡혀, 그 장엄한 행사에 참석하지 못했다. 귀가 무척 섬세한 친구 중 하나가 거기에 갔었는데, 그는 내게 이런 말을 했다. "엄청나게 넓은 그 반원형 관람석이 수용한 1만 명의 청중 중에서 오직 한 사람만이라도 고대의 그 음악을 이해한 사람이 있었는지 의심스러웠다네. 내게는 그것이 장님의 하소연 같은 인상을 주었다네.

3 아폴론(Apollon), 제우스의 가장 젊은 신 중 하나
4 그리스 중앙의 2,459m 산에 위치한 옛 성지
5 고대 그리스의 현악기

나는 본의 아니게 쪽박을 물고 다니는 삽살개(Caniche, 푸들 종류)를 찾아보았다네."

아아! 고대 그리스의 걸작을 그렇게 터무니없이 하소연하게 한 그 우매함! 그로서는 그것이 불경스런 짓이었을까? 아니다, 무능 이었다. 다른 규정에 따라 교육받은 그의 귀에는 이상한 것이 되어 버린, 그리고 오래된 탓으로 귀에 거슬리게 되어 버린 그 천진난만 함에서, 그는 만족을 느낄 수 없었다. 내 친구에게도, 우리 모두에 게도, 오랜 세월에 억눌려서 원시시대의 섬세한 감각이 없어진 것 이다. 「아폴론 찬가」를 음미하려면, 어느 날 내게 양파 꽃대의 속 삭임을 감미롭다고 생각하게 했던 저 영혼의 순진함까지 되돌아가 야 할 것이다. 하지만 우리는 그렇게까지 되지는 못할 것이다.

우리 음악이 델포이의 대리석에서 착상을 얻을 필요는 없더라 도, 우리의 조각상 제작자와 건축가는 언제나 그리스의 작품에서 더는 비교할 수 없는 완전성의 견본을 얻을 것이다. 그러나 소리 예술은 자연의 현상들에 의해 강요된 원형이 없다. 그래서 우리 입맛에 따라 쉽게 변한다. 변덕스러운 우리의 취미 덕분에 오늘은 완전했던 것이 내일은 상스러운 것이 된다. 이와는 반대로, 형태 예술은 사실들의 변함없는 바탕에 근거를 두었기에, 이전 시대 사 람들이 아름다움을 본 곳에서 항상 똑같은 아름다움을 보게 된다.

음악의 전형은 어디에도 없다. 숭고한 시 대의 뷔퐁(Buffon)[6]이 찬양한 나이팅게일 (Rossignol: *Luscinia megarhynchos*, 유럽울새)의 노 래에도 없다. 누군가를 눈살 찌푸리게 할 생

6 Georges-Lois Leclerc de. 1707~1788년. 프랑스 박물학 자. 대영주로서 파리 왕립식물원 을 관리하며 호화로운 생활을 했 으며 1794년부터 44권의 방대 한 저서 『자연사』를 집필했다. 일 부는 그가 죽은 다음인 1804년 까지 출판되었다.

각은 없지만, 왜 내 의견을 말하지 못하겠나? 뷔퐁의 문체든, 나이팅게일의 노래든, 모두 나를 냉담하게 만든다. 그 문체는 너무 공허한 과장의 냄새를 풍길 뿐, 진실한 감동을 제대로 풍기지 못했다. 소리의 조화가 잘 안 된 울새 노래는 훌륭한 진주 상자 같을 뿐, 영혼에 대해 말하는 것은 별로 없다. 그런데 물이 가득 차고 호각이 달린 싸구려 작은 물병은 어린이들의 입술에서 유명한 서정시인의 가장 아름다운 루라르드(roulardes)[7]를 들려준다. 하찮은 옹기장이의 기구가 아무렇게나 속삭이면서도 나이팅게일과 경쟁한다.

공기의 진동기둥(성대)을 훌륭하게 시도해 본 새 위로, 짖고, 울부짖고, 꿀꿀대다가[8] 마침내 사람까지 왔는데, 사람은 유일하게 말도 하고 진정한 노래도 한다. 새보다 못한 것에는 개골개골거림(개구리)이 있고, 그 밑으로는 잠잠하다. 허파 송풍기에는 두 개의 열림이 있는데, 그것들 사이에서 엄청나게 넓은 간격으로 조잡한 소음들이 나뉜다. 한참 더 내려가면 맨 앞에 곤충이 있다. 지상동물 중 가장 맏이인 이 곤충이 첫번째 서정시인이기도 하다. 녀석들은 성대의 떨림에 적절한 송풍기(허파)를 갖지 못해서 활과 마찰을 찾아냈는데, 인간도 나중에는 이것을 아주 훌륭하게 이용했다.

딱정벌레목의 여러 종은 거친 표면끼리 비벼서 소리를 낸다. 하늘소는 가슴을 앞가슴마디 관절 위에 비비고,[9] 얇은 잎 모양의 각마디가 층상으로 늘어선 더듬이를 장착한 흰무늬수염풍뎅이(Hanneton du pin: *Melolontha→ Polyphylla fullo*, 일명 소나무수염풍뎅이)는 딱지날개 가장자리로 배끝의 둥근 등판을 비빈다. 뿔소똥구리(*Copris*)나 다른 여러 종도 별다른 방법은 없다. 사실대로 말하자면, 이렇게 마찰하는 곤충들은 음악적 음을 내지는 못하고, 녹슨 축을 따라 도는 바람개비처럼 삐걱거리는 소리를 낸다. 이런 소리는 울림이 없으며, 짤막하고 빈약하다.

서툴러서 귀에 거슬리는 소리를 내는 곤충 중 등외의 가작 판정을 받을 만한 프랑스무늬금풍뎅이(*Bolbelasmus gallicus*)는 별도로 취급하련다. 구슬처럼 둥근 몸통에 스페인뿔소똥구리(*C. hispanus*)처럼 이마에 뿔이 돋았지만, 똥에 대한 취미는 갖지 않은 이 멋쟁이가 내 집 근처의 솔밭을 좋아한다. 녀석들은 그곳 땅속에 굴을 파는데, 저녁 무렵 밖으로 나와 배불리 먹고는 어미 날개 밑에 숨어 있는 새끼새의 지저귐처럼 부드럽게 지저귄다. 그런데 보통 때는 아무 소리도 안 내다가 조금이라도 불안함을 느끼면 소리를 낸다. 10여 마리를 잡아다 사육 상자에 넣어 두면 감미로운 교향악을 들을 수 있으나 너무 약하다. 그래서 귀를 아주 바짝 갖다 대야 들린다. 그에 비하면 하늘소, 뿔소똥구리, 수염풍뎅이, 그 밖의 다른 갑충은 거칠게 긁어 대는 녀석들이다. 결국 이들 모두는 노래를 부르는 게 아니라 공포심을 표현하는 것이다. 나는 거의 극도의 불안함에 대한 울부짖음이나 신음이라고 말하련다. 내가 알기에, 녀석들은 위험이 있을 때만 소리를 낼 뿐, 즐거울 때는 결코 소리를 내지 않는다.[10]

활과 심벌즈를 이용해 자신의 기쁨을 나타내는 진짜 음악가 곤충은 훨씬 더 이전으로 거슬러 올라간다. 이들은 기관이 완전변태해 고등함을 주장하는 풍뎅이, 벌, 파리, 나비 따위처럼 진화한 곤충보다 먼저 태어났기에, 지질시대의 거칠

[10] 현대생물학에서도 발성의 동기가 밝혀진 것은 아니나, 반드시 불안에 대한 신음으로 해석하는 것은 금해야겠다.

고 희미한 형태와 관련이 있다.

실제로 노래하는 곤충은 전적으로 반시류(半翅類, 매미목과 노린재목)와 직시류(直翅類, 메뚜기목과 사마귀목의 친척이 되는 목들) 족속에만 속해 있다. 이들은 불완전변태를 하는 종류로서, 석탄기의 편암(片岩)층에 등록되어 있는 저 원시의 곤충 족속들과 비슷하다. 그런데 무생물의 어렴풋한 잡음에다 희미한 생명의 소리를 제일 먼저 섞어 준 곤충 무리에 든다. 곤충은 파충류(Reptile: Reptilia)가 입김 불어 내는 법을 터득하기 전에 노래를 불렀다.[11]

지금 단순히 음향의 관점에서 본다면, 원시세포에서 숙명적으로 점차 진화되는 배아(胚芽)로 세상을 설명하려는 우리의 무능한 이론이다. 아직은 모두가 벙어리였는데, 곤충은 벌써 오늘날처럼 정확하고 날카로운 소리로 울었다. 음성학은 여러 시대에 걸쳐서도 그 본질이 바뀌지 않았는데, 도구가 먼저 다른 시대로 전해 주기 시작했다. 그 다음 허파가 나타났으나 오직 코고는 소리뿐이었다. 그러다가 어느 날 양서류(Batracien: Amphibia)가 개골개골 운다.[12] 곧 이 지긋지긋한 합창에 아무 준비도 없이 메추라기(Caille: Coturnix)의 떨림소리, 지빠귀(Merle: Turdus)의 휘파람 소리, 꾀꼬리(Fauvette: Sylvia)의 곡조가 섞인다. 전형적인 의미에서의 목구멍이 생겨난 것이다. 나중에 온 것들은 목구멍으로 어떻게 할까? 나귀(Âne: Equus asinus)와 새끼멧돼지(Marcassin)가 응답해 준다. 녀석들은 그치는 것만도 못했다. 즉 엄청난 퇴보였다. 마침내 마지막으로 한 번 껑충 뛰어 사람

---

11 파충류보다 먼저 양서류가 활발하게 노래를 불렀는데 굳이 파충류와 비교한 것은 파브르가 어떤 의도를 가진 것, 즉 허파에 대응하려고 그런 것 같다.

12 앞의 주석 참조. 이 문장은 자칫하면 파충류가 양서류보다 먼저 태어난 것으로 착각하기 쉽다. 혹은 파브르가 척추동물의 진화 순서를 잠시 착각한 것인지도 모르겠다.

의 목구멍까지 이르게 되었다.

이렇게 음성의 발전은 나쁜 것 뒤에 보통 것, 보통 것 뒤에 훌륭한 것이 따르는 점진적 진행을 인정할 수 없다. 결국 음성은 전자에 의해 예고되지도, 후자로 연속되지도 않는 갑작스런 비약, 중단, 퇴보의 급격한 발달만 인식될 뿐이다. 이런 경우는 더 깊이 파고들 용기가 없는 사람에게 편리한 의지거리, 즉 세포의 잠재성으로는 풀 수 없는 수수께끼뿐이다.

그렇지만 이해할 수 없는 이 기원 문제는 놔두고 사실로 내려오자. 처음으로 앙금이 굳어 소리 예술을 시작해 계속하고, 그리고 노래 부를 생각을 해낸 저 고대 종족의 몇몇 대표에게 물어보자. 그들의 악기 구조와 아리에타(소규모 아리아)의 목적을 물어보자.

곤충 합주의 대부분은 그 길고 뚱뚱한 뒷다리의 넓적다리마디, 그리고 칼 모양 또는 땅파기 연장 같으나 산란에 필요한 산란관 덕분에 특히 주목을 받는 여치에게 돌아간다. 물론 매미(Cigale: Cicadidae)만은 못하나 곧잘 그들과 혼동된다. 직시류 중에서는 한 종류만, 즉 여치의 가까운 이웃인 귀뚜라미(Grillon: Gryllidae)만 녀석들보다 앞섰다. 먼저 대머리여치(*Decticus albifrons*)의 노래부터 들어 보자.

그 노래는 지빠귀(Tourde: *Turdus*)가 올리브를 목구멍에 가득 차도록 잔뜩 먹었을 때 내는 소리와 무척 흡사해서, 여운 없이 날카롭고 거의 금속성인 소리로 시작된다. 또 사이가 똑, 똑 떨어져서 틱-틱- 소리가 길게 연속된다. 그러다 차차 커지면서 빨리 부딪치는 소리로 변하는데, 기본의 틱-틱-소리에 은은한 저음이 계속 곁들여진다. 끝내기에서는 '점점 세게(crescendo)'가 무척 심해져서 음이 그저 가볍게 스치는 소리로 변해 아주 빠른 '프르르 – 프르르 – 프르르 –'가 된다.

명가수가 노랫가락과 침묵을 번갈아 가며 몇 시간이고 계속한다. 조용할 때 온 힘을 다해서 부르는 소리가 약 스무 걸음 밖에서도 들린다. 하지만 귀뚜라미와 매미 소리는 훨씬 멀리까지 들리니, 여치의 소리는 별것이 아니다.

노래가 어떻게 생성되는 걸까? 이 점에 관해 참고할 수 있는 책들은 나를 어쩌지 못하게 만들었다. 책에는 얇은 운모 조각처럼

여치 한낮에 키 큰 풀줄기나 덤불 속에서 "쓰르르-쓰르르-찌-찌-찌-" 하며 높은 소리로 운다. 하지만 사진과 같은 암컷은 발음 기관이 없어서 울지 못한다. 시흥, 31. VII. 06

반짝이며 살아 있는 얇은 막, 즉 거울에 대해 쓰여 있다. 하지만 그 막이 어떻게 진동되는 것인지에 대해서는 말이 없거나, 아주 막연하고 부정확했다. 두텁날개의 마찰, 날개맥끼리의 비비기라고 한 것이 그 내용의 전부였다.

나는 좀더 명쾌한 설명을 듣고 싶다. 미리부터 확신하지만, 베짱이(Sauterelle: *Tettigonia*)의 음악상자 역시 자동 연주기의 정밀한 장치를 틀림없이 가졌을 것이다. 그러니 어쩌면 이미 실행했던 관찰을 되풀이할망정 다시 알아보자. 모두 사라지고 겨우 몇 권밖에 남지 않은 외톨이 장서로는 알 수 없는 관찰들 말이다.

대머리여치의 두텁날개는 그 기부가 팽창해서 등에 길쭉한 삼각

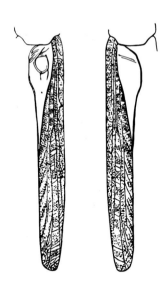

대머리여치 수컷의 좌, 우측
두텁날개 실물의 1.25배

형 함몰부를 만들어 놓았다. 이것이 소리를 내는 부위인 악기이다. 여기서 왼쪽 두텁날개가 오른쪽 두텁날개에 겹쳐졌다. 그래서 쉬고 있을 때는 오른쪽 악기가 완전히 가려진다. 이 기구에서 가장 뚜렷하고, 아득한 옛날부터 아주 잘 알려진 부분은 거울이다. 이런 이름이 붙은 것은 하나의 날개맥 테두리 안에 채워진 타원형 얇은 막이 반짝거려서 그렇다. 거울은 멋지고 섬세한 북이나 팀파니의 가죽에 해당하는데, 두드리지 않아도 울린다는 점이 다르다. 여치가 노래할 때 거울과 접촉하는 것은 아무것도 없으며, 이에 전달되는 진동은 다른 곳에서 온 것이다. 그런데 어떻게 올까? 바로 이렇게 온다.

거울 가장자리는 밑바닥의 안쪽 각에서 무디고 넓은 이빨로 연장되는데, 이빨 끝에는 여기저기 분포한 다른 날개맥보다 두드러지며 단단한 주름이 있다. 이 주름을 나는 마찰맥(nervure de friction)이라 부르겠으며, 이 맥이 거울을 울리게 하는 진동의 출발점이다. 나머지 다른 것이 알려지면 이 기구의 구조가 명백하게 드러날 것이다.

나머지란 운동 장치로서 오른쪽 날개를 덮은 왼쪽 날개의 편평한 테두리를 말한다. 겉보기에는 약간 비스듬하게 가로놓인 일종의 융기선뿐, 특별히 눈에 띄는 것은 없다. 융기선을 대개는 다른

218

대머리여치 수컷의 활을 크게 확대한 모습

맥보다 조금 발달한 맥 정도로 생각하겠지만, 무엇인가 사정을 좀 아는 사람은 그것의 용도를 알아볼 수 있다.

융기의 아랫면을 확대경으로 관찰하면 날개맥보다 훨씬 뚜렷하게 보인다. 융기는 작지만 기막히게 규칙적인 톱니가 달린 활로, 고도의 정밀한 악기이다. 시계의 가장 작은 금속 부속품에 홈을 파는 인간의 솜씨로는 결코 이런 완전함에 도달하지 못한다. 형태는 약간 휜 물렛가락 같고, 전체 길이에 걸쳐서 80개가량의 무척 고른 삼각형 이빨이 새겨졌다. 짙은 갈색의 각 이빨은 닳지 않는 단단한 물질로 구성되었다.

이 보석의 기계적 용도는 한눈에 알 수 있다. 죽은 대머리여치에서 두 장의 날개를 살짝 들어 올려 보자. 하지만 그것들이 차지한 위치를 벗어나지 않도록 조심해서, 편평한 가장자리를 조금만 올려 본다. 그러면 방금 마찰맥이라고 했던 맥의 끝에 활의 톱니들이 맞물렸음을 알 수 있다. 이제는 톱니들이 지나가는 것을 관찰해 보자. 이것들은 요동질할 때 배열된 부위를 절대로 벗어나지 않는다. 어느 정도 능란한 솜씨로 조작해 보면 죽은 녀석이 노래를 한다. 그것 몇 개가 부딪치는 음을 들려주는 것이다.

대머리여치의 발성과 관련된 비밀은 이제 완전히 없어졌다. 왼쪽 두텁날개의 톱니 모양 활이 동력이고, 오른쪽의 마찰맥은 진동점이다. 팽팽한 거울의 얇은 막은 공명기관이며, 흔들린 활의 테가 중재하여 진동한다. 우리네 음악에도 진동막이 많다. 그러나 항상 직접 두드려야 진동한다. 현악기 제작자들보다 더 과감한 여치는 활을 팀파니와 어울리게 했다.

다른 여치에서도 조합이 같다. 그 중 가장 유명한 중베짱이(Sau-terelle verte: *Locusta→ Tettigonia viridissima→ ussuriana*)는 적당히 크고 아름다운 초록색이란 장점을 가졌는데, 여기에다 고전적 명성의 영예를 덧붙였다. 라 퐁텐(La Fontaine)의 생각은 이렇다. 겨울이 닥쳤을 때 매미가 개미한테 구걸하러 왔다. 파리와 작은 벌레가 없어서 식량을 꾸러 온 매미는 봄까지 연명할 낟알을 청했다. 동물성과 식물성의 두 식사법은 이 우화 작가에게 아주 적절한 착상이 되었을 것이다.[13]

중베짱이도 사실상 대머리여치와 같은 취미를 가졌다. 녀석도 사육장에 적당한 것이 없을 때는 상추 잎으로 영양을 얻지만 더 좋아하는 것은 메뚜기였다. 앞뒤 날개를 빼고는 하나도 남김없이 야금야금 다 갉아먹

13 『파브르 곤충기』 제5권 13장 참조

중베짱이 주로 산기슭의 숲이나 풀에서 생활하는 잡식성이다. 베짱이와 비슷해서 서로 혼동되는 수도 있으나 날개의 등 쪽을 수평으로 접는 점으로 쉽게 구별된다.
포천, 11. VII. '96

는다. 자연에서는 풀이나 새싹을 억척스럽게 뜯어먹는 메뚜기를 잡아먹는다. 따라서 중베짱이가 처음에 농산물인 채소를 몇 입 먹었더라도, 그것에 대한 보상은 충분히 하고도 남을 것이다.

별로 중요치 않은 몇몇 세부 사항 말고는 중베짱이의 악기도 대머리여치의 악기와 같다. 녀석들 역시 두텁날개 기부에 삼각형의 넓은 함몰이 있는데, 약간 굽었고 갈색 내지 암황색 선으로 둘러쳐졌다. 마치 상형문자가 잔뜩 새겨진 귀족의 작은 방패 모양 가문(家紋) 같다. 오른쪽 위에 포개진 왼쪽 두텁날개의 아랫면에 비스듬하게 평행으로 골이 두 줄 파였고, 그 사이에 아래쪽으로 돌출한 활을 만들어 놓았다. 갈색 방추형 활에는 아주 가늘고 아주 규칙적인 이빨들이 있다. 오른쪽 날개의 거울은 거의 둥글고, 굵은 마찰맥이 잘 둘러쳐졌다.

중베짱이는 7월과 8월의 어스름한 저녁때부터 밤 10시경까지 날카로운 소리로 운다. 마치 물레가 빨리 돌아가는 소리 같은데, 우리 청력으로는 듣기 어려울 만큼 가는 금속성 부딪는 소리가 곁들여진다. 배가 길게 내려와 펄떡거리며 박자를 맞춘다. 이런 울음이 한 시간 간격으로 불규칙하게 계속되다가 갑자기 멎는다. 또다시 시작되는 것 같다가 그저 활질만 몇 번 하고는 머뭇거린다. 그러다가 다시 완전히 시작하곤 한다.

결국 베짱이의 울림은 대머리여치의 울림보다 훨씬 못하다. 귀뚜라미의 울림과는 비교할 수도 없으며, 요란한 매미의 목쉰 소리와는 더욱 비교되지 않는 아주 빈약한 음악이다. 고요한 저녁에 몇 걸음 밖에서 연주되는 음악을 인식하려면 어린 뿔의 예민한 귀가 필요했다.

이웃의 두 난쟁이, 즉 회갈색여치(*Platycleis albopunctata grisea*)와 유럽여치(Dectique intermédiaires: *P. intermedia*)[14]에서는 훨씬 빈약해진다. 녀석들은 태양이 작열하는 돌투성이 땅으로 길게 자란 풀밭에서 자주 보이는데, 잡으려면 덤불 속으로 재빨리 사라진다. 배가 볼록하며, 서정시를 읊는 두 녀석은 사육장의 자랑거리 겸 걱정거리였다.

뜨거운 햇볕이 창문에 내리쬘 때, 기장(*Panicum*)의 푸른 씨앗과 사냥물을 배불리 먹은 꼬마 여치들을 보시라. 대개는 햇볕이 제일 잘 쬐는 곳에 뒷다리를 쭉 뻗고 배를 깔거나 모로 누워서 몇 시간을 꼼짝 않고 소화시킨다. 기분 좋은 자세로 졸기도 하며, 어떤 녀석은 노래를 부른다. 아아! 그러나 빈약한 노래로다!

유럽여치는 노래 시간과 쉬는 시간을 똑같이 교대하는데, 소리는 박새(Mésange charbonnière: *Parus major*)의 노래처럼 '프르르' 소리를 빠르게 낸다. 회갈색여치는 각각 분명한 활질인데, 귀뚜라미 소리의 단조로움을 조금 닮았으나 좀더 목쉰 소리이며, 특히 분명치 않은 음이다. 전자든, 후자든, 소리가 약해서 나는 2m만 떨어져도 듣기가 어려웠다.[15]

겨우 들리는 정도의 대단치 않은 음악, 별것 아닌 노래를 하고자 두 난쟁이는 덩치 큰 친구들이 갖춘 것을 모두 갖췄다. 톱니 달린 활, 바스크 지방 북 같은 북, 마찰맥 따위 말이다. 활에 회갈색여치는 40여 개, 유럽여치는 80개 정도의 톱니를 장착했다. 게다가 양자 모두 거울 둘레에 어느 정도의

14 최근까지 각종 보고서는 유럽여치를 이 학명으로 써 왔는데, 멘델(Gregor Mendel)이 수합한 유럽 생물 목록에서는 *Platycleis*속에 전자 1종만 수록되었다. 따라서 후자는 다른 속이나 다른 종명으로 이전되었을 수 있다.
15 파브르의 청력이 어느 정도인지 의심스럽다.

반투명한 공간이 있는데, 아마도 진동 부분의 음역을 넓히는 목적으로 가졌을 것이다. 아무래도 좋다. 악기는 훌륭해도 음향 효과는 아주 보잘것없다.

톱니가 장착된 활질 장치를 이용한 팀파니의 진보는 누가 달성했을까? 날개 큰 여치는 아무도 달성하지 못했다. 하지만 가장 큰 중베짱이와 매부리(Conocéphales: *Conocephalus*), 여치(Dectiques)부터 소형 종인 여치(Platycleis: *Platycleis*), 쌕새기(Xyphidion: *Conocephalus*),

매부리 초식성으로 주로 하천 주위 풀밭에서 발견된다. 몸은 엷은 녹색이나 사진처럼 갈색인 개체도 있다. 시흥, 3. X. '92

긴꼬리쌕새기 풀밭에서 많이 발견되며, 암컷은 산란관이 몸길이보다 긴 것이 특징이다. 시흥, 7. X. '93

베짱이(Phanéroptère : *Phaneropte-ra*)까지 모두가 흔들리는 활의 톱니로 거울 테두리를 때린다. 이들 모두 왼손잡이여서 왼쪽 날개의 아랫면에 장착된 활이 팀파니를 갖춘 오른쪽 날개 위

유럽민충이

에 포개졌다. 하지만 모두가 빈약해서, 때로는 겨우 들릴 정도의 빈약한 노래를 부른다.

한 종만 전반적인 구조의 혁신은 없이 세부 구조만 변경해서 어느 정도 큰 소리를 내게 되었다. 이 종은 포도밭의 유럽민충이(*Ephi-ppigera ephippiger*)로서 뒷날개가 없다. 두텁날개는 멋진 무늬를 가졌고, 날개 하나가 다른 것에 꼭 끼워진 두 개의 오목한 비늘로 변해 버렸다. 빵떡모자 같은 이 두 개가 날 때 쓰였던 기관의 흔적인데, 이제는 전적으로 노래만 하는 기관이 되었다. 녀석은 날카로운 소리를 더 잘 내려고 날기를 단념한 것이다.

민충이는 말안장처럼 굽은 앞가슴이 일종의 돔처럼 형성된 천장 밑에다 자신의 악기를 보관했다. 으레 그랬듯이 위쪽의 왼쪽 비늘 아랫면에 활이 있다. 활을 확대경으로 보면 어느 여치도 그렇게 강하고, 그토록 분명하게 조각된 것이 없을 만큼 비스듬한 80개가량의 톱니가 보인다. 아래쪽에 위치하는 오른쪽 비늘의 거울은 단단한 맥으로 둘러쳐졌고, 약간 파인 돔의 꼭대기에서 빛나고 있다.

악기 구조는 두 개의 근육기둥을 수

유럽민충이의 활을
아주 크게 확대한 모습

축해서 볼록한 심벌즈 두 개를 번갈아 변형시키는 매미의 악기보다 더 멋지고 훌륭하다. 하지만 울림 방, 즉 공명실이 없어서 요란한 악기는 아니다. 이런 상태여서 단조(短調)의 느릿하며 구슬픈 '치이이 – 치이이 – 치이이 –' 소리를 낸다. 이 소리는 대머리여치의 명랑한 활질에서 나는 것보다 훨씬 멀리까지 들린다.

대머리여치든, 다른 여치든, 평온함이 깨지면 공포심으로 곧 벙어리가 되어 잠잠해진다. 녀석들의 노래는 언제나 기쁨의 표현이었다. 하지만 민충이도 불안함을 느끼자 갑작스런 침묵으로 찾던 사람을 따돌린다. 하지만 녀석을 손가락으로 잡아 보자. 대개는 무질서한 활질로 날카로운 소리를 내는데, 이때의 노래는 분명히 편안함의 표현이 아니다. 두려움과 위험에 대한 극도의 불안을 나타내는 것이다.

잔인한 아이들이 매미의 배를 갈라 볼록한 심벌즈를 벌리면, 어느 때보다도 큰 소리가 난다. 민충이도, 매미도, 환희에 찬 즐거움의 노래가 괴롭힘에 대한 통곡이 되는 것이다.

민충이에게는 다른 발성곤충에서 알려지지 않은 특기사항이 있다. 즉 암수가 모두 발음기관을 가졌다. 다른 여치의 암컷은 활이나 거울의 흔적도 없고, 물론 소리도 없다. 하지만 민충이 암컷은 수컷과 거의 닮은 악기를 물려받았고, 왼쪽 비늘이 오른쪽 비늘을 덮었다.

왼쪽 비늘의 가장자리는 엷은 색 굵은 맥으로 주름이 잡혀, 코가 촘촘한 그물처럼 되어 있다. 하지만 가운데는 반대로 갈색의 매끈한 양파껍질 빵떡모자 모양으로 부풀었다. 빵떡모자의 아래쪽에 한 점으로 모인 두 줄의 맥이 있는데, 그 중 하나는 윗부분이 약간 거칠다. 오른쪽 비늘도 비슷한 구조이나 약간 차이가 있다. 즉 양파껍질 같은 중앙의 빵떡모자에 역시 하나의 맥이 가로질렀는데, 마치 일종의 구불구불한 적도선(赤道線) 같다. 확대경으로 보면, 그 길이의 대부분에 걸쳐서 무척 가늘고 비스듬한 톱니들이 있다.

이런 특징으로 우리가 알았던 위치와는 반대 위치에 활이 있음을 알게 되었다. 수컷은 왼손잡이여서 위쪽 두텁날개로 연주했고, 암컷은 오른손잡이여서 아래쪽 두텁날개로 켰다. 한편 암컷은 어느 종도 거울, 즉 운모 조각처럼 반짝이는 얇은 막이 없다. 활은 반대편 비늘의 거친 막을 가로지르며 마찰시켜서, 서로 맞물린 두 개의 빵떡모자에 진동이 생긴다.

진동조각은 이렇게 이중으로 되었으나, 너무 뻣뻣하고 거칠어서 풍부한 음을 낼 수는 없다. 결과적으로 아주 빈약한 노래가 수컷보다 훨씬 구슬피 울렸는데, 이런 노래를 헤프게 부르지는 않는다. 내가 참견하지 않는 이상, 사육장의 암컷 포로들은 결코 수컷 동료들의 합창에 합세하지 않았다. 그저 내 손에 잡혀서 괴로울 때만 즉시 신음소리를 냈다.

자유 상태에서는 더 빨리 연주할 것으로 생각되나, 유리뚜껑 밑의 암컷들은 소리 없이 머물렀다. 하지만 필요가 없는데 두 개의 심벌즈와 활을 갖추지는 않았을 것이다. 무서울 때 신음하던 악기가 기쁠 때도 울릴 것이 틀림없을 것이다.

여치의 발음기관은 용도가 무엇일까? 나는 짝짓기에서 그 소리의 역할을 부정하거나, 그 소리를 듣는 암컷의 설득력과 달콤한 속삭임까지 부인하지는 않겠다. 그랬다가는 분명한 사실에 반항한 꼴이 될지도 모를 일이다. 하지만 노래의 근본 역할이 짝짓기는 아니다. 무엇보다도 먼저 생에 대한 기쁨을 나타내려고, 또한 배부르고 등줄기는 햇볕을 쬐는 생의 즐거움을 노래하려고, 그 기관들을 사용하는 것이다. 대머리여치와 중베짱이의 수컷들이 이를 크게 증언한다. 녀석들은 결혼식을 치른 다음 영원히 지쳐 버려, 이제는 교미를 무시한다. 그래도 체력이 다할 때까지 계속 기쁘게 날카로운 소리를 낸다.

여치는 나름대로 기쁨의 폭발이 있다. 더욱이 이 폭발을 간단히 예술가의 만족, 즉 소리로 나타낼 수 있다는 이점이 있다. 내가 보기에는 평범한 일꾼이 저녁때 작업장에서 돌아올 때나 식사를 준비해 놓고 기다리는 집으로 돌아가는 길에 자신을 위해서, 즉 누구에게 들려줄 생각도 없고, 누가 들어주길 바라지도 않으며, 휘파람을 불며 노래하는 격이다. 천진난만한 심정을 거의 무의식적으로 토로하여, 힘든 하루 일과가 끝난 것에 대한 기쁨을, 그리고 김이 무럭무럭 피어오르는 양배추 수프 접시에 대한 기쁨을 나타내려는 것이다. 발음기관이 무척 자주 노래를 부른다. 이것은 삶을 찬양하는 것이다.

어떤 녀석들은 한술 더 뜬다. 삶의 기쁨이 있을망정 괴로움이 없는 것은 아니다. 유럽민충이도 여치가 가진 양쪽 모두를 표현할 줄 안다. 녀석들도 단조로운 가락으로 더없는 자신의 행복을 덤불에게 이야기한다. 고통과 공포심도 거의 같은 단조로움, 즉 조금만 바뀐 정도의 단조로운 가락으로 표출한다. 역시 기악가인 암컷도 이런 성질을 나누어 가졌다. 암컷도 다른 모델의 두 심

흰무늬수염풍뎅이

벌즈로 무척 기뻐하기도, 몹시 한탄하기도 한다.

결국 톱니를 갖춘 팀파니는 무시할 게 아니다. 팀파니는 풀밭에 활기를 띠게 하고, 삶의 기쁨과 괴로움을 속삭이고, 사랑의 기억을 주변에 퍼뜨리고, 고독한 자들의 오랜 기다림을 즐겁게 하며, 가장 활짝 피어난 곤충의 생을 속삭인다. 그 활질은 거의 우리네 목소리 같다.

그런데 가망성으로 가득 찬 이 훌륭한 선물이 석탄기의 거친 제품에 가까운 하등하고 거친 종들에게만 주어지다니. 사람들의 말처럼 고등한 곤충도 조상에서 점차적으로 변화한 것이 맞다면, 왜 이들은 처음에 가졌던 울림소리의 아름다운 유산을 보존하지 않았는가?

점진적인 획득을 주장하는 이론은 하나의 거창한 환상에 불과할까? 강자가 약자를, 재능 많은 자가 적은 자를 뭉개 버리는 잔인한 행위를 포기해야 할까? 진화론이 적자생존(適者生存)을 말할 때 의심하는 것이 마땅할까? 오오! 그렇고말고, 많이 의심해도 마땅하지.

날개 편 길이가 60cm도 넘던 석탄기의 옛큰잠자리(*Meganeura monyi*)가 이렇게 충고한다. 톱날 같은 큰턱으로 소형 유시(有翅) 곤충들을 공포에 떨게 했던 거대한 잠자리는 사라졌노라. 그런데 배가

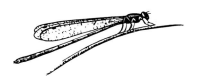

실잠자리

갈색이나 하늘색이며 연약한 실잠자리(Agrion: Coenagrionidae)는 여전히 개울가의 꼴풀 위를 날아다니고 있느니라.

이 거대한 잠자리와 동일 시

방울실잠자리 깨끗한 연못이나 느리게 흐르는 개울 주변에서 발견되며, 수컷의 가운데와 뒷다리 종아리마디에 흰색의 가는 센털이 타원형의 깃털 모양을 이루어 '방울'이란 이름이 주어졌다. 시흥, 10. Ⅵ. '96

실잠자리 추운 지방에 사는 종류로 우리나라에서는 북쪽 지방의 산속 개울가에서 보이는 희귀한 종이다. 몸은 청백색 내지 푸른색인데 검정 줄무늬나 띠무늬가 있다. 포천, 22. Ⅴ. '92

대에 몸을 에나멜로 씌웠고, 사납게 무장했던 괴물 같은 파충류 모양 물고기들은 사라졌다. 아주 드물게 나타나는 이들의 후계자는 발육 부진의 물고기들이다. 바다에서도 수레바퀴만큼이나 큰 암모나이트 중 조가비 격막을 가져 찬란했던 두족류(頭足類)의 한 족속도, 지금은 납(鉛) 세공인의 수수한 헬멧 같은 앵무조개 말고는 또 다른 대표를 갖지 못했다. 길이가 25m나 되며 도마뱀 같던 일종의 공룡은 지금 이 고장에서 담장을 기어 다니는 담장회색장지뱀(*Podarcis muralis*)과는 확실히 다르다. 인간과 동일 시대에 살았던 거대한 동물, 즉 매머드는 그 유해로만 알려졌을 뿐이다. 그런데 그들의 친척이나 그들과 비교하면 양처럼 하찮은 코끼리는 여전히 번성하고 있다. 이런 현상은 적자생존 법칙에 얼마나 큰 타격을 주는 것이더냐! 강한 자들은 사라지고, 약한 자들이 강자를 대신하고 있구나.[16]

16 파브르는 현 세계에서 생존하는 데 있어 특대형 동물은 적자가 될 수 없음을 따져 볼 생각이 없었던 것 같다.

12 중베짱이

지금은 7월 중순, 천문학적으로 삼복(三伏)이 시작된다. 그러나 실제로는 혹서의 계절이 달력보다 훨씬 빨리 왔다. 그래서 벌써 몇 주째 견디기 어려운 더위가 계속되었다.

오늘 저녁, 마을에서는 프랑스대혁명 기념일 축하 행사가 벌어진다. 성당 종각에 반사되어 어렴풋하게 보이는 화톳불 둘레로 개구쟁이들이 깡충거리고, 쏘아 올리는 불꽃이 올라갈 때마다 북이 둥둥둥 울리며 성대히 축하하는 동안, 나는 비교적 서늘한 9시경 혼자서 어두운 구석에 앉아 전원의 명절, 즉 수확축제의 합창을 듣고 있다. 이 축제는 지금 마을 광장에서 화약과 불을 붙인 나뭇단, 종이 초롱, 특히 독주로 축하되고 있는 축제보다 훨씬 더 장엄하다. 하지만 이 축제는 아름다운 것만큼이나 단순하고, 강한 것만큼이나 평온하다.

늦은 시간이라 매미들은 조용하다. 녀석들은 하루 종일 햇빛과 더위로 만족스러워 몸을 아끼지 않고 교향악을 연주했었다. 밤이 되자 휴식을 취하지만, 자주 방해를 받는 휴식이다. 플라타너스

잎이 우거진 가지 사이에서 갑자기 날카롭고 짤막한 괴로운 비명소리가 들린다. 편히 쉬고 있다가 중베짱이(Sauterelle verte : *Locusta*→ *Tettigonia viridissima*→ *ussuriana*)°의 기습을 받은 매미의 절망적인 탄성이다. 격렬한 이 야간 사냥꾼은 매미를 덮쳐서 옆구리를 잡고 배를 가르며 마구 쑤셔 댄다. 노래를 실컷 부른 다음 살육이 행해지는 것이다.

나는 우리 나라의 대혁명 기념일 행사 가운데에서도 최고로 꼽히는 롱샹(Longchamp)에서의 열병식을 한 번도 보지 못했고, 앞으로도 못 보겠지만 여한은 없다. 신문들이 축제 내용을 충분히 알려 주며, 장소에 대해서도 대강 설명해 주니 말이다.

여기저기의 작은 숲 속에 을씨년스럽게 자리 잡은 적십자와 '군용 구급차, 시민 구급차'라는 글씨가 보인다. 거기서는 부러진 뼈를 고칠 일도, 더위 먹은 것을 가라앉힐 일도, 죽은 사람을 슬퍼할 일도 생길지 모르겠다. 그런 일들은 예측된 것이고, 프로그램에 들어 있는 일이다.

여느 때는 아주 조용한 우리 동네지만, 바로 이곳의 오늘 축제도 즐거운 하루 동안 반드시 생길 양념, 즉 주먹질이 몇 번 오가지 않고는 끝나지 않을 그런 날이다. 아니면 내 손가락에 장을 지지겠다. 즐거움을 제대로 맛보려면 고통의 짜릿한 맛이 필요한 모양이다.

소란과는 먼 곳에서 귀를 기울이고 명상에 잠겨 보자. 배가 갈라진 매미가 항의를 하는데, 플라타너스 저 너머에서는 오케스트라를 바꿔 축제가 계속된다. 이제는 밤의 악사들 차례이다. 살육이 행해지는 지점 근처의 풀숲에서 예민한 귀에 중베짱이들의 속삭임이 들려온다. 마치 얇고 까칠까칠한 막이 바삭 소리를 내는,

막연한 스침과도 같은 은은한 물레 소리를 내는 듯하다. 이렇게 계속되는 은은한 베이스에, 가끔씩 아주 날카롭고 금속이 빠르게 부딪치는 듯한 소리가 터져 나온다. 쉬엄쉬엄 침묵을 깨는 노래와 음절이다. 그 나머지는 반주이다.

이렇게 베이스(낮은 음)의 지원군이 있음에도 불구하고, 협소한 내 주변에 10마리가량의 악사가 있음에도 불구하고, 결국은 변변 찮은, 아주 시원찮은 합창이다. 이 뒤에도 강한 음은 없다. 늙은 내 고막은 항상 그 미세한 음들을 잡아낼 능력이 없다. 거기서 들리는 약간의 음은 극도로 부드러워서 고요한 석양의 희미한 빛과 더는 어울릴 수 없을 정도였다. 내게 생기를 주는 중베짱이야, 너도 활질의 힘이 좀더 강했다면 목쉰 매미보다 훌륭한 명가수가 되었을 텐데. 북쪽 여러 지방에서는 부당하게도, 네게 매미의 이름과 명성을 얻게 했다.

하지만 너는 플라타너스의 저 너머에서 쇠 부딪치는 소리가 나는 동안, 그 나무의 발치에서 방울소리를 내는 이웃, 즉 귀여운 두꺼비(Crapaud: *Bufo bufo*)와 결코 어깨를 겨룰 수 없을 것이다. 두꺼비는 나의 양서류(Amphibia) 집단에서 가장 작은 녀석이지만, 가장 모험적으로 탐험하는 녀석이기도 하다.

해질 무렵, 저녁의 마지막 여명 속에서 생각을 가다듬고자 정원을 마냥 거닐다가 녀석을 수없이 만나지 않았더냐! 발치에서 무엇인가가 곤두박질치며 굴러서 도망친다. 바람에 날린 낙엽일까? 아니다. 귀여운 두꺼비가 내 덕분에 여행을 방해받아, 급히 돌이나 흙덩이 밑, 또는 풀숲에 숨어서 놀란 가슴을 쓸어내린다. 하지만 곧 낭랑한 가락으로 다시 읊어 댄다.

거국적 환희의 날 저녁, 내 주변에서 다투어 가며 노래하는 두 꺼비가 착실히 10여 마리는 된다. 대개는 내 집 현관에 빽빽하게 줄지어 놓은 화분 사이에서 쪼그리고 있다. 녀석들은 각자의 가락이 있는데 언제나 같은 가락이다. 어떤 녀석은 굵고, 다른 녀석들은 좀 날카로운 소리지만, 짧고 분명하며 그야말로 맑은 소리여서 내 귀에 쏙쏙 들어온다.

녀석들은 느린 리듬에 박자를 맞춰 마치 성당에서 단조롭게 연도를 읊어 대는 것 같다. 한 녀석이 '클럭' 하면 목소리 가는 녀석이 '클릭' 하고 대답하며, 테너 가수인 세 번째는 '클록' 소리를 덧붙인다. 마치 명절에 마을 성당의 활발한 종소리처럼, '클럭, 클릭, 클록, 클릭, 클릭, 클록' 하며 한없이 되풀이한다.

두꺼비의 브라스밴드를 듣고 있노라면, 6살의 내 귀가 음의 마술을 느끼기 시작해서 몹시 갖고 싶어했던 일종의 하모니카 생각이 난다. 길이가 서로 다른 일련의 얇은 유리판을 팽팽하게 당겨서 두 줄의 리본에 고정시켜 놓은 것으로, 철사 끝에 매달린 코르크 병마개가 북채 노릇을 했다. 서투른 손가락이 옥타브, 불협화음, 거꾸로 된 화음 등의 무질서한 음들의 이 건반을 거칠게 마구 두드린다고 상상해 보시라. 그러면 두꺼비들의 지루한 연도가 어떤 것인지 아주 분명하게 알 수 있을 것이다.

연도의 노래는 시작도 끝도 없지만, 음은 순수하고 감미롭다. 자연의 음악회에서는 어느 음악이든 모두 그렇다. 우리 귀는 거기서 훌륭한 음들을 찾아낸 다음 세련되었다. 그래서 실제 소리 밖의 첫째 미학적 조건인 질서의식을 얻게 된다.

그런데 각 은신처끼리 보내는 달콤한 울림은 결혼을 위한 오라

토리오이며, 수컷들이 각 암컷을 은근히 불러내는 소리이다. 음악회의 결과는 별도의 증거 조사 없이도 짐작된다. 하지만 혼례식을 마치는 이상한 음악은 예견되지 않는다. 아비는 실제로 아비라는 고상한 단어의 뜻처럼 진짜 가장이다. 어느 날 알아볼 수 없는 상태로 은신처를 떠나는 모습을 보시라.

이 아비는 자식들을 뒷다리에 묶어서 운반한다. 후추 알 굵기의 모든 알이 다닥다닥 엉겨 붙어 무거워진 짐을 짊어지고 이사한다. 부피도 커서 종아리를 감싼 다음, 넓적다리를 감돌아서 배낭처럼 등 위까지 올라간다. 이런 모습을 한 녀석은 보기에도 아주 흉하다.[1]

너무 짓눌려서 깡충깡충 뛸 수 없는 몸을 질질 끌며 어디로 갈까? 녀석의 자상한 마음씨가 어미는 가기 싫어하는 곳인 근처의 늪으로 간다. 늪의 약간 따듯한 물은 알들이 부화하고 올챙이들이 사는 데 없어서는 안 되는 조건이다. 절반쯤 덮인 바위 밑에서 다리에 매달린 알들이 적당히 발생하면, 건조한 밤중을 좋아하는 그 아비가 대낮에 젖는 일도 무릅쓴다. 피곤해서 충혈된 허파를 헐떡이며, 한 발짝씩 전진한다. 어쩌면 늪이 멀리 있을지도 모른다. 하지만 상관없다. 이 끈질긴 순례자는 기어이 물을 찾아낼 것이다.

늪에 도착했다. 목욕을 대단히 싫어하면서도 즉시 풍덩 뛰어들어 물속에 잠긴다. 그때 다리를 서로 비비며 알들을 떨어뜨린다. 알은 이제 자신의 생활환경 속으로 들어갔다. 나머지는 저절로 이루어질 것이다. 수중 잠수 의무를 끝낸 아비는 서둘러서 육지의 제집으로 돌아간다. 그가 등을 돌리자마자 새까만 꼬마 올챙이들이 깨나겠다고 팔딱거린다. 녀석들은 알껍질을 깨뜨리기 위해, 오직 물과의 접촉만을

---

1 『파브르 곤충기』 제2권 28쪽 산파개구리 참조

기다렸던 것이다.

7월 황혼 무렵의 가수 중 다양한 가락을 가졌다면 오직 한 녀석 뿐, 그는 두꺼비의 방울소리 화음과 경쟁할 만하다. 녀석은 똥그란 금빛 눈의 멋쟁이, 밤의 욕심꾸러기인 소쩍새(Petit-duc scops: *Otus scops*)°이다. 이마에 두 개의 깃털 뿔을 세우고 있어서, 여기서는 뿔올빼미(Machoto banarudo)라는 별명을 가졌다. 녀석은 소리 하나로 밤의 고요를 가득 채울 만큼 성량이 풍부한데, 노래가 너무 단조로워서 신경에 거슬린다. 달을 향해서 칸타타(가요)를 토해 낼 때는 변함없이 규칙적인 박자로 '쵸오……, 쵸오……(소쩍……, 소쩍……)' 소리를 낸다.

요란스런 축제 덕분에 광장의 플라타너스에서 쫓겨난 이 새 한 마리가 지금 내게 환대해 주길 청해 왔다. 노래가 근처의 실편백 꼭대기에서 들려온다. 거기서 불확실하게 편성된 중베짱이와 두꺼비의 관현악 연주를 내려다보며, 일정한 자기 노랫가락으로 잘라 버린다.

녀석의 부드러운 가락이 가끔 다른 곳에서 들려오는 소리와 대조를 이루는데, 마치 고양이의 야옹 소리와 비슷하다. 그것은 아테네 여신의 명상하는 새, 즉 올빼미(Chouette: *Strix aluco*)°의 노랫소리였다. 하루 종일 올리브나무의 구멍 은신처에서 웅크리고 숨어 있다가, 저녁에 어둑어둑해지자 긴 여정을 시작한 것이다. 그네를 뛰듯이 구불구불 날아서 늙은 소나무들의 울타리 근처로 왔다. 녀석은 거기서 음률도 맞지 않는 야옹 소리를 전체적인 합창에다 섞어 넣는데, 거리가 멀어서 그 소리가 조금 부드럽게 들린다.

중베짱이의 현악기 소리는 너무 미약해서 요란한 녀석들 틈에서

유럽긴꼬리
실물의 2배

는 잘 안 들린다. 저들이 조용해졌을 때나 겨우 들리는 가냘픈 음파밖에 오지 않는다. 녀석이 가진 악기라곤 빈약한 긁기 장치의 팀파니뿐이다. 혜택을 받은 저 녀석들은 진동의 공기 덩이를 내보내는 풀무, 즉 허파를 가졌으니 비교가 될 수 없다. 다시 곤충 이야기를 해보자.

비록 몸집은 작고 갖춘 도구도 빈약하나, 밤의 서정시에서는 여치보다 훌륭한, 그것도 아주 크게 훌륭한 곤충 녀석이 하나 있다. 터질까 봐 겁이 나서 감히 붙잡기조차 어려울 만큼 나약한 빛깔의 연약하고 가느다란 유럽긴꼬리(Grillon d'Italie: *Oecanthus pellucens*)이다. 녀석들은 축제에 보태겠다는 반딧불이들이 파란 초롱을 켜고 다니는 동안, 여기저기의 로즈마리 위에서 노래를 부른다.

연약한 기악가(긴꼬리)는 무엇보다도 얇고 넓으며, 운모 조각처럼 반짝이는 날개를 가졌다. 까칠까칠한 날개 덕분에 단조롭고 쓸쓸한 두꺼비의 가락을 능가할 정도로 강하고 날카로운 소리를 낸다. 시골의 두점박이귀뚜라미(Grillon noir: *Gryllus bimaculatus*)[2] 노래라고 생각할 수도 있겠으나 그보다는 화려하다. 활질에도 트레몰로(전음, 顫音)가 더 많다. 삼복 때는 봄철의 악단인 진짜 귀뚜라미가 이미 사라졌음을 모르는 사람은 귀뚜라미와 녀석의 소리를 혼동할 수밖에 없다. 훨씬 멋지고 특별히 연구할 가치가 있는 다른 바이올린이 진짜 귀뚜라미의 바이올린 소리를 계승한 것이다. 이 문제는 적당한 시기에

2 2000년 이전의 여러 보고서에서, 일반적으로는 지금까지도 흔히 이 학명을 써 왔으나 멘델(Gregor Mendel)이 수합한 유럽 생물 목록에는 없어서 학명의 변화 여부를 알아볼 필요가 있다.

다시 다루련다.

이 음악의 밤에 주요 합창단원을 선발해 보면 결국 이런 녀석들이다. 무기력한 독창 가수 소쩍새, 소나타를 종소리처럼 울려 대는 두꺼비, 바이올린의 첫 줄을 켜는 유럽긴꼬리, 극히 작은 강철트라이앵글을 두드리는 듯한 중베짱이 따위이다.

오늘 우리는 바스티유 감옥의 점령으로 시작된 새 정치 시대를 신념보다는 소란으로 축하한다. 그런데 저들은 인간사에는 전혀 관심이 없고, 오직 태양의 축제만을 축하한다. 그지없는 삶의 행복을 노래하고, 삼복더위에 기쁨의 환호성을 올린다.

대단히 변덕스러운 인간들의 기쁨이 그들에게 무슨 상관이더냐! 지금 연속적으로 터뜨리는 폭죽 소리가 몇 해 뒤에는 누구를 위해, 무엇을 위해, 어떤 사상을 위해 터질 것이냐? 그것을 대답할 수 있는 사람이라면 대단한 선견지명의 소유자일 것이다. 유행은 변해서 예기치 못한 것을 가져다준다. 아양을 떠는 폭죽이 어제는 무척 싫었으나, 오늘은 우상이 된 누군가를 위해 하늘에 불똥 다발을 터뜨린다. 내일은 또 다른 사람을 위해 올라갈 것이다.

한두 세기 뒤에는 박식한 사람이 아니라도 바스티유(Bastille) 감옥[3]이 문제가 될까? 무척 의심스러운 일이다. 그때 우리는 다른 기쁨을, 또한 다른 걱정을 가지게 될 것이다.

미래를 좀더 깊이 살펴보자. 모든 것이 진보에 또 진보로 전진하다가, 사람들이 문명이라고 하는 것이 넘쳐서 죽어 쓰러지는 날이 올 것이라고 말하는 것 같다. 자기 자신의 신격화를 열망하지만, 짐승의 평온한 장수를 바랄 수는 없다. 꼬마 두꺼비가 중베짱이, 소쩍새, 그 밖의 다른 가수와 함께 연도를 여전히 읊어 대지만 인간은 사라졌을 것이다. 이 가수들은 지구에서 우리보다 먼저 노래를 불렀는데, 우리보다 나중에도 부를 것이며, 변함없는 것, 즉 태양의 뜨거운 영광을 찬양할 것이다.

축제에서 더 머뭇거리지 말고, 다시 곤충과 친밀하게 지내다가 지식을 얻는 박물학자가 되자. 작년에 중베짱이를 연구하려고 채집을 했으나, 이 일대에는 흔하지 않아 성과가 없었다. 그래서 어느 산림감시원의 친절에 호소할 수밖에 없었다. 그는 너도밤나무가 나타나기 시작하는 방뚜우산의 추운 곳, 라가르드(Lagarde) 고원에서 잡은 암수 한 쌍을 보내왔다.

변덕스러운 행운은 꾸준한 사람에게도 미소를 보낸다. 작년에는 찾을 수 없었던 중베짱이가 이번 여름에는 거의 흔한 녀석이 되었다. 좁은 내 울타리 밖을 나가지 않고도 원하는 만큼 얼마든지 얻을 수 있었다. 저녁에는 풀숲 어디에서든

[3] 파리에 있던 엄중한 감옥인데, 1789년 7월 14일 파리 시민의 습격으로 인해 프랑스혁명이 일어나게 된 동기가 되었다.

238

녀석들이 내는 희미한 소리가 들린다. 다시는 오지 않을지도 모르는 이 기회를 이용하자.

6월부터 이렇게 횡재를 하게 된 중베짱이의 숫자가 충분해서, 모래를 깔고 철망뚜껑을 씌운 항아리 사육장마다 쌍쌍이 자리 잡았다. 녀석들은 전신이 연한 초록색인데, 옆구리에 희끄무레한 장식줄이 뻗어 있어 정말로 당당해 보인다. 그럴듯한 크기, 날씬하게 균형 잡힌 몸매, 얇은 천 모양의 넓은 뒷날개를 가져 이 지방의 여치 중 가장 멋진 녀석이다. 나는 이 포로들에 대단히 만족했는데, 녀석들은 무엇을 알려 주려나? 기다려 보자. 우선은 녀석들을 먹여야 한다.

여기서 대머리여치(*Decticus albifrons*)가 나를 곤경으로 몰아넣었던 사건이 되풀이된다. 그것을 실제로 물어뜯기는 한다. 하지만 아주 약소하게, 그 다음은 무시하듯 이빨로 건드린다. 채식주의자라는 확신이 거의 없는 녀석들을 상대하고 있음을 곧 알아차렸다. 다른 식량이 필요하다. 하지만 어떤 종류일까? 우연한 행운으로 그것을 알게 되었다.

새벽에 문 앞에서 몇 백 발짝쯤 산책을 했는데, 근처의 플라타너스에서 무엇인가가 긁혀서 귀에 거슬리는 소리를 내며 떨어진다. 달려가 보니 궁지에 몰린 매미와 그의 배를 파먹는 중베짱이였다. 매미는 쉴 새 없이 울며 요란한 몸짓으로 떨어 대지만 소용이 없다. 사냥꾼은 사냥감을 놓치지 않고 그 내장 속으로 머리를 들이밀고서 조금씩 뜯어낸다.

사정을 알았다. 공격은 이른 아침에 저 위에서, 즉 매미가 쉬고 있는 동안 행해진 것이다. 그리고 산 채로 해부되는 불쌍한 녀석이 심하게 요동치는 바람에, 공격자와 당한 자가 한 덩이가 되어 떨어진 것이다. 그 뒤에도 몇 번 더 이런 살육 행각을 볼 기회가 있었다.

아주 대담한 중베짱이가 그야말로 미친 듯이 날며 도망치는 매미를 추격하는 것도 보았다. 마치 새매가 공중에서 종달새를 쫓는 격이다. 하지만 새의 약탈이 여기서는 곤충만 못하다. 새매는 저보다 약한 자를 공격한다. 그런데 중베짱이는 반대로 저보다 힘세고, 덩치도 훨씬 큰 거물을 습격한다. 이렇게 짝이 기우는 백병전이라도 결과는 의심할 필요가 없었다. 중베짱이는 날카로운 집게 겸 강력한 큰턱으로 사냥감의 배를 가르는 데 실패하는 경우가 드물다. 잡힌 녀석은 무기가 없으니, 그저 울어 대며 몸을 심하게 흔들어 댈 뿐이다.

근본 문제는 사냥감을 놓치지 말아야 하는 것인데, 밤중에 졸고 있는 사냥감이라면 아주 쉬운 문제이다. 사나운 중베짱이가 밤중에 순찰을 돌다가 만나는 매미라면, 어느 녀석이든 불쌍하게 죽을 것이 틀림없다. 심벌즈는 이미 오래전에 잠잠해졌다. 그런데 가끔씩 이렇게 늦은 시간에 나뭇가지에서 갑자기 괴로움에 떠는 날카로운 소리가 터져 나온다. 연한 초록색 복장의 산적이 어느 잠든 매미를 덥석 물었다는 이야기인 것이다.

이제 기숙생의 차림표를 알아냈으니, 매미로 먹여 살려야겠다. 녀석들은 먹는 걸 어찌나 좋아하던지 사육장 바닥은 2~3주 만에 속이 빈 머리, 가슴, 떨어진 날개, 관절에서 잘려 나간 다리 따위가 깔린 납골당이 되어 버렸다. 거의 모두 배만 사라졌다. 배가 특별히 좋아하는 부분이었다. 영양가는 많지 않아도 맛은 썩 좋은 모양이다.

사실상 배는 매미의 빨대가 연한 나무껍질에서 뽑아낸 달콤한 시럽이 모인, 즉 위장이 있는 부위였다. 그것이 맛있어서 다른 어디보다도 배를 좋아했을까? 그럴지도 모르겠다.

식단을 다양하게 할 목적으로 달콤한 과일을 대접해야겠다는 생각이 났다. 녀석들은 실제로 배 조각, 포도 알맹이, 멜론 조각 따위의 모든 과일을 즐겼다. 영국 사람들은 잼으로 맛을 낸 설익은 비프스테이크를 아주 좋아하는데, 중베짱이도 그런가 보다. 아마도 그래서 중베짱이가 매미를 잡으면 고기와 설탕이 섞여 제공되는 배를 제일 먼저 터뜨리는 모양이다.

설탕을 곁들인 매미를 먹는 것이 어디에서나 가능한 일은 아니다. 북쪽 지방에는 중베짱이가 많이 살아도, 거기서는 그렇게도 좋아하는 매미 요리를 발견하지 못할 것이다. 그러니 거기서는 다른 자원을 가졌을 게 틀림없다.

이를 확인하고자 봄철의 수염풍뎅이(Hanneton)에 해당하는 여름 풍뎅이, 즉 털검정풍뎅이(*Anoxia pilosa*)를 대접했다. 딱정벌레도

큰검정풍뎅이 우리나라에서는 10종 정도의 검정풍뎅이가 발견되는데, 그 중 두 번째로 많은 종이다. 검정풍뎅이는 모두 온몸이 흑색이며 광택이 강한데, 이 종만 광택이 없고 딱지날개나 등판 전체가 갈색인 개체도 있다. 성충은 밤에 불빛을 찾아온다. 옮긴이는 10여 년 전에 우리나라에서 근래 약 40년 동안 채집된 1,200 개체를 조사한 일이 있다. 그런데 92%가 수컷이었고 암컷은 8%밖에 안 되는 재미있는 현상을 발견했었다. 시흥, 10. VII. '96

서슴없이 접수된다. 남긴 것은 딱지날개, 머리, 다리뿐이다. 뚱뚱하고 아름다운 흰무늬수염풍뎅이(*Polyphylla fullo*, 일명 소나무수염풍뎅이)도 마찬가지였다. 공급한 다음 날 그 화려한 덩치가 나의 각 뜨기 부대에게 배가 갈라져 있었다.

이상의 예들은 식량에 관해 충분히 알려 준 셈이다. 중베짱이는 곤충, 특히 너무 단단한 갑옷으로 보호되지 않은 곤충을 즐겨 먹음을 일러 주었다. 육식을 무척 좋아해도 정식 사냥감이 아니면 전혀 입을 대지 않는 어린 사마귀처럼, 배타적인 입맛이 아니라는 것도 단언해 주었다. 매미 백정들은 너무 자극적인 식사법을 채식으로 완화시킬 줄도 안다. 살과 피를 먹은 다음에는 달콤한 과육을 먹고, 때로는 어쩔 수 없어서 풀을 좀 뜯기도 한다.

동족살해(Cannibalisme)의 잔인성도 여전히 남아 있다. 하지만 사육장에서는 암컷 경쟁자를 작살로 찍어 잡고, 사랑하던 수컷을 자주 잡아먹는 황라사마귀(*Mantis religiosa*)의 잔인성은 결코 보이지 않았다. 그래도 허약한 녀석이 죽으면 산 녀석들이 그 시체를 일

반 식사처럼 이용함을 잊지는 않았다. 식량 부족이라는 핑계가 없어도 죽은 동료를 실컷 뜯어먹는 것이다. 이들만 그런 것은 아니다. 칼 모양 산란관을 가진 족속들은 모두가 정도는 달라도 절름발이가 된 동료로 배를 채우는 경향이 있다.

이런 사소한 부분은 무시하자. 사육장의 중베짱이는 아주 평화롭게 동거한다. 녀석들 사이에는 절대로 심각한 싸움이 없다. 기껏해야 먹을 것에 대한 경쟁이 좀 있을 뿐이다. 방금 배 한 조각을 주었더니, 한 마리가 즉시 거기에 앉아서 버틴다. 누구든 배에 집착하는 그 녀석에게 다가가 맛있는 것을 물면 뒷발로 걷어차서 쫓아 버린다. 이기주의는 어디에나 있다. 제 것일 때는 아량을 베풀지 않지만, 그래도 배가 부르면 다른 녀석에게 양보한다. 한 마리씩, 한 마리씩 식구 전체가 와서 먹는다. 잔뜩 먹고 나면 턱 끝으로 발바닥을 조금 핥고, 침을 바른 발로 이마와 눈을 비벼 윤을 낸다. 그러고는 철망에 매달리거나, 모래 위에 명상하는 자세로 누워서 편안히 소화시키며, 하루의 대부분, 특히 한창 더울 때 낮잠을 즐긴다.

중베짱이가 흥분하기 시작하는 것은 해가 진 다음의 저녁때이다. 9시경 활기가 절정에 달한다. 갑작스런 충동으로 천장 꼭대기까지 급히 올라갔다가 급히 내려오고, 또다시 오르내린다. 요란스럽게 왕래한다. 원형경기장을 뛰어다니거나 깡충깡충 뛰어오르기도 한다. 그러다가 맛있는 것을 만나면 맛을 보지만 거기에 머물지는 않는다.

수컷은 여기저기 흩어져서 날카로운 소리로 노래하며, 지나가는 암컷을 더듬이로 건드리며 유혹한다. 미래의 어미는 칼(산란관)

을 절반쯤 세우고는 점잖게 거닌다. 저 흥분한 수컷들, 열을 올리는 저들에게 지금의 큰일은 짝짓기이다. 훈련된 내 눈은 오해하지 않는다.

짝짓기는 내게 주요한 관찰 주제였다. 녀석들을 사육장으로 옮겼을 때, 특히 대머리여치가 보여 준 그 이상한 혼인 풍습이 어느 정도로 일반화된 것인지를 알아보는 것이 목적이었다. 소원이 채워지긴 했으나 완전하지는 못했다. 사건을 벌이는 시간이 너무 늦어서, 혼인의 마지막 행위를 목격하지 못했다. 사건은 밤이 아주 이슥하거나 이른 새벽에 벌어진다.

그래서 내가 본 약간은 기나긴 여정의 서막에 불과하다. 사랑하는 두 연인은 얼굴을 마주하고, 이마끼리 거의 맞대고, 오랫동안 서로 만져 보며, 부드러운 더듬이로 서로에게 묻는다. 평화의 칼(산란관)을 엇갈려서 갖다 대 보는 두 마리의 적수 같은 모습이다. 수컷이 가끔씩 조금 날카로운 소리를 내며, 활질을 몇 번 하다가 잠잠해진다. 어쩌면 너무 흥분해서 계속할 수 없는 모양이다. 밤 11시가 되었어도 사랑 고백은 끝나지 않았다. 섭섭하긴 해도 잠을 견뎌 낼 수 없으니 녀석들을 내버려 둘 수밖에 없구나.

이튿날 아침, 대머리여치가 우리를 무척 놀라게 했던 그 이상한 물건을, 중베짱이 암컷이 산란관 기부 밑에 달고 다닌다. 굵은 강낭콩만 하고, 몇 개의 작은 타원형 수포(水泡)처럼 희미하게 나뉜 유백색 병 모양이다. 그녀가 걸을 때 땅을 스쳐 모래알이 달라붙고 더러워진다.

대머리여치 암컷의 마지막 향연이 여기서도 소름끼치게 똑같이 재현된다. 대략 두 시간 뒤, 번식용 병의 내용물을 한 조각씩 깨물어 모두 없앤다. 끈적이는 조각을 씹고 또 씹다가 마침내 전체를 삼켜 버린다. 유백색의 무거운 짐은 반나절도 지나지 않아 맛있게 음미되었고, 마지막의 작은 부스러기까지 모두 먹혀서 사라진다.

지구 행성의 관습과는 너무도 동떨어져서 상상할 수 없는, 그래서 다른 별에서 들어온 듯한 행위가 대머리여치 다음에도 뚜렷한 차이 없이 중베짱이에게서 또 나타났다. 지상동물 중 가장 오랜 것의 하나인 여치의 세계는 이 얼마나 이상한 세계이더냐! 이상한 일들이 이 종족 전체에서는 관례인지도 모르겠다. 그러니 칼을 찬 또 다른 녀석을 조사해 보자.

배 조각과 상추 잎으로 아주 쉽게 길러지는 유럽민충이(*E. ephippiger*)를 선택했고, 7월과 8월에 관찰이 이루어졌다.

수컷은 좀 떨어진 곳에서 날카로운 소리를 낸다. 녀석의 온몸이 열정적인 박자에 맞춘 활질로 떨린다. 그러다가 잠잠해진다. 조금씩, 조금씩, 말하자면 격식을 갖춘 느린 걸음으로 부르는 수컷, 그리고 부름을 받은 암컷이 서로에게 다가간다. 둘은 말도 없이 꼼짝 않고 마주 서서 더듬이를 흐느적거리며, 가끔씩 서툴게 앞다리를 들어 악수 같은 것을 한다. 이렇게 조용한 대면이 여러 시간 이어진다. 서로 무슨 말을 할까? 무슨 맹세라도 하는 것일까? 녀석들이 던지는 추파에 무슨 뜻이 담겨 있을까?

그러나 아직은 때가 아니다. 두 녀석은 사이가 안 좋아 헤어지며, 각자 갈 데로 간다. 토라짐이 오래가지는 않는다. 녀석들이 다시 모인다. 다시 다정스러운 고백이 시작되지만 역시 성과가 없다. 드디어 셋째 날, 서막의 종말을 보여 준다. 수컷은 귀뚜라미의 관례와 습성처럼 뒷걸음질로 암컷 밑으로 비집고 들어간다. 다음,

벌렁 누워서 받침대 격인 산란관을 꼭 잡고 매달린다. 짝짓기가 이루어진다.

짝짓기 결과, 알이 굵은 일종의 유백색 나무딸기 같은 모양에, 엄청나게 큰 정포가 배출되었다. 빛깔과 형태는 달팽이의 알 무더기를 연상시키며, 조금은 모양이 덜 뚜렷하나 대머리여치가 보여 주었던, 그리고 중베짱이가 다시 보여 준 물체의 모습이다. 중간의 약한 주름이 전체를 대칭인 덩이 두 개로 만들어 놓았는데, 각각에는 7~8개의 작은 공 모양이 들어 있다. 산란관 기부 좌우의 연결 고리는 다른 것들보다 투명하고, 선명한 주홍색 핵이 하나씩 들어 있다. 투명하고 끈적이는 살덩이가 이 정포를 넓게 고정시켰다.

제자리에다 정포를 내놓은 수컷은 야윈 몸으로 도망친다. 다음, 배 조각으로 달려가 비싸게 치른 공적 뒤의 기력을 회복한다. 암컷은 대단히 거북해서 무기력한 모습으로 사육장의 철망을 돌아다니는데, 괴물 같은 나무딸기의 무거운 짐을 약간 쳐들고 다닌다. 짐은 그녀의 배 크기의 절반은 된다.

이렇게 두세 시간이 흘러간다. 그 다음 몸을 고리처럼 둥글게 구부려 젖꼭지 모양의 주머니 조각들을 큰턱으로 뜯어낸다. 물론 터뜨리지도, 내용물을 쏟지도 않는다. 주머니의 껍질을 벗겨 내며, 작은 조각들을 뜯어서 오랫동안 씹다가 삼킨다. 이렇게 아주 조금씩 꼼꼼하게 먹는 일이 오후 내내 진행된다. 밤에 모두 먹혀서 이튿날은 나무딸기 모습이 사라졌다.

어떤 때는 마감이 좀 느리고, 특히 혐오감을 덜 준다. 내게는 주머니를 땅바닥에 끌고 다니며, 가끔씩 잘근잘근 씹는 민충이에 대해 기록해 놓은 것이 있다. 땅바닥은 최근에 산란관으로 파내서

246

고르지 않고 우툴두툴하다. 나무딸기 모양의 병에 모래알과 흙덩이가 달라붙어서 짐의 무게가 상당히 늘어났다. 하지만 녀석은 별로 개의치 않는 것 같다.

때로는 뭉치가 고정된 어느 흙덩이에 달라붙어 운반이 어렵다. 끌어내려 해보지만 물체가 산란관 기부에서조차 떨어지지 않는다. 상당히 단단히 달라붙었다는 증거이다.

때로는 민충이가 저녁나절 내내 철망이나 땅에서 근심스런 빛으로 목적 없이 왕래한다. 하지만 꼼짝 않고 정지했을 때가 훨씬 더 많다. 병이 조금 말랐지만 부피는 별로 줄지 않았다. 처음의 물어뜯기가 다시 반복되지도 않는다. 다만 표면이 조금 떨어져 나갔을 뿐이다.

이튿날, 정포가 같은 자리에 있다. 그 다음 날에도 새로운 것은 없다. 다만 병 모양 정포가 더 말랐으나 두 개의 붉은 점은 처음처럼 선명하게 남아 있다. 드디어 48시간 동안 달라붙어 있었던 그 물건이 곤충의 손질 없이 떨어져 나간다.

작은 병의 내용물을 양보했다. 말라서 오그라들고 쓰레기통에 버려져서, 조만간 개미들의 노획품이 될 폐물이 된 것이다. 다른 때는 민충이가 그 뭉치를 무척 좋아했는데 지금은 왜 이렇게 버려

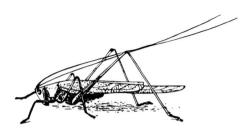

실베짱이 실물의 1.25배

실베짱이 몸은 녹색이나 등 쪽 줄무늬와 더듬이는 갈색, 뒷다리의 종아리마디는 녹색이나 연한 갈색이다. 이 종과 매우 비슷하며 흔한 검은다리실베짱이는 더듬이와 뒷다리 종아리마디가 검다. 영동, 14. X. '92

베짱이 들이나 화전을 하여 탁 트인 지역의 풀밭에서 발견되며, 낮보다 밤에 많이 활동한다. 밤에는 "찌르르 찌르르 찌르르" 하고 운다. 시흥, 10. IX. '88

질까? 어쩌면 혼인 요리가 모래알로 너무 더러워져서 불쾌했는지도 모르겠다.

역시 여치로서 짧은 낫처럼 구부러진 산란관을 가진 실베짱이(*Phaneroptera falcata*)가 사육 걱정을 부분적으로 보강해 주었다. 여러 번에 걸쳐, 하지만 언제나 완전하게 관찰할 수 없는 상황에서, 녀석들도 수정용 주머니를 산란관 밑에 달고 다니는 것을 보았다. 3~4mm가량의 타원형으로 반투명한 병이었는데, 불룩한 부분과 거의 같은 길이의 목이 수정 같은 실에 매달렸다. 녀석들은 그것을 건드리지 않았다. 병이 고갈되고 마르도록 그 자리에 내버려 두었다.

이 정도에서 끝내자. 서로 다른 5종의 여

*호기심거리인 이 주제에 관해 좀더 상세한 조사 내용을 언제나 자유롭게 볼 수는 없겠지만, 해부학과 생리학 책에 설명될 것이다. 즉 『자연과학연보(*Annales des sciences naturelles*)』(1896년)의 여치에 관한 내 연구에서 찾아볼 수 있을 것이다.

치, 즉 여치(Dectiques), 베짱이(*Analota*), 중베짱이, 민충이, 실베짱이가 제공한 예들은 이들도 왕지네(Scolopendre: *Scolopendra*)와 두족류(Céphalopode: Cephalopoda, 頭足類)처럼 시대에 뒤떨어진 옛날 습성의 대표자임을 확증시켜 주며, 옛 시대의 생식에 관한 이상한 점들의 표본을 우리에게 보존시켜 준 것이다.

13 귀뚜라미 - 굴과 알

풀밭과 전원에서 거의 매미(Cigale: Cicadidae)만큼이나 유명한 손님인 뜰귀뚜라미(Grillon champêtre: *Gryllus campestris*)도 고전음악가 곤충에 추가된다. 비록 그 수가 많지는 않아도 영광스러운 일이다. 녀석들은 노래와 저택 덕분에 이런 영광을 누리는 것이다. 하지만 명성을 얻기엔 꼭 한 가지가 부족했다. 짐승에게 말 시키는 재주의 대가인 사람들이 유감스럽게도 녀석을 잊어버려 겨우 두어 줄의 글을 할애한 것뿐이다.

귀뚜라미에 관한 우화 하나는 제 귀의 그림자를 보고 겁에 질린 멧토끼(Lièvre: *Lepus*)를 보여 준다. 위험한 어느 순간에 제 귀가 남에게 알려지면, 틀림없이 독설가들이 그 귀를 뿔이라고 우길 거라고 생각한 것이다. 그래서 신중한 멧토끼는 짐을 챙겨서 도망치며 이렇게 말한다.

잘 있게, 귀뚜라미 친구, 나는 여길 떠나네.
내 귀는 결국 뿔이 될 것이라네.

귀뚜라미가 대꾸한다.

　　그게 뿔이라고! 자넨 나를 바보로 아는군!
　　그건 하느님이 만드신 귀란 말이야.

토끼가 강조한다.

　　사람들이 내 귀를 뿔이라고 할 거야.

이것이 전부였다. 라 퐁텐이 이 곤충에게는 말을 더 시키지 않았으니, 이 얼마나 애석한 일이더냐! 양순한 귀뚜라미는 벌써 대가의 손질이 마무리된 두 글귀에 묘사되었다. 그렇다, 귀뚜라미는 확실히 바보가 아니다. 그 큰 머리는 훌륭한 이야깃거리를 찾아냈을 것이다. 어쨌든 토끼가 짤막하게 작별 인사를 한 것은 아마도 잘못이 아닐 것이다. 모략에 걸려들었을 때는 도망치는 것이 제일 좋은 방법일 테니 말이다.

플로리안(Florian)[1]은 다른 주제에 관한 이야기에서 살을 조금 붙였다. 하지만 그 이야기가 라 퐁텐의 시적 감흥과는 얼마나 멀어지더냐! 플로리안의 우화 「귀뚜라미」에는 풀꽃과 파란 하늘이 있고, 잘난 체하는 남자와 자연을 나타내는 부인이 있다. 결국 말을 꾸미다 보니 실제를 잊어버린, 즉 생명 없는 수사적 객설일 뿐이다. 거기에는 순박한 진실성이 없고, 또 없어서는 안 될 약간의 양념인 짜릿한 맛이 없다.

한편 귀뚜라미를 제 처지를 한탄하는 불평

1 Jean-Pierre Claris de. 1755~1794년. 프랑스의 시인이자 우화 작가

분자로, 또한 비관자로 만든 생각은 얼마나 해괴한 일인가? 귀뚜라미를 자주 찾는 사람은 오히려 녀석이 제 재주와 땅굴에 무척 만족해한다는 것을 안다. 그런데 이 우화 작가는 나비의 파멸 뒤에 이런 고백을 귀뚜라미에게 남겼다.

깊은 내 은신처가 나는 얼마나 좋더냐!
행복하게 살고 싶으면, 숨어서 살지어다!

이름은 밝히지 않았지만, 어떤 친구 덕분에 나는 프로방스(Provence) 말로 된 「매미와 개미」라는 글을 얻게 되었다. 그런데 익명의 그 친구 우화에서 더 큰 힘과 더 많은 진실을 찾아냈다. 나는 두 번째로 그에게 용서를 빈다. 그의 뜻에는 반하지만, 인쇄된 글자로 그가 위험한 영광을 누리게 하는 것에 용서를 바란다. 그의 글은 이렇다.

귀뚜라미

짐승들의 이야기에 이런 것이 있다.
옛날에 어떤 가엾은 귀뚜라미가,
문 앞에서 햇볕을 쬐고 있다가,
예쁜 나비 한 마리가 빨리 지나치는 것을 보았다.

나비는 긴 꼬리를 가졌고,
그 위를 아름답게 장식했는데,

파란 초승달 무늬들로 장식했다네,
검은색 리본과 황금빛 굵은 점들도 있다네.★

도사가 그렇게 말했느니라.
"날고 또 날아라,
아침부터 저녁까지 꽃 위로 날아라.
하지만 너의 장미꽃도 너의 데이지 꽃[2]도,
보잘것없는 내 집만은 못하느니라."

도사의 말이 맞았구나. 폭풍우가 닥쳐오고,
그리고 나비는 물속에 빠져 버렸다네,
흙탕물에 빠졌으니, 진흙으로 더러워졌다네.
으깨진 그 몸의 부드러운 옷을 흙탕물이 적시는구나.

★ 내 친구는 항상 정확하게 기재했다. 이 나비는 산호랑나비(Machaon: *Papilio machaon*)★임을 착각할 염려가 없다.
2 Marguerite: *Chrysanthemum*→ *Leucanthemum leucanthemum*. 프랑스 국화이며, 일명 oxeye daisy로도 불린다.

하지만 그 폭풍우에도 전혀 놀라지 않는

귀뚜라미는 제 방공호 안에서,

비가 오건 바람이 불건 천둥이 치건,

조용히 살면서 귀뚤귀뚤 노래를 한다네.

아아! 세상을 뛰어 돌아다니지 말자,

쾌락과 꽃들 사이로 뛰어다니지 말자.

대단치 않은 고향이, 그리고 그 깊은 평화가

풍성한 우리의 눈물을 줄여 주는구나.

여기서 나는 내 곤충을 알아본다. 제집 문지방에서 배는 시원하게, 등줄기는 햇볕을 쬐면서, 더듬이끼리 살살 부딪치는 귀뚜라미를 본다. 녀석은 나비를 시기하는 게 아니라 되레 불쌍히 여긴다. 하지만 이것은 부자의 비웃음 같은 태도이다. 즉 길을 향한 저택을 소유한 재산가가 무주택자 주제에 요란한 옷차림으로 문 앞을 지나가는 사람을 보았다. 그를 본 부자에게서 흔히 나타나는 조소적 동정의 태도인 것이다. 귀뚜라미는 한탄은커녕 제집과 바이올린을 무척 만족스럽게 생각한다. 진짜 철학자로서 사물의 헛됨을 알고 있는 것이다. 또한 향락자들의 소란과는 동떨어진 수수한 은신처의 매력을 높이 평가하고 있다.

그렇다, 거의 이것뿐이다. 하지만 너무 부족하다. 오래도록 흔적이 남겨지는 마당에 표시가 되어 있지도 않다. 귀뚜라미는 라퐁텐이 잊어버린 다음, 제 공적을 인정받는 데 필요한 몇 줄의 글을 아직도 기다리며, 또 오랫동안 기다릴 것이다.

254

박물학자인 내게는 두 우화의 주요한 특징에서, 또 몇 권이 빠진 상태로 전나무 널빤지에 정리된 장서에서, 또 다른 곳에서도 발견되는 특징은 이 이야기의 기초가 되는 땅굴이다. 플로리안은 깊은 땅굴을, 다음 사람은 초라한 집을 자랑했다. 무엇보다도 주의를 끈 것, 대개는 현실에 별로 관심이 없는 시인의 주의까지 끈 것은 역시 집이었다.

사실상 땅굴이란 점에서는 귀뚜라미가 아주 독특한 존재였다. 곤충 중 그들만 장년이 되었을 때 스스로 지은 건축물, 즉 일정한 주택을 가진다. 다른 곤충은 대개 늦가을과 겨울철에 힘들이지 않고 얻었다가 미련 없이 버리는 임시 대피소에서 피신한다. 또 일부는 가족이 자리 잡을 면제품 부대, 나뭇잎 바구니, 시멘트의 작은 탑처럼 희한한 구조물을 축조한다.

어떤 애벌레는 사냥감을 기다리는 상설 잠복소에서 산다. 길앞잡이(Cicindèle: *Cicindela*) 애벌레는 수직 우물을 파놓고 입구는 자신의 편평한 갈색 머리로 막는다. 감쪽같이 속이는 이 구름다리 위로 경솔하게 지나가던 녀석은 깊은 수렁 속으로 사라지게 된다. 수렁 뚜껑이 기울어지며 경솔한 녀석의 아래가 무너지는 것이다. 개미귀신(Fourmi-Lion)은 유동성이 무척 심한

함정을 파고 있는 개미귀신 명주잠자리 애벌레인 개미귀신은 가는 모래밭에 깔때기 모양 함정을 파 놓고 그 밑에 숨어 있다. 거기를 지나던 곤충이 미끄러져 떨어지면 커다란 큰턱으로 물고 끌어들인다. 체액을 다 빨아먹고 나면 깔때기 밖으로 휙 던져 버린다.
안면도, 10. VII. '95

모래땅에 깔때기 모양의 비탈진 구멍을 파놓았는데, 개미가 그리 미끄러지면 투석기로 변신한 목덜미가 모래알을 쏘아 댄다. 하지만 이런 것들은 어디까지 임시 피난처로, 굴도 되고 함정도 되는 것이다.

개미귀신

곤충이 노력해서 지은 집은 행복한 봄철에도, 불행한 겨울철에도 이사 없이 자리 잡고 사는 집이며, 사냥이나 가족을 위해서가 아니라 자신의 안전을 위해서 지은 참다운 집은 귀뚜라미만 알고 있다. 녀석들은 해가 드는 어느 경사진 풀밭에서 외딴 오두막집을 한 채씩 소유했다. 다른 곤충은 모두 떠돌다가 밖에서, 또는 우연히 만난 나무껍질 속, 낙엽이나 돌 밑에서 잠을 자는데, 귀뚜라미는 드물게 보는 특전으로 일정한 집이 있다.

귀뚜라미와 멧토끼, 그리고 마침내 사람에게 와서 해결된 주거 공간은 중대한 문제이다. 이 근처에서는 여우(Renard: *Vulpes*)와 오소리(Blaireau: *Meles*)가 굴을 가졌는데, 대부분은 구불구불한 바위가 제공해 준 것으로, 몇 번 손질만 하면 완성되는 은신처이다. 빈틈이 없는 멧토끼는 주거를 정할 때 힘들지 않은 곳이라야 하며, 자연 상태의 통로가 없는 경우라면 적당한 곳에 새로 판다.

귀뚜라미는 저들 모두를 능가한다. 우연히 만난 은신처는 무시하며, 언제나 위생적인 땅, 향이 좋은 곳에 집터를 정한다. 거칠고 불편하며 우연히 만난 굴은 이용하지 않고, 자신이 직접 오두막의 입구부터 안쪽 방안까지 완전히 파낸다.

집 짓는 기술이 귀뚜라미를 능가하는 동물은 사람밖에 없다. 그렇지만 사람도 석재(石材)끼리 연결하려고 회반죽을 이기거나, 통

256

나무 오두막에 바를 진흙을 이기기 전에는 바위 밑의 은신처나 땅굴을 차지하려고 야수들과 싸웠다.

도대체 본능의 특전은 어떻게 분배되는 것일까? 가장 하찮은 동물의 하나가 완전히 거처를 정할 줄 안다. 녀석들은 문명을 발달시켜 온 자들이 알지 못하는 장점으로 제집을 가지고 있다. 안락함의 첫째 조건인 조용한 쉼터를 가졌는데, 주변에는 누구도 그런 집에서 살 능력이 없다. 귀뚜라미의 경쟁자를 찾아내려면 결국 우리 인간까지 거슬러 올라와야 한다.[3]

타고난 이 재주가 어디에서 귀뚜라미에게 왔을까? 특별한 연장의 혜택일까? 아니다. 녀석이 유난히 흙을 잘 파는 것은 아니며, 빈약한 그 수단을 보면 결과가 좀 놀라울 따름이다.

특별히 피부가 연약하기 때문일까? 아니다. 가까운 이웃들도 똑같이 감수성이 예민한 피부를 가졌지만 녀석들은 바깥의 공기를 두려워하지 않는다.

해부학적 구조 안에 기관의 내적 자극으로 강요된 재주가 들어 있을까? 역시 아니다. 여기에는 3종의 귀뚜라미〔두점박이귀뚜라미 (Grillon bimaculé: *Gryllus bimaculatus*), 깜장귀뚜라미(G. solitaire: *G.* → *Melanogryllus desertus*), 보르도귀뚜라미(G. bordelais: *G. burdigalensis* → *Eumodicogryllus bordigalensis* → *Modicogryllus burdigalensis*)〕가 있는데, 들귀뚜라미와 모습, 빛깔, 구조가 몹시 닮아서 한번 힐끔 보면 서로를 혼동하게 된다. 첫째는 크기가 들귀뚜라미만 하거나 더 크며, 둘째는 첫째를 절반 정도로 줄여 놓은 모습이며, 셋째는 그보다 훨씬 작다. 그런데 꼭 닮은 이 모조품들, 즉 들귀뚜라미의 닮은꼴은 어느 녀석도 땅굴을

3 표현이 좀 지나쳤다. 파브르는 개미굴이나 흰개미 주택, 벌집, 새 둥지 따위를 잠시 잊은 것 같다.

홀쭉귀뚜라미 날개가 배의 중간에도 미치지 못할 만큼 짧은 것이 특징이다. 해가 질 무렵 산기슭의 풀밭 칡 잎에서 앞다리를 다듬고 있다.
내장산, 20. VIII. '93

팔 줄 모른다. 두점박이귀뚜라미는 축축한 곳에서 썩고 있는 풀 더미에 살고, 깜장귀뚜라미는 정원사의 삽에 뒤집힌 마른 흙덩이의 갈라진 틈 사이를 돌아다닌다. 그렇지만 우리 집 안으로 살그머니 들어오는 것에도 겁내지 않으며, 8, 9월에는 어둡고 시원한 틈바구니에서 조심스럽게 노래를 부른다.

매번 '아니다'라는 답변만 계속 나올 것이니 질문을 더 계속해도 소용이 없다. 모든 면에서 같은 조직체인데 여기서는 나타나고, 저기서는 사라진 본능은 결코 그 원인을 말해 주지 않을 것이다. 이런 본능은 특별히 도구와 관련된 것도 아니어서 해부학 지식으로도 설명할 수 없고, 더욱이 예측을 허락하지도 않는다. 4종의 귀뚜라미가 거의 같은 모습인데, 그 중 한 종만 땅굴파기 기술을 알고 있어서, 기존의 지식에 또 하나의 증거를 보태게 된다. 녀석들은 본능의 기원에 대한 우리의 무지를 더욱 확실하게 단언해 준다.

귀뚜라미 집을 모르는 사람도 있더냐! 풀밭에서 뛰놀던 시절 이 은둔자의 오두막 앞에서 멈춰 보지 않은 자는 누구더냐! 그때 아무리 가벼운 발걸음이었어도 녀석은 접근하는 소리를 듣고는 급히 후퇴해 피난처로 내려갔다. 당신이 거기에 도착했을 때는 현관이 텅 비어 있었다.

사라진 녀석을 다시 불러내는 방법도 모두가 알고 있다. 굴속으로 밀짚을 밀어 넣고 살살 흔들면 된다. 녀석은 위에서 벌어지는 일에 놀라고 간지러워서, 비밀스런 제 방에서 나온다. 현관에서 걸음을 멈추고, 머뭇거리며 더듬이를 흔들어 사정을 알아본다. 그리고 빛을 따라 밖으로 나와서 쉽게 잡히게 마련이다. 사건이 그만큼 녀석의 빈약한 머리를 어지럽힌 것이다. 만일 첫번 시도에서 실패해 녀석의 의심이 커졌고, 밀짚의 간지러움에도 저항하면, 물한 컵으로 홍수를 일으키면 된다. 그러면 고집을 부리던 녀석도 결국 나오고 만다.

연구하려고 실험 곤충을 찾아 땅굴을 조사하는 오늘은 귀뚜라미를 사육장에 넣고 상추 잎으로 기르던 귀여운 시절, 또 풀 덮인 오솔길의 갓길에서 천진난만하게 사냥하던 어린 시절의 그 모습이 눈에 선하구나. 벌써 밀짚 다루기 기술에 대가가 된 꼬마 조수 폴(Paul)이 인내심과 재주를 발휘한다. 저항하는 녀석과 오랜 씨름 끝에 갑자기 일어서면서 꼭 쥔 손을 공중으로 들어 올린다. 아주 감격스러운 어조로 "잡았어요, 잡았어!"라고 외칠 때, 그대(자신)의 어릴 적 순수함을 다시 보는 느낌이다. 귀여운 귀뚜라미야, 빨리 종이고깔 속으로 들어가렴. 너는 귀여움을 받을 것이다. 하지만 좀 알려 다오. 우선 네 집부터 보여 다오.

경사져서 빗물이 빨리 흘러내리고, 햇볕이 잘 드는 풀밭에 비스듬히 뚫렸는데, 겨우 손가락 굵기에다 땅의 형편에 따라 곧거나 굽었다. 길이는 기껏해야 한 뼘가량이다.

귀뚜라미가 푸른 잎을 갉아먹으러 나와서도 건드리지 않는 풀무더기는 오두막을 절반쯤 가려 주어 처마 구실을 하며, 입구에 약간의 그늘을 만들어 준다. 깔끔하게 쓸고 갈퀴질한 완만한 경사의 입구가 얼마간 계속된다. 주위가 아주 조용하면 이 정자에 머물러서 활질을 한다.

집 안이 사치스럽지도 않고, 벽에도 장식은 없으나 거칠지는 않다. 장시간을 머물면서 한가하니, 눈에 거슬리는 벽면의 거친 것들을 없앨 수 있다. 복도 끝에는 좀더 반들반들하고 약간 넓으며 출구가 없는 쉼터 겸 침실이 있다. 어쨌든 대단히 검소한데, 깨끗하고 건조해서 정통 위생의 요구에 잘 맞춰진 주택이다. 한편 굴파기는 엄청나게 큰 공사이다. 변변찮은 굴착 수단에 비하면 정말로 외눈박이 거인이 판 것처럼 엄청난 굴이다. 작업 모습을 좀 구경해 보자. 계획이 시작되는 시기도 알아보자. 그러자면 알까지 거슬러 올라가야 한다.

귀뚜라미의 산란 행동을 보고 싶은 사람은 너무 어렵게 준비할 필요는 없다. 참을성만 좀 있으면 된다. 뷔퐁(Buffon)은 참을성이 관찰자의 천재적 재능이라고 했는데, 나는 좀 수수하게 관찰자의 가장 뛰어난 덕행이라고 하련다. 4월, 아무리 늦어도 5월에 흙을 깔고 다진 여러 화분에다 암수 한 쌍씩 분리시켜서 자리 잡게 하자. 가끔씩 상추 잎을 식량으로 대준다. 초라한 집을 판유리로 덮어서 탈출을 방지한다.

이렇게 간단한 설비로도 신비한 자료들을 얻을 수 있는데, 필요에 따라서는 철망뚜껑을 씌워서 좀더 훌륭한 사육장을 만든다. 이 이야기는 나중에 다시 하고, 지금은 알 낳기를 지켜보자. 아주 단단히 조심해서 그 시간을 놓치지 않도록 해야 한다.

꾸준한 나의 방문이 6월 첫 주부터 만족하게 된다. 갑자기 어미가 산란관을 땅에 똑바로 박고 꼼짝 않는 게 발견된다. 조심성 없는 방문객에는 관심도 없다. 한자리에 오랫동안 머물렀다가 굴착기를 뽑고, 파인 구멍을 대강 정리한 다음 잠시 쉰다. 마음대로 이용할 수 있는 지표면 전체를 여기저기 돌아다니며 다시 한다. 좀 느린 대머리여치(D. albifrons)의 행동인 셈인데, 아마도 하루 안에 산란이 끝날 것 같다. 그래도 확인하려고 이틀을 더 기다렸다.

이제 화분의 흙을 파헤쳐 본다. 밀짚 같은 담황색 알들은 양끝이 둥근 원통 모양인데, 길이는 약 3mm이다. 각각 떨어진 알들이 수직으로 배열되었는데, 산란 때마다 좀 많게도, 적게도 뿌려졌다. 사실상 화분 전체에 걸쳐 2cm 깊이에는 어디든 다 알이 있어서, 흙덩이 전체를 확대경으로 조사해야 하는 불편이 따른다. 최대한

왕귀뚜라미의 산란 장면과 알의 모양 성숙한 개체는 가을에 땅속으로 산란관을 꽂고 알을 낳는다.
시흥, 5. X. 06

으로 노력해서 한 어미의 산란 수를 500~600개로 어림잡았다. 이렇게 대가족이라면 틀림없이 강력한 솎아내기를 당할 것이다.

귀뚜라미 알은 희한한 소형 기계장치이다. 부화한 알은 꼭대기에 아주 일정한 모양의 둥근 구멍이 열리는 흰색의 불투명한 상자 구조이다. 구멍이 열리기 전에는 빵떡모자 모양이 뚜껑 노릇을 했다. 그동안 내가 흔히 보아 온 알껍질은 태어나는 애벌레에게 밀려서 아무렇게나 가위질된 것처럼 찢어졌는데, 이 녀석들의 껍질은 미리 준비된, 그리고 저항력이 덜한 선을 따라 열려서, 아주 희한하게 부화되는 모습을 보여 준다.

산란한 지 2주 뒤에는 커다란 눈을 나타내는 두 개의 흑갈색 둥근 점이 꼭대기의 앞쪽을 어둡게 한다. 이 점들의 약간 위쪽, 즉 원기둥 꼭대기에서 준비된 열개선(裂開線)이 정교한 따리 모양으로 나타난다. 알이 반투명해서 곧 미소 동물의 가는 몸마디의 구성을 알아볼 수 있다. 지금이야말로 두 배로 주의해서, 특히 아침나절에 자주 찾아보아야 할 때이다.

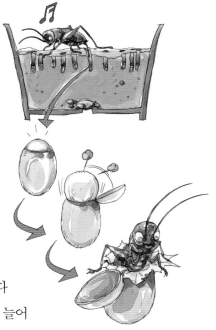

인내력 가진 자를 사랑하는 행운은 내 끈기를 보상해 준다. 그야말로 섬세한 작업으로 마련된 약한 저항력의 열개선이 갇혔던 녀석의 이마에 밀려 봉긋이 올라오다가, 작고 귀여운 병뚜껑처럼 옆으로 늘어

진다. 드디어 도깨비상자에서 새끼악마(Diablotin)처럼 생긴 귀뚜라미가 나온다.

귀뚜라미가 나온 다음의 흰 껍질에는 뚜껑 노릇을 했던 빵떡모자가 매끈하며 온전한 상태로 부풀어 오른 현관에 매달려 있다. 새알은 태어날 새끼의 부리에 있는 무사마귀의 충돌로 제멋대로 깨진다. 그런데 귀뚜라미의 알은 훨씬 고급 장치로 되어 있어서 뚜껑이 열리는 상자처럼 열린다. 이마로 밀기만 하면 경첩이 열리는 방식이다.

연중 가장 좋은 날씨에 자극된 부화는 소똥구리의 부화와 속도 경쟁을 해서, 관찰자를 기다리다 지치게 하지는 않는다. 아직 하지(夏至)도 안 되었는데, 연구용으로 소중하게 가둬 놓은 10여 세대가 벌써 많은 가족에 둘러싸였다. 결국 알 기간은 대략 10일 정도이다.

방금 뚜껑이 열리는 상자에서 어린 귀뚜라미가 나온다고 말했는데, 아주 정확한 말은 아니다. 현관에 나타난 것은 녀석을 꽉 죄고 있는 얇은 포장이었다. 아직은 이 포장, 즉 배내옷으로 둘러싸여서 그 안의 미소 동물의 형체를 알아볼 수가 없다. 대머리여치에서 예견되었던 것과 같은 이유로 이 껍질, 즉 처음의 배내옷을 예견했었다.

귀뚜라미도 땅속에서 태어나는데, 무척 긴 다리와 지나치게 긴 더듬이를 가지고 있다. 이런 것들은 탈출할 때 방해가 되는 부속물이다. 그래서 녀석도 탈출할 때 입는 피막을 가졌을 것이 틀림없다고 생각했었다.

그런데 원칙적으로는 아주 정당한 내 예측이 겨우 절반만 정확한 것으로 증명되었다. 새로 태어나는 귀뚜라미는 실제로 임시의 겉모습을 갖추었다. 하지만 그것은 탈출에 필요한 복장이 아니었다. 그 초라한 옷은 알의 현관에서 바로 벗어 버렸다.

이 예외적 현상을 어떤 상황에다 돌려야 할까? 아마도 이런 상황이 원인일 것 같다. 귀뚜라미 알은 부화 전 땅속에 머무는 기간이 며칠 안 되나, 대머리여치 알은 8개월이나 된다. 귀뚜라미 알은 가뭄의 계절이니, 아주 예외가 아닌 이상 건조하고 푸석푸석해서 저항력이 없는 흙 속에, 또한 얕은 곳에 들어 있었다. 이와 반대로, 여치의 알은 가을과 겨울의 오랜 우기에 비로 다져져서 분명히 뚫기가 대단히 어려울 땅속에서 잠자고 있었다.

게다가 귀뚜라미는 대머리여치보다 땅딸막하고 다리도 덜 부자연스럽게 멋을 냈다. 이런 형태적 차이도 두 곤충이 솟아오르는 방법에 차이를 보이는 이유가 될 것 같다. 깊이 다져진 지층에서 태어난 대머리여치는 해방용 외투가 필요하지만, 지표에 훨씬 가깝고 푸석푸석한 흙층만 지나면 되는 귀뚜라미는 방해를 덜 받으니 그런 것이 없어도 된다.

그렇다면 출구를 지나자마자 벗어 던지는 귀뚜라미에게 배내옷이 왜 필요했을까? 이 질문에 나는 다른 질문으로 답변을 대신하련다. 즉 두텁날개(=앞날개) 밑에서 희미하게 생기다 만 것처럼 보이는 두 뒷날개가 넓은 음향기구로 변했는데, 이 흔적적 날개가 왜 필요할까? 그 날개는 너무도 초라하고 나약해서, 곤충은 전혀 사용하지 않을 게 분명하다. 마치 개가 앞다리 뒤쪽에 무기력하게 붙어 있는 엄지발가락에서 아무런 이득도 얻지 못하는 것과 같은 격이다.

왕귀뚜라미의 성장 과정

1. 어린 애벌레는 배 위쪽에 흰 줄무늬가 있다.
시흥, 10. VI. '96

2. 몇 번 허물을 벗고 나자 흰 줄무늬는 형태만 남고 조그만 날개가 나타나기 시작한다.
시흥, 11. VI. '96

3. 많이 자라서 날개돋이가 얼마 남지 않은 상태로 썩은 낙엽을 파헤치며 먹는다.
시흥, 20. VII. '96

4. 날개돋이를 한다.
시흥, 2. VIII. '96

5. 허물을 다 벗고 날개를 편다.
시흥, 2. VIII. '96

때로는 균형을 맞추려고 벽에 진짜 창문과 짝을 이루는 창문 모양을 그려 놓기도 한다. 아름다움의 최고 조건, 즉 질서가 그렇게 명령한 것이다. 생명에도 이와 같은 균형이 있고, 일반적인 원형에 대한 복제가 있는 것이다. 생명이 쓸모없어진 기관을 없앨 때는 그것의 흔적은 남겨 놓아 기본 계획은 유지시킨다.

개의 불완전한 엄지발가락은 포유동물의 특징인 다섯 발가락의 다리를 입증하며, 귀뚜라미의 퇴화한 날개 역시 규정대로 날기에 적합했었음을 증언하는 것이다. 알의 현관에서 허물벗기한 것은 땅속에서 태어난 여치가 힘들게 나올 때 필요했던 배내옷의 희미한 추억이다. 없어도 되나 균형을 맞추려고 존재하는 것이고, 효력은 잃었어도 폐기되지 않은 것이다.

얇은 외투를 벗어 던지자 거의 흰색의 창백한 어린애가 짓누르는 흙과 싸운다. 큰턱으로 치고, 쓸어 내고, 저항력 없는 가루 따위의 장애물을 뒷발질로 밀어낸다. 이제 지상으로 나왔다. 태양의 기쁨 속으로 나온 것이지만, 벼룩만 하며 지극히 허약한 그 녀석으로서는 생존경쟁의 위험 속으로 나온 것이기도 하다. 녀석은 24시간 만에 물들어서 예쁜 깜둥이가 되었고, 그 칠흑색은 성장한 녀석의 칠흑색과 맞먹는다. 창백했던 처음에는 가슴에 흰 허리띠처럼 둘러쳐진 것이 남아 있어서, 마치 걷기 시작한 어린애의 부축용 끈을 연상시켰었다.

아주 재빨리 흔들어 대는 긴 더듬이로 공간을 탐색하고, 종종걸음을 치고, 뚱뚱해진 나중에는 할 수 없는 뜀뛰기로 깡충깡충 뛰어오른다. 나이 어린 지금은 위장이 까다롭다. 무엇을 식량으로 주어야 할까? 나는 모른다. 성장한 녀석들이 즐겨 먹는 연한 상추 잎을 주어 본다. 입질을 거부한다. 혹시 입질이 너무 작아서 내가 제대로 보지 못했는지도 모르겠다.

며칠 만에 10가구에 대한 책임이 나를 짓눌러 버린다. 분명히 귀여운 녀석들인데, 나는 양육에 너무 무지하다. 그러니 사육할 수 없는 5,000~6,000마리의 귀뚜라미를 어떻게 해야 할까? 오, 귀여운 꼬마들아, 너희에게 자유를 주마. 너희 최고의 양육자인 자연에게 맡기마.

그렇게 되었다. 울타리 안 여기저기의 가장 좋은 곳에 그 군단을 풀어 주었다. 만일 모두가 잘 자라난다면 내년에는 문 앞에서 열리는 음악회가 얼마나 굉장하겠더냐! 천만의 말씀, 아마도 교향 악은 침묵이 흐를 것이다. 어미의 다산에 따른 잔인한 솎아 내기 가 닥쳐올 것이다. 몰살에서 살아남은 몇 쌍만 끝까지 가는 삶이 허락되는 녀석들의 전부일 것이다.

『곤충기』제5권의 주제, 황라사마귀(Mante religieuse: *Mantis religiosa*)˙에서처럼 가장 강력한 강도들은 담장회색장지뱀(Petit Lézard gris: *Podarcis muralis*)과 개미(Fourmi: Formicidae)이다. 밉살스런 해적 들, 즉 개미가 나를 공포 속으로 몰아넣지는 않겠지만 정원의 귀 뚜라미는 다르다. 놈들은 집게로 그 불쌍한 것들의 배를 가르고 열광적으로 뜯어먹을 것이다.

아아! 사탄의 악마 같은 짐승! 말하자면 또다시, 첫 줄에 자리 잡은 녀석들! 그런데 책에서는 녀석들을 찬양하고, 입에 침이 마 르도록 찬사를 읊어 댄다. 박물학자들도 크게 존경하며, 날마다 녀석들에 대한 호평을 보태고 있다. 결국 사람의 경우나, 짐승의 경우나, 이야깃거리를 만드는 여러 방법 중 가장 확실한 것은 남을 해치는 일이다.

귀중한 위생처리사들, 즉 곤봉송장벌레(Nécrophores: *Nicrophorus*)에 대해서는 아무도 알아보지 못하면서, 피를 빨아먹는 모기(Cousin)는 누구나 다 안다. 독검의 소유자로서 성미가 급한 검객인 말벌(Guêpe: Vespidae)도 누구나 알고, 유난히 해를 끼치는 개미도 누구나 다 안다. 개미는 프랑스 남부 지방의 여러 마을에서 무화과의 속을 파먹듯이, 집의 들보를 파고 들어가 건물을 위태롭게 한다. 내가 특별히 관여하지 않더라도, 누구나 인간의 기록에서 진가를 인정받지 못하는 선량한 사람과 남에게 해를 끼치면서 찬양받는 사람이 존재하는 경우와 비슷한 예들을 발견할 것이다.

개미, 그리고 몰살시키는 자들의 학살이 얼마나 심했던지, 처음에는 그렇게도 많았던 울타리 안의 집단으로는 조사를 계속할 수가 없게 되었다. 이제는 바깥의 정보에 의존해야 한다.

8월, 부서진 낙엽들 사이나 삼복더위에 완전히 타 버리지 않은 작은 오아시스의 풀밭에서 벌써 조금 어른스러워진 귀뚜라미를 만난다. 이제는 성숙한 녀석처럼 새까맣고, 어린 시절의 흰 띠는 흔적조차 없어졌다. 그런데 이 녀석들은 집이 없다. 하지만 낙엽의 피난처나 넓적한 돌 밑의 은신처면 충분하다. 쉴 장소를 걱정하지 않는 유목민의 천막과 같은 것이다.

가을이 한창 깊었는데 방랑 생활이 계속된다. 이 방랑자들은 악착스레 뒤쫓는 노랑조롱박벌(*Sphex flavipennis→ funerarius*)의 식량 광주리에 담겨서 땅속에 저장된다. 개미들의 몰살에서 살아남은 귀뚜라미를 조롱박벌이 또다시 대량 학살한다. 평소보다 몇 주일만 일찍 땅을 파서 저택을 마련한다면, 이 약탈자를 예방하게 될 것이다. 그렇게 고된 삶에서도 이 생각을 못해 내고, 장구한 세월에 걸친 냉혹한 경험에서도 배우지 못했다. 이미 튼튼하게 자랐으니 작고 누추하나마 충분히 보호될 굴을 팔 수 있는데, 옛날부터 내려오는 습성에만 충실할 도리밖에 없다. 그래서 조롱박벌이 종족의 마지막 녀석까지 공격하는 한이 있어도 방랑만 계속한다.

10월 말경, 첫추위가 닥쳐올 때쯤에야 굴파기가 시작된다. 철망 뚜껑 밑에서 관찰된 약간의 지식에 따르면 일은 아주 간단하다. 아무것도 없는 장소에서는 결코 땅을 파지 않는다. 언제나 먹다 남긴 상추의 시든 잎을 차양 삼아 그 밑을 판다. 이것이 정착의 비밀에 없어서는 안 될 풀 무더기 가리개의 대용품이다.

이 광부는 앞발로 긁고, 부피가 큰 자갈을 빼낼 때는 큰턱 집게를 사용한다. 두 줄의 가시가 돋힌 힘센 뒷다리로 땅을 구르는 게 보인다. 파낸 흙을 뒷걸음질로 갈퀴질하고, 쓸어서 비스듬하게 펴 놓는 것도 보인다. 모든 수단이 여기에 있는 것이다.

처음에는 일이 상당히 빠르게 진척된다. 파기 쉬운 사육장에서는 두어 시간 걸리는 한차례 작업이면 파던 녀석이 땅속으로 사라진다. 가끔씩 현관으로 다시 나오는데, 언제나 뒷걸음질로 쓸어 내는 것이다. 피곤하면 짓기 시작한 집의 현관 밖으로 머리를 내밀고, 더듬이를 흐느적거리며 흔든다. 그러다가 다시 들어가서 집게와 갈퀴로 다시 시작한다. 머지않아 휴식이 길어져 나도 관찰하는 데 싫증이 난다.

가장 시급한 일은 했다. 2인치면 당장 필요한 숙소로 충분하다. 나머지는 날마다 조금씩 틈나는 대로 판다. 날씨가 혹독해지거나 그 안의 녀석이 자람에 따라 더 깊어지고, 더 넓어지는, 즉 장시간이 필요한 작업인 것 같다. 겨울에도 날씨가 포근하고 해가 땅굴 입구를 다정스럽게 비추면, 파낸 흙을 밖으로 내오는 뜻밖의 작업을 보는 경우도 드물지 않다. 수리를 했거나 땅을 새로 팠다는 징표이다. 화창한 봄에도 저택을 유지하려는 일이 계속된다. 결국 집은 소유주가 죽을 때까지 끊임없이 수리되며 완성되는 것이다.

4월이 끝나면 풀 무더기마다 연주자가 차지해 노래가 시작되는데, 처음에는 드물고 조심스러운 독창이다가 머지않아 전체의 교향악이 된다. 나는 귀뚜라미를 봄의 으뜸 합창단원으로 기꺼이 인정하련다. 여기 남쪽 지방의 황량한 벌판에 꽃이 만발한 백리향과 라벤더의 축제가 벌어질 때, 귀뚜라미는 연주 도우미로 종다리 (Alouette Huppée)[4]를 두고 있다. 하늘로 올라가는 노래의 로켓이며, 보이지도 않는 저 높은 구름 속에서 소리가락으로 목구멍이 부푼 종달새가 밭으로 기분 좋은 찬가를 내려 보낸다. 밑에서는 귀뚜라미들이 단조롭고 예술성 없는 가락으로 응답한다. 그래도 그 순진함으로 소생하는 사물들의 전원에 얼마나 잘 어울리는 기쁨이더냐! 깨어남의 기쁜 노래이며, 싹이 트는 씨앗과 자라는 풀이 알아듣는 호산나(Hosanna, 환희의 노래)이다. 이 이중창에서 영예는 누구에게 돌아갈까? 나는 그 숫자로, 또 끊임없는 가락으로 압도하는 귀뚜라미에게 주련다. 종달새가 노래하지 않아도, 해를 향해 장뇌의 향로를 흔들어 대는 청록색 라벤더 밭은 겸손한 녀석, 즉 귀뚜라미에게서 장중한 찬양을 받을 것이다.

<hr />

4 뷔퐁의 『자연사』에 의하면 작은 종은 작은 종다리(Lulu), 큰 종은 뿔종다리(Cochevis)이다. 여기서는 아마도 특정 종을 지칭하지는 않았을 것이다.

14 귀뚜라미 - 노래와 짝짓기

해부학이 귀뚜라미(Gryllidae)에게 참견해 "네 악기 좀 보여 다오."
라며 거칠게 말한다. 실질적 가치가 있는 것은 모두가 그렇듯이
녀석들의 악기 역시 아주 단순하고, 여치의 악기와 같은 원리에
근거를 두었다. 톱니 달린 활과 얇은 진동막이 바로 그것이다.

오른쪽 두텁날개(=겉날개)가 왼쪽 두텁날개 위에 포개졌는데,
옆구리에서 갑자기 접혀 꼭 끼워지면서 배의 거의 전체를 덮어서
중베짱이(*Tettigonia viridissima*→ *ussuriana*)●, 대머리여치(*Decticus
albifrons*), 민충이(*Ephippigera*), 그 밖의 비슷한 종류들이 보여 준 것
과는 달랐다. 저들은 모두 왼손잡이였는데 귀뚜라미는 오른손잡
이다.

두 두텁날개는 같은 구조로 되어 있어서 하나를 알면 다른 것도
알 수 있다. 오른쪽 것을 설명해 보자. 등에서는 거의 편평하다가
갑자기 직각으로 접히면서 옆구리를 덮는다. 경사지게 평행으로
달리며 가느다란 맥을 가진 날개 끝이 배를 감싼다. 등 쪽의 얇은
판에는 아주 새카맣고 튼튼한 맥들이 있는데, 그 전체는 복잡하고

이상한 그림처럼 그려져서 마치 읽을 수 없는 아라비아 글자로 된 달필과 비슷해 보인다.

이런 두텁날개를 투시해 보면, 서로 연속된 두 개의 넓은 공간 외에는 연한 갈색이다. 두 공간 중 좀더 큰 앞쪽은 삼각형이며, 작은 뒤쪽은 타원형이다. 각각은 굵은 맥으로 둘러쳐졌고, 가벼운 주름들이 무늬를 이룬다. 앞쪽 공간에는 이것 말고도 4~5개의 얇은 주름이 잡혀 있고, 뒤쪽 공간에는 활처럼 굽은 것 하나만 있다. 이 두 공간은 여치의 거울에 해당하며, 소리를 내는 구역이다. 막은 사실상 다른 곳보다 얇으며, 약간 흐리긴 해도 투명하다.

앞쪽 1/4은 약간 연한 적갈색으로 매끄러우며, 뒤쪽은 두 줄의 굽은 맥으로 막혔다. 평행으로 달리는 이 맥들 사이는 약간 낮게 파였고, 파인 부분에 5~6개의 검은 주름이 작은 사다리처럼 가로로 놓였다. 왼쪽 두텁날개도 오른쪽의 반복이다. 주름으로 구성된 이 맥들은 활의 접촉 지점을 더 많게 하여, 진동을 더욱 강하게 하는 마찰맥이다.

아랫면은 맥 중 하나가 파인 곳을 가로대처럼 막아서 마치 톱니로 자른 갈비 모습인데, 이것이 활이다. 여기서 150개가량의 톱니, 즉 기하학적으로 완전히 세련된 삼각형 각기둥들이 발견된다.

훌륭한 이 기구는 사실상 여치의 악기보다 훨씬 고급이다. 맞은편 두텁날개의 가로대를 각기둥이 150개인 활로 쏠아 대는 팀파니인데, 이런 팀파니 4개가 동시에 울린다. 이때 아래쪽 것은 직접 마찰로, 위쪽 것은 마찰기구의 진동으로 떨게 한다. 그러니 소리가 얼마나 크겠더냐! 변변찮은 거울 하나만 가진 대머리여치의 노래는 고작 몇 걸음 밖까지만 들리지만, 편평한 진동 표면을 4개나 가진 귀뚜라미는 수백 미터 밖까지 소리를 보낼 수 있다.

귀뚜라미는 매미와 노래로 경쟁한다. 매미는 더는 없을 만큼 불쾌하게 목쉰 소리인 데 반해 귀뚜라미는 화려함으로 맞선다. 훨씬 더 훌륭한 것도 있다. 소리를 중단시키는 장치가 있는데, 그것은 넓은 천으로 연장된 두텁날개의 옆면이다. 이 장치가 더 또는 덜 처짐에 따라 음의 강도가 달라진다. 즉 그것들이 물렁물렁한 배와 접촉하는 면적에 따라 소리를 줄이거나 최대한으로 높여서 노래하게 한다.

두 장의 두텁날개가 똑같다는 점도 주목할 필요가 있다. 위쪽 활과 이 활이 진동시키는 4개의 발음 면들의 역할은 이제 잘 알았다. 그런데 아래쪽 활, 즉 왼쪽 날개의 활은 무엇에 쓸까? 그 밑에는 아무것도 없으니 다른 활처럼 정성스럽게 새겨진 톱니들은 켤 곳이 없다. 두 악기의 순서를 뒤바꿔서 밑에 있는 것을 위로 올려놓지 않는 이상 이 활은 전혀 쓸모가 없다.

악기를 이렇게 뒤바꿔도 완전히 대칭이므로, 필요한 장치를 모두 가동시킬 수 있을 것이다. 그래서 지금은 쓸모없는 톱니지만 날카로운 소리를 낼 수 있을 것이다. 이제는 귀뚜라미가 위로 올라간 아래쪽 활로 켤 것이고, 그러면 여느 때와 똑같은 노래가 나올 것이다.

귀뚜라미는 이렇게 교체할 능력이 있을까? 활들을 교대로 써서 지속적인 노래에 따른 피로함을 줄일 수 있을까? 적어도 영구히 왼손잡이인 귀뚜라미도 찾아질까?

양쪽 두텁날개가 정확히 대칭을 이루고 있어서, 각각의 사용이 정당할 것으로 생각했고, 그래서 그렇게 하기를 기대했었다. 하지

만 관찰로 입증된 사실은 그 반대
였다. 단 한 마리의 귀뚜라미도 자
신들의 일반 규정을 어기는 경우
를 포착하지 못했다. 조사한 귀뚜
라미가 많았어도, 하나의 예외조
차 없이 모두 오른쪽 날개를 왼쪽
것 위에 포개 놓고 있었다.

자연조건이 거부한 것을 인간이
개입해서 실현시켜 보자. 핀셋으로,
물론 난폭하지도, 겹질리지도 않게, 두텁날개들이 서로 반대로 겹
쳐지게 해보았다. 솜씨와 참을성이 조금만 있으면 해낼 수 있는
조건이다. 자, 됐다. 모든 것이 질서 정연해졌다. 어깨가 빠지거
나, 얇은 막의 구겨짐도 없었다. 정상상태라도 이보다 더 잘 배치
되지는 않을 정도였다.

귀뚜라미는 위치가 바뀐 악기로 노래를 할까? 겉모습은 꽤나 마
음에 들어서 거의 그럴 것을 바라고 있었다. 한동안 가만히 있던
곤충이 뒤바뀐 것에 거북해한다. 녀석은 애써서 규정된 순서에 맞
게 악기를 제자리에 놓는다. 다시 시도해 보았으나 쓸데없는 일이
었다. 녀석의 고집이 내 고집을 꺾는다. 제자리를 이탈했던 날개들
이 언제나 정상상태로 돌아온다. 이 방법으로는 별수가 없겠다.

두텁날개가 처음 태어날 때 시도해 보면 어떨까? 지금은 막들이
뻣뻣해서 변화를 따르지 못한다. 옷감을 처음부터 다뤘어야 하는
데 지금은 주름이 잡힌 것이다. 신생기관, 즉 이제 연하게 만들어
지는 기관 시절부터 위치가 바뀌면 무엇을 보여 줄까? 실험해 볼

가치가 있다.

그래서 어린 녀석을 찾아보았다. 즉 제2의 탄생인 탈바꿈 순간을 살펴본다. 미래의 뒷날개와 두텁날개가 마치 짧게 늘어진 4개의 옷자락처럼 되어 있다. 모양이나 짧으면서도 서로 맞지 않는 모습이 마치 오베르뉴(Auvergne) 지방 치즈 제조공들의 저고리를 연상시킨다. 관찰이 유리한 순간을 놓치지 않으려면 꾸준해야 한다. 끈기를 아끼지 않은 덕분에, 마침내 허물벗기 장면을 볼 기회가 생겼다. 5월 초순의 어느 날 오전 11시경, 애벌레 한 마리가 내 눈앞에서 흰색의 촌스러운 옷을 벗어 던진다. 모습이 바뀐 귀뚜라미는 전신이 갈색이 도는 붉은색이었으나, 두텁날개와 뒷날개는 아름다운 흰색이었다.

좀 전에 날개 케이스에서 갓 빠져나온 뒷날개와 두텁날개는 모두 짧고 구겨져서 마치 퇴화한 흔적들 같다. 뒷날개는 이렇게 또는 거의 이렇게 불완전한 상태였지만 두텁날개는 차차 펴지며 늘어나서 넓어진다. 안쪽 가장자리는 알아차릴 수 없을 만큼 너무도 느린 움직임으로 같은 면, 그리고 같은 높이에서 서로 다가간다. 양쪽 중 어느 것이 다른 것을 포갤지를 알려 주는 표시는 전혀 없다. 이제 두 가장자리가 서로 접촉한다. 조금 뒤에는 오른쪽 가장자리가 왼쪽 가장자리 위로 포개질 판이며, 어깨가 개입될 순간이다.

지푸라기로 겹쳐지는 위치를 살그머니 바꾼다. 녀석이 약간 반항하며 교묘한 내 수작을 방해한다. 무척 얇고 젖은 종잇장에 새기는 것처럼, 지극히 연약한 기관을 망가뜨릴까 염려되어 온갖 조심을 다해 가며 꾸준히 해나갔다. 대성공이다. 왼쪽 두텁날개가 오른쪽 위로 전진한다. 하지만 아직은 겨우 1mm쯤 겹쳐졌다. 이제는 저절로 진행될 테니 가만히 놔두자.

실제로 바라는 대로 일이 진행된다. 계속 펼쳐지다가 마침내 왼쪽 날개가 오른쪽 날개를 완전히 덮었다. 오후 3시경에는 불그스레하던 귀뚜라미가 검은색으로 변했다. 하지만 두텁날개는 여전히 흰색이다. 두 시간쯤 지나면 이것들의 색깔도 정상이 될 것이다.

끝났다. 두텁날개들의 인위적 배치가 이루어졌다. 내 계획대로 배치된 모양을 갖췄다. 그렇게 확장되며 굳어졌다. 말하자면 그것들의 순서가 반대로 겹쳐진 상태로 태어났다. 이 상태라면 귀뚜라미는 왼손잡이다. 끝까지 왼손잡이로 결정되어 버릴까? 아마도 그럴 것 같다. 이튿날도, 그 다음 날도 비정상으로 배치된 두텁날개들이 혼란 없이 그대로 남아 있어서 내 희망은 더욱 커져 갔다. 머지않아 이 음악가가 자기 종족은 결코 쓰지 않는 활로 연주함을 보게 될 것으로 기대했다. 나는 바이올린 연주를 보려고 더욱 철저히 감시한다.

셋째 날, 초보자의 첫 연주가 시작되었다. 짤막하게 긁히는 소리가 몇 번 들린다. 녀석의 톱니장치를 필요한 자리에 다시 돌려놓은 고장 난 기계 소리 같다. 그러다가 일상적인 음색과 리듬으로 노래가 시작된다.

지푸라기로 꾀를 부렸던 자신을 너무 신봉한 어리석은 실험자야, 얼굴을 가려라! 너는 신종의 기악가를 창조했다고 생각했지. 그렇지만 얻은 것이 없다. 귀뚜라미는 네 책략을 실패하게 했다. 오른쪽 활로 켜고 있으며, 언제까지나 오른쪽 활로 켤 것이다. 뒤집힌 채로 성숙하며 굳은 어깨를, 고통스럽게 노력해 다시 어긋나게 했다. 결정적인 것처럼 보인 주형틀에 넣어졌음에도 불구하고,

276

원래 밑에 있어야 했던 것은 밑으로, 위에 놓여야 했던 것은 위로 자리를 바꾸어 놓았다. 너의 하찮은 지식이 귀뚜라미를 왼손잡이로 만들어 보려 했지만, 녀석은 네 술책을 비웃으며 오른손잡이로 굳어졌다.

프랭클린(Franklin)[1]은 왼손도 그 자매인 오른손과 똑같이 정성스럽게 훈련시킬 가치가 있다며, 왼손을 위해 설득력 있는 변론을 남겼다. 이렇게 똑같이 능숙한 하인 둘을 둔다면 얼마나 엄청난 이익이겠더냐! 확실히 그렇다. 하지만 몇몇 드문 예 말고는 이렇게 양손이 같은 능력의 솜씨를 발휘한다는 것이 가능할까?

귀뚜라미가 그렇지 않다고 답변해 왔다. 왼쪽은 태초의 어떤 무력함, 즉 균형에 어떤 결점이 있어서 습관과 교육으로 어느 정도까지는 고칠 수 있다. 하지만 그 결점이 완전히 사라지도록 하지는 못한다. 태어날 때부터 날개를 잡아서 모양을 만들어 주고, 다른 날개 위에서 굳어지도록 사육되며 가공되었으나, 노래할 때는 역시 왼쪽 두텁날개가 밑으로 내려갔다. 이 근본적인 열등의 원인에 대한 것은 발생학이 설명해 주어야 하겠다.

왼쪽 두텁날개는 내 계략의 도움을 받았어도 활을 사용할 능력이 없음을 나의 실패가 확실히 답변해 주었다. 그렇다면 그 멋진 정밀함이 오른쪽에게 전혀 뒤지지 않는 톱니장치 달린 활의 존재 목적은 무엇일까? 좀 전에 귀뚜라미 새끼가 알집 현관에서 벗어 버리는 허물에 대해 도리가 없다고 말했던 것처럼, 여기서도 균형이라는 이유를, 그리고 계획의 원형을 반복해서 개입시킬 수 있을 것 같다. 하지만 나는 차라리 그것들은 허울뿐인 설명이며, 번

1 1708~1790년. 미국 헌법제정위원이자 과학자. 『파브르 곤충기』 제4권 189쪽 참조

드르르한 속임수에 지나지 않는다고 말하련다.

대머리여치, 중베짱이, 그 밖의 여치들이 다가와서 한쪽은 활만, 다른 쪽은 거울만 있는 두텁날개를 보여 주며 이렇게 말할 것이다. "왜 우리와 친척인 귀뚜라미에게는 균형이 존재하고, 우리 여치들 모두에게는 불균형이 존재합니까?" 이 질문에 대해 근거 있는 답변은 아무것도 없다. 우리의 무지를 시인하고 겸손하게 대답하자. "모르겠습니다."라고. 우리의 이론적 오만을 꼼짝 못하게 하려면 날파리 날개 하나로도 충분하다.

악기 문제는 이 정도쯤 해두고, 이제 귀뚜라미의 음악을 들어 보자. 해가 쨍쨍할 때 집 앞 현관에서 노래할 뿐, 결코 집 안에서는 하지 않는다. 노래 부를 때는 양쪽 두텁날개들이 엇비슷하게 쳐들려서 일부분만 겹쳐지며, 부드러운 진동음인 '귀뚤귀뚤' 소리를 낸다. 충만하게 울리는 그 소리가 잘 맞는 박자로 한없이 계속된다. 봄철 내내 이렇게 고독한 자의 여가를 즐긴다. 이 은둔자가 처음에는 자신을 위해 노래한다. 삶에 감격해서 저를 찾아 주는 해, 저를

왕귀뚜라미 우는 모습 날개를 약간 펼치고 뒷다리를 움직여 가며 "코로 코로 코로 리리리" 하고 운다. 시흥, 2. IX. '96

먹여 주는 풀, 그리고 저를 거둬 주는 조용한 은신처를 찬양한다. 생의 더없는 행복을 읊는 것이 녀석의 활질의 첫째 동기이다.

이 외톨이는 이웃을 위해서도 노래한다. 만일 귀뚜라미의 혼인 풍습이 자세히 관찰된다면, 그것은 정말로 신기한 광경일 것이다. 하지만 포로 생활에 따른 불안이 없는 경우이다. 지금 그런 기회를 찾으려면 헛수고일 것이다. 녀석들은 그렇게도 겁이 많아서 그만큼 기다려야 한다. 언젠가는 내가 그 장면을 발견하게 될까? 지극히 어려운 일이긴 해도 실망하지는 않는다. 당장은 그럴듯한 장면, 즉 사육장이 보여 주는 것으로 만족하자.

암수는 서로 떨어진 집에서 살며, 양쪽 모두 집 안에 틀어박혀 있기를 좋아한다. 출장의 책임은 누구에게 지워졌을까? 부르는 수컷이 암컷의 집으로 찾아갈까? 부름을 받는 암컷이 수컷에게 찾아올까? 만일 짝짓기의 유일한 안내자가 서로 떨어진 집 사이의 소리라면, 요란한 소리로 만나자는 수컷의 장소로 벙어리 암컷이 찾아가는 것이 불가피하다. 하지만 나는 예의범절을 존중하려고, 한편 내게 붙잡힌 귀뚜라미가 알려 주는 것을 보려고, 수컷이 조용한 암컷에게 인도되는 특별한 방법을 가졌을 것이라고 생각한다.

만남은 언제 어떻게 이루어질까? 내 짐작으로는 은은하며 희미한 박명 속에서 암컷의 현관이며 모래가 깔린 전망대, 즉 그 앞에 저 앞뜰이 보이는 곳에서 진행될 것 같다.

밤에 20발짝쯤 떨어진 곳으로의 여행이 귀뚜라미로서는 엄청난 도전이다. 집 안에만 틀어박혔었던 녀석이라 지형에 대한 경험도 없다. 그런데 이런 순례 행각을 한 다음 어떻게 제집을 다시 찾을까? 귀향이 불가능할 것 같아 집 없이 아무렇게나 떠돌까 염려된다. 안전한 굴을 새로 팔 시간도 없다. 녀석은 용기마저 없으니 야간 순찰을 도는 두꺼비의 맛있는 한입거리가 되어 불쌍하게 죽는다. 아무러면 어떠냐! 귀뚜라미로서의 의무를 이미 완수했는데.

들판에서 일어날 듯한 일과 사육장에서 실제로 일어난 것을 짜맞춰서 사건을 이렇게 생각해 본다. 같은 뚜껑 밑에 여러 쌍이 있는데, 녀석들은 대체로 굴파기 작업을 않는다. 오랜 희망과 오랜 유혹의 시간이 지나갔지만, 녀석들은 일정 주거지에 대한 걱정 없이 울타리 안을 방황한다. 그러다가 상추 잎을 덮고 몸을 웅크린다.

짝짓기 경쟁을 즐기는 본능이 발동하지 않으면 동거자들 사이에 평화가 유지된다. 하지만 그 본능이 발동하면 구혼자들 사이에 싸움이 일어나는데, 격렬하긴 해도 심각하지는 않다. 두 경쟁자는 마주 서서 집게의 공격을 버텨 내는 단단한 투구, 즉 머리를 서로 물고 뒹굴다가 다시 일어나서 헤어진다. 패자는 아주 재빨리 도망친다. 그러면 승자는 용맹의 노래로 패자를 모욕한다. 그러고는 음조를 조절하며 갈망하는 암컷 주위를 돌고 또 돈다.

녀석은 몸을 단장하고 고분고분한 태도를 취한다. 손으로 더듬이를 큰턱 밑까지 끌어내려 절을 하고, 침샘의 화장품을 바른다. 며느리발톱과 붉은 줄로 장식된 긴 뒷다리로 초조하게 땅을 구르고, 공중에다 뒷발질을 하기도 한다. 두텁날개가 빨리 떨리긴 해도 흥분해서 소리가 나지 않으며, 혹시 났더라도 무질서하게 비벼진 소리뿐이다.

헛된 고백이다. 암컷은 상추 잎 밑으로 달려가 숨는다. 하지만 커튼을 조금 들어 올리고 내다보며, 또한 보아 주길 바란다. 이미 2,000년 전부터 매혹적인 찬사가,

그리고 버드나무 쪽으로 도망친다. 그래도 그 전에 보이고 싶어한다.

(*Et fugit ad salices, et se cupit ante videri*)

라고 전해지고 있었다. 사랑의 거룩한 교태, 너는 정말 어디서나 똑같지 않더냐!

　노래가 다시 시작되는데 가끔씩 끊기거나 작은 소리로 떨리기도 한다. 이토록 많은 걱정에 감동한 갈라테(Galatée)[2], 즉 암컷이 은신처에서 나온다. 암수가 서로 마주 향하다가, 수컷이 갑자기 휙 돌아서서 등을 보인다. 하지만 배를 땅에 납작 깔고 엎드린다. 여러 번 뒷걸음질로 기어서 암컷 밑으로 미끄러져 들어가려 한다. 이 상한 후진작전이 마침내 성공한다. 천천히, 꼬마야 천천히! 납작 엎드려서 조심스럽게, 그러면 너는 비집고 들어가기에 성공한다. 이제 됐다. 짝짓기가 이루어졌다. 핀 머리보다 작은 정포가 제자리에 매달렸다. 내년에는 귀뚜라미들이 풀밭에서 살게 될 것이다.

　곧 산란이 뒤따른다. 이때는 한 울타리 안에서 동거 생활을 했던 부부 사이에 싸움이 잦다. 매를 맞은 아비는 불구가 되며, 바이올린도 넝마 조각이 된다. 내 오두막(사육장) 밖에서는, 즉 자유로운 들판에서는 박해를 받는 수컷이 도망칠 수 있을 것이다. 십중 팔구는 그렇게 할 것이며, 또한 그것은 당연한 일이다.

　가장 평화로운 곤충들 사이에도 어미가 아비에게 이렇게 사나운 혐오감을 갖는 것에 대해 곰곰이 생각해 보게 된다. 조금 전까지도 사랑스럽던 수컷이 암컷의 이빨에 걸리면 얼마만큼 뜯어 먹힌다. 마지막 접견에서는 다리가 부러지고 두텁날개가 누더기가 되

2 그리스 신화에 등장하는 바다의 미녀. 『파브르 곤충기』 제1권 45쪽 참조

기 전에는 물러나지 못한다. 뒤떨어진 옛 시대의 대표들인 여치와 귀뚜라미는 이렇게 말하고 있다. 생명의 원시적 기계장치에서 종속적인 톱니바퀴, 즉 수컷은 곧 사라져야 한다. 그래서 진짜 산란하며, 진짜 수고하는 어미에게 자유의 자리를 남겨 주어야 한다고.

나중에 더 고등한 종족들에게, 때로는 곤충이라도 수컷에게 도우미의 역할이 주어진다면 그보다 좋은 일은 없을 것이다. 이렇게 되면 가족에게는 오직 이득만 있을 뿐이다. 하지만 귀뚜라미는 옛날부터 내려오는 전통에 충실할 뿐, 아직 그런 경지에는 오지 못했다. 그래서 어제의 갈망 대상이 미움 대상으로 바뀌어, 그를 학대하고 배를 갈라 맛을 보곤 하는 것이다.

화를 발끈 내는 암컷을 쉽사리 피할 수는 있더라도 무용지물이 된 수컷은 곧 생활고로 죽는다. 내 포로들이 6월에는 모두 죽었다. 어떤 녀석은 자연사했고, 어떤 녀석은 폭력에 목숨을 잃었다. 하지만 어미들은 부화한 가족들 사이에서 얼마간 더 산다. 하지만 수컷도 독신이라면 사정이 달라진다. 이때는 수컷도 분명히 장수한다. 여기 그 사실들을 소개하련다.

음악을 무척 좋아하는 그리스 사람들은 매미 노래를 더 즐기려고 충롱(蟲籠)[3]에 넣어 길렀다는 이야기가 있다. 나는 망설일 것도 없이 이 말을 전혀 안 믿는다. 먼저 가까이에서 오랫동안 계속되는 그 녀석들의 소리는 귀에 거슬리는 파열음이라, 웬만큼 단련된 귀가 아니면 커다란 고통거리가 된다. 그리스 사람들이 비록 그런 귀를 가졌더라도, 그런 목쉰 소리를 좋아하지는 않았을 것이다. 그들 역시 적당한 거리에서 들리는 들판의 전체적인 합창 소리나 좋아했을 것이다.

------
3 밀집 따위로 엮어서 여치 같은 곤충을 넣고 기르는 소형 우리

다음, 뚜껑을 씌운 사육장 안에다 올리브나무나 플라타너스를 심지 않고는 매미를 절대로 기를 수 없다. 그 거대한 사육장은 창가에서나 겨우 설치할 장소가 제공될 것이다. 충롱 울타리 안에서는 매일매일 크게 날아야 하는 이 곤충이 갑갑증으로 죽고 만다.

귀뚜라미나 중베짱이 따위를 매미와 혼동한 것은 아닐까? 귀뚜라미라면 좋다. 이들이라면 포로 생활도 명랑하게 견뎌 낸다. 집 안에 틀어박혀 사는 이 녀석들의 습성상 그럴 소지가 충분하다. 주먹보다 조금 큰 충롱에다 날마다 상추 잎을 넣어 주기만 하면 행복하게 살며, 살랑거리는 울음소리도 그치지 않는다. 아테네의 개구쟁이들이 귀여운 창살의 충롱을 창틀에 매달아 기르던 것은 귀뚜라미가 아니었을까?

아테네 개구쟁이들의 프로방스 후계자들, 그리고 프랑스 남부 지방의 모든 어린이 역시 이 취미를 보전하고 있다. 귀뚜라미를 가진 것이 마을 어린이들에게는 하나의 보물이다. 애정을 기울일 만큼 귀여운 곤충은 그들에게 자신의 노래로 농촌의 순진한 기쁨을 속삭여 준다. 그래서 녀석이 죽으면 한 가족 전체에게 조그마한 슬픔이 되기도 한다.

이렇게 갇혀 사는 귀뚜라미, 즉 할 수 없이 독신 생활을 하게 된 귀뚜라미는 늙은이가 된다. 풀밭의 친구들은 벌써 오래전에 죽었는데, 녀석은 여전히 원기 왕성하게 9월까지 노래한다. 이들에게 석 달은 긴 세월이며, 성충의 형태로 곱절의 수명을 누린 것이다.

장수의 원인은 명백하다. 삶만큼 쇠약하게 만드는 것도 없는데, 자유로운 귀뚜라미는 저축했던 정력을 이웃의 암컷들과 함께 호탕하게 써 버렸다. 강한 열정으로 소모하면 그만큼 더 빨리 쇠약해진다.

하지만 갇힌 녀석은 무척 평온한 생활만 했다. 정력이 너무 많이 소모되는 즐거움을 별수 없이 절제하게 되었고, 그래서 덤으로 수명을 얻은 것이다. 귀뚜라미로서의 최종 의무를 다하지 못한 그만큼, 최대한 오래 살기를 고집한 것이다.

근처에 사는 귀뚜라미 3종도 대강 연구했는데, 특별한 흥밋거리는 없었다. 녀석들은 일정한 거처나 땅굴 없이 여기저기의 임시 은신처로 배회한다. 은신처는 대개 마른 풀 사이나 벌어진 흙덩이 틈이다. 모두가 들귀뚜라미(*Gryllus campestris*)와 같은 발음기관을 갖췄는데, 부분적으로는 약간씩 차이가 있다. 노래도 음량의 풍부함 말고는 서로 무척 비슷하다. 가장 작은 보르도귀뚜라미(*Modicogryllus burdigalensis*)는 문 앞에 둘러 심은 회양목 밑에 숨어서 울어 대는데, 때로는 부엌의 어두운 구석까지 탐험한다. 하지만 소리가 너무 약해서 아주 주의 깊게 귀를 기울여야만 들려서 녀석이 숨은 지점을 겨우 알아낼 수 있다.

이곳에 빵 공장과 시골 화덕의 손님인 집 귀뚜라미(Grillon domestique: *Acheta domestica*)가 없다. 그래서 이 마을의 벽난로 상판 밑에서는 소리가 나지 않는다. 그 대신, 여름 밤에는 매혹적이며, 북쪽 지방에서 잘 모르는 단조로운 노래가 들판을 가득 메운다. 봄에는 대낮에 들귀뚜라미가 교향악 연주자이며, 여름에는 고요한 밤에 유럽긴꼬리(Oecanthe pellucide: *Oecanthus pellucens*) 차례가 된

유럽긴꼬리 실물의 2배

다. 각각은 주행성과 야행성으로, 서로 좋은 계절을 나누어 가졌다. 들귀뚜라미 노래가 그치는 시기에 바로 이어서 유럽긴꼬리의 세레나데가 시작되는 것이다.

유럽긴꼬리는 검정 옷을 입지도, 이 무리의 특징인 둔중한 형태를 갖지도 않았다. 오히려 연약하고 호리호리하며, 색깔도 아주 연해서 야행성에 어울리는 거의 흰색 곤충이다. 손가락으로 잡기만 해도 으스러질까 조심스럽다. 모두 관목이나 키가 큰 풀의 위처럼 공중에서 생활할 뿐, 땅으로 내려오는 일도 드물다. 7월부터 10월까지의 고요하고 더운 날 저녁의 우아한 합창, 즉 녀석들의 노래는 해질 때 시작해서 밤의 대부분에 걸쳐 계속된다.

아무리 작은 덤불이라도 녀석들의 교향악단이 있어서 여기 사람들은 모두가 이 노래를 알고 있다. 어쩌다 목초 틈에 잘못 끼여 들어와, 건초창고에서 울기도 한다. 하지만 창백한 긴꼬리의 습성은 너무도 비밀에 싸여서, 녀석의 세레나데가 어디서 오는지 정확히 아는 사람은 없다. 사람들은 이 노래를 보통 귀뚜라미의 노래

인 줄 알지만, 실은 잘못 안 것이다. 이 계절에는 귀뚜라미가 무척 어려서 소리를 내지 못한다.

'그리-이-이, 그리-이-이' 하는 부드럽고 느린 소리인데, 가벼운 떨림으로 표현이 더 풍부해진다. 들리는 소리로 보아 진동막이 무척 얇고 넓을 것이라 짐작된다. 낮은 곳의 잎사귀 위에 자리 잡은 곤충이 방해받지 않으면 소리가 변하지 않는다. 하지만 이 연주자는 작은 소리만 나도 복화술(腹話術)을 한다. 바로 당신 앞의 가까이에서 노래가 들려오는가 싶었는데, 갑자기 스무 발짝쯤 떨어진 저기서 들려오며, 거리가 멀어 아주 약한 소리가 계속된다.

그리 가 보자. 아무것도 없다. 소리가 다시 처음에 들리던 곳에서 온다. 그런데 그것도 아니다. 이번에는 왼쪽, 아니면 오른쪽에서, 그도 아니면 뒤에서 들려온다. 완전히 불분명해서, 귀로 듣고서는 소리 내는 지점과 방향을 종잡을 수가 없다. 노래 중인 녀석을 초롱불에 비춰 잡아 보려면, 어지간한 참을성과 세심한 주의 없이는 안 될 일이다. 이런 상황에서 몇 마리가 붙잡혀 사육장으로 들어갔다. 녀석들은 우리 귀를 그토록 혼동시키는 명수들인데, 그래도 아주 미미할 정도의 지식을 제공해 주었다.

양쪽 두텁날개는 흰 양파껍질처럼 얇고, 전체가 진동에 적합하게 반투명하며, 거칠고 넓은 막으로 되어 있다. 형태는 위 끝이 좁아지며, 원이 잘린 활꼴이다. 쉴 때는 이 활꼴이 굵은 세로맥을 따라 직각으로 접혀 내려와, 곤충의 옆구리를 둘러싸며 뚜렷한 테두리를 이룬다.

오른쪽 두텁날개는 왼쪽 위에 포개지며, 안쪽 가장자리 아래쪽 기부 근처에 5개의 방사상 맥이 갈라져 나가는 결절이 있다. 맥들이 각각 두 개씩 위와 아래로 향했고, 나머지 하나는 거의 가로로 놓였다. 맥은 약간 갈색을 띠는데, 기본 부품인 활에 해당한다. 여기에 미세한 톱니들이 가로 새겨져서 그 증거가 되는 것이다. 날개의 나머지 부분에도 덜 중요한 맥들이 몇 줄 보이는데, 이것들은 마찰기구가 아니라 막을 팽팽하게 유지하는 것이다.

왼쪽, 즉 아래쪽 두텁날개도 같은 구조이나 활과 결절, 그리고 방사상 맥들이 윗면을 차지한 점에 차이가 있다. 좌우의 두 활들이 서로 비스듬하게 엇갈린 것도 확인된다.

노래가 한창 화려할 때는 두텁날개들이 높이 쳐들려서 마치 넓은 돛 모양이 되는데, 이 날개들은 안쪽 가장자리만 서로 접촉된다. 두 활은 서로 비스듬하게 맞물렸으며, 서로의 마찰로 두 장의 팽팽한 막에서 소리의 진동이 일어난다.

각각의 활들이 맞은편의 거친 결절을 긁느냐, 반들반들한 방사상 맥을 긁느냐에 따라 분명히 소리가 변할 것이다. 겁 많은 이 곤충이 경계할 때, 소리가 여기저기 또는 다른 곳에서 오는 것처럼 착각을 일으키게 한 것은 이런 부분적인 구조로 설명될 것이다.

강음이나 약음, 고음나 저음에 대한 착각, 또 거리에서 오는 착각은 복화술의 주요한 수단인데, 이 착각에는 쉽게 찾을 수 있는 또 다른 근원이 있다. 고음을 낼 때는 두텁날개가 한껏 쳐들리고, 저음을 낼 때는 덜 들린다. 저음 때는 날개의 바깥쪽 가장자리가 물렁한 배에서 서로 다른 정도로 늘어진다. 그러면 그만큼 진동 부분의 넓이가 줄어들어 소리가 약해진다.

유리잔을 손가락으로 가만히 갖다 대면 잔의 울림이 줄어들어 멀리서 오는 것처럼 막연하고 모호한 소리로 변한다. 창백한 긴꼬리도 이 음향 효과의 비결을 알고 있어서, 진동막 가장자리를 자신의 연한 옆구리에 갖다 대 찾으려는 사람을 혼란시킨다. 우리 악기에도 단음(斷音) 장치와 약음기(弱音器)가 있는데, 유럽긴꼬리도 이에 맞먹는 약음기가 있다. 그런데 방법이 간단하고 결과가 완전한 건 녀석들이 더 앞섰다.

들귀뚜라미와 그 친척들도 두텁날개 가장자리를 높거나 낮게 배에다 맞추는 방법의 단음 장치를 사용한다. 하지만 어느 종도 유럽긴꼬리와 같은 가식효과를 얻지는 못한다.

아주 작은 우리의 발소리에도 놀라는 근원에, 즉 거리에 따른 우리의 착각에 부드러운 떨림소리(tremolo)로 순수함을 보탠다. 8월 깊은 밤의 고요 속에서는 이보다 멋지고 맑은 곤충의 노래를 들어 보지 못했다. 다정하고 고요한 달빛 아래의 아르마스(Harmas)에서 감미로운 음악 연주를 듣겠다고 로즈마리가 우거진 땅바닥에 누워 본 적이 몇 번이더냐!

울타리 안에 밤 귀뚜라미들이 우글거린다. 빨간 꽃이 피는 관목 시스터스나무(Ciste: Cistus)마다, 또 라벤더(Lavandula) 덤불마다, 각기 자체 합창단원이 있다. 우거진 관목 유럽옻나무(Térébinth: Pistacia terebinthus)도 교향악단이 된다. 이 꼬마들 모두가 그 귀엽고 맑은 소리로 이 나무에서 저 나무로 서로 묻고 대답한다. 아니, 그보다도, 남의 찬가에는 관심을 주지 않고 제 기쁨을 저 혼자서 찬양한다.

저 위, 바로 내 머리 위에서 백조자리(Cygne)가 커다란 십자가를 은하수에 길게 드리웠고, 이 아래에서는 내 주위를 뱅뱅 돌아가며 곤충들의 교향악이 물결친다. 제 기쁨을 읊어 대는 미미한 존재들이 별들의 장관을 잊게 한다. 눈을 깜빡이는 듯한 반짝임으로, 온화하지만 냉정하게 우리를 내려다보는 저 하늘의 별들에 대해서는 아무것도 모른다.

과학은 별들의 거리, 속도, 질량, 부피를 말하고 있다. 또한 엄청난 숫자로 우리를 압도하고, 광대함으로 우리를 놀라게 한다. 하지만 우리 마음속에서 심금을 울리게 하지는 못한다. 왜 그럴까? 과학에는 큰 비밀, 즉 생명의 신비가 없어서 그렇다. 저 위에는 무엇이 있을까? 저 항성들은 무엇을 데워 줄까? 이치가 우리 세계와 비슷한 세계들을 뜨겁게 데워 준다고 단언한다. 생명이 끝없이 다양하게 진화하는 땅들을 데워 준단다. 우주에 대한 훌륭한 개념이다. 그러나 결국은, 모든 사람이 이해할 수 있는 최고의 증인, 즉 명백한 사실들로 뒷받침되지는 않은 순수한 개념일 뿐이다. 있음 직한 것, 무척 있음 직한 것에 항거할 수 없어서 인정받게 되었더라도, 전혀 의심의 여지를 남기지 않는 명백한 사실은 아니다.

오, 내 귀뚜라미들아, 너희와 함께 있으면, 나는 되레 진흙덩이의 넋이, 즉 생명이 약동함을 느낀다. 그래서 로즈마리(Romarin: *Rosmarinus*) 울타리에 기대서 너희의 세레나데에 온 주의를 기울이다 보니, 하늘의 백조자리는 그저 멍한 눈길로 바라볼 뿐이다. 즐거움과 고통을 느낄 수 있는 생명이 함유된 미량의 점액질(단백질)이 엄청나게 많은 무기물보다 더 흥미를 끈다.

15 메뚜기 -
자연에서의 역할,
그리고 발음기관

"애들아, 내일 메뚜기(Criquets: Acrididae) 잡으러 가자. 해가 너무 뜨거워지기 전에 준비하고 있으렴." 잠자리에 들 시간, 이 통고로 집안 식구들이 온통 술렁인다. 내 어린 조수들은 무슨 꿈을 꾸려나? 갑자기 부챗살처럼 펼쳐지는 파란 날개, 빨간 날개, 손가락 사이에서 뒷발질하는 톱날 모양의 파랗거나 불그레한 긴 다리, 풀 속에 숨겨진 미니 투석기에서 발사된 발사체처럼 굵은 넓적다리로 펄쩍 튀어 오르는 곤충 따위의 꿈이겠지.

아이들이 달콤한 꿈속 환등기로 보는 장면을 나 역시 똑같이 본다. 인생의 시작과 끝의 양극에서, 우리는 똑같은 순진함으로 삶을 달래는가 보다.

별로 위험하지도 않고, 늙은 나이에도, 아주 어린 나이에도 할 수 있는 편안한 사냥이 있다면, 그것은 분명히 메뚜기 사냥이다. 아아! 우리는 이 사냥 덕분에 얼마나 즐거운 아침나절들을 보냈더냐! 까맣게 익은 딸기를 어린 조수들이 덤불 여기저기서 따 모을 때는 얼마나 즐거운 시간이었더냐! 또 드문드문 뻣뻣하고 햇볕에 그을어 갈색이 된 풀밭의 비탈길에서 얼마나 기억에 남을 만한 산책을 했더냐! 나는 거기에 대한 오랜 추억을 간직하고 있는데, 우리 아이들 역시 이 추억을 끈질기게 간직하겠지.

폴(Paul)은 오금(무릎관절)이 나긋나긋하고, 손은 잽싸며 눈도 날카로운데, 머리가 원뿔 설탕덩이 같은 유럽방아깨비(Truxale: *Truxalis nasuta → Acrida ungarica mediterranea*)가 점잖게 명상 중인 떡쑥 덤불을 살핀다. 자세히 찾아보려는데, 별안간 불의의 습격을 받은 새끼새가 파드닥 날아오르듯 커다란 풀무치(Criquet cendré: *Pachytilus cinerascens → Locusta migratoria*)⬆가 뛰어오른다. 종달새처럼 멀리 도망치는 것을 전속력으로 쫓아가다 멈춰 선 사냥꾼이 녀석을 쳐다보며 큰 실망을 맛본다. 하지만 다음번에는 아주 만족할 것이다. 훌륭한 이 사냥감 몇 마리를 잡지 않고서는, 우리는 집으로 돌아가지 않을 것이다.

폴의 동생인 마리폴린(Marie-Pauline)은 장밋빛 날개에 뒷다리가 카민처럼 새빨간 이태리메뚜기[C. d'Italie: *Caloptenus → Calliptamus (Caloptenus) italicus*]를 끈질기게 노린다. 하지만 더 좋아하는 것은 가장 멋쟁이 복장의 다른 뜀뛰기 선수였다. 등이 시작되는 곳에 비스듬한 흰 줄 4개가 성 안드레아(Saint-André)가 못박힌 십자가처럼 그려졌고, 제복에는 옛날 기념패의 녹청과 비슷한 녹청색 판들이 있다.[1] 덮치려고 공중으로 쳐들었던 손이 살그머니 내려가다가 덮친다. 탁! 됐다. 뜻밖의 노획물을 빨리 넣으려고 원뿔종이[2]를 가져다 댄다. 잡힌 녀석의 머리를 원뿔 입구로 들이밀면, 단번에 튀어서 깔때기 안으로 빨려 들어간다.

[1] 이름을 밝히지 않아 어느 종인지 알 수가 없다.
[2] 주로 나비나 잠자리를 채집할 때 임시로 보관하는 삼각지

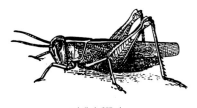

이태리메뚜기

이렇게 해서 원뿔종이가 하나씩 채워지고, 상자에도 곤충들이 늘어난다. 견딜 수 없을 만큼 더워지기 전에 우리는 여러 실험 곤충을 많이 확보하게 된다. 녀석들을 사육장에서 기를지라도 우리가 물어보는 방법만 제대로 안다면 무엇이든 다 알려 줄 것이다. 집으로 돌아왔다. 메뚜기는 비용을 별로 들이지 않고, 우리 세 사람에게 행복을 가져다주었다.

내가 이 하숙생들에게 묻는 첫번째 질문은 이런 것이다. "너희가 들에서 하는 역할은 무엇이냐?" 나는 너희의 평판이 대체로 나쁘다는 것을 알고 있다. 책들은 너희를 해로운 곤충으로 취급하고 있다. 너희는 이 비난을 받아 마땅할까? 나는 감히 의심해 보련다. 물론 동양과 아프리카의 재앙거리인 무서운 약탈자들은 빼놓고 말이다.[3]

그 대식가들의 나쁜 평판이 너희 모두에게 미쳤는데, 나는 반대로 너희가 해충보다는 익충에 훨씬 적합하다는 것을 어렴풋이 예감하고 있다. 내가 아는 한, 이 고장 농부들은 결코 너희에게 불평하지 않는다. 너희가 무슨 손해를 끼쳤다고 농부들이 비난하겠느냐?

너희는 가죽처럼 질겨서 양들이 피하는 벼과 식물을 갉아먹는다. 또 사람들이 가꾸는 기름진 풀보다는 야윈 풀을 더 좋아한다. 어

3 약탈자란 떼풀무치를 말한 것이다. 풀무치가 과도하게 번식하면 무리를 이루어 집단행동을 하는데 이때는 군서형(群棲形, *L. m. gregaria*, 떼풀무치), 보통 때는 단독형(單獨形, *L. m. solitaria*)이라고 한다. 아프리카에서는 군서형이 자주 발생하여 모든 식물에게 큰 피해를 입힌다. 이런 군서형이 세계 도처에서 가끔씩 발생하는데, 중국이나 우리 나라에서도 과거에 발생했을 가능성이 있다.

292

느 동물도 먹지 못할 메마른 풀을 갉는다. 그리고 너희 튼튼한 위장이 협조하지 않으면 이용하지 못할 것들로 살아간다.

물론 너희가 들판을 돌아다닐 때 너희를 크게 유혹할 풀이 딱한 가지는 있다. 그것은 밀이다. 하지만 밀은 이미 오래전에 낟알을 생산했고 지금은 사라졌다. 가끔 너희가 정원까지 들어와서 좀 먹어 대는 일은 있어도, 그 피해가 심각한 정도는 아니다. 채소 잎 몇 장을 축냈지만, 그 정도면 사람들이 안심할 수 있다.

손바닥만 한 순무(Navets) 밭을 기준 삼아 사물의 중요성을 측정한다면, 사소한 것을 위해 중대한 것을 잃는 가증스런 방법이다. 시야가 좁은 사람은 말린 자두 10여 개를 보존하려고 우주의 질서를 교란시킬 것이다. 그런 사람이 곤충에 관심을 가지면, 박멸하자는 말밖에 모른다.

다행히 그런 사람은 결코 박멸할 능력이 없다. 미래에도 결코 없을 것이다. 실제로 예를 들어 보자. 토양에서 약간의 부스러기를 훔쳐 갔다고 비난받은 메뚜기가 사라진다면, 우리에게 어떤 결과가 닥쳐올 것인지 생각해 보시라.

9월과 10월, 두 개의 기다란 갈대를 손에 든 어린이가 칠면조 (Dindon: *Meleargis*) 떼를 몰고 밀 그루터기가 남은 밭으로 간다. 칠면조가 '꺼억, 꺼억' 소리를 내며 천천히 돌아다니는 밭은 메말랐고, 햇볕으로 검게 탔을 뿐 아무것도 없다. 기껏해야 말라빠진 마지막 엉겅퀴 몇 그루가 깃털장식 같은 꽃을 추켜세우고 있다. 굶주림이 보이는 이런 광야에서 그 새들은 과연 무엇을 할까?

칠면조는 거기서 살을 찌운다. 성탄절에 가정의 영광스러운 식탁을 위해 단단하고 맛있는 살을 만들어 낸다. 실례지만 무엇으로 그렇게 될까요? 여기저기서 휙 채서 모이주머니를 즐겁고 불룩하게 채워 준 메뚜기로 그렇게 된답니다. 어떤 수고도 필요치 않은 맛좋은 겨울 만나(진수성찬), 즉 성탄절 저녁에 아주 많이 먹힐 불고기감이 부분적으로 만들어지며 완성되는 것이지요.

집에서 기르는 뿔닭(Pintade: *Numida*)이 줄에 쓸리는 톱날처럼 날카로운 소리를 내면서 농가 주변을 돌아다닐 때, 무엇을 그렇게 열심히 찾을까? 아마도 낟알이겠지. 하지만 무엇보다도 먼저 메뚜기를 찾는다. 녀석들은 겨드랑이 밑에 피하지방을 한 벌 입혀서 살을 더 맛있게 만든다.

암탉(Poule: *Gallus*)도 메뚜기를 몹시 좋아해서 우리에게 이익을 가져다준다. 암탉은 자기 체질을 자극해서 알 낳기에 더욱 적합하게 만드는 이 특등 고기를 기가 막히게 잘 알고 있다. 암탉을 자유롭게 풀어 주면 틀림없이 한배의 병아리들을 그루터기가 남아 있는 밭으로 데려간다. 그리고 어떻게 하면 맛있는 것들을 재빠르게 입질해서 삼킬 수 있는지 가르쳐 준다. 결국 닭들이 자유롭게 돌아다니도록 놔두면, 메뚜기 덕분에 영양가 있는 식량을 보충하게 된다.

가금을 없애면 사정이 아주 달라진다. 만일 그대가 사냥꾼으로서 프랑스 남부 지방 구릉지의 자랑거리인 붉은자고(鷓鴣, Perdrix rouge: *Alectoris rufa*)의 공로를 평가할 줄 안다면, 방금 쏘아 떨어뜨린 새의 모이주머니를 갈라 보시라. 그대는 거기서 비방당하던 곤충들의 봉사에 대한 훌륭한 증거를 얻을 것이다. 10마리 중 9마리의 새에게서 많게든, 적게든 메뚜기가 들어 있는 모이주머니를 보게 될 것이다. 자고는 메뚜기를 몹시 좋아해서 잡을 수만 있다면 낟알보다 사냥을 더 즐긴다. 영양분 많고, 몸을 덥혀 주며, 양념을 한 듯한 이 식량이 1년 내내 있다면 아마도 메뚜기 덕분에 낟알을 거의 잊어버릴 것이다.

이제는 투스넬(Toussenel)[4]이 대단히 칭찬했던 검정다리 새들의 종족에게 물어보자. 이 종족의 첫머리에는 딱새와 프로방스 지방의 딱새(Cul-blanc: 배가 흰 새의 속칭) 무리가 오는데, 녀석들이 9월에는 엄청나게 살이 쪄서 맛있는 꼬치구이감을 제공한다.

내가 사냥했던 시절, 새들이 무엇을 먹는지 알아보려고 모이주머니와 위장 내용물을 끄집어냈다. 딱새의 식단은 먼저 메뚜기였고, 다음은 바구미, 거저리(*Opatrum*), 잎벌레(*Chrysomela*와 *Cassida*), 먼지벌레(Harpales) 등 무척 다양한 딱정벌레였으며, 세

털보바구미 5, 6월에 야산의 잡초지대에 많으며, 종아리마디와 딱지날개의 뒤쪽에 황백색 긴 털이 빽빽하게 나 있다. 중국에도 분포 기록이 있다. 광릉, 18. IX. '90

왕벼룩잎벌레 우리나라의 잎벌레 중 가장 크며, 산의 붉나무 잎에서 집단생활을 하는 경향이 있다. 보길도, 5. IX. '96

줄먼지벌레 몸은 검은색인데 등 쪽은 구릿빛 녹색이나 적동색 광택이 있다. 밤에 나와서 각종 벌레를 잡아먹는다. 시흥, 9. X. '93

번째는 거미(Araig-

4 19세기 프랑스 동물학자. 『파브르 곤충기』 제2권 164쪽 참조

nées: Araneae), 노래기(Iules: Diplopoda), 쥐며느리(Cloportes), 작은 달
팽이(Hélices: *Helix*) 따위였고, 끝으로 아주 드물게 빨간 서양산수
유(Cornouiller: *Cornus mas*)와 나무딸기(Ronce: *Rubus*)였다.

식충성(食蟲性) 새들은 이렇게 소형 사냥감이면 무엇이든 만나
는 대로 먹다가, 벌레가 부족하면 할 수 없이 열매를 먹는다. 내
노트에 기록된 48개의 사례에서 식물이 나온 경우는 세 번밖에 없
었는데, 그것도 아주 소량으로 보충된 것이다. 빈도나 수량 면에
서 지배적인 것은 메뚜기였으며, 작아서 새가 삼키는 데 지장이
없는 것들을 골라 먹었다.

가을에는 프로방스 지방에 잠시 머물면서, 다음 여행을 위해 엉
덩이 살에 기름을 모아 놓는 소형 철새들도 마찬가지였다. 모두가
훌륭한 식량인 메뚜기를 즐겨 먹었다. 모두 황무지와 갈아엎은 밭
에서 날아다니며, 활력의 원천이 되는 한입거리 메뚜기를 다투어
잡아먹었다. 그래서 메뚜기는 가을 여행 중인 작은 새들에게 만나
(진수성찬)가 된다.

사람도 메뚜기를 거절하지는 않는다. 도마(Daumas) 장군의 『대사
막(*Le Grand Désert*)』이란 책을 인용한 아랍 작가는 이렇게 말했다.

베짱이(Sauterelle)는 사람과 낙타에게 훌륭한 식량이다.※ 신선한 것이
든, 저장된 것이든 다리와 날개, 그리고 머리를
떼어 내고 먹는데, 볶아 먹거나 삶아서 쿠스쿠스
(아랍의 대표적 요리)에 얹어 먹는다.

햇볕에 말려서 가루를 만들어, 우유에 섞거나
밀가루와 함께 반죽해서 기름이나 버터와 소금

※ 기록처럼 진짜 베짱이로는 볼
수 없으며, 좀더 정확하게는 메뚜
기이다.(역주: 파브르의 원문도
인용한 것이라 모두 베짱이로 표
기되었는데, 저자의 주석과 옮긴
이의 의견을 참고하여 모두 메뚜
기로 번역한다.)

을 조금 넣고 익혀 먹기도 한다.

낙타도 메뚜기(Sauterelle)를 대단히 좋아한다. 녀석들에게는 말렸거나 두 층의 숯불 사이 커다란 구멍에 쌓아 익힌 것을 준다. 흑인들도 이렇게 해서 먹는다.

마리암(Meriem)✴이 피가 없는 고기를 먹게 해주십사 하고 하느님께 청하니, 하느님께서는 메뚜기를 보내 주셨다.

예언자의 부인들은 누가 메뚜기 선물을 가져오면, 그것을 바구니에 담아 다른 여인들에게도 보내 주었다.

어느 날 칼리프(Calife: 이슬람교 국가의 왕) 오마르(Omar)에게 누가 메뚜기를 쓰겠다고 요청하면 허락하겠느냐고 물었더니, 그는 이렇게 대답했단다. "그들이 실컷 먹을 수 있게 한 바구니 가득했으면 좋겠다."

이 모든 증언으로 미루어 보아, 메뚜기는 사람에게 식량으로 삼으라고 주신 하느님의 은총이라는

✴ 동정녀 성모마리아

결론이 나옴을 의심할 여지가 없다.

이렇게 메뚜기가 인간에게 주어졌다는 것은, 모든 사람이 똑같이 튼튼한 위장을 물려받았다는 가정하에서 나왔을 것이다. 따라서 나는 아랍 박물학자가 주장하는 것만큼 주장하지는 않겠으나, 적어도 많은 새에게는 하늘이 준 선물인 것으로 생각하고 싶다. 내가 오랫동안 새의 위장을 검사해 본 결과 역시 이를 증명했었다.

다른 동물도 메뚜기를 높이 평가하는데, 특히 파충류가 그렇다. 프로방스 지방의 소녀들이 무서워하는 눈깔녹색장지뱀(Rassade: *Lacerta lepida*), 즉 햇볕에 한증막처럼 달궈진 바위굴을 좋아하며, 눈알 무늬를 가진 녀석의 뱃속에도 메뚜기가 들어 있었다. 또 벽을 타고 다니는 담장회색장지뱀(*Podarcis muralis*)이 메뚜기를 오랫동안 노리다가, 그 시체를 뾰족한 주둥이 끝에 물고 가는 것을 여러 번 보았다.

물고기도 운이 좋아서 메뚜기를 만나게 되면 맛있게 먹는다. 메뚜기가 뛸 때는 일정한 목표가 없다. 계산 없이 쏘아 올린 발사체, 즉 이 곤충은 제 용수철이 무작정 퉁겨져서 옮겨진 곳에 떨어진다. 이렇게 떨어진 곳이 물이어서, 마침 그 밑에 있던 물고기에게 발각되어 넙죽 삼켜지기도 한다. 때로는 이런 식도락이 불길할 수도 있다. 낚시꾼이 낚시에 입맛을 돋우는 미끼로 메뚜기를 쓰기도 하는데, 여기에 걸려든 물고기는 불행을 겪으니 하는 말이다.

이 소형 식량의 소비자들에 대해 좀더 자세히 말하지 않아도 알 수 있는 게 있다. 즉 여러 포식자 중 인간은 가장 비용을 많이 들여서 맛있게 바꾼 요리를 섭취한다. 그런데 메뚜기는 이런 인간에게 말라빠진 풀을 간접적으로 건네준다. 결국 메뚜기에서 아주 분명하게 커다란 유익성을 보여 주는 것이다.[5] 따라서 나는 아랍 작가와 더불어 기꺼이 이렇게 말하련다. "메뚜기가 하느님의 은총으로 사람에게 식량을 삼도록 주어졌다."

나는 메뚜기를 직접 먹는 문제 하나만 망설여진다. 메뚜기가 자고, 칠면조, 그 밖의 여러 종류의 새를 통해, 즉 간접적으로 먹힐 때는 아무도 그것(메뚜기) 칭송하기를 거절하지 않을 것이다. 그렇다면 메뚜기를 직접 먹는 것이 그렇게도 기분에 거슬릴까?

알렉산드리아 도서관을 야만스럽게 불태워 버린 강력한 칼리프인 오마르의 생각은 그렇지 않았다. 지성도 위장도 촌스러웠던 그는 한 바구니의 메뚜기라도 직접 먹겠다고 했다.

그보다 훨씬 전에는 다른 것으로 얌전히 소식(小食)하면서도 만족했겠지만, 헤로데스(Hérode) 시대에 희소식을 미리 알리고 대중을 선동했던 낙타털 옷을 입은 세례자 성 요한은 사막에서 메뚜기와 야생 꿀을 먹고 살았다. 즉 「마태복음서」에 "그의 음식은 메뚜기와 야생 꿀이었다(Esca autem ejus erat locustæ et mel sylvestre)."고 기록되어 있다.

내가 알고 있는 야생 꿀은 오직 진흙가위벌(Chalicodoma)의 꿀단지뿐이다. 그것은 꽤 먹을 만했다. 이제는 황야의 메뚜기 차례이다. 내가 아주 어린 개구쟁이였을 때 메뚜기의 허벅지살을 날것으로 씹으면서 즐겼었다. 맛이 없지는 않았다. 오늘은 한 단계 올려서 오마르와 세례자 성 요한의 요리를 먹어 보자.

여러 마리의 커다란 메뚜기를 잡아서 아

5 인간은 여러 소비자 단계를 거친 영양소를 섭취하는데, 식물의 영양소는 메뚜기와 새에게 받는다. 일곱 번째 뒤에 나오는 문단에 이 설명이 있다.

주 간단한 요리, 즉 아랍 작가가 알려 준 대로 버터와 소금으로 튀김 요리를 했다. 저녁식사 때 어른아이 할 것 없이 온 식구에게 요리가 분배되었다. 칼리프가 좋아하는 음식이 혹평을 받지는 않았다. 아리스토텔레스가 찬양했던 매미 요리보다 훨씬 좋았다. 가재(Écrevisse) 맛도 조금 났고, 구운 게의 냄새도 약간 났다. 살이 별로 없고 질긴 껍질뿐이라는 점만 아니라면 맛있다는 말까지도 할 수 있겠다. 물론 다시 요리해 볼 생각은 조금도 없지만 말이다.

박물학자의 호기심이 매미와 메뚜기 요리, 즉 옛날 요리로 두 번 유혹시켰다. 하지만 어느 것도 나를 열광시키지는 못했다. 이것은 흑인의 튼튼한 턱뼈나 칼리프가 증명했던 왕성한 식욕에나 맡겨야겠다.[6]

물론 우리 위장이 튼튼하지 못하다는 이유로 메뚜기의 공로를 추락시킬 수는 없다. 풀밭의 꼬마 반추동물들은 식량 준비 공장에서 상당히 큰 역할을 담당한다. 경작지가 아닌 황무지에서 우리가 이용하지 못하는 풀을 이 메뚜기 떼는 갉아먹고, 그것으로 식량(양분)을 만들어 많은 소비자에게 넘겨준다. 소비자의 제일선에는 새가 오고, 새는 곧잘 사람이 물려받는다.

삶의 세계에서는 배의 욕구에 집요하게 자극받아, 식량 얻기보다 긴급한 일은 존재할 수가 없다. 각 동물은 식당에서 자리를 차지하려고 가장 많은 에너지를 활동, 솜씨, 피로, 수단, 투쟁에 소비한다. 그래서 전체에게 기쁨이 되어야 할 향연이 동물에게는 고통이 된다. 사람도 굶주리므로 불행한 싸움을 면하자면 어림도 없다. 오히려 반대로 너무 잦은 불행, 하느님 맙소사! 모두가 그 소

6 파브르도 인종차별을 했던 것으로 보인다. 이 문장은 삭제하고 싶었다.

름끼치는 불행을 맛본다.

인간은 연구심이 풍부하니 그 불행에서 해방될 수 있을까? 과학(科學)이 그렇다고 한다. 화학(化學)은 아주 가까운 장래에 식량문제를 해결해 주겠다고 약속한다. 화학과 자매인 물리학이 길을 닦아 준다. 물리학은 포도송이를 달게 해주고, 밀 이삭을 황금빛으로 바꿔 준 것으로 벌써 임무를 끝냈다고 생각하는 저 커다란 게으름뱅이, 즉 태양을 더 효과적으로 작업시키려고 계획하고 있다. 다시 말해 물리학은 태양열을, 그리고 태양광선을 통 속에 잡아 두었다가, 우리가 원하는 방향으로 한꺼번에 작용하도록 하겠단다.

이 같은 에너지의 비축으로 화덕이 뜨거워지고, 톱니바퀴가 돌아가고, 절굿공이가 반죽하고, 강판을 부러뜨리고, 실린더가 가루를 만들 것이다. 또 비용이 무척 많이 들고, 혹독한 계절에 지장을 받는 농사일이 비용은 덜 들며 안전한 생산고를 올리는 공장일이 될 것이다.

이제 교묘한 반응에 풍부한 화학이 개입할 차례이다. 화학은 정수로 농축되어 불결한 찌꺼기가 거의 없는, 그래서 몽땅 흡수되는 식량을 통째로 만들어 줄 것이다. 빵은 한 알의 알약처럼, 비프스테이크는 한 방울의 젤리처럼 만들 것이다. 야만시대의 고통스러웠던 밭일은 기억으로밖에 남지 않아, 역사가들만 그 이야기를 할 것이다. 박제 표본이 되어 박물관으로 쫓겨난 마지막 양과 마지막 소는 시베리아의 빙원에서 발굴된 매머드와 같은 이유로 진귀한 물건이 되어 나타날 것이다.

가축 떼, 낟알, 과일, 채소, 이 모든 고물은 언젠가 사라지게 된다. 진보가 그렇게 원한다고 말들 한다. 불가능을 전혀 인정하지 않는 얼빠진 자가 주제넘게 이렇게 단언한다.

나는 음식의 이 황금시대를 깊은 불신으로 남겨 두련다. 만일 어떤 새로운 독을 얻는 일이라면 과학이 무서운 솜씨를 발휘한다. 우리 연구소의 집합체는 독약 창고이다. 증류기가 발명되자 감자를 갈아, 우리를 바보 집단으로 만들기에 딱 맞는 알코올을 개울물처럼 흘려보낸다면, 공업이라는 그 활동 수단의 한계를 알지 못하는 것이다.

인공 영양 물질을 정말 한입만이라도 얻게 된다면, 그것은 전혀 다른 일이다. 그러나 얼빠진 자들에게는 약한 불에서 오래 끓인 생성물이 절대로 없었다. 미래에도 좀더 좋은 것을 얻지 못할 것임에는 의심의 여지가 없다. 유일하게 참다운 식량인 유기물은 실험실의 합성에서 벗어난 것이며, 생명만이 그것의 화학자이다.

따라서 우리는 농사와 가축을 보존하는 것이 현명하다. 우리 식량이 초목과 짐승들의 꾸준한 노력으로 마련되도록 놔두자. 급격한 공장은 경계하자. 섬세한 방법, 특히 성탄절의 칠면조 새끼에게 협력하는 메뚜기의 모이주머니에 대한 우리의 신뢰를 그대로 간직하자. 이 주머니는 얼빠진 자가 흉내 내지 못하고 항상 질투할 만한 조리법을 간직하고 있다.

빈곤자 집단에게 영양분을 공급하려고 자양분 원자를 수집하는 메뚜기들은 자신의 기쁨을 나타내려는 음악도 가지고 있다. 소화시킴과 쨍쨍 내리쬐는 햇볕의 자기만족 속에서 쉬고 있는 메뚜기를 살펴보자. 휴식에 곁들여 갑자기 서너 번 반복된 활질로 노래 한 구절을 연주한다. 뒷다리의 굵은 넓적다리마디를 때에 따라 이쪽이나 저쪽, 어느 때는 양쪽 모두를 한꺼번에 옆구리에 대고 비빈다.

등검은메뚜기 들이나 야산의 풀밭에 사는데 땅바닥에도 잘 앉는다. 몸의 색깔은 지저분하고 불규칙한 갈색인데, 편평하며 짙은 갈색인 가슴 등판의 양옆은 연한 색 줄무늬를 이룬다.
시흥, 10. X. '93

정말로 소리가 나는지 확인하려면 어린 풀의 귀를 빌릴 수밖에 없을 만큼, 아주 가늘고 아주 변변찮은 소리이다. 소리는 종이 위로 바늘 끝을 끌고 다닐 때 나는 소리와 비슷하다. 즉 거의 침묵에 가까운 이 소리가 노래의 전부이다.[7]

그처럼 불완전한 악기에서 훌륭한 음악을 기대할 수는 없다. 여기는 여치가 보여 준, 그런 기구가 없다. 톱니가 장착된 활도, 팀파니를 팽팽하게 당겨 주는 진동막도 없다.

예를 들어 이태리메뚜기를 주의해서 보자. 소리 내는 다른 메뚜기의 발음기관도 같은 모습이다. 뒷다리의 넓적다리마디 아래위 양쪽에 돌기가 형성되었다. 각 표면에는 좀더 굵은 두 줄의 세로 맥이 있는데, 그 사이에는 일련의 작은 맥들이 서까래처럼 일정한 간격을 두고서 이쪽저쪽으로 걸쳐졌고, 바깥쪽이나 안쪽 표면 모두가 똑같이 분명하게 두드러졌다. 그런데 아주 놀라워 보이는 사실은 두 면이 이렇게 똑같다는 것보다는 모든 맥이 매끄럽다는

7 여러 장에 걸쳐 여치나 메뚜기의 노랫소리가 무척 약하다고 표현하는 것을 보면, 파브르의 청력이 의심스럽다.

점이다. 끝으로, 두텁날개의 아래쪽 가장자리, 즉 넓적다리의 활이 긁는 날개의 가장자리에는 특별한 것이 없다. 두텁날개 표면의 나머지 부분 역시 튼튼한 날개맥들만 있을 뿐, 줄처럼 우툴두툴한 것이나 톱니 모양 따위는 전혀 없다.

소리 기구를 분석해 보았듯이 이렇게 빈약한 장치로 무슨 소리를 낼 수 있을까? 기껏해야 무미건조한 막을 살짝 스칠 때 나는 소리가 고작이다. 별것도 아닌 이 소리를 내겠다고, 이 곤충은 넓적다리를 급격하고 일정치 못한 운동으로 올렸다 내렸다 하며, 그 결과에 만족하고 있다. 녀석들은 마치 우리가 만족스러울 때 소리 낼 생각은 없이 손을 비비는 것과 거의 비슷하게 옆구리를 문지른다. 이것이 제 삶의 기쁨을 나타내는 방식이다.

구름이 절반쯤 끼어서 해가 났다 들어갔다 할 때 메뚜기를 살펴보자. 가려졌던 해가 나타나는 즉시 넓적다리로 긁는데, 해가 점점 뜨거워질수록 더욱 활발하게 긁는다. 노래의 각 구절은 무척 짧으나, 해가 비치는 동안은 계속된다. 다시 구름이다. 당장 멎는다. 해가 나면 노래가 다시 시작되는데, 여전히 급격하고 불규칙한 운동으로 짤막하게 연주한다. 이제 오해할 수가 없다. 여기서는 그저 빛을 좋아하는 곤충이 편안함을 표현하는 것뿐이다. 모이주머니는 가득 찼겠다(배는 부르겠다), 햇빛은 어루만져 주겠다, 메뚜기는 기쁨을 느끼는 것이다.

모든 메뚜기가 즐거움에 마찰을 이용하지는 않는다. 터무니없이 긴 뒷다리를 가진 유럽방아깨비(*Acrida ungarica mediterranea*)는 해가 열심히 간지럽혀도 침울할 뿐, 소리를 내지 않는다. 이 녀석의 넓적다리가 활처럼 움직이는 것을 본 적이 없다. 뒷다리는 어찌나

길던지 튀어 오르기
밖에는 쓸 수가 없다.

분명 너무 긴 뒷다
리 덕분이겠으나, 소
리를 안 내는 풀무치
(*L. migratoria*)* 역시
기쁨을 누리는 방식은 독특하다. 이 대형 곤충은 한겨울에도 울타리
안으로 자주 찾아온다. 날씨가 고요하고 해가 따뜻하면, 날개를 좍
펴고 로즈마리에서 몇 십 분 동안 앉아 있는 녀석을 보게 되는데,
마치 금방 날아오를 듯이 날개를 계속해서 빠르게 흔들고 있다. 흔
드는 동작이 굉장히 빠른데도 아주 조용해서, 겨우 들릴까 말까 한
소리나 낼 수 있을 정도이다.

다른 종들은 혜택을 훨씬 덜 받았다. 방뚜우산 꼭대기에 사는
알프스베짱이(*Anonconotus alpinus*)의 친구인 보행밑들이메뚜기(Cr.
pédestre: *Pezotettix pedestris*→ *giornai*)도 그렇다. 은빛 식탁보처럼 펼쳐
진 알프스의 꽃다지* 사이를 산책하며, 주변의 눈만큼이나 하얀
꽃에 장밋빛 눈으로 미소를 보내는 봄맞이* 가운데서 짧은 옷을
걸치고 사는 녀석은 자기 화단의 화초처럼 신선한 빛깔이다.

안개가 별로 없는 고산지방의 광선이 멋지지만 간단한 옷을 녀
석에게 입혀 주었다. 등은 밝은 갈색으로 반들반들 윤이 나고, 배
는 노랗고, 굵은 넓적다리마디 아래쪽은 산호처럼 빨갛다. 뒷다리
종아리마디는 아름다운 하늘색인데, 앞쪽에 상앗빛 팔찌처럼 고
리무늬가 있다. 하지만 이 멋쟁이는 무척 짧
은 외투만 걸쳤으니, 애벌레의 모습을 벗어

* *Paronychia serpyllifolia*
* *Androsace villosa*

한국민날개밑들이메뚜기
주로 높은 산의 관목지대
에서 만날 수 있다. 성충
은 가을에 출현하며, 암수
모두 날개가 전혀 생기지
않는다.
가리왕산. 22. VIII. '92

나지 못했다.

두텁날개는 거의 첫째 배마디를 넘지 못했고, 사이가 벌어져서 마치 두 개의 연미복 꼬리 같다. 뒷날개는 더 짧아서 그루터기 같다. 이렇게 날개들이 짧아서 배의 등판이 거의 모두 드러날 정도로 헐벗은 모습이다. 그래서 녀석을 처음 보는 사람은 애벌레로 생각하지만 그렇지는 않다. 이미 짝짓기를 할 만큼 다 자란 성충인데, 끝까지 이렇게 벗은 상태이다.

이렇게 가장자리를 짧게 잘라 낸 외투로는 소리를 낼 수 없음을 새삼 말할 필요가 있을까? 뒷다리 넓적다리마디에 활들이 있기는 하다. 하지만 마찰해서 소리 낼 표면, 즉 두텁날개는 없다. 다른 메뚜기도 별로 요란한 소리를 내는 것은 아니지만, 이 녀석은 아예 소리가 없다. 내 주변에서 제일 예민한 귀들이 크게 주의를 기울여 보았지만 소용이 없었다. 석 달 동안 사육했는데, 그동안 아주 미미한 소리조차 들리지 않았다. 소리가 없는 곤충이라도 달리 자신의 기쁨을 나타내고, 결혼 신청을 하고자 짝을 부르는 방법을 틀림없이 가졌을 것이다. 그러면 어떤 방법일까? 나는 모르겠다.

같은 알프스 풀밭에 사는 가까운 이웃들은 훌륭하게 나는 재능을 가졌는데, 이 녀석은 어째서 비상 기관이 없이 우둔한 보행자로 남았는지도 모르겠다. 녀석에게도 알이 애벌레에게 준 선물, 즉 두텁날개와 뒷날개의 싹은 존재한다. 그런데 이 싹들을 발전시켜서 이용할 생각을 하지 않았다. 계속 깡충거리며 뛰기만 할 뿐, 그 이상의 야심은 없다. 녀석도 고급 이동 장치인 날개를 가질 수 있었을 텐데, 학명처럼 보행밑들이메뚜기로 남은 것에 만족한다.

이 산등성이에서 저 산등성이로 눈이 가득한 골짜기를 넘어 빨리 날아가기, 모두 뜯어먹은 풀밭에서 아직 풀이 남은 풀밭으로 쉽사리 찾아가기, 이런 것들이 녀석에게는 별로 가치가 없다는 말일까? 분명히 그렇지는 않을 것이다. 다른 메뚜기들, 특히 산꼭대기의 다른 친구들은 날개가 있으며, 그것에 무척 만족한다. 그런데 어째서 그들을 본받지 않았을까? 쓸모없는 몽당날개 속에 간직된 돛을 꺼내면 큰 이익이 될 텐데, 전혀 그렇지 않다. 왜 그럴까?

사람들은 "발생 중지가 있었다."고 답변한다. 좋다. 생명이 작업 도중 멎었다. 그래서 자신 안에 간직된 견적의 최종 형태까지 도달하지 못했다. 이 유식한 표현의 답변도 실은 다른 형태로 질문을 다시 하게 되니 정답이 아니다. 즉 이 중지는 어디서 왔을까?

애벌레는 나이를 먹고 성숙하면 날아오를 희망을 가지고 태어났다. 등에는 훌륭한 미래를 보증하는 귀중한 싹들이 네 개의 집 속에서 졸고 있었다. 또한 모든 게 정상적 진화의 규정에 따라 배치되어 있었다. 그러다가 기관이 자신과의 약속을 이행치 않았다. 실은 약속 이행에 실패한 것이다. 그래서 성충에게 날개가 없는 꾀죄죄한 옷만 입혀 놓고 말았다.

헐벗은 이 상태를 알프스 지방의 거친 생활 조건 탓으로 돌려야 할까? 절대로 아니다. 같은 풀밭에 사는 다른 메뚜기들은 애벌레의 싹에 예고된 비상 기구가 아주 잘 완성되었다.

동물은 필요에 자극받아 이것저것 시험해 보고, 이렇게 발전하다가 저렇게 발전해 보고 이런저런 기관을 얻고야 말았다고 우리에게 단언한다. 필요성에 따른 창조적 개입이 아닌 다른 창조의 개입은 인정하지 않는다. 예를 들어 내가 본 메뚜기들, 특히 방뚜 우산 마루에서 날아다니는 녀석들은 이렇게 진행되었을 것이다. 수세기에 걸친 번식 과정에서 암암리에 작업을 해서 애벌레 상태의 옹색한 옷자락에서 두텁날개와 뒷날개를 끌어냈을 것이다.

저명하신 선생님들, 좋습니다. 그렇다면 보행밑들이메뚜기는 어떤 동기로 생기다 만 비상 기관을 더 발전시키지 않도록 결정하게 되었는지를 말해 주시기 바랍니다. 녀석도 수천수만 년을 두고 욕구의 자극을 받았을 것이 틀림없으며, 자갈땅에서 곤두박질치면서도 날아올라 중력에서 해방되는 것이 얼마나 이득인지를 느꼈을 것입니다. 더욱이 기관이 좀더 나은 운명을 향해 애썼던 모든 시도에도 불구하고, 아직 날개의 싹을 활짝 펴지 못했습니다.

그대들의 이론을 들어 보면 긴급한 욕구, 섭식 습관, 기후, 습성 등이 같은 조건인데도 어떤 녀석은 성공해서 날게 되었고, 다른 녀석은 실패해서 둔하게 걷는 녀석으로 남았단다. 엉뚱한 착오를 하지 않는 한, 나는 그대들이 준 설명을 버리련다. 모르면 지레짐 작하지 말고, 그저 모른다고 하는 편이 더 낫다.

동기가 무엇인지는 모르겠으나, 같은 무리 중 한 단계 뒤떨어진 지진아는 그냥 놔두자. 육신에는 우리의 호기심이 미치지 못하는 후퇴, 정지, 그리고 비약들이 있다. 불가사의한 기원의 문제 앞에서 가장 잘하는 짓은 겸손하게 머리를 숙이고 그냥 지나가는 것이다.

16 메뚜기 - 산란

우리가 다루고 있는 메뚜기(Criquets: Orthoptera)는 무엇을 할 줄 알까? 솜씨는 별것이 없다. 그래도 녀석의 뱃속 증류기에서 고급 세공품에 쓰일 재료를 정제하는 연금술사의 자격으로 세상에 존재한다. 저녁의 명상 시간, 벽난로 옆에서 메뚜기의 역할을 기록하면서, 녀석은 사물에 대한 마법의 거울이라는 생각이 든다. 이 생각을 갖는 데 있어 직접적이든, 간접적이든 녀석이 공헌하지 않았다고 하지는 않겠다. 녀석은 최선을 다해 번성하고 불어나려고 세상에 존재하는데, 이는 영양 물질 제조 업무를 담당한 곤충의 최고의 법칙이다.

가끔 아프리카를 위험에 빠뜨리는 탐욕스러운 족속 말고는, 메뚜기의 첫인상은 별로 주의를 끌지 못한다. 먹는 것도 별로 없어서, 사육장에 들어 있는 모두에게 상추 잎 한 장이면 충분하고도 남는다. 하지만 번식 이야기를 하려면 사정이 달라진다. 이 문제는 잠깐 살펴보아야 할 일이다.

메뚜기(Acridien: Acrididae)에서 여치(Locustiens: Tettigonioidea)와

같은 엉뚱한 혼인 풍습을 기대하지는 말자. 구조적으로는 저 녀석들과 매우 비슷하지만 습성과 성격은 전혀 다른 세계를 보여 준다. 메뚜기는 평화적인 족속들로 그들 사이의 짝짓기에서는 모든 행동이 예의 바르고, 눈살을 찌푸릴 일도 없으며, 곤충 세계에서 통용되는 관례를 벗어난 일도 없다. 원시의 직시목(直翅目) 곤충이 발정을 일으켜 생식 행위에 열중했을 때의 행동을 본 사람은 메뚜기 행동이 여치 다음에 옴을 알게 된다. 따라서 언제든 음담 패설거리는 없다. 나는 이 점에 만족하니 그냥 지나치고, 산란하는 곳으로 가 보자.

8월 말경 정오 직전, 주변에서 가장 성미 급하게 깡충거리는 이태리메뚜기(*Calliptamus italicus*)를 자세히 관찰해 보자. 녀석은 작달막하고, 거칠게 뒷발질을 하며, 두텁날개는 짧아서 겨우 배 끝에 이른다. 대개는 밤색 무늬를 갖춘 갈색이다. 하지만 좀 멋있는 녀석은 앞가슴 둘레에 희끗한 선이 둘러쳐졌는데, 이 선은 머리와 두텁날개까지 늘어났다. 뒷날개는 기부만 분홍색일 뿐, 다른 색깔은 없다. 뒷다리 종아리마디는 적포도주 빛깔이다.

어미는 햇빛이 잘 비칠 때, 또 언제든 필요할 때, 의지할 곳을 제공해 준 사육장 둘레에서 산란에 적당한 곳을 고른다. 천천히 노력해 뭉툭한 탐지기인 배 끝을 흙 속으로 곧게 박아 배가 완전히 보이지 않게 된다. 따로 구멍을 뚫는 연

장이 없어서, 땅속으로 내려가는 게 힘들어 머뭇거린다. 그러나 약자들의 수단인 끈질긴 노력 덕분에 결국은 내려간다.

이제 몸통이 절반쯤 파묻혀 자리를 잡았다. 몸을 가볍게 움찔거리는데, 일정 간격으로 반복한다. 분명히 알을 내보내는 수란관이 힘쓸 때마다 그럴 것이다. 약하지만 급격한 뒷덜미의 움직임으로 머리를 들었다 내리는 진동이 느껴진다. 이 진동운동 말고는 전반부만 보이는 몸이 꼼짝도 않는다. 산모는 그만큼 제 일에 전념한다. 비교적 작은 몸집의 수컷이 아주 가까이 와서, 한동안 신기한 듯 해산하는 어미를 바라보는 일도 드물지 않다. 때로는 암컷 몇 마리가 그 큰 얼굴을 분만 중인 친구 쪽으로 향하고 구경한다. 녀석들은 마치 "곧 내 차례야." 하며, 대사건에 관심을 기울이는 것 같다.

대략 40분가량 꼼짝 않던 어미가 갑자기 빠져나와 깡충 뛰어서 멀리 가 버린다. 낳은 것에는 눈길조차 한 번 주지 않고, 구멍 입구를 가리려는 비질도 전혀 없다. 모래가 자연히 무너져 내려 구멍은 그럭저럭 저절로 막힌다. 이보다 대강대강 해치우는 경우도, 이보다 어미의 정성이 안 들어가는 경우도 없을 정도였다. 어미 메뚜기가 애정의 모범은 못 되겠다.

청날개메뚜기

다른 메뚜기도 자신의 알을 이처럼 태평하게 놔두지는 않는다. 파란 날개에 검은 줄이 쳐진 청날개메뚜기(Cr. à ailes bleues : *Oedipoda caerulescence→ Sphingonotus caerulans*)도, 서부팥중이 (*Pachytilus nigrofasciatus→ Oedaleus decorus*)

도 그렇다. 드 기어(de Geer)[1] 가 명명한 서부팥중이 학명은 공작석 같은 초록색 무늬나 흰 십자가 모양의 앞가슴을 연상 시키는 복장이어야 할 텐데, 그 렇게 뚜렷하지는 않다.

이 두 종도 알을 낳을 때는 이태리메뚜기의 자세를 그대로 취한다. 배가 땅속에 곧게 박히 고, 몸의 일부도 흙더미 속에 숨겨진다. 역시 반 시간 이상

벼메뚜기의 산란 몸길이보다 깊게 땅을 뚫 고 알집 속에 알을 수십 개 낳는다. 시흥, 30. IX. '92

꼼짝 않는다. 머리가 갑자기 가볍게 움직이는 것은 땅속에서 애를 쓴다는 표시이다.

마침내 두 어미가 알을 낳고 빠져나온다. 뒷다리를 들어서 모래 를 조금 쓸어 구멍을 메우고, 발을 빠르게 굴러서 다진다. 막아야 할 입구를 뒤꿈치로 번갈아 밟는, 즉 파란색과 분홍색의 가느다란

1 Baron Charles. 1720~1778 년. 스웨덴의 철공업자이나 아마 추어 곤충학자가 되어 19세에 스 웨덴 과학아카데미 회원으로 발 탁되었고, 28세에 프랑스 과학아 카데미 회원이 되었다. 32세에 이미 린네에 앞서 이명법(二名 法)으로 신종을 명명하면서 죽을 때까지 8권의 저서(Mémoires pour servir a l'histoire des insectes)를 펴냈다.

종아리마디가 분주하게 작동하는 모습이 제 법 근사하다. 민첩한 발 구르기로 입구가 막 히고 숨겨진다. 알이 든 구덩이가 어찌나 잘 지워지고 사라졌는지, 어떤 악한이라도 곁에 서 보는 것으로는 찾아낼 수 없을 정도였다.

이것이 전부가 아니다. 두 꽂을대의 모터 는 굵은 넓적다리인데, 이것이 오르내리면 서 두텁날개의 가장자리를 조금 긁게 된다.

이 활질에서 미묘한 소리가 나는데, 이 소리는 해를 쬐면서 평화스러운 낮잠을 잘 때 즐겁게 해주는 소리 같다.

암탉은 방금 낳은 알을 기쁨의 노래로 찬양한다. 모성의 기쁨을 주위에 알리는 것이다. 메뚜기도 많은 경우 그렇게 하는데, 변변찮은 굴착기로 가족의 탄생을 성대하게 축하한다. 어미는 "나에게 완전한 죽음은 없으며(*non omnis moriar*), 미래의 보배를 땅속에 묻었다. 나를 대신할 씨앗 한 통을 품도록 커다란 부화기에게 맡겼다."고 말하는 것 같다.

둥지 터는 짧은 시간 안에 모두 정리되었다. 어미는 그제야 그곳을 떠나 몇 입의 푸른 풀을 먹어, 수고한 뒤의 원기를 회복한다. 다시 시작할 준비를 한다.

이 고장의 메뚜기 중 가장 큰 풀무치(*L. migratoria*)⚫는 아프리카에 사는 녀석들과 크기는 맞먹어도, 그들처럼 재난을 입히는 습성을 갖지는 않았다. 평화적이며 검소하고, 지상의 재물에 손해를 끼치는 문제에 대해서는 나무랄 데가 없다. 사로잡힌 녀석들이 쉽게 관찰할 수 있는 몇 가지 자료를 제공해 주었다.

풀무치 지금 우리나라에서는 너무 희귀해져 군서형이 발생할 가능성은 거의 없을 정도이다. 그러나 세계적으로는 도처에서, 특히 아프리카에서는 심심치 않게 발생한다. 이 종과 사촌쯤 되는 아프리카 종은 사막과 바다를 건너 인도까지 2,000km를 이동하면서 식물을 휩쓸었다는 기록이 있고, 키프로스에서는 1881년에 녀석들이 낳은 알을 13톤이나 수거해서 깨뜨려 버렸다고 한다. 제천, 25. X. '92

4월 말경 산란하는데, 상당히 오래 지속된 짝짓기가 끝난 며칠 뒤에 한다. 크기 차이는 있으나 이 어미 역시 배 끝에 네 개의 짧은 굴착기가 있다. 쌍을 이룬 굴착기가 갈고리처럼 굽은 발톱 모양이다. 더 굵은 위쪽 쌍은 끝이 위를, 조금 작은 아래쪽 쌍은 아래를 향했다. 할퀴는 발톱의 일종인 이것들은 단단하고 끝은 검은색이다. 또 굽은 안쪽은 숟가락처럼 조금 파였다. 이것이 구멍을 파는 곡괭이요, 굴착기이다.

산란 어미는 긴 배를 몸의 축과 직각이 되게 구부리고, 네 개의 굴착기로 지표면을 물어뜯어 마른 흙을 조금 퍼낸다. 배를 무척 느린 동작으로 들여보내는데, 겉보기에는 힘든 노력이나 동요는 없어 보인다.

어미는 꼼짝 않고 정신을 가다듬는다. 굴착기가 부드러운 부식토를 뚫을 때도 이보다 표시 안 나게 해내지는 못할 것이다. 마치 버터 속에서 진행되는 작업 같지만, 실제로는 단단하게 다져진 흙을 뚫고 들어가는 것이다.

할 수만 있다면 네 갈래의 나사송곳인 굴착기가 어떻게 작동하는지 보는 것도 흥미로운 일일 것이다. 불행하게도 작업은 땅속에서 비밀리에 행해진다. 파낸 흙이 밖으로 올라오지도 않으니, 땅속에서 일한다는 표시조차 없다. 조금씩, 조금씩 배가 조용히 들어가는데, 마치 손가락이 말랑말랑한 진흙덩이 속으로 들어가듯 들어간다.

굴착기 네 개가 통로를 만들고 흙을 가루로 만들면, 배가 옆쪽으로 밀어붙여서 마치 정원사의 모종삽이 일한 것처럼 다져진 모양이 된다.

산란하는 데 적당한 환경이 단번에 찾아지는 것은 아니다. 어미가 적당한 장소를 찾아내기 전에 연거푸 다섯 번이나 배를 완전히 들여보낸 구멍을 판 경우도 보았다. 결함이 발견된 구멍은 파인 그대로 버려진다. 구멍 안지름은 굵은 연필만 하고, 놀랄 만큼 깨끗하게 세로로 뚫린 원통 모양이다. 자루를 돌리는 나사송곳도 이보다 더 잘 해내지는 못할 것이다. 깊이는 모든 배마디가 최대한으로 늘어난 길이와 같다.

여섯 번째 시굴에서 적합한 장소로 인정되어 알을 낳는다. 하지만 어미가 전혀 꼼짝하지 않아, 겉에서는 산란 중임을 알아챌 수가 없다. 배가 기부까지 파묻혀서, 지면에 펼쳐진 날개가 구겨지며 벌어진다. 작업이 족히 한 시간은 걸린다.

마침내 배가 조금씩 다시 올라온다. 이제는 지면 가까이 올라와서 관찰이 가능해진다. 판막들이 계속 흔들리면서 거품 같은 점액을 내보내는데, 이 우윳빛 점액이 흰 거품으로 엉겨 붙는다. 마치 사마귀가 알들을 거품으로 감쌌던 것과 비슷하다.

거품 물질은 구멍 입구에서 젖꼭지 같은 봉오리를 형성하는데, 제법 불룩하면서도 흰색이라 회색 바탕인 흙에서는 눈에 잘 띈다. 그것은 부드럽고 끈적이나 상당히 빨리 굳으며, 봉오리 마개가 완성되면 어미는 알 걱정 없이 떠난다. 하지만 며칠 간격으로 다른 곳에서 또 낳을 것이다.

어느 때는 마무리한 점액이 지면까지 올라오지 못하고 중간에서 끝난다. 그러면 곧 구멍 둘레의 흙이 무너지며 덮여서, 겉에서는 그 자리의 표시가 전혀 없게 된다.

집단 크기가 아주 다양한 내 포로들은 아무리 한 켜의 모래로 구멍을 덮어서 숨겨 놓았어도, 끊임없이 감시하는 내 눈을 속이지는 못한다. 나는 각 어미가 알을 담아 놓은 작은 상자가 묻힌 정확한 장소를 알고 있다. 이제 그것들을 찾아볼 때가 되었다.

칼끝이 3~4cm 깊이에서 알 상자를 쉽사리 찾아낸다. 모양은 종에 따라 무척 다양해도 기본 구조는 같다. 언제나 단단하게 굳은 거품 집으로, 사마귀 알집[2]과 비슷하다. 거기에 모래알이 달라붙어서 우툴두툴한 껍질이 되었다.

거친 보호벽의 표면 처리는 어미가 직접 공들인 게 아니다. 광물질 껍질은 알의 방출과 동시에 만들어진 것으로, 단순히 반유동성 점액물질에 모래가 달라붙은 것이다. 구멍 벽에도 그 물질이 스며들고 빨리 굳어서, 특별한 작업 없이도 시멘트를 바른 집처럼 된 것이다.

안에는 거품과 알만 들어 있을 뿐, 이물질은 전혀 없다. 안쪽을 차지한 알들은 거품 속에 비스듬히 잠겨서 질서 있게 배열되었다.

겉은 발달한 정도가 일정치 않으나, 느슨하고 덜 단단한 거품으로 이루어졌다. 어린 애벌레가 해방될 때, 이 부분의 역할 때문에 나는 여기를 굴뚝승강기라고 부르겠다. 땅속의 알집은 거의 모두 세로로 놓였는데, 위쪽 끝은 지면과 거의 같게 놓였다는 사실에 유의하자.

이제는 사육장에서 얻은 산란의 특성을 규명해 보자.

풀무치 알집은 원통 모양인데, 길이는 6cm, 너비는 8mm이다. 위쪽 끝이 지상으로 솟았을 때는 봉오리처럼 부풀었고, 다른 부분은

2 사마귀, 바퀴, 메뚜기처럼 직시류(直翅類)에 속하며, 알 뭉치를 어미가 분비한 물질로 감싼 알집을 곤충학 용어로는 난협(卵莢, Ootheca)이라고 한다. 이 책에서는 쉬운 말인 '알집'으로 번역한다.

모두 같은 굵기이다. 엷은 황갈색을 띤 회색 알들은 방추형으로 늘어났다. 거품 속에서 비스듬하게 정돈된 알들은 전체 길이의 1/6밖에 차지하지 않았다. 제작품의 나머지 부분은 아주 여리고 고운 흰색 거품인데, 겉은 흙 알갱이로 더러워졌다. 알의 수는 변변찮게도 30개 정도에 그쳤으나, 어미는 여러 번 산란한다.

서부팥중이 알집은 약간 구부러진 원통 모양인데, 아래쪽 끝은 둥글고 위쪽 끝은 직각으로 잘렸다. 높이는 3~4cm, 너비는 5mm 정도이다. 20개가량의 알은 주황색을 띤 다갈색인데, 가는 점무늬가 우아하게 깔려 있다. 알들을 감싼 거품은 많지 않으나, 그 덩어리 위에는 아주 가늘고 투명하며, 쉽게 통과할 수 있는 긴 거품기둥이 세워졌다.

청날개메뚜기 알집은 일종의 커다란 구두점(') 모양으로 배치되었는데, 뚱뚱한 부분이 아래쪽, 가는 부분이 위쪽에 위치한다. 30여 개 정도로 역시 별로 많지 않은 알이 알집 밑 부분에 들어 있는데, 제법 선명한 주황색을 띤 다갈색이나 점무늬는 없다. 이 그릇에 구부러진 원뿔 모양 거품 뚜껑이 딸려 있다.

보행밑들이메뚜기는 고산지대에 사는 친구지만 들판의 주민인 청날개메뚜기 방식을 따랐다. 작품은 정확하지 않은 구두점(') 형태로서, 역시 꼬리 모양이 위쪽을 향했다. 24개 정도의 알은 짙은 다갈색인데, 점무늬가 박힌 고운 레이스로 장식되어 주목된다. 예기치 않았던 이 멋진 모습을 확대경으로 훑어보면, 아주 놀랍게도 어디든 아름다움의 흔적을 남겼다. 비상 능력의 혜택을 받지 못한 메뚜기에게는 하찮은 알집에까지 흔적을 남겼다.

이태리메뚜기는 우선 알들을 작은 통에 넣는다. 그리고 통을 달으려는 순간 생각을 바꾼다. 무엇인가 중요한 것, 즉 굴뚝승강기가 빠졌다. 그래서 통이 마무리되어 닫힐 위쪽 끝 지점에서 갑자기 좁아지면서, 작품이 규정에 맞는 거품 부속물로 연장된다. 이렇게 해서 겉이 깊은 홈으로 경계 지어진 이층집이 지어진다. 둥근 아래층에는 알 뭉치가 들어 있고, 거품이 아닌 위층은 구두점의 가느다란 부분이 차지한다. 한편 두 층은 서로 자유롭게 드나들 수 있는 구멍으로 연결되었다.

메뚜기의 재주는 또 다른 알 보호 상자도 분명히 알고 있는데, 그것은 아주 간단하거나 무척 교묘하다. 알을 보호하는 제작품은 다양한데, 모든 작품이 주의를 끌 만하다. 하지만 알려진 것은 정말로 조금밖에 안 된다. 그래도 상관없다. 사육장이 알려 준 것만 해도 일반적 구조를 이해하기에는 충분하다. 이제 아래에는 알들이 저장되고, 위로는 거품 탑을 갖춘 작품이 어떻게 제작되는지를 알아내는 일이 남았다.

제작 과정을 직접 관찰하는 건 불가능할 것이다. 누군가가 흙을 파내서 산란 중인 어미의 배를 드러내려 한다면, 그야말로 너무 가까이에서 무례를 범하는 격이다. 그렇게 하면 괴로워진 어미가 멀리 도망갈 뿐, 아무것도 알려 주지 않을 것이다. 그런데 다행히 이 지방에서 가장 이상하게 생긴 메뚜기가 제 비밀을 털어놓는다. 이 메뚜기는 여기서 풀무치 다음으로 큰 유럽방아깨비(*Acrida ungarica mediterranea*)이다.

덩치는 풀무치만 못해도 늘씬한 키, 특히 독특한 형태로는 그를 얼마나 앞섰더냐! 햇볕이 뜨겁게 내리쬐는 이곳 풀밭에서 용수철로 튀어 오르기는 녀석과 비교할 자가 없다. 얼마나 긴 뒷다리, 얼마나 엄청난 허벅다리, 그야말로 긴 다리의 죽마(竹馬)가 아니더냐! 녀석의 뒷다리는 그 곤충의 몸 전체 길이보다도 길다.

이런 과장과 내가 관찰한 결과와는 잘 맞지 않았다. 방아깨비는 포도밭 변두리에서 풀이 조금 덮인 모래밭을 서툴게 거니는데, 뒷다리의 조정이 느려서 거북한 것 같다. 너무 길어서 힘이 빠진 연장으로 펄쩍 뛰기는 쉽지가 않다. 그래서 짧은 포물선만 그릴 뿐이나, 한번 날아올랐다 하면 그 훌륭한 날개 덕분에 상당히 멀리까지 날아간다.

머리는 또 얼마나 이상하더냐! 뾰족한 쪽이 공중을 향한 원뿔 머리는 그런 모양으로 굳힌 설탕덩이 같다. 그래서 학명에도 코가 긴(nasuta)이라는 희한한 형용사가 붙여졌다.[3] 삐죽한 머리 꼭대기에 두 개의 커다란 타원형 눈이 반짝이고, 단검처럼 납작하며 뾰족한 더듬이가 두 개 서 있다. 이 긴 칼 모양이 정보수집기관(더듬이)이다. 더듬이 끝을 갑자기 낮추며 구부려서 자기가 염려하던 사물이나 갉아먹을 풀을 검사한다.

이렇게 긴 다리와 이상한 생김새만으로도 이미 별난 녀석인데, 예외적인 메뚜기 취급을 받을 또 하나의 성질이 있다. 즉 대부분의 메뚜기는 평화로운 족속이라 배가 심하게 고파도 자기네끼리는 싸우지 않는데, 유럽방아깨비는 잔인성에도 어느 정도 전념한다. 사육장에 식량이 풍부한데도 식사법이 다채롭다. 그래서 상추에서 쉽사리 고기로 옮아간다. 초식에 싫증이 나면 양심의 가책도 없이 허약해진 동족을 뜯어먹는다.

산란 방식의 정보를 제공하기에 적당한 녀석이 여기에 있다. 사육장에서는 아마도 포

3 지금은 다른 이름으로 정리되었으나 처음 학명은 *Truxalis nasuta*였다.

로 생활의 권태에 따른 착각으로 그랬겠지만, 녀석들은 산란을 결코 땅속에다 하지 않았다. 텅 빈 공중에, 심지어는 높은 천장에 매달려서 낳는 것을 보았다.* 10월 초에 사육장 뚜껑의 철망에 매달려서 아주 천천히 알들을 배출한다. 고운 거품처럼 흘러나와, 즉시 작은 마디들이 멋대로 구부러진 굵은 원통 모양 밧줄처럼 엉긴다. 모두 배출하는 데 거의 한 시간이나 걸린다. 다음, 알 덩이가 땅바닥에 떨어지는데, 어미는 결코 그것에 관심을 갖지 않는다.

산란할 때마다 아주 다양한 모습의 추한 알 덩이가 처음에는 밀짚 같은 담황색이었다가 갈색으로 변하고, 다음 날은 쇳빛으로 변한다. 먼저 분출된 앞부분은 거품뿐이고, 끝 부분만 순수한 양분덩이인데, 거품 껍질 속에 20개가량이 묻혀 있다. 알 색깔은 호박색을 띤 노란색이며, 끝이 뭉툭한 방추형 알집의 길이는 8~9mm이다.

알이 들지 않은 끝 부분 역시 다른 부분과 같은 크기로 난관(卵管)보다 먼저 거품 생성기관이 작용했고, 그 다음 난관이 작용했음을 보여 준다.

유럽방아깨비는 어떤 기계장치가 점성물질에서 거품을 일게 하여, 처음에는 구멍이 숭숭 뚫린 기둥이 만들어지고, 다음은 알들의 쿠션이 되게 했을까? 녀석은 분명히 황라사마귀(*M. religiosa*)의 방법을 알고 있다. 사마귀는 숟가락 같은 밸브로 분비물을 채찍질해서 수플레식 오믈렛처럼 만들었다. 하지만 메뚜기는 거품을 일으키는 작용이 체내에서 일어나, 겉에서는 아무것도 알아낼 수가 없다. 그저 끈끈이가 텅 빈 허공으로 나타나며 거품이 일 뿐이다.

대단히 복잡한 걸작인 사마귀 알집은 어떤 특별한 솜씨가 어미의 명령에 따른 것은

* 풀무치도 가끔 그런 착각을 일으킨다.

아니다. 한 벌의 도구가 활약해서 결정된 알상자는 무척 훌륭하지만, 실은 육신의 막연한 작동의 결과일 뿐이다. 그저 순대처럼 제멋대로 생긴 알집을 배출하는 방아깨비 역시 하나의 기계일 뿐이다. 알집의 생성은 이렇게 저절로 형성되는 것이다.

다른 메뚜기들도 마찬가지로 작은 거품상자에 알을 깔아 놓고, 그 상자를 굴뚝승강기로 연결시킨다. 하지만 별도의 기술은 없다. 어미는 배를 흙 속에 박고 알과 거품 분비물을 동시에 내보낸다. 모든 일이 기관들의 장치에 의해 저절로 정돈된다. 밖에서는 거품물질이 엉기고 흙이 달라붙어 방호벽으로 굳는다. 가운데와 밑에는 알들이 질서 정연하게 깔리고, 위쪽 끝에는 저항력이 없는 거품기둥이 존재한다.

유럽방아깨비와 풀무치 알은 빨리 부화한다. 8월이면 노랗게 변한 풀밭에서 벌써 풀무치 가족이 뛰놀고, 10월이 끝나기 전에 원뿔 머리 방아깨비의 어린것들도 자주 만난다. 하지만 대부분의 종은 알이 든 껍질 상태로 겨울을 나고, 따뜻한 계절이 돌아와야 부

방아깨비 몸길이만 따진다면 우리나라 메뚜기 중 가장 대형이나 풀무치보다 가는 원통형이며, 수컷은 훨씬 더 짧고 홀쭉하다. 가을 벌판에 무척 많은 수컷이 따다닥거리며 날아서 도망쳐, 비슷한 종인 딱다기로 잘못 알기 쉽다.
시흥, 7. IX. '93

화한다. 껍질들은 별로 깊지 않은 땅속에 묻혔는데, 흙이 처음에
는 푸슬푸슬하고 무척 유동적이다. 흙이 이런 상태로 남아 있으면
어린것들이 솟아오르는 데 별로 지장이 없을 것이다. 하지만 겨울
비가 천장을 다져서 단단하게 만든다. 부화는 비록 2인치 깊이에
서 일어나지만, 이미 굳어 버린 땅을 어떻게 뚫고 올라올까? 맹목
적인 어미의 재주가 그에 대해서도 마련해 놓았다.

　메뚜기가 태어나면서 위쪽의 거친 모래와 단단한 흙을 만나는
것이 아니다. 튼튼한 벽에서 어떤 난관도 닥치지 않을 세로 터널
을 발견한다. 터널은 적은 양의 거품으로 짜임새가 느슨하게 막아
놓은 통로이다. 즉 갓난이 애벌레를 지표면 아주 가까이까지 인도
할 굴뚝승강기인 것이다. 거기서 손가락 너비만큼의 장애물다운
장애물을 통과할 일이 남아 있다.

　결국 알 상자 끝 부분의 부속
물 덕분에 솟아오르기는 별
로 힘들이지 않고 이루어진
다. 땅속에서 행해지는 탈출
과정을 관찰하려고 유리관에서
실험했다. 만일 알집에서 해방
용 부속물을 떼어 버리면, 거
의 모든 갓 난 애벌레가 1인
치가량의 흙에 지쳐서 죽는
다. 하지만 굴뚝승강기가 달린
온전한 상태로 놔주면 햇빛을 보게
된다. 메뚜기 알집은 비록 곤충의 지능

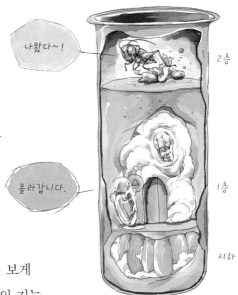

이 개입되지 않은 육신의 기계적 생성물일망정, 무척 잘 구상되었음을 인정해야 한다.

굴뚝승강기의 도움으로 지표면 아주 가까이 도달한 어린 메뚜기는 완전히 해방되기 위해 어떻게 할까? 녀석에게는 대략 손가락 너비 두께의 흙층을 뚫고 갈 일이 남았는데, 갓 태어난 피부로는 이마저 무척 힘든 일이다.

필요한 인내력만 있으면 좋은 시기, 즉 봄철이 끝날 무렵에 유리관에서 사육되는 알껍질이 해답을 준다. 내 호기심을 풀기에 가장 적합한 녀석은 청날개메뚜기였다.

아주 작은 이 동물이 껍질에서 빠져나올 때는 희끄무레하며 엷은 다갈색이 약간 감돈다. 녀석들은 연동(蠕動)운동으로 진행되는 전진에서, 가능한 한 방해를 줄이려고 미라 상태로 부화한다. 어린 여치처럼 임시 외투를 걸치고 나오는데, 외투가 더듬이, 수염, 다리 따위를 가슴과 배에 찰싹 붙여 놓았다. 머리까지도 무척 구부렸다. 뒷다리 넓적다리마디도 다른 다리들과 나란히 정돈되었는데, 아직은 형태가 정해지지 않아 짧게 꼬인 것처럼 보인다. 탈출 도중 다리들이 조금 빠져나오고, 뒷다리는 일직선으로 뻗어서 굴착의 받침점을 제공한다.

구멍을 빠져나오는 도구는 여치처럼 목덜미에 부풀었다 꺼졌다 하는 헤르니아가 있는데, 이것이 규칙적으로 팔딱거리며 기계의 피스톤처럼 장애물에 부딪친다. 그야말로 연한 목덜미에서 작은 오줌보가 부싯돌과 싸우는 격이다. 점성물질의 작은 병이 거친 광물과 싸우다 지친 모습을 보니 불쌍한 생각이 든다. 그래서 뚫고 나와야 할 흙을 조금 적셔서 도와준다.

내 참견에도 불구하고 진행이 너무 힘들다. 지칠 줄 모르는 녀석이지만 한 시간에 겨우 1mm를 전진했다. 가엾은 꼬마야, 그 얇은 흙층, 내가 부어 준 자비로운 물방울에 젖은 흙층을 뚫어 통로를 내기 전에, 너는 얼마나 수고를 해야 하며, 얼마나 끈질기게 목덜미로 치고, 또 얼마나 허리를 꼬아야 한단 말이더냐!

별로 효과가 없는 그의 노력이, 세상에 나오기란 참으로 엄청난 일임을 충분히 증명한다. 어미가 만들어 준 터널승강기의 도움이 없었다면, 탈출 도중 대부분이 쓰러질 것이다.

물론 같은 연장을 가진 여치는 굴착 작업이 정말로 훨씬 더 어렵다. 녀석의 알도 탈출로를 미리 마련해 놓지 않은 상태로 땅속에 낳게 된다. 따라서 선견지명 없는 녀석들의 사망률은 무척 높을 게 틀림없다. 분명히 탈출 과정에서 많은 무리가 죽을 것이다. 여치는 비교적 드물고 메뚜기는 엄청나게 많은 것이 이를 증언한다. 하지만 양쪽의 산란 수는 별로 차이가 없다. 메뚜기는 사실상 20개 정도의 알이 든 알집 하나에서 그치지 않고, 둘, 셋, 또는 더 많이 땅속에 묻는다. 그래서 알의 수 전체는 여치, 중베짱이, 기타 다른 종의 알 수와 비슷하다. 소형 사냥감 잡아먹기를 무척 즐기며, 알은 많이 낳지만 솜씨는 떨어지는 여치처럼 세력을 키워 가며 번성하는 것은 훌륭한 발명품, 즉 탈출탑의 덕택이 아닐까?

며칠 동안 무기 대신 목덜미의 격퇴 기구를 사용한 이 작은 동물에 대해 한마디 더해 보자. 마침내 녀석이 밖으로 나왔다. 그 많은 노고 끝에 기운을 회복하려고 잠깐 쉰다. 그러다가 갑자기 벌렁벌렁하는 오줌보에 밀려서 임시 외투가 터진다. 이 누더기는 제일 마지막에 빠져나오는 뒷다리에 의해 뒤로 밀려난다. 됐다. 꼬마는 이제 자유로워졌다. 아직 빛깔은 연해도 결정적인 어린 곤충의 형태는 갖추었다.

그때까지 일직선으로 뻗어 있던 뒷다리들이 곧 정상 자세를 취한다. 정강이가 굵은 넓적다리마디 밑으로 굽혀지고, 용수철이 작동할 준비를 갖추었다. 용수철이 작동한다. 메뚜기, 어린 메뚜기가 세상으로 들어와 첫번째로 뛰어올랐다. 나는 녀석에게 손톱만한 상추 조각을 준다. 녀석은 거절한다. 영양을 취하기 전에 얼마 동안 햇볕에 익혀야 하기 때문이다.

방금 나는 감동적인 장면을 보았다. 메뚜기(Criquet: Acrididae)의 마지막 허물벗기, 즉 어린 곤충을 속박했던 감옥에서 성충을 빼내는 일을 본 것이다. 참으로 멋지다. 관찰된 곤충은 이곳 메뚜기 중 가장 형체가 크며, 9월의 포도 수확 때 포도밭에서 자주 보이는 풀무치(L. migratoria)*였다. 덩치가 손가락만 해서 다른 메뚜기보다 관찰하기가 좋았다.

완전한 성충의 촌스러운 초벌그림인 어린 곤충은 몸이 뚱뚱해서 보기가 싫으며, 색깔은 대개 연한 초록색이다. 하지만 푸른 초록색, 지저분한 노란색, 다갈색, 또는 성충처럼 회색 복장을 한 녀석도 있다. 앞가슴에는 강한 용골돌기와 톱니 모양이 있고, 흰색 무사마귀 같은 점무늬가 뿌려져 있다. 뒷다리는 성충의 뒷다리처럼 힘이 세고, 붉은 줄무늬를 가졌으며 굵은 넓적다리마디와 두 줄의 긴 톱날 모양인 종아리마디가 있다.

며칠 뒤에는 배 끝을 덮고도 남을 두툼날개가 지금은 빈약한 날개의 끝자락처럼 삼각형이다. 위는 양쪽 것이 서로 맞닿았고, 그

앞은 앞가슴의 용골돌기와 이어진 모
습이며, 끝은 뾰족한 차양처럼 쳐
들렸다. 옷감을 아끼느라 가장자
리를 잘라 낸 것처럼 우스꽝스
럽다. 다시 말해 두텁날개는
벌거벗은 등이 시작된 곳만
겨우 가려 주었다. 그 밑에는
가는 가죽끈 같은 것이 숨겨
져 있는데, 이것들은 훨씬
작지만 장차 뒷날개가 될
것이다.

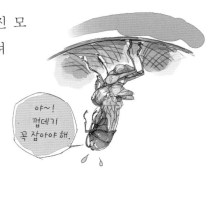

야~!
껍데기
꼭 잡아야 해.

　결국 곧 호화롭고 날씬한 날개
의 후보들이 지금은 너무 인색해서 조롱거리인 누더기 조각이다.
이런 볼품없는 케이스에서 무엇이 나올까? 넓고 멋져서 놀라운 것
이 나온다.

　진행과정을 자세히 살펴보자. 탈바꿈할 만큼 성숙했음을 느낀
곤충은 뒷다리와 가운데다리로 사육장 뚜껑의 철망에 매달린다.
앞다리는 구부려 가슴 위에 교차시켜서 등을 아래로 향해 벌렁 누
운 자세의 곤충을 잡아 주는 일에는 참여하지 않는다. 두텁날개의
케이스인 삼각형은 뾰족한 양끝이 열리며 벌어진다. 드러난 부분
에서 뒷날개의 원조들이 일어서며 조금 갈라진다. 이렇게 해서 안
전성이 갖춰진 다음 가죽 벗기 자세가 취해졌다.

　먼저 낡은 피막을 터뜨려야 한다. 가슴딱지의 등 쪽인 앞가슴의
뾰족한 지붕 모양 아래층에서 부풀었다 꺼졌다 하는 박동이 일어

난다. 비슷한 작동이 목덜미 앞쪽에서도 일어나는데, 아마도 부숴야 할 딱지가 덮인 곳은 모두 그 밑에서 박동할 것이다. 막이 얇아서 가려진 게 없는 관절부는 그 박동을 알아볼 수 있으나, 가슴딱지와의 중간층에서는 보이지 않는다.

거기는 곤충이 저장한 혈액이 파도처럼 몰려온 곳이다. 즉 밀물처럼 올라오는 수격(水擊) 양수기의 타격을 보여 준 셈이다. 이렇게 체액이 미는 바람에, 즉 조직체가 이렇게 에너지를 집중시켜 주입하는 덕분에 그곳의 껍질이 늘어난다. 마침내 생명의 미묘한 예견으로 준비된 선, 즉 저항이 덜한 선을 따라 껍질이 깨진다. 찢어진 선이 앞가슴 전체에 걸쳐서 약간 벌어진다. 용골돌기의 위는 좌우대칭인 두 반쪽짜리 이음매인 셈이며, 이 이음매가 벌어진다. 다른 부분은 모두 질긴 껍질이라, 갈라짐은 약해서 잘 찢어지게 되어 있는 선에게 양보한 것이다. 벌어진 틈이 차차 뒤쪽으로 늘어나면서 날개들의 연결부 사이로 내려온다. 그러다가 다시 머리 위로 올라가서 더듬이 밑동까지 가고, 거기서 짤막하게 좌우로 갈라진다.

이 틈으로 아주 말랑말랑하고, 겨우 잿빛이 도는 연한 색깔의 등이 드러난다. 등은 천천히 부풀어 올라 점점 혹처럼 되었다가 이제 완전히 빠져나왔다.

다음은 탈에서 완전히 빠져나온 머리가 보인다. 탈은 세밀한 기관들까지 온전하게 유지된 상태로 제자리에 남아 있다. 하지만 커다란 눈은 전혀 못 보는 유리알처럼 이상한 모양이다. 더듬이 집은 주름도 없고, 비틀린 것도 없이 타고난 자세대로 반투명해졌는데, 마치 죽은 것 같은 그 얼굴에 그대로 붙어 있다.

더듬이가 이제는 빈틈없이 정확하게 둘러쌌던 대단히 좁은 상자에서 빠져나오는데, 그렇게 가는 것이 상자를 뒤집거나, 변형시키거나, 또는 적어도 주름이라도 질 만큼의 저항조차 받지 않는다. 그 많은 마디를 강제로 빼내는 것이 아니다. 역시 그만한 부피의 내용물이었으나, 마치 곧고 매끈한 물건이 불편하지 않을 만큼 넓은 집에서 미끄러져 나오듯이 쉽게 빠져나온다. 이 탈출 장치가 뒷다리의 경우는 더욱 놀랍다.

이제는 앞다리, 다음은 가운데다리가 허물을 벗어 던질 차례다. 미미한 찢어짐이나 구겨진 옷감처럼 주름도 없이, 즉 자연자세를 흩뜨린 흔적이 전혀 없이 완장과 가죽장갑을 벗어 버릴 것이다. 이때는 긴 뒷다리의 갈고리 발톱만 사육장 천장에 매달렸다. 머리를 아래로 향해 수직으로 매달렸는데, 철망을 건드리면 시계추처럼 흔들린다. 아주 미세한 갈고리 네 개가 녀석의 매달린 몸 전체를 지탱하고 있는 것이다.

만일 갈고리들이 견디지 못하고 벗겨지는 날이면 큰일이다. 넓은 공간이 아니면 엄청나게 큰 날개를 펼치지도 못하고 죽을 것이니 말이다. 하지만 그 갈고리들은 잘 견뎌 낼 것이다. 생명은 떠나기 전에 후대가 이어지도록 준비되어 있다. 그래서 허물벗기를 끄떡없이 견뎌 낼 수 있도록 발톱을 빳빳하고 단단하게 만들어 놓았다.

이제 두텁날개와 뒷날개가 나오는데, 마치 가는 끈처럼 좁은 넝마 조각 같고, 우툴두툴한 종이에 희미하게 골이 파인 모습이다. 이때의 길이는 완성된 날개의 1/4도 안 된다.

지금의 날개들은 너무 물러서 제 무게를 이기지 못하고 꺾인다. 그래서 정상과는 반대 방향, 즉 곤충의 옆구리를 따라 늘어진다.

뒤쪽으로 향해야 할 날개 끝이 지금은 거꾸로 매달린 벌레의 머리를 향한 것이다. 비록 미래에는 비상 기구일망정, 이 초라한 날개 묶음이 지금은 소나기를 맞아 꺾인 부챗살처럼 보이는 네 개의 작은 풀잎 모양이다.

모든 다리와 날개는 틀림없이 완성품으로 인도되려는 심오한 과정이 진행 중일 것이다. 내면의 진행이 액체성 점액을 단단하게 해주며, 아직 형태가 안 갖춰진 것을 정돈해 주는 작업이 충분히 시작될 단계에 와 있다. 그러나 이 신비로운 실험실에서 진행되는 작업이 겉으로 드러난 것은 아직 아무것도 없다. 모든 것이 꼼짝도 않는 것 같다.

그러는 동안 뒷다리가 빠져나온다. 넓적다리마디가 나타나는데, 안쪽 면은 연한 분홍빛을 띠지만 곧 선명한 카민 색으로 물들 것이다. 이 마디는 기부의 면적이 넓어서 좁은 소맷자락에서 길을 트고 나오기가 쉽다.

하지만 종아리마디의 경우는 사정이 다르다. 성충일 때는 마디 전체에 걸쳐서 날카롭고 단단한 가시 두 줄이 돋아났다. 게다가 끝의 아래쪽에 튼튼한 며느리발톱 4개가 있다. 가시는 평행으로 달려서 진짜 톱날 같고, 너무도 강해서 작지만 않다면 석공의 거친 톱날과 비교될 정도이다.

애벌레의 종아리마디도 똑같은 구조여서 역시 그렇게 사나운 형태의 케이스에서 빠져나와야 한다. 다시 말해 개개의 며느리발톱, 개개의 톱니가 똑같이 생긴 며느리발톱이나 톱니 안에 끼여 있는 것이다. 이 거푸집들은 어찌나 빈틈이 없던지, 벗어 버릴 껍질 대신 붓으로 바니시를 한 겹 칠해도 이보다 더 밀접하게 접촉시키지는 못할 정도이다.

이렇게 톱처럼 생긴 종아리마디가 그 좁고 긴 거푸집의 어디에도 아주 작은 홈집 하나 내지 않고 빠져나온다. 그 모습을 다시 확인하지 않았다면, 나는 그것을 믿을 용기가 없었을 것이다. 벗어 던진 각반(脚絆, 종아리싸개)은 전체가 완전히 말짱했다. 끝에 달린 며느리발톱도, 두 줄의 가시도, 정교한 거푸집도 쏠지 않았다. 입김에도 완전히 찢어질 만큼 연약한 집인데, 벗어난 톱날은 그 모든 부분을 존중했다. 거친 쇠스랑이 전혀 긁힌 자국을 남기지 않고, 그 속에서 미끄러져 나온 것이다.

나는 이런 결과를 전혀 기대하지 않았다. 가시 돋힌 갑옷이라는 생각에서 피부의 각피처럼 저절로 떨어지거나, 문지르면 부서져 나가는 비늘 모양의 허물에서 빠질 것이라고 생각했었다. 그런데 현실은 내 예상을 넘어섰고, 이 얼마나 엄청난 초월이더냐!

얇은 막의 거푸집 속 며느리발톱과 가시들, 즉 연한 나무라도 자국을 낼 만큼 톱날 모양인 며느리발톱이나 가시들이 아무런 불편도 없이 부드럽게 빠져나온다. 벗어 던진 헌 옷은 조금도 구겨지거나 찢어짐이 없이, 여전히 그 발톱으로 사육장 천장에 매달려 있다. 확대경으로 살펴보아도 거칠게 노력한 흔적이 없다. 얇은 껍질의 죽은 각반이 살아 있는 다리와 아주 세밀한 부분까지 똑같은 형태로 남아 있는 것이다.

누가 우리더러 강철 위에 얇게 찰싹 달라붙은 거푸집에서 톱날을 빼내되, 찢어지는 곳이 전혀 없도록 하라면 대답 대신 웃어 버릴 것이다. 분명히 그 일은 그만큼 불가능한 것이다. 생명은 이런 불가능을 조롱한다. 생명은 필요하다면 불합리한 것도 실현하는

메뚜기의 허물벗기

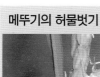

1. 많이 자란 애벌레가 벼 줄기에서 허물을 벗는다. 2. 허물을 다 벗었다.
시흥, 5. VIII. '93

3. 종령 애벌레가 마지막 허물을 벗는다.
4. 허물을 다 벗자 날개가 나온다.
5. 날개를 펼친다.
6. 허물벗기가 끝나고 몇 시간 뒤 벼 이삭으로 옮겨 갔다. 시흥, 13. VIII. '93

방법을 가졌음을 메뚜기의 다리가 알려 주었다.

똑같이 단단한 거푸집에서 일단 나왔으면, 톱날 모양의 정강이가 자신을 꼭 죄고 있는 집을 산산이 부수어 버리지 않고는 절대로 나오기를 거부할 것이다. 이럴 경우는 난관을 우회해야 할 것이다. 완전히 해방될 때까지 매달려야 하는 유일한 끈, 즉 각반이 든든한 받침점을 제공하도록 온전하게 남아 있는 것이 절대로 필요 불가결할 테니 말이다.

탈출 중인 다리가 걷기에는 부적당하다. 곧 단단해지겠으나 아직은 아니며, 오히려 연해서 얼마든지 휠 수 있다. 사육장 뚜껑을 기울여 보면, 밖으로 나온 부분이 제 무게로 휘는 게 보인다. 가는 탄성 고무줄도 그보다 더 유연하지는 않다. 하지만 몇 분 만에 적당히 빳빳해져서 다리의 강화가 빠르게 진전됨을 알 수 있다.

껍질에 가려서 보이지 않는 다리의 앞부분은 분명히 더 연하며 탄력성이 있을 것이다. 거기는 거의 흐르는 액체의 유동성을 지녀, 힘든 통로를 쉽게 통과할 것이라는 말을 하련다.

정강이에는 톱니들이 있으나, 잠시 뒤 같은 거침은 없다. 주머니칼로 허물의 일부를 벗기고 가시를 빼낼 수 있다. 그것은 가시의 연한 싹이며 봉오리들이다. 아주 작은 압력에도 휘었다가, 압력이 없어지면 곧 뚜렷한 제 모습으로 되돌아온다.

이 가시들은 빠져나올 때 뒤로 눕는다. 그랬다가 나온 다음 다시 일어서며 단단해진다. 나는 완성된 정강이를 가려 놓았던 그 갑옷인 각반 벗기만 본 것이 아니다. 신속함이 또다시 우리를 당황시킨 일종의 탄생을 목격한 것이다.

가재의 집게 역시 허물을 벗을 때는 연한 살덩이 모습의 두 가락을 거의 이렇게, 그러나 훨씬 더 미묘하고 정확하게, 이전의 단단한 집에서 빼낸다.

마침내 긴 정강이가 자유로워졌다. 이제 넓적다리마디의 홈 속에서 움직임 없이 굳으려고 그 홈으로 부드럽게 구부러져 들어간다. 배가 허물을 벗는다. 겉옷이 주름 잡히며 구겨지고, 배 끝을 향해 올라가는데, 그 끝만 아직 얼마간 헌 옷 속에 남아 있다. 이 부분 말고는 메뚜기 전체가 허물을 벗었다.

지금은 속이 빈 각반의 발톱으로 철망에 고정되어 있다. 이 4개의 갈고리는 머리를 아래로 향하고 수직으로 매달려서, 그토록 치밀하고 장시간의 해방이 계속되는 동안 줄곧 붙잡은 것을 놓지 않았다. 그만큼 빼내기가 섬세하고 조심성 있게 진행된 것이다.

곤충은 헌 누더기의 뒤쪽에 고정되어 움직이지 않았다. 배가 지나치게 불룩한데, 분명히 곧 확장될 뒷날개와 두텁날개를 조직하려는 체액이 저장되어 팽창했을 것이다. 메뚜기가 지금은 쉬고 있다. 피로를 회복하는 중이다. 20분 정도 지났다.

매달렸던 곤충이 등줄기의 힘으로 몸을 일으키고, 앞다리의 발목마디로 위쪽에 걸린 누더기를 잡는다. 발로 그네의 가로막대에 매달린 곡예사가 몸을 일으킬 때도 이렇게 대단한 허리힘을 발휘하지는 않는다. 이렇게 강력한 곡예 뒤의 나머지 일들은 이제 아무것도 아니다.

움켜잡은 받침을 이용해서 조금 올라오자 사육장의 철망을 만난다. 철망은 야외에서 탈바꿈할 때 이용되는 덤불인 셈이다. 앞쪽 네 다리로 거기에 꼭 달라붙는다. 이제 배마저 해방된다. 그러자 마지막 충격에 흔들린 허물이 땅으로 떨어진다.

이렇게 떨어져서 내 흥미를 끌었다. 매미의 허물은 그 거점이던 가지에 끈질기게 붙어 있었고, 겨울바람까지 견뎌 냈던 생각이 난다. 메뚜기의 변모도 매미와 거의 비슷하게 진행되었는데, 어째서 메뚜기는 매달림 점이 이렇게 튼튼치 못하게 만들어졌을까?

모두가 흩어질 것으로 생각되었던 해방 활동을 끝내기 전까지 이 갈고리들은 잘 견뎌 냈다. 그런데 활동이 끝나자마자 미약한 충격을 견디지 못한다. 결국 거기에는 어떤 무척 불안정한 평형이 있어서, 곤충이 그 집에서 얼마나 섬세하고 정확하게 빠져나오는지를 다시 한 번 증명해 주는 셈이다.

적당한 용어가 없어서, 지금까지 나는 빠져나왔다는 말을 썼다. 이 말에는 폭력성이 내포되었지만 반드시 그런 것은 아니다. 평형의 불안정에 폭력이 존재할 수는 없다. 혹시 힘을 쓰다 불안정해서 메뚜기가 떨어지는 날이면 끝장이다. 그 자리에서 말라 버리거나, 적어도 날개가 펴지지 않아 초라한 넝마의 모습으로 남을 것이다. 메뚜기는 집에서 빠져나온 것이 아니라, 살짝 흘러나온 것이다. 부드러운 용수철 집이 녀석을 몰아냈다고 해야 할 것이다.

집에서 빠져나와 겉으로 드러났으나 진전을 보이지 않는 겉날개와 뒷날개 이야기를 다시 해보자. 이것들은 아직도 가로의 가는 홈들이 있는 몽당날개이며, 거의 끈 토막 모습이다. 날개의 확장은 세 시간도 넘게 계속되며, 맨 마지막에 이루어진다. 이제는 곤충이 완전히 껍질을 벗었고, 자세도 정상이다.

방금 메뚜기가 머리를 위로 향하며 몸을 뒤집어 세우는 것을 보았다. 이렇게 뒤집기만으로도 두텁날개와 뒷날개가 본래의 위치로 돌아간다. 이것들은 그야말로 나긋나긋해서 제 무게로 끝이 구부러져 곤충의 머리 쪽으로 향하고 있었다. 그런데 지금도 제 무게로 바로잡혀 정상인 방향을 잡게 되었다. 이제는 더 이상 꽃잎처럼 구부러지지도, 위치가 바뀌지도 않는다. 그렇다고 해도 그 초라한 모습에서 변한 것은 없다.

완성된 상태의 뒷날개는 부채 모양이다. 한 뭉치의 튼튼한 방사상 세로맥이 펼쳐졌다. 맥은 돛처럼 다시 접히기에 적당한 뼈대를 제공한다. 그 사이사이에 가늘게 가로지른 살(맥)들이 수없이 많이 늘어서서, 전체가 사각형 방들로 구성된 그물을 만들어 놓았다. 거칠고 훨씬 덜 펼쳐진 두텁날개 역시 이런 그물구조이다.

뒷날개든, 두텁날개든, 아직은 그물코 모양의 구조가 전혀 보이지 않는다. 모두가 몇 개의 주름과 고랑뿐인 몽당날개들로, 교묘하게 접어서 부피가 바짝 줄어 오그라든 모습이다.

이런 천들의 펼쳐짐은 어깨 근처에서 시작된다. 처음에는 잘 구별되지 않던 것에서 곧 멋있고 분명한 그물로 나뉜 반투명 공간이 보인다. 이 공간은 확대경의 도움을 받아야 할 정도로 조금씩, 조금씩, 아주 느리게, 불분명한 형태의 똬리를 소비해 가며 넓어진다. 두 부분의 경계를, 즉 열리는 중인 똬리와 이미 열린 얇은 베일 사이를 계속 들여다보았으나 소용없었다. 물결 속에서는 아무것도 안 보이듯이, 여기서도 전혀 안 보인다. 그러나 잠깐만 기다려 보자. 그러면 바둑판무늬의 천이 아주 분명하게 나타날 것이다.

이 첫 조사만으로는 참말로 조직될 유동물질이 갑자기 엉겨서 그물 모양의 날개맥이 된다고 말할 것이다. 그렇게 급작스러워서 현미경 슬라이드 위에서 소금 용액의 결정 작용과 비슷한 작용을 보는 것으로 착각할 정도였다. 그런데 그게 아니었다. 작업이 그렇게 진행되도록 마련된 것이 아니었다. 생명은 작업을 그렇게 급작스럽게 하는 법이 없다.

이번에는 절반쯤 확장된 날개를 떼어 내, 강력한 현미경의 눈으로 검경해 보고 만족할 수 있었다. 확장됨에 따라 그물이 짜이는 것 같았던 경계선에 실제로 그물이 미리 존재하고 있었다. 거기서 굵은 세로맥이 아주 잘 확인된다. 빛깔이 엷고 뚜렷하지는 않았으나 가로지른 살들도 보였다. 얼마간 더 펼쳐질 두툼한 똬리에서 모든 맥을 다시 볼 수 있었다.

이제 알았다. 날개는 생식력의 에너지가 북을 왕래시키는 베틀에 걸쳐진 피륙이 아니라 이미 완성된 피륙이다. 날개의 완성에는 속옷에 풀을 먹여 다림질하듯, 펴짐과 빳빳해짐을 잊지 않았다.

확장 작업은 세 시간도 넘게 걸려서 끝났다. 뒷날개와 두텁날개가 메뚜기의 등 위에서 엄청나게 큰 돛처럼 일어섰는데, 매미의 날개도 처음에는 그랬듯이 이것들도 처음에는 색깔이 없거나 엷은 초록색이다. 날개의 표시였던 처음의 초라한 꾸러미를 되돌아보면, 이렇게도 넓은 것에 감탄하게 된다. 이토록 많은 천이 어떻게 그 안에 들어 있을 수 있었을까?

동화에서 어느 공주의 속옷감이 들어 있던 삼 씨앗 이야기가 나온다. 그런데 여기는 훨씬 더 놀라운 씨앗이 있다. 삼 씨가 싹트고 증산되어, 마침내 혼수에 필요한 천을 얻는 데는 여러 해가 걸렸다. 그런데 메뚜기 씨앗은 짧은 시간에 호화로운 날개를 제공했다.

넉 장의 판자처럼 일어선 이 훌륭한 꼭대기장식이 천천히 단단해지며 빛깔을 띠게 된다. 다음 날은 필요한 정도로 색깔이 물들었고, 처음으로 부채처럼 접혀서 제자리에 눕는다. 두텁날개는 바깥 가장자리를 처마처럼 구부려서 옆구리를 내리덮는다. 탈바꿈이 끝났다. 이제 굵은 메뚜기가 할 일은 햇빛의 기쁨 속에서 단단해지기와 회색 복장을 갈색으로 갈아입는 것뿐이다. 녀석이 행복을 누리도록 놔두고, 좀 전으로 돌아가 보자.

가운데 용골돌기를 따라서 앞가슴이 터진 다음, 거기서 나온 4개의 몽당날개에는 방금 본 것처럼 그물맥이 갖춰졌다. 그물이 완전하지는 않았어도, 적어도 수없이 많은 세부적, 전반적 설계 도면은 이미 결정되어 있었다. 초라한 꾸러미를 펼쳐서 호사스런 날개로 완성시키는 과정에는 펌프질 기관이 미리 마련된 미세관을 통해서 체액의 물결을 들여보내면 된다. 체액은 모든 순간 중 가장 힘든 이 순간을 위해 비축해 둔 것이다. 미리 열어 놓은 미세관, 그리고 체액의 주입이 날개가 펼쳐짐을 설명한다.

하지만 아직 집 안에 갇혀 있을 때의 천 조각 넉 장은 도대체 무엇이었을까? 애벌레 시절에 끝이 삼각 주걱 모양이던 날개는 미래의 두텁날개와 뒷날개를 원형대로 만들 그물용 주름, 잔주름, 고랑 따위를 가진 거푸집이었을까?

만일 그것들이 실제로 거푸집이었다면, 우리는 정신을 좀 쉬어가며 휴식할 수 있다. 이렇게 말해 보자. 거푸집에서 만들어진 물건이 그 구멍들과 일치한다면 아주 간단한 일이다. 하지만 이제는 그 거푸집의 기원이 너무 복잡해서 풀 수 없는 문제이니, 우리의 정신적 평화는 표면적일 뿐이다. 우리는 그렇게 높이까지 올라가지는 말자. 거기의 모든 것은 암흑일 테니, 우리는 관찰할 수 있다는 사실에 만족하자.

탈바꿈할 만큼 성장한 녀석의 날개를 확대경으로 조사해 보았다. 제법 굵고 부채꼴로 파인 날개맥 다발이 보이며, 그 사이사이에 엷은 빛의 가는 맥들이 끼여 있다. 결국 훨씬 섬세한, 아주 짧고 많은 세로줄이 팔꿈치처럼 구부러져 네모꼴을 이룬 피륙이 완성되어 있었다.

이것이 개략적인 미래의 두텁날개의 희미한 윤곽이다. 하지만 완성된 날개와는 얼마나 차이가 크더냐! 건물의 뼈대인 맥들의 방사상 배치가 전혀 다르다. 세로맥들로 짜인 그물은 미래의 복잡성을 전혀 보여 주지 않았다. 하지만 불완전함에 무한한 복잡함이 뒤따르고, 거침에서 완전한 훌륭함이 뒤따랐을 것이다. 작은 혀 모양이던 뒷날개와 이 결과물에 대해서도 똑같이 지적할 수 있다.

준비 상태와 결정 상태를 동시에 놓고 보면 완전히 명백해진다. 애벌레의 몽당날개는 자신을 닮은 물건이나 구멍들의 본에 따라 두텁날개를 만들어 내는 단순한 거푸집이 아니었다.

그렇다. 대기 중인 막의 형태, 즉 확장 뒤의 넓이와 극도의 복잡성으로 우리를 놀라게 할 꾸러미 형태의 막으로 들어 있지는 않았다. 아니, 더 정확하게 말하면, 그 안에 들어 있었어도 잠재 상태로 있었다. 그것이 실제의 물건이 되기 전에는 아무것도 아니었으나 완성품의 잠재적 물질이었다. 마치 참나무가 도토리 속에 들어 있듯이, 그 안에 존재한 것이다.

반투명하며 가늘게 부풀어 오른 똬리가 얇은 주걱 모양의 뒷날개와 두텁날개의 가장자리에 둘러쳐졌다. 거기를 크게 확대해 보면 미래 레이스의 희미한 윤곽이 보인다. 이것은 생명이 그 재료를 움직일 작업장일 수도 있다. 그 이상은 보이는 것이 전혀 없었다. 개개의 그물이 곧 기하학적 정확성을 가진 결정적 형태라던

가, 제자리를 차지할 것으로 예측시켜 줄 만한 것은 아무것도 없었다.

따라서 조직하려는 물질은 넓은 천의 형태를 취한 다음에 빠져나올 수 없는 날개들과, 그 맥상을 그리기 위한 거푸집보다 훨씬 고차원의 훌륭한 것을 갖췄다. 각 원자에게 정확한 위치를 전해 줄 원형 설계도와 이상적 견적서를 가진 것이다. 물질이 움직이기 전에 이미 잠재적 윤곽이 그려졌고, 유동물질이 흘러갈 통로도 벌써 조절되어 있었다. 우리 건축물의 석재는 건축가의 설계에 따라 배열되는데, 실제로 그것들을 모으기 전에 생각으로 모은다.

그와 마찬가지로 초라한 집에서 솟아난 호화로운 레이스인 메뚜기의 날개도 생명이 거기 맞추어 작업하도록 설계도를 만드는 또 다른 건축가였음을 말해 준다.

여러 존재의 발현은 우리의 명상에 무한한 방식으로, 즉 메뚜기의 놀라운 사건보다 훨씬 놀라운 사건을 제공한다. 하지만 그것은 시간이라는 베일에 가려져서, 대개는 눈에 띄지 않고 지나간다. 신비로운 일은 느리게 진행된다. 그래서 우리의 정신이 꾸준한 인내력을 갖지 않으면, 그 느림 덕분에 가장 놀라운 광경이 눈에 띄지 않게 된다. 여기서는 사건들이 예외적으로 빠르게 이루어져서, 주춤거림 역시 주의를 끌게 한다.

생명이 얼마나 상상할 수도 없을 만큼 교묘하게 일하는지, 지루한 기다림 없이 조금 보고픈 사람은 포도밭의 풀무치를 찾아보면 될 것이다. 녀석은 지나친 느림보이다. 그래서 우리 호기심에 감춰진 씨앗의 싹트기, 터지는 잎, 조직되는 꽃을 보여 줄 것이다. 풀이 자라는 것은 볼 수 없다. 하지만 메뚜기의 두텁날개와 날개가 돋아나는 것은 아주 잘 보인다.

몇 시간 만에 화려한 삼베가 되는 삼 씨앗의 이 희한한 마술 환등을 보고 대단히 놀라게 된다. 아아! 별것도 아닌 저 곤충 중 하나인 메뚜기가, 날개를 짜려고 북을 이리저리 번갈아 보내는 생명이라는, 정말로 대단한 예술가이다. 이 곤충에 대해 플리니우스(Plinius)[1]가 벌써 이런 말을 했다.

거의 아무것도 아닌 이 작은 곤충 안에 어떤 힘, 어떤 지혜, 얼마나 풀 수 없는 완전함이 들어 있더냐!

(*In his tam parvis, fere nullis, quæ vis, quæ sapientia, quam inextricabillis perfectio!*)

옛날 박물학자가 이번에는 얼마나 훌륭한 영감을 받았더냐! 우리도 그와 함께 이렇게 되풀이하자. "포도밭의 풀무치가 방금 보여 준 그 작고 깊은 구석에 어떤 힘, 어떤 지혜, 얼마나 풀 수 없는 완전함이 들어 있더냐!"라고.

생명을 물리적 힘과 화학적 힘의 알력에 지나지 않는다고 생각하는 어느 유식한 연구자의 공식 용어처럼, 원형질(原形質)이라는 조직능력물질을 어느 날 인위적으로 얻을 희망을 버리지 않았다는 말을 들었다. 내가 그럴 능력만 있다면, 서둘러서 그 야심가를 만족시키겠다.

그럼, 좋다. 그대는 원형질을 완전히 마련했다. 많이 명상하고, 깊이 연구하고, 세심한 정성을 기울이고, 변치 않는 인내심을 보였기에, 그대의 소원이

1 로마 박물학자. 『파브르 곤충기』 제2권 109쪽 참조

이루어졌다. 그대는 쉽게 썩고 며칠만 지나면 대단히 역한 냄새를 피우는 단백질 점액을, 즉 더러운 것을 그대의 장치에서 뽑아냈다. 그대는 그 생성물을 어떻게 할 것인가?

그것에 유기적 형태를 부여할 수 있을까? 살아 있는 물체의 구조를 줄 수 있을까? 프라바즈(Pravaz)[2]의 주사기로는 접촉되지 않을 만큼 얇은 두 조각 사이에 그것을 주입해서, 하다못해 날파리 날개라도 얻을 것인가?

메뚜기는 거의 그렇게 한다. 원형질을 작은 날개의 얇은 두 잎 사이에 주입한다. 그 원형질은 거기서 방금 제시한 이상적 원본의 안내자를 만나서 두텁날개가 된다. 그 물질은 흘러들 미궁 속에서 자리 잡기 전에, 그보다 앞선 어느 설계도에 지배된다.

형태를 조절하는 이 원형질, 이것의 가장 중요한 조절 장치를 그대는 그대 주사기에 가졌는가? – 안 가졌다.– 자, 그렇다면 그대의 생성물을 집어치워라. 그 화학적 요물에서는 결코 생명이 솟아나지 못할 것이다.

---

2 Charles. 1791~1853년. 프랑스의 물리학자. 피하 주사기를 발명했다.

18 소나무행렬모충나방 –
산란과 부화

이 송충이 이야기는 이미 레오뮈르(Réaumur)가 쓴 글이 있다. 그러나 이 대가가 연구하던 상황에서는 피할 수 없는 결함이 있는 글이다. 그의 재료는 아주 먼 보르도(Bordeaux) 랑드(Landes) 지방에서 역마차로 전달되었다. 이렇게 낯선 땅으로 온 곤충은 박물학자에게 일부가 누락된 자료밖에 제공하지 못했다. 그래서 그 자료에는 곤충학의 기본적 매력인 생활사에 대한 세밀한 내용이 많이 빠졌다. 습성 연구는 그 행위의 연구 대상 곤충이 완전히 유리한 환경에서 사는 경우, 바로 그곳에서 오랫동안 관찰할 필요가 있다.

따라서 프랑스의 서남쪽 끝에서 온 애벌레들은 파리(Paris)의 기후에 생소했고, 이런 재료로는 레오뮈르가 많은 사실, 그것도 가장 흥미로운 사실들을 몰랐을 염려가 있다. 실제로 그는 그런 일을 당했고, 나중에 또 다른 외지 손님인 매미 때도 똑같은 일을 당했다. 그렇더라도 랑드 지방에서 받은 몇 개의 둥지에서 얻은 것들은 큰 가치가 있었다.

레오뮈르보다 환경의 도움을 크게 받은 내가 소나무행렬모충나방(Processionnaire du Pin: *Thaumetopoea pityocampa*) 이야기를 다시 하련다. 피실험 송충이가 나의 바람에 부응하지 않았다면, 그것은 분명히 재료 부족에서 온 것이 아니다. 지금은 몇 그루의 나무와 특히 덤불이 많은 아르마스(Harmas) 연구소에 랑드의 소나무와 맞먹는 알렙백송(Pin d'Alep: *Pinus halepensis*)과 오스트리아흑송(P. noir d'Austriche: *P. nigra*) 따위의 튼튼한 소나무들이 서 있다. 해마다 송충이가 차지해 커다란 주머니들을 짜 놓는다. 마치 나무에 불이 지나간 것처럼 심각한 피해를 입는 솔잎을 위해, 나는 겨울마다 세밀히 살펴보고, 또 끝이 두 갈래로 갈라진 긴 막대기로 둥지들을 뜯어내야만 했다.

억척스럽게 먹어 대는 송충이들아, 내가 너희를 그냥 놔두면 소나무들은 머지않아 대머리가 된다. 그렇게 되면 내가 그들이 속삭이는 소리를 들을 수 없다. 오늘은 내 걱정에 대한 보상을 받아야겠다. 그러니 협정을 체결하자. 너희도 할 이야기가 있겠지. 그 이야기를 내게 해 다오. 그러면 1년이나 2년, 또는 내가 거의 모든 것을 알게 될 그 뒤까지, 소나무들이 비참하게 고통을 당하더라도 너희를 그냥 놔두겠다.

녀석들과 협약을 맺어 그냥 놔두었더니 얼마 후 관찰에 충분하고도 남을 만큼의 재료가 확보되었다. 내 관용 덕분에 대문에서 몇 걸음밖에 안 되는 곳에서 30개가량의 둥지를 얻었다. 이것이 부족하다면 이웃의 소나무들이 필요한 양을 보충해 줄 것이다. 하지만 나는 초롱불을 비춰 가며 야행 습성을 좀더 쉽게 관찰할 수 있는 내 울타리 안의 녀석들을 훨씬 좋아한다. 이런 재산을 날마다 눈앞에 가지고 있으니, 원하는 시간에 자연 상태에서의 행렬모

유럽솔나방

충 이야기가 완전히 전개될 수 있음은 당연한 일이다. 실험을 해보자.

우선 레오뮈르가 미처 못 본 것이 있다. 8월 전반부에 소나무 아래쪽 눈높이의 줄기를 살펴보자. 조금만 주의를 기울여도 여기저기의 검푸른 잎에서 흰색 무늬 같은 작은 원기둥이 발견된다. 유럽솔나방(Bombyx du Pin: *Chetocampa pityocampa*)[1]의 알인데, 각 원기둥은 한 어미가 낳은 알 덩이이다.

솔잎 하나는 잎사귀 두 장이 모인 것이다. 이렇게 두 장씩 모인 잎의 밑동이 원통 같은 토시[2]로 둘러싸였는데, 토시의 길이는 3cm 정도, 지름은 4~5mm이다. 토시는 약간 다갈색을 띤 흰색인데, 부드러워 보이며 비늘이 기왓장처럼 좍 덮였다. 비늘은 무척 규칙적으로 배열되어 있으나 기하학적 질서가 있는 것은 아니다. 전체적으로는 아직 피지 않은 꼬투리 모양의 개암나무 꽃과 비슷하다.

비늘은 약간 타원형으로 반투명한 흰색이나, 기부는 약간 갈색이며 위쪽 끝은 다갈색이다. 좀더 넓고 잘린 모양의 위쪽 끝은 단단하게 고정되어, 입김으로 불거나 붓으로 문질러도 떨어지지 않는다. 하지만 약간 가늘고 작은 돌기 모양의 아래쪽 끝은 붙지 않아 자유롭다. 토시를 아래쪽에서 위쪽으로

1 우선 곤충에는 표기된 것과 같은 학명이 존재하지 않는다. 한편 프랑스 이름인 Bombyx du Pin에 해당하는 종은 솔나방과의 *Dendrolimus pini* 이며, 옮긴이는 우선 '유럽솔나방'이란 이름을 붙여서 번역했다. 원문에 따라 번역을 마친 다음 학명을 대조하고 확인하는 과정에서 이런 잘못이 있었음을 발견한 것이다. 즉 파브르는 솔나방의 학명과 행렬모충나방의 학명을 완전히 혼동했다. 원문에서 10회 정도는 유럽솔나방으로 쓰였는데, 이것들을 모두 행렬모충으로 바꾸어 번역하면 문맥에 혼란이 오거나 원문을 크게 벗어나는 번역이 된다. 그래서 바꾸지 않았음을, 즉 고치지 않았음을 독자께서도 감안하시고, 솔나방은 모두 행렬모충인 것으로 이해해 주시기 바란다.

2 토시는 원통 모양 알 덩이를 가리킨다.

346

섭나방 색깔이 비교적 단순하며, 우리나라 솔나방과 중 중대형에 속한다. 성충은 가을에 나타나며, 불빛에 모인다. 애벌레는 참나무 계열이나 사과나무 잎을 먹는 산림 해충이다.
속리산, 13. IX. 06

살살 쓸어 보면, 결을 거슬러서 문지른 털처럼 비늘들이 일어서서 곤두선 자세가 된다. 반대로 쓸면 원래의 배치대로 되돌아간다. 더욱이 만져 보면 우단처럼 부드럽다. 그것들은 서로 포개져서 알을 보호하는 지붕으로 된 것이다. 이렇게 부드러운 기와로 덮여 있어서 빗방울 하나, 이슬 한 방울도 침투하지 못한다.

이 보호복의 기원은 분명하다. 어미가 알을 보호하려고 자신의 깃털을 뽑아낸 것이다. 털이불을 제공하는 북극지방의 털오리(Eider: *Somateria mollissima*)처럼 이 어미도 제게서 뽑은 털로 알에게 따뜻한 망토를 입혀 준 것이다. 레오뮈르도 나방의 무척 이상한 특성을 보고, 벌써 그것을 짐작했었다. 그가 말한 대목의 일부를 인용해 보자.

암컷은 엉덩이 근처 윗면에 반짝이는 반점이 있다. 처음 본 순간 이 모양과 광택이 내 주목을 끌었다. 그 구조를 검사하려고 핀으로 긁어 보았다. 핀이 스치자 약간 놀라운 광경이 벌어진다. 즉시 엷은 조각들이 구름처럼 떨어져 나와 사방으로 흩어진다. 어떤 것은 쏘아 올린 화살처럼 위

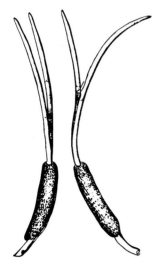

유럽솔나방의 알 덩이

로, 어떤 것은 옆으로 날아갔다. 그러나 제일 많은 것은 땅바닥으로 조용히 떨어졌다.

내가 엷은 조각이라고 부른 물체 하나하나는 나비 날개의 비늘과 비슷한 것으로서, 무척 얇은 판자들이나 나비의 비늘보다는 훨씬 컸다. …… 이 나방의 엉덩이 위에서 주목을 끈 그 반점은 결국 이런 종류의 놀라운 비늘 뭉치였다. …… 암컷은 그 비늘을 알들을 감싸는 데 쓰는 것 같다. 하지만 소나무행렬모충나방, 즉 유럽솔나방은 우리 집에서 산란하려 하지 않았다. 그래서 그녀가 비늘을 알을 덮는 데 쓰는지, 아니면 엉덩이 주변의 그 많은 비늘을 어디에 쓰는지 알려 주지 않았다. 쓸모없는 것이 그에게 주어진 것도 아닐 것이며, 거기에 자리 잡은 것도 아닐 것이니 말이다.

그렇습니다. 선생의 생각이 옳았습니다. 그토록 풍성하고 규칙적이며, 얇은 판들이 엉덩이 위에 공연히 있는 게 아닙니다. 목적 없는 물건이 어디에 있습니까? 선생께서는 그렇게 생각하셨지요. 저도 그렇습니다. 무엇이든 존재 이유가 있습니다. 그렇습니다. 핀으로 건드려 구름처럼 피어오른 비늘들이 알을 보호하려고 마련되었을 것이라는 예상은 옳은 착상입니다.

비늘 모양의 털을 핀셋으로 뜯어내자, 흰 법랑질의 작은 진주 같은 알들이 나타났다. 서로 빽빽하게 모인 알들은 세로로 9줄이었다. 한 줄을 세어 보니 35개였다. 모든 줄이 거의 같으니, 원기둥 전체의 알은 300개가량이다. 한 어미로서는 참으로 대가족이로다!

한 줄의 알들은 양옆 줄의 알들과 정확하게 엇갈렸다. 그래서 빈틈이 전혀 없다. 꾸준하고 섬세하며, 능란한 손가락이 만들어 낸 진주 작품이라고 할 만하다. 낱알이 멋지게 줄지어 배치된 방추형 옥수수자루와 비교하면 아주 정확할 것 같다. 그런데 크기가 아주 작아서 기하학적으로 아름다운 질서를 돋보이게 하는 소형 방추형이다. 나방의 낱알들은 약간 육각형이었는데, 이는 서로가 밀고 눌린 결과이다. 그것들은 떼어 놓을 수 없을 정도로 서로 찰싹 달라붙어 있었다. 억지로 떼어 내면 언제나 알이 깔린 층이 조각나서, 여러 알의 작은 뭉치가 솔잎에서 탈락된다. 따라서 유착용 바니시가 진주 같은 알들을 서로 연결시킨 것이며, 이 바니시 위에 넓은 바닥의 보호용 비늘들이 고정된 것이다.

어미가 어떻게 그토록 아름답고 규칙적인 배열을 얻어 내는지, 또 어떻게 바니시처럼 끈적이는 알 하나를 낳자마자 엉덩이에서 각각 떼어 낸 몇 개의 비늘로 지붕을 씌웠는지, 적당한 시기에 알아보는 일도 흥밋거리일 것이다. 지금 당장은 작품의 구조만 일의 전반적인 진행을 알려 준다. 알들이 세로줄을 따라 낳아진 것이 아니라, 둥근(가로) 줄을 따라 서로 엇갈려 가며 겹쳐진 고리 모양으로 낳아졌음이 분명하다. 쌍으로 이루어진 솔잎의 아래쪽 끝에서 산란이 시작되어 위쪽에서 끝난다. 그래서 아래쪽 고리의 알들이 제일 먼저 낳은 것이며, 위쪽이 나중에 낳은 것이다. 비늘의 방향은 모두 세로로 향했고, 솔잎에서 볼 때 위쪽 끝이 고정되었을 뿐, 배열의 진행에는 변화가 없다.

눈앞의 멋진 건조물을 심사숙고하며 살펴보자. 나이가 많든 적든, 교육을 받아 고상한 정신을 가졌든 못 가졌든, 우리 모두는 솔나방의 예쁜 낱알을 보면서 "아름답다."고 말할 것이다. 그런데 우리에게 가장 큰 충격을 주는 것은 매끄럽고 예쁜 진주 모양의 알들이 아니라, 그것들이 그토록 질서 정연하게 기하학적으로 집합되었다는 사실이다. 무척 중요한 판단은 그토록 섬세한 질서를 지각없는 곤충, 즉 하찮은 것 중에서도 가장 하찮은 자가 지배했다는 점이다. 그리고 하찮은 나방은 잘 조화된 질서의 법칙을 따랐다는 것이다.

만일 미크로메가스(Micromégas)가 다시 한 번 시리우스(Sirius) 세계를 떠나 지구를 방문할 생각이라면, 그는 우리 중에서 아름다움을 발견할까? 볼테르(Voltaire)[3]는 그가 자기 엄지손가락 손톱 위에 좌초한 3층 갑판의 배를 좀 보겠다고, 금강석 목걸이로 확대경을 만들었다고 표현했다. 승무원들과 대화가 시작된다. 손톱 부스러기가 확성기의 나팔처럼 휘어서 배를 둘러싸며 보청기 노릇을 한다. 뾰족한 끝은 배에 닿았고, 반대쪽 끝은 수천 미터 높이에 떠 있는 거인의 입술에 닿는 이쑤시개로, 전화 노릇을 한다. 그런데 그 유명한 대화에서는 사물을 건전하게 판단하고 새로운 각도에서 보려면 태양을 바꾸는 방법밖에 없다고 표현했다.

그렇다면 시리우스의 거인은 우리의 예술적 미(美)에 대해 별로 신통치 않은 생각을

3 1694~1778년. 프랑스의 시인, 소설가. 풍자적 작품들로 프랑스혁명에 공헌했다. 1752년에 우주 공간의 거인인 미크로메가스 이야기를 집필했다.

가졌음 직하다. 그가 보기에는 우리 걸작이 비록 페이디아스(Phi-dias)[4]의 솜씨에서 나온 것일지라도, 우리가 어린이들의 고무 인형을 보고 느끼는 흥미보다 별로 낫지 않은 대리석이나 청동 인형쯤으로 보일 것이다. 또 우리 풍경화는 불쾌한 냄새의 시금치 요리쯤으로 생각될 것이고, 오페라는 무척 비싼 소음으로 규정될 것이다.

그런 감각의 분야는 그것을 판단하는 사람의 소질에 좌우된다. 즉 미적 가치는 상대적인 것이다. 밀로(Milo)의 「비너스(Vénus)」와 벨베데레(Belvédère)의 「아폴론(Apollon)」은 확실히 훌륭한 작품들이다. 그러나 그것들을 높이 평가하려면 그만큼 특별한 눈이 있어야 한다. 미크로메가스가 그것들을 본다면 거기서 보이는 인간의 가냘픈 형태를 불쌍히 여길 것이다. 그에게 보일 아름다움은 개구리 다리와 같은 우리네 근육조직과는 다른 것이 필요하다.

그렇지만 이집트의 현자를 대표하는 학자 피타고라스(Pythagore)[5]가 우리에게 직삼각형의 기본적 특성을 가르치는 일종의 잘못된 풍차를 그에게 보여 주자. 만일 그 선량한 거인이 예상과 달리 그것을 모르면, 풍차의 의미도 설명해 주자. 그의 정신에 광명이 깃들면, 그도 우리처럼 거기에 아름다움이 있음을, 정말로 미(美)가 있음을, 지겹게도 알아볼 수 없는 글씨의 형태가 아니라 세 변의 길이가 불변인 관계에 확실히 아름다움이 있음을 발견할 것이다. 넓이를 균형 잡히게 하는 영원한 기하학에 대해서도 우리처럼 감탄할 것이다.

결국 모든 세계에 이성 분야의 소박한 아름다움이 있다. 단순하든 복잡하든, 희든 붉든, 노랗든 파랗든, 태양 아래 모든 것은 똑

4 기원전 490~431년경. 그리스의 조각가
5 기원전 589경~494경. 그리스의 수학자, 철학자, 천문학자

같은 아름다움이 있다. 그런데 보편적인 아름다움은 질서이다. 모든 것은 신중하게 이루어졌고, 사물의 신비를 더 깊이 파고 들어감에 따라 그 진리가 더 분명하게 나타나는 철칙이다. 보편적인 균형의 기반, 즉 질서는 맹목적 기계장치의 피할 수 없는 결과일까? 질서가 플라톤(Platon)[6]의 말처럼 신(神, Éternel)의 영원한 기하학적 구상 속에 들어 있을까? 질서는 모든 것의 이성, 즉 최상의 탐미주의자의 미(美)일까?

어떤 꽃은 꽃잎이 왜 그토록 규칙적으로 구부러졌으며, 잘 다듬어진 왕소똥구리(Scarabée: *Scarabaeus*)의 딱지날개는 왜 그토록 멋질까? 아주 미세한 부분에까지 존재하는 이 우아함은 자신의 폭력을 마음대로 휘두르도록 팽개쳐진 난폭함과 양립할 수 있을까? 양립한다면 예술가의 끌로 깎아 낸 크고 멋진 메달을 무쇠에서 찌꺼기를 짜내는 증기 망치와 비교하는 일과 같을 것이다.

이런 것들이 송충이가 태어나게 되어 있는 하찮은 두루마리에서 발생된 고찰들이며, 피할 수 없는 것이다. 사물의 미세한 부분을 상세하게 파고들려면, 즉각 '왜?' 라는 질문이 불쑥 솟아난다. 하지만 과학적 탐구는 해답을 줄 수가 없다. 세상의 수수께끼에 대한 설명은 분명히 변변찮은 우리네 연구소의 진리 바깥의 다른 곳에 있는 것이다. 그러니 철학적 이치는 미크로메가스가 탐구하도록 놔두고, 우리는 속된 관찰이나 다시 시작하자.

진주 같은 알을 멋지게 모아 놓는 유럽솔나방의 기술에도 경쟁자가 있다. 그 중에 천막벌레나방(Bombyx neustrien: *Bombyx→ Malacosoma neustria*)도 있는데, 이 애벌레의 복장

덕분에 제복(Livrée)이라는 이름으로 알려져 있다.[7] 알은 아주 다양한 나무, 특히 사과나무(Pommier: Malus)와 배나무(Poiriers: Pyrus) 가지에다 돌려서 팔찌 모양으로 낳는다. 이 작품을 처음 본 사람은 진주를 능란하게 실에 꿰는 여자의 손가락 솜씨라고 생각하기 십상이다. 아들 폴(Paul)은 이 예쁜 팔찌를 만날 때마다 놀라서, 눈을 크게 뜨고 "오오!" 하며 소리친다. 질서의 아름다움이 그의 첫 사고를 인정시키는 것이다.

천막벌레나방은 길이도 그만 못하고, 특히 팔찌는 감싼 것이 없어서 비늘이 벗겨진 솔나방의 원기둥을 연상시킨다. 이렇든 저렇든 그야말로 재주꾼의 솜씨로 처리된 멋진 배열의 예를 더 찾기도 언제든 쉬운 일이나, 시간이 없으니 소나무행렬모충나방에게 전념하자.

알은 9월에 부화하는데, 원기둥에 따라 다소 시간차가 있다. 갓 태어난 녀석들이 처음에 어떻게 일하는지, 쉽게 관찰할 목적으로 알이 붙은 몇 개의 가지를 연구실 창문틀에 올려놓았다. 가지의 밑동은 물컵 속에 잠겨 있어서 얼마 동안은 잎이 싱싱하게 보존된다.

태어나는 꼬마들은 해가 창문에 비치기 전, 즉 아침 8시경 알을 떠난다. 한창 깨는 중인 원기둥에서 비늘을 조금 들추어 보면 까만 머리들이 보이는데, 너덜너덜한 천장(알 뚜껑)을 잘근잘근 씹어 구멍을 내고 밀쳐 낸다. 녀석들이 여기저기, 표면 전체에서 천천히 솟아오른다.

부화한 다음에도 비늘이 덮인 원기둥은 아직 속이 꽉 찬 것처럼 균형이 잡혔고 싱싱해 보인다. 그래서 비늘을 들춰 봐야만 속이 비었음을 알 수 있다.

---

7 우리나라에서는 '텐트나방'이라는 별명이 있다.

여전히 질서 있게 늘어선 알껍질들이 이때는 약간 반투명한 흰색이며, 아가리를 딱 벌린 찻잔의 모습이다. 빵떡모자 같은 뚜껑은 갓 난 애벌레들이 부수고 찢어 버려서 없어졌다.

가냘픈 애벌레의 몸길이는 겨우 1mm이다. 머지않아 장식될 선명한 다갈색은 아직 띠지 못했다. 그저 담황색으로, 개체에 따라 짧고 까만 털, 또는 길고 하얀 털들이 돋아났다. 까맣게 반짝이는 머리는 몸에 비해 대단히 커서, 그 지름이 몸통의 곱절은 된다. 머리가 이렇게 지나치게 큰 것은 처음부터 질긴 먹이를 공격할 큰턱의 힘에 맞춰진 것이다. 각질의 튼튼한 갑옷을 입힌 엄청나게 큰 머리, 이것이 갓 난 애벌레의 두드러진 특색이다.

이런 짱구머리는 단단한 솔잎에 잘 대비된 애벌레임을 보여 주는 것이다. 어찌나 잘 대비되었던지, 거의 부화 즉시 식사가 시작될 정도였다. 어린것들은 한동안 공동 요람의 비늘 사이를 무턱대고 돌아다니다가, 대부분은 두 갈래의 긴 잎 위로 올라간다. 거기는 자신이 태어난 원기둥의 축을 따라 위로 길게 연장된 곳이다. 다른 녀석들은 곁의 잎으로 간다. 여기서도, 저기서도 먹기 시작한다. 갉아먹힌 잎은 아직 남아 있는 잎맥으로 경계가 지어져서, 직선의 가는 고랑들이 파인다.

가끔씩 배가 부른 서너 마리가 한 줄로 정렬해서 일치된 행동을 보이다가, 곧 갈라져서 각자 멋대로 가 버린다. 장차 행할 행렬의 연습인 것이다. 녀석들을 조금만 방해해도 몸의 전반부를 일으키며, 용수철이 단속적으로 풀린 것처럼 발작적인 머리 내젓기 운동을 한다.

사육되는 창가에 햇살이 부드럽게 비친다. 그러면 충분히 기운을

차린 소규모 가족이 길쌈을 시
작하는데, 태어난 근거지의 두
잎으로 돌아가 무질서하게 모
여서 한다. 길쌈은 옆의 솔잎
몇 개에다 그야말로 고운 실을
걸쳐 놓는 것으로서, 조그맣게
짜 놓은 공 모양이 된다. 해가
쨍쨍 내리쬐며 더위가 한창일
때는 아주 성긴 그물 천막 밑에
서 낮잠을 잔다. 해가 창문에

서 사라지는 오후에는 숨어 있던 곳
에서 떼거리로 몰려나와 반경 1인치 정도로 조
금 행렬했다가, 사방으로 흩어져서 다시 솔잎을 갉아먹는다.

　이렇게 알에서 깨면서부터 행렬 재주가 확인된다. 시일이 지나
며 재주가 더 활발해지겠지만, 새로운 재주는 없을 것 같다. 부화
한 지 겨우 한 시간이면 벌써 행렬을 하고 길쌈을 한다. 먹을 때
빛을 피하기도 한다. 머지않아 녀석들이 밤에만 먹으러 가는 것을
보게 될 것이다.

　길쌈하는 송충이는 아주 허약하다. 하지만 어찌나 부지런하던
지 24시간 안에 비단 공의 부피가 개암만 하고, 2주일이면 사과만
큼 큰 천막을 짠다. 이 천막은 겨울을 보낼 핵심적인 커다란 집이
아니라 임시 피신처로, 무척 가볍고 재료도 별로 비싸게 먹히지
않는 것이다. 날씨가 따뜻하니 더는 필요치도 않다. 어린것들은
그 사이로 줄을 늘여놓은 대들보와 기둥, 즉 비단 울타리 안에 있

던 잎들을 조금도 남기지 않고 먹어 버린다. 그래서 녀석들의 건조물은 식량과 주거를 동시에 제공한다. 이 점은 그렇게 어린 나이에 위험한 외출을 하지 않아도 되는 훌륭한 조건이다. 달아맨 그물 침대가 연약한 녀석들에게 찬장도 되는 것이다.

의지했던 잎들은 잎맥까지 갉아먹혀 줄기에서 떨어지고, 비단 방울은 바람 불 때 무너지는 오막살이가 된다. 그러면 가족이 다른 곳으로 이사해서 새 천막을 치는데, 이것도 오래가지 않는다. 아랍 인들이 낙타 가죽으로 지은 천막에서 주변의 목초가 없어지면 이사하는 격이다. 임시 거처는 여러 번 새로 짓는데, 점점 나무 위쪽으로 올라간다. 그래서 아래쪽 줄기에서 깨어난 떼거리가 마침내 높은 가지로, 때로는 소나무의 맨 꼭대기까지 올라간다.

몇 주 후 첫 허물을 벗어, 희미하게 곤두서서 보기 흉하며 초라했던 처음의 털들이 대체된다. 이제는 어느 정도 풍성하며 멋있기도 하다. 처음 세 마디 말고 등면 여러 곳은 까치밥나무 열매처럼 붉은색이며, 조금 넓적한 6개의 모자이크가 장식된다. 이것들은 검은 바탕의 피부에서 좀 두드러져 보이는데, 좀더 큰 두 개는 앞쪽에, 두 개는 뒤에, 거의 점 모양인 두 개는 사변형 양쪽에 하나씩 있다. 이 전체는 선명한 다갈색 털 울타리로 경계가 졌는데, 털들은 서로 엇갈려서 거의 누워 있다. 배와 옆구리의 털들은 더 길고 희끄무레하다.

빨간 잡동사니 가운데 무척 짧은 두 다발의 섬모가 곤추섰는데, 마치 머리의 깃털장식처럼 모아졌고, 햇빛에 금빛으로 반짝인다. 이때의 몸길이는 2cm, 너비는 3~4mm가량이다. 처음에 레오뮈르가 몰랐던 중간 나이의 복장은 이렇다.

19 소나무행렬모충나방 –
둥지, 그리고 사회

그러다가 11월의 추위가 닥쳐와 든든한 겨울둥지를 지을 때가 되었다. 높은 소나무에 잎이 적당히 빽빽하게 몰린 줄기 끝이 선택된다. 소나무행렬모충나방(*Thaumetopoea pityocampa*)의 길쌈꾼(Filandiè-res) 송충이는 그 줄기 끝을 펼쳐진 그물로 감싸는데, 옆의 잎들을 조금 안쪽으로 휘어서 축에 가깝도록 했다가, 결국은 짜인 것 안으로 끌어넣는다. 이렇게 해서 절반은 비단, 절반은 잎으로 구성된 울타리가 만들어지고, 혹독한 날씨를 견뎌 낼 수 있게 된다.

12월 초에는 건물의 크기가 두 주먹만 하거나 더 커지기도 한다. 겨울이 되어 마지막으로 완성되었을 때의 부피는 2*l* 에 달한다. 모양은 조잡한 타원형인데, 아래쪽 비단실이 길게 연장되어 받침대 줄기에 묶인 형태의 둥지가 된다. 연장된 실의 기원은 이것이다.

날씨가 허락하면 송충이가 매일 저녁 7~9시에 둥지를 떠나는데, 둥지의 축이며 잎이 없는 줄기로 내려온다. 이 토대가 때로는 병목만큼 굵어서 넓은 길이 된다. 내려오는 것은 질서가 없고 아주 느려서, 먼저 나온 녀석들이 아직 흩어지지도 않았는데 끝에 나온 녀석이 따라잡는다. 그래서 줄기는 서로 엉킨 공동체의 송충이들로 뒤덮이게 된다. 녀석들은 차차 분대로 갈라지며, 가장 가까운 가지로 흩어져서 잎을 갉아먹는다. 그런데 출사돌기(出絲突起)를 작동시키지 않고 돌아다니는 녀석은 아무도 없다. 따라서 같은 길을 수없이 오르내리는 바람에 수많은 실이 끊이지 않고 뒤덮인 둥지가 되는 것이다.

밤에 나온 각 송충이가 지나가고 또 지나가면서 매번 실을 남겨 놓는 것은 둥지로 되돌아올 때 쉽게 찾아올 목적으로 남긴 표지가 아님은 분명하다. 표지라면 리본 하나로 충분하다. 그렇다면 실의 용도는 아마도 둥지를 더 튼튼하게 하는, 즉 좀더 두터운 기초를 만들어 주고, 둥지가 흔들리지 않도록 수많은 줄로 묶어 주기 위함인지도 모르겠다.

이렇게 해서 전체의 위쪽은 타원형으로 불룩한 둥지가 되고, 아래쪽은 실이 받침대를 감아서 이미 수많은 끈에서 얻은 저항력에 자신의 저항력을 보탠 자루가 된다.

아직 송충이가 머물렀고 모양이 변하지 않은 둥지는 어느 것이든, 가운데에서 불투명한 흰색이며 부피가 큰 껍질(덩어리)이 보이는데, 그 겉은 반투명한 실로 둘러싸였다. 가운데의 희미한 덩어리는 벽이 빽빽한 실로 두껍게 짜였고, 그 속에는 녹색의 많은 잎들이 온전하게 붙은 줄기가 기둥처럼 되어 있다. 벽의 두께는 2cm에 달하는 수도 있다.

지붕에는 연필 굵기의 둥근 구멍들이 널려 있는데, 이것은 송충이가 드나드는 문이며, 그 수와 분포는 무척 다양하다. 둥지 바깥은 이빨을 대지 않은 잎들이 온통 삐져 나왔다. 각 잎의 끝에서 실들이 멋진 그네의 곡선을 그리며 퍼져 나갔는데, 이것들이 느슨하게 얽혀서 특히 윗부분에 얇은 장막을 쳐놓았다. 여기는 공을 많이 들여 쳐놓은 베란다이다.

거기에 넓은 발코니(노대, 露臺)가 있는데, 낮에는 등을 둥글게 구부리고 겹겹이 엉킨 송충이들이 햇볕 아래에서 졸고 있다. 위쪽 그물은 침대의 닫집 노릇을 하여, 내리쬐는 햇볕을 조절하며, 나뭇가지가 바람에 흔들릴 때 잠자던 녀석이 떨어지지 않도록 예방도 해준다.

둥지의 자오선을 따라 끝까지 가위로 갈라 보자. 창이 넓게 열려서 안의 배치 상태가 보인다. 우선 한 가지 사실, 즉 안에 들어 있는 잎들이 아주 싱싱하게 남아 있다는 점이 우리를 놀라게 한다. 어렸을 때는 저희 임시 거처에서 비단에 감싸인 잎을 갉아먹어 죽여 버린 셈이나, 지금은 날씨가 나쁠 때 피신처를 떠나지 않고도 며칠분의 식량을 보관한 셈이다. 어쩌면 녀석들이 허약해졌을 때 필요한 것인지도 모르겠다. 하지만 지금은 튼튼해졌고, 겨울둥지까지 만들어 그 잎은 안 건드리도록 무척 조심한다. 왜 지금은 이렇게 주의할까?

이유는 분명하다. 둥지의 뼈대인 잎들이 상처를 입으면 곧 마를 것이고, 다음은 북풍에 떨어져 나갈 것이다. 그러면 비단 주머니가 자체의 발판에서 떨어져 주저앉을 것이다. 안 건드리면 항상 튼튼하게 남아서, 겨울의 습격에도 튼튼한 거점을 제공한다. 날씨가 좋은 계절에 하루를 지내는 천막은 단단하게 묶어 둘 필요가 없다. 그러나 눈이 공격하고, 찬바람이 후려쳐도 오래 버텨야 할 둥지는 단단히 묶어 두는 것이 절대적으로 필요하다. 이런 위험들을 잘 알며, 소나무에서 길쌈을 하는 송충이는 아무리 배가 고파도 제집 대들보는 자르지 않는다. 이것을 스스로의 의무로 삼은 것이다.

결국 가위로 가른 둥지의 내부에는 부드러운 실들로 감싸인 푸른 잎의 기둥들이 빽빽하다. 한편 누더기처럼 벗어 버린 허물과 벌레 똥이 주르르 매달려 있다. 요컨대 분뇨 처리장인 동시에 고물 더미인 그 내부는 무척 불쾌한 곳일 뿐, 아름다움과는 전혀 어울리지 않는다. 타원형 둥지의 둘레는 플란넬과 잎들이 섞인 두꺼운 벽이다. 그 안에 특별히 구별된 방은 없고, 칸막이로 경계된 구획도 없다. 하나뿐인 방은 전 층에 걸쳐서 잎 기둥들이 늘어선 미궁처럼 되었다. 쉬는 녀석은 기둥 위에 어수선한 무더기로 뭉쳐서 모여 있다.

엉망으로 뒤얽힌 꼭대기의 모자를 벗겨 내면, 어딘가에서 빛이 새어 든다. 거기가 바로 밖으로 통하는 구멍들이며, 둥지 주변을 둘러싼 그물에 별도의 문은 없다. 송충이가 여기를 드나들 때는 엉성한 실들을 약간 벌리면 된다. 빽빽한 담, 즉 안쪽 울타리에는 문이 있어도, 바깥쪽의 가벼운 베일에는 없다.

아침 10시경 밤을 지냈던 방을 떠나는데, 해가 잘 드는 베란다 밑의 발코니로 간다. 여기는 잎의 뾰족한 끝이 서로 먼 간격으로 받쳐 준 곳인데, 여기서 온종일 낮잠을 잔다. 서로 포개져서 꼼짝 않지만 체온이 기분 좋게 배어든다. 가끔씩 발작적으로 머리를 흔들어 최상의 기쁨을 나타내는 녀석도 있다. 밤으로 접어드는 저녁 6~7시경, 잠들었던 녀석들이 깨어나 분주히 움직인다. 각자 제멋대로 헤어져서 둥지 표면 전체로 흩어진다.

지금이야말로 정말 매혹적인 광경이 벌어진다. 선명한 다갈색 줄무늬가 흰 비단 테이블에서 물결치는데, 오르내리거나 옆으로 산책하는 녀석도, 짧은 줄로 행렬하는 녀석도 있다. 이 멋진 무질서 속에서, 점잖게 기어 다니며 가는 곳마다 입술에 매달린 실을 붙여 놓는다.

그래서 먼저 만든 얇은 층의 둥지 두께가 불어나고, 새로운 받침대로 집이 튼튼해진다. 옆의 푸른 잎들이 다시 그물에 붙들려서 집 안으로 끌려온다. 끝만 밖으로 삐져나온 잎에서 곡선들이 퍼져 나가 베일을 넓히고, 더 멀리 묶어놓는다. 날씨가 좋으면 매일 저녁 두어 시간 동안 둥지의 표면에서 움직임이 활발하다. 결코 지치지 않는 열정으로 둥지를 튼튼하게, 또한 두껍게 하는 일이 계속된다.

녀석들은 혹독한 겨울을 이토록 빈틈없이 준비할 만큼 미래를 예견했을까? 물론 아니다. 몇 달 동안의 경험은 푸른 잎으로 맛있게 배를 채울 일과 둥지의 발코니에서 해를 쬐면서 기분 좋게 조는 일 뿐이었다. 이 경험이라는 것이나마 녀석들의 영역에 속한다면 말이다. 반면에 차갑고 끈질긴 비, 서리, 성난 바람에 대한 것은 아직 아무것도 알려 주지 않았다. 따라서 송충이는 겨울 고생에 대해 아는 것이 없다. 그런데도 겨울이 제게 어떻게 대할지를 경험으로 안 것처럼 아주 잘 대비한다. 열정적으로 둥지 짓기 작업을 하며, 이렇게 말하는 것 같다. "아아! 눈꽃이 핀 소나무가 큰 촛대 모양의 가지를 흔들어 댈 때, 여기서 서로 꼭 끼여 자는 게 얼마나 좋더냐! 용감하게 일하자, 일하자(Laboremus)!"

그렇다, 내 친구 송충이들아, 큰 녀석이든 작은 녀석이든, 벌레든 사람이든, 편안한 잠을 위해 용감히 일하자. 너희는 나방으로 탈바꿈 할 준비를 하는 그 혼수상태에 들도록, 우리는 새로운 생명을 위해 삶을 깨뜨리는 저 마지막 잠에 들도록 용감히 라보레무스(*Laboremus*)!

울타리 안의 소나무에서 어떤 일이 벌어지는지 알아보려고 날마다 초롱불을 들고 방문했다. 하지만 흔히 또는 날씨가 아주 나쁠 때 나가지 않고도 행렬모충의 습성을 자세히 살피고 싶어서 반타(6개)의 둥지를 온실 안에 가져다 놓았다. 거기가 바깥보다 별로 따뜻하지는 않은 수수한 피신처이나, 적어도 유리를 끼워서 바람은 막아 주고 비도 맞지 않는 곳이다. 축과 뼈대 역할을 하는 가지 밑동이 모래 속에 고정되었고, 두 뼘 높이에 매달린 둥지들에는 먹히는 대로 한 묶음의 새 가지가 하루치 식량으로 보급된다. 매일 저녁 나는 초롱불을 들고 이 하숙생들을 찾아간다. 대부분의 내 자료는 이렇게 해서 얻어진 것이다.

송충이가 둥지에서 내려오면서 은빛 지지대에 몇 가닥의 실을 보태 주고는, 바로 곁에 차려진 푸르고 싱싱한 잎 다발로 간다. 작업 후 기력을 회복하려는 것이다. 솔잎마다 둘 또는 셋씩 줄지어 있는 다갈색 털의 무리가 찬란한 볼거리였다. 녀석들이 어찌나 빽빽하게 줄을 지었던지, 푸른 잎이 달린 가지가 그들 무게로 휘어버릴 지경이다.

식솔들 모두가 머리를 앞으로 내민 채 꼼짝 않고 조용히 갉아먹는다. 그 까만 머리통이 초롱불 빛에 반짝인다. 밑의 모래 위로 알갱이가 비 오듯 쏟아지는데, 굉장히 쉽고 빠르게 소화시키는 배에서 나오는 찌꺼기들이다. 내일 아침에는 창자에서 나온 이 푸르스름한 우박들이 땅을 한 켜 덮어서 바닥이 보이지 않을 것이다. 정말 그렇다. 하지만 녀석들의 상스러운 공동 거실 광경보다는 훨씬 나은 풍경이다. 우리 식구는 젊었든 늙었든, 모두 여기에 흥미를 느껴서, 저녁 시간은 보통 온실의 송충이를 방문하는 것으로 끝낸다.

녀석들의 식사는 밤늦게까지 계속된다. 드디어 배불리 먹고는 조금 일찍 또는 늦게 둥지로 돌아오는데, 거기서 얼마 동안 비단 재료가 가득 찼음을 느끼며 겉에다 실을 잣는다. 부지런한 그들이 흰 바닥에 실 몇 가닥을 보태지 않고 지나가려면 양심의 가책을 느낄 것이다. 송충이 떼가 전부 돌아오는 때는 새벽 1시, 때로는 2시가 멀지 않은 때이다.

양부로서의 내 임무는 날마다 새로운 가지 묶음을 공급하는 일인데, 묶음은 마지막 한 잎까지 모두 먹힌다. 한편 이야기꾼의 의무는 식량이 얼마만큼 다양한지를 알아보는 일이다. 야외에서는 삼림에서 자라는 구주소나무(Pin sylvestre: *Pinus sylvestris*)[*], 유럽곰솔(P. maritime: *P. pinaster*), 알렙백송(P. d'Alep: *P. halepensis*) 모두가 내게 행렬모충의 둥지를 제공했지만, 다른 침엽수에는 절대로 없었다. 화학적 분석의 말을 따르면, 송진 냄새가 나는 잎은 어느 잎이든 모두 적당할 것이라는 생각이 든다.

하지만 화학이 음식에 대해 참견할 때는 그 말을 믿지 말자. 화학이 양초 만드는 기름으로 버터를 만들거나, 감자로 코냑을 만드는 것 따위는 마음대로 하도록 내버려 두자. 하지만 제품들이 같다고 단정하면 흉악한 그것은 거부하자. 독성에 관해서는 놀라울 만큼 풍부한 과학이라도, 결코 우리에게 식량을 주지는 못할 것이다. 이유는 무기물은 광범하게 과학 분야에 속하지만, 그 물질이 때로는 과학의 능력을 초월하기 때문이다. 위장의 욕구는 우리 반응물로는 그 분량을 정할 수 없는데, 그런 위장이 요구하는 것, 즉 같은 물질을 생명체가 작업해 유기적으로 합성하거나, 분해하거나, 한없이 다시 분해해야 하는 것은 과학의 능력 밖의 일이다. 세포와 섬유세포의 재료는 어느 날 인공적으로 만들어 낼지도 모른다. 하지만 세포나 섬유 자체는 결코 얻지 못할 것이다. 증류기로 얻는 영양소의 핵심이 여기에 있는 것이다.[1]

이 문제에 관해 송충이는 극복할 수 없는 난관이 있음을 분명히 단언한다. 화학의 자료를 믿고, 울타리 안에서 자라는 여러 나무를 소나무 대용품으로 주어 보았다. 송충이가 전나무(Sapin: *Abies*), 주목(If: *Taxus*), 측백나무(Thuya: *Thuja*), 노간주나무(Genévrier: *Juniperus*), 실편백(Cyprès: *Cupressus*) 따위의 잎을 먹다니! 송진 냄새의 유혹에도 불구하고, 녀석은 그런 것을 먹지 않았다. 그런 것을 접수하기보다는 차라리 굶어 죽었다. 다만 서양삼나무 하나만 예외로, 이 침엽수는 별로 혐오하는 기색 없이 갉아먹었다. 왜 서양삼나무 잎은 먹으면서 다른 침엽수의 잎은 안 먹을까? 나는 모르겠다. 우리 위장처럼 섬세한 그들의 위장도 나름대로 비밀이 있는 것이다.[2]

다른 실험으로 넘어가자. 내부 구조를 알아보고 싶어 둥지를 위에서 아래로 길게 갈랐다. 갈라진 플란넬의 열린 틈이 자연적 수축으로 가운데는 손가락 두 개 굵기로, 위아래는 방추형으로 가늘어졌다. 길쌈하는 송충이

[1] 만일 파브르가 이 시대에 다시 태어났다면 우주 식량의 개발과 DNA 복제를 보면서, 1세기 전에 자신의 생각보다 앞선 과학을 그렇게도 비난하면서 본능만을 주장했던 자신을 돌아보며 크게 후회할 것 같다.

[2] 이 문제에서 송충이가 송진을 원한 것은 아니며, 설사 그것을 원했더라도 파브르가 다른 나무에 독성이 있을 거라는 생각을 왜 하지 못했는지 모르겠다.

가 이런 재난을 보고 어떻게 할
까? 실험은 송충이가 천장 위쪽
에 포개져서 졸고 있는 낮에 행해
졌다. 그때는 방안이 텅 비었으므
로, 녀석들에게는 전혀 손상 없이
과감하게 가위질을 할 수 있었다.

시원해서
좋다~~

　그렇게 큰 피해를 주어도 잠든
녀석들은 깨지 않는다. 하루 종일
을 지나도 벌어진 틈에 한 마리도
안 나타났다. 이런 무관심은 위험
이 아직 알려지지 않아서 그럴 것이
다. 저녁에 활기가 되살아나면 사정이 달라지겠지. 송충이는 지능
이 아무리 열등해도, 엄청나게 큰 창문으로 겨울의 치명적인 외풍
이 멋대로 들어오게 되었음을 알아볼 것이다. 틈새를 막는 능력은
있으니, 서둘러서 위험한 틈의 둘레로 몰려와 한 번이나 두 번 정
도의 작업으로 막겠지. 곤충의 암담한 지능을 깜박 잊은 우리는
이렇게 추론한다.

　사실상 밤이 되었어도 무관심은 여전했다. 천막에 생긴 틈에는
전혀 걱정하는 표시를 보이지 않았다. 녀석들은 여느 때와 마찬가
지로 둥지 표면을 왕래하며 먹고 길쌈할 뿐, 행동 방식에는 전혀,
절대로 아무것도 달라진 게 없다. 몇 녀석이 돌아다니다가 우연히
찢어진 틈새 가장자리로 오기는 한다. 하지만 전혀 서두르는 기색
이 없고, 근심의 표시도 없다. 물론 열린 틈의 양옆끼리 가까이 끌
어다 꿰매려는 시도도 없다. 마치 험난한 통로를 지난 다음 온전

한 천 위를 기어 다니듯, 계속 산책만 하려고 애쓴다. 몸길이가 허락할 경우에나 그럭저럭 실이 건너편에 보내져 고정되면 거기를 건너게 된다.

벌어진 틈을 넘으면 거기서 더 머뭇거림 없이, 가던 길을 태연히 계속 간다. 다른 녀석이 왔으면 이미 가로질린 실의 육교를 이용해서 건너가며 제 실을 남겨 놓는다. 첫번 작업에서 겨우 알아볼 정도의 실이 틈 위에 생겼어도, 다른 녀석이 지나가기에는 충분하다. 이런 형태의 작업이 여러 날 밤 반복되어, 결국은 틈이 얇은 비단실로 막히게 된다. 이것이 전부였다.

겨울의 끝 무렵까지도 더는 달라진 게 없다. 가위로 열린 창은 여전히 열려 있고, 인색하게 가려진 둥지에는 밑에서 위까지 검은 방추형이 계속 그려져 있다. 찢어진 천을 깁지도, 벌어진 양면 사이에 플란넬을 갖다 대지도, 지붕을 온전하게 다시 손질하지도 않았다. 유리를 끼운 온실이 아니라 밖에서 이런 사고가 일어났다면, 어리석은 이 길쌈꾼들은 창이 열린 제집에서 모두 얼어 죽었을 것이다.

두 번의 반복 실험에서 같은 결과를 얻었으니, 송충이가 찢어진 둥지의 위험을 인식하지 못함이 증명되었다. 길쌈에 능란한 녀석들은 제 집 안이 실이 끊어진 방직 공장의 실패처럼 망가진 것도 의식하지 못하는 것 같다. 다른 곳에서는 긴급하지도 않은데 비단실을 마구 토해 낸다. 그 실을 피해 복구에 쓴다면 둥지가 쉽게 막힐 것이며, 거기를 나머지 벽과 똑같이 두껍고 튼튼한 천으로 짜 놓을 수 있을 것이다.

하지만 송충이는 그렇게 하지 않는다. 늘 하던 일만 태평하게 계속한다. 어제 길쌈한 것처럼, 내일도 할 것처럼, 오늘도 길쌈을 할 뿐이다. 보충하지 않아도 단단한 것을 더 단단하게 하고, 적당히 두꺼운 것을 더 두껍게 하면서도, 재앙을 가져올 틈을 막겠다고 생각하는 녀석은 하나도 없다. 빈곳에 한 조각의 천을 갖다 대는 것은 틈 막기 피륙을 다시 짜는 것이 될 텐데, 이 곤충의 재치는 이미 한 일을 다시 하지는 않는다.

나는 곤충의 심리를 여러 번 밝혔다. 특히 공작산누에나방(*Saturnia pyri*) 애벌레의 어리석음을 이야기했다. 복잡한 통발처럼 만들어진 고치의 뾰족한 끝을 잘랐을 때, 남은 비단실로 안에 든 녀석을 보호하는 데 꼭 필요한 원뿔 세트를 양호한 상태로 보수할 수 있다. 하지만 실을 보수하는 데 쓰지 않고, 부차적인 일에만 쓴다. 녀석들 역시 이상한 일이 아무것도 일어나지 않은 것처럼, 태연하게 보통 때의 일만 계속한다. 유럽솔나방의 송충이도 터진 자신의 천막에 대해서는 마찬가지였다.

나의 행렬모충들아, 너희를 기르는 사람에게 또 하나의 걱정거리가 있다. 하지만 이것은 너희에게 유리하다. 나는 얼마 후 월동

옥색긴꼬리산누에나방 야간에 민첩하게 날아다니며 불빛에 모여든다. 애벌레는 느티나무, 상수리나무, 단풍나무, 녹나무 등 활엽수 잎을 먹으며 연둣빛 고치 집을 짓는다. 매우 닮았으나 더 푸른색이며, 앞날개의 끝 모서리가 예리하고, 뒷날개의 눈알 무늬가 더 길며, 애벌레가 사과나무, 벚나무, 오리나무 따위의 잎을 먹는 종은 긴꼬리산누에나방이다. 함백산. 30. VII. '96

용 둥지의 식구가 어릴 때 흔히 짰던 임시 숙소의 식구보다 훨씬 많음을 알았다. 둥지가 확장되고 나면 부피 차이가 무척 크다는 것도 확인했다. 가장 큰 것과 작은 것은 5~6배 차이가 났다. 이런 변화의 원인은 어디서 왔을까?

한 어미의 알들은 비늘로 덮인 원기둥 안에 응축되어 있었는데, 만일 그 알이 모두 부화하면 분명히 무척 커다란 둥지를 채울 정도의 식구가 태어날 것이다. 그러나 지나치게 많은 식구가 우글거리는 가정에서는 엄청난 폐물이 생겨서 균형이 맞춰지게 된다. 매미, 사마귀, 귀뚜라미가 증명했듯이 생명의 부름을 받은 자는 군단 규모의 식구였지만, 끝까지 선택된 자는 불필요한 분자들을 크게 잘라 내 버린 소규모 부대였다.

또 다른 유기체 공장인 소나무행렬모충나방 역시 여러 포식자에게 이용당해 부화 즉시부터 숫자가 줄어든다. 그래도 작은 구슬 모양 그물 주변에 몇 타의 이 연한 한입거리들 생존자가 남겨졌다. 녀석들은 거기서 따뜻한 가을을 보냈지만, 곧 든든한 겨울 천막을 생각해야 한다. 힘은 협동에서 나오는 법이니, 이때는 수가 많아야 유리할 것이다.

나는 몇 가족의 통합이 쉽게 이루어지는 방법을 추측해 보았다. 녀석들이 나무 위로 돌아다닐 때의 길잡이는 토해 놓은 비단 띠이며, 그 띠를 따라갔던 길로 되돌아온다. 한편 자기네 가닥을 놓치고 대신 똑같이 생긴 다른 식구의 리본을 만날 수도 있다. 그 리본은 근처의 다른 둥지로 가는 길이다. 길을 잃은 녀석은 그 리본과 자기네 띠를 구별하지 못해서 그것을 충실히 따라간다. 그렇게 해서 다른 집에 도착했는데, 그 집에서 평화롭게 받아들인다고 가정

해 보자. 그래도 무슨
일이 일어날까?

우연히 따라간 길 덕
분에 연합된 여러 집단
은 큰 공사를 하기에
유리한 강력한 도시국
가를 형성한다. 약자들
의 타협에서 강력한 동업조
합이 출발되는 것이다. 초라한 둥지에서 멀지 않은 곳에 굉장히
식구가 많고 부피가 큰 둥지들이 존재하는 것은 이런 식으로 설명
될 것이다. 큰 둥지는 여러 출발점에서 모여든 제사공들의 이익을
공동으로 묶어놓은 조합의 건조물이며, 초라한 둥지는 리본에 운
이 없어서 고립 속에 남겨진 가족의 것이리라.

이제는 남의 리본으로 인도된 송충이가 새집에 잘 수용되어 살
아남는지 알아볼 차례이다. 온실 안에서는 실험이 쉽다. 솔잎을
갉아먹는 저녁 시간에 한 둥지의 식구로 뒤덮인 가지를 전정가위
로 잘라서, 다른 식구가 다닥다닥 붙은 옆 둥지의 식량 위에 얹어
놓는다. 일을 단축할 수도 있다. 송충이 떼가 잔뜩 붙은 둥지의 푸
른 잎 다발을 통째로 끌어다가 옆 둥지의 다발에 붙여 놓아, 두 다
발의 잎들이 조금씩 섞이게 해놓는 방법이다.

실제 집주인과 이사 온 녀석 사이에 싸움이 전혀 없다. 이들 저
들 모두가 아무 일도 없는 것처럼, 평화롭게 잎만 갉아먹는다. 돌
아갈 때가 되자 아무도 망설임 없이, 항상 함께 살아왔던 자매처
럼 새 둥지로 향한다. 잠자리에 들기 전에 모두가 길쌈을 해서, 담

요를 조금 두껍게 해놓고 공동 침실로 들어간다. 다음 날도, 그 다음 날도 뒤처진 녀석을 수집하고 싶으면 같은 방법을 반복한다. 너무도 쉽게 첫 둥지의 식구를 다음 둥지로 모두 옮겨 담았다.

이번에는 용기를 내서 더 멋있는 실험을 해본다. 똑같이 강제 이주 방법을 이용한다. 어느 하나의 제사 공장으로 세 개의 비슷한 공장 직공을 옮겨 와 수를 네 배로 늘렸다. 이 정도만 늘린 이유는 이 법석인 조작에서 무슨 소란이 일어나 그런 것이 아니다. 녀석들이 엄청나게 늘어나는 식구를 너무도 순순히 받아들여서, 내 실험에 끝이 없을 것 같아서였다. 길쌈꾼이 더 많으면 더 많이 길쌈하게 된다. 이것은 무척 분별력 있는 행동양식이다.

강제로 이주된 녀석이 고향집에는 아무 미련도 두지 않더라는 말을 덧붙이자. 녀석은 남의 집에서도 제집에 머문 것이나 다름없었다. 내 계략으로 떠나게 된 둥지를 찾아가려는 시도도 없었다. 거리가 멀어서 의욕이 꺾인 것은 아니다. 비워진 집이 기껏해야 두 뼘 정도의 거리에 있다. 연구에 필요해서 송충이를 텅 빈 둥지에서 살게 하려고, 또다시 강제로 이주시켜도 언제나 성공할 것이다.

2월 말이 되자 가끔 날씨가 좋아서 모래를 깔아 놓은 온실의 바닥과 벽으로 긴 행렬이 지나간다. 이때는 나의 참견 없이도 두 집단이 합쳐지는 것을 얼마든지 볼 수 있다. 행진 중인 줄(행렬)의 변화를 끈기 있게 지켜보기만 하면 된다. 어떤 둥지에서 나온 행렬이 우연한 길의 변화에 인도되어 다른 둥지로 들어가는 것을 가끔씩 보았다. 외부에서 들어간 무리는 그때부터 집주인 집단과 같은 자격으로 그 사회의 일원이 된다. 작은 집단이 밤에 소나무에서 산책하다가 수가 불어나서 큰 건물이 필요할 때는 역시 길쌈할 송충이의 수가 늘어난다.

먹는 것으로 이웃과 싸우는 일도 전혀 없다. 잎을 갉아먹거나 남의 집을 제집처럼 들어가도 언제나 평화롭게 받아들여지는 소나무행렬모충나방은 이렇게 말한다. 남의 집에서 왔든, 제 식구 중 하나든, 우리는 공동 침실과 공동 식당에서 자리를 차지할 수 있다. 남의 둥지가 제 둥지이며, 남의 목장이 제 목장이다. 따라서 제 몫은 항상 같이 지내던 동료나 우연히 만난 동료의 것보다 많지도 적지도 않고 공평하다.

각자는 모두를 위해, 또 모두는 각자를 위해, 저녁마다 자신의 비단실 자본을 제 숙소, 때로는 남의 숙소 확장에 쓰는 소나무행렬모충나방은 이렇게 말한다. 하찮은 나 혼자만의 실타래로 무엇을 할 수 있겠나? 하지만 제사 공장에는 수백 수천 마리의 제사공이 있어서 별것 아닌 제 것으로 짠 공동의 피륙, 즉 겨울을 정면으로 대항할 수 있는 두꺼운 담요를 제작한다. 각자는 자신을 위한 동시에 남을 위해 일하고, 다른 녀석 역시 똑같은 열성으로 공동체를 위해 일한다. 오오! 전쟁의 근원, 즉 소유권을 모르는 행복한 곤충들! 오오! 완전한 공산주의를 철저하게 실천하는 부러운 수도자들!

송충이의 이 습성은 우리에게 몇 가지 반성을 요구한다. 논리보다는 풍부한 환상으로 용감한 정신을 소유한 자들은 인간의 불행에 대한 최고의 구제책으로 공산주의를 제의했다. 이것이 인간 사회에서도 실현성이 있을까? 다행히 생존의 가혹함을 공동에서 약간 잊게 되는 자들이 항상 있어 왔다. 지금도 있고 미래에도 있을 것이다. 하지만 그게 일반화할 수 있을까?

이 점에 대해서는 행렬모충이 귀중한 정보를 줄 것인데, 이것으로 얼굴을 붉히지는 맙시다. 우리의 물질적 필요성은 곤충에서도 마찬가지다. 그들도 생물계 전체의 잔치에 한몫 끼려고 우리처럼 싸운다. 따라서 곤충의 생존 문제 해결 방식에 대한 연구 역시 무시할 수 없다. 행렬모충의 경우, 수도 생활이 그 집단을 번창하게 만드는 이유는 무엇인지 생각해 보자.

첫번째 대답은 필연적 조건이다. 세상을 무섭게 교란시키는 식량문제가 여기서는 제거되었다. 싸우지 않고도 배부를 것이라는 확신이 있으니 평화가 계속되는 것이다. 송충이는 식사하는 데 솔잎 하나면 충분하고도 남는데, 여기는 솔잎이 문 앞에 거의 무진장이니 언제든 입만 벌리면 된다. 식욕이 오르는 시간이면 나와서 바람을 쐬고, 행렬을 좀 한다. 힘들게 찾거나 시기의 경쟁심도 없이 잔칫상에 자리를 잡는다. 소나무가 크고 너그러워서 식량을 충분히 내놓는다. 따라서 공동 식당에 식량이 떨어지는 일은 결코 없을 것이다. 이날이든, 저날이든, 저녁에 조금 더 나가서 먹는 것으로 충분하다. 결국 식량문제는 현재도, 미래에도 걱정이 없다. 이 애벌레는 거의 숨쉬기에서 공기를 얻는 것이나 다름없이 식량을 얻는다.

대기는 어느 피조물에게나 너그럽게 공기를 공급하니, 구태여 간청할 필요가 없다. 동물은 노력이나 술책을 부리지도 않았는데, 자신도 모르는 사이에 생명유지의 필수 요소인 공기를 할당받았다. 인색한 대지는 반대라서 고통이 강제되어야만 제 재산을 양도한다. 모든 욕구를 충족시키려면 생산력이 너무도 빈약해서, 땅은 격렬한 경쟁에서나 먹을 것을 나누어 준다.

홍단딱정벌레　붉은 구릿빛 등판에 광택이 있고, 딱지날개에는 7개의 혹줄이 있는데 큰 혹과 작은 혹줄이 교대로 배열되어 있다. 주로 밤에 활동하는 육식성 곤충이다.
소요산, 12. VIII. 06, 강태화

　한입거리의 식량이 먹을 자들 사이에 전쟁을 낳는다. 한 토막의 지렁이를 만난 두 마리의 딱정벌레를 보시라. 토막은 둘 중 누구의 몫이 될까? 악착스럽고 사나운 싸움이 결정해 준다. 가끔 먹이를 얻지만 배부른 정도는 아니니, 배고픈 자들끼리의 공동생활은 불가능하다.

　행렬모충은 이런 고충을 면했다. 녀석들에게는 땅도 대기처럼 인심이 후하니, 먹는 문제가 숨쉬기보다 힘들 것도 없다. 완전한 공산주의의 또 다른 예도 들 수 있는데, 모든 예가 식물성 먹이를 먹는 종류에서 보여진다. 그렇지만 찾아야 하는 수고 없이도 식량이 아주 충분하다는 조건이 붙여져야 한다. 이와는 반대로, 언제나 무척 어렵게 구해야 하는 동물성 식량을 먹을 때는 수도 생활을 거절한다. 혼자서 먹기에도 너무 부족한데, 식솔들이 왜 몰려들겠나?

　소나무행렬모충나방은 기근이라는 것을 모른다. 냉혹한 경쟁의 근원인 가족 유지에 대한 심각성도 모른다. 햇볕 쫠 자리 하나를 마련하는 것은 생존이 강요하는 투쟁의 절반밖에 안 된다. 제 후계자의 자리도 최대한으로 마련해야 한다. 게다가 이해관계 면에서는 종의 보존이 자신의 보존보다 더 중대한 문제이다. 따라서 미래를 위한 싸움은 현재를 위한 싸움보다 훨씬 치열하다. 어느 어미든 제 새끼의 번성을 가장 중요한 법칙으로 여긴다. 내 새끼만 번성하면 나머지는 모두 죽어도 좋으니라! 각자는 자기 자신을 위한다. 이것은 가혹하며 전반적인 알력으로 부과되는 그들의 법률이며, 미래를 보장해 주는 그들의 규칙이다.

모성, 그리고 그의 절대적인 의무로는 공산주의를 실현할 수 없다. 언뜻 보기에, 어떤 벌들은 반대의 사실을 주장하는 것 같다. 예를 들어 피레네진흙가위벌(*Megachile pyrenaica*)이 그렇다. 이 벌은 같은 기왓장에 수없이 많은 둥지를 짓는데, 모든 어미가 거기에 힘을 기울여 엄청나게 큰집을 짓는다. 이것이 정말 하나의 공동체일까? 절대로 아니다.

거기는 하나의 도시로, 이웃이 있을 뿐 협력자는 없다. 거기서는 각각의 어미가 자신의 꿀단지만 반죽한다. 어미는 각자 제 새끼의 지참금을 모을 뿐, 다른 것은 전혀 모으지 않는다. 또한 그녀는 제 가족을 위해 탈진하고, 가족만을 위해 탈진한다. 아아! 어느 어미가 남의 단지 주변에만 앉아도 중대한 사건이 벌어지리라. 그 단지의 주인은 그녀에게 따끔한 주먹질로, 그런 태도는 용납되지 않음을 깨닫게 해줄 것이다. 될 수 있는 대로 빨리 줄행랑치지 않으면 싸움이 벌어진다. 여기서는 소유권이 신성한 것이다.

지극히 사회성이 있는 양봉꿀벌(*Apis mellifera*)도 어미(여왕)의 이기주의에는 예외가 아니다. 벌통마다 어미는 한 마리뿐, 두 마리가 있으면 내란이 일어난다. 그 중 한 마리는 상대의 비수를 맞아서 죽든가, 일부의 분봉 무리를 이끌고 망명한다. 2만 마리가량의 다른 벌은 비록 잠재적인 산란능력이 있으나, 오직 한 어미의 대단히 큰 가족을 돌보고자 독신 생활로 몸을 바친다. 어느 면에서 여기는 공산주의가 통치한다. 반면에 엄청난 대다수는 모성이 제거되었다.

말벌(Guêpe: Vespidae), 개미(Fourmi: Formicidae), 흰개미(Termites: Isoptera) 따위의 사회성곤충(Insectes sociaux)도 마찬가지다. 그런데 공동생활은 고통을 준다. 수천수만 마리는 불완전하며, 성적능력을 가진 몇몇에게 미미한 보조자가 된다. 어미가 전체의 속성인 이상, 진흙가위벌처럼 겉으로는 공산주의자 같아도 개인주의가 다시 나타난다.

소나무행렬모충나방은 종족 유지 의무가 면제되었다. 송충이는 성이 없다. 아니, 그보다 아직은 없다. 하지만 어느 날인가는 갖게 마련이다. 지금은 성이 확정되지도, 발달하지도 않은 상태로서 어렴풋이 준비 중에 있다. 성년의 꽃인 모성이 성숙해지면 경쟁심과 더불어 그 개체의 특성이 틀림없이 나타날 것이다. 지금은 그토록 평화적인 녀석이 그때는 다른 곤충과 똑같이 이기주의적이며, 관용을 베풀지 않는다. 어미는 원기둥 알집이 고정될 예정의 두 갈래 잎을 시기하며 독립한다. 수컷도 암컷을 차지하고자 서로 도전한다. 이렇게 착한 곤충들 사이에도 짝짓기 문제로 싸움이 잦다. 하지만 싸움은 약화된 모습이라, 목숨을 건 듯 심각하지는 않다. 사랑은 싸움으로 세상을 지배하며, 격렬한 경쟁의 불씨이기도 하다.

성이 거의 없는 듯한 송충이는 애정본능에 무관심하다. 이 점은 공동체가 평화롭게 사는 데 주요한 조건이 된다. 하지만 이것만으로는 충분치 않다. 공동체의 완전한 화합에는 능력과 재주, 그리고 일에 대한 취미와 적성이 모든 구성원에게 똑같이 분배될 필요가 있다. 아마도 이 조건들이 다른 조건들을 훌륭하게 지배할 것이다. 같은 둥지에 수백, 수천 마리가 있어도 그들 사이에는 차이가 없다.

크기도, 힘도, 복장도 모두 같다. 모두가 같은 길쌈 재능을 가졌고, 모두가 같은 열성으로 전체의 안락을 위해, 제 비단실 단지를 소비한다. 작업 때는 누구도 쉬거나, 빈둥거리며 놀지 않는다. 의무를 다했다는 만족 말고 다른 자극은 없어도, 하나같이 저녁마다 열심히 길쌈한다. 낮에 실단지가 부풀어 오르며 비축된 마지막 한 방울까지 모두 써 가며 길쌈한다. 이 종족은 능숙하거나 무능한 녀석도, 힘이 세거나 약한 녀석도, 절제하거나 식탐하는 녀석도, 용감하거나 비겁한 녀석도, 절약하거나 낭비하는 녀석도 없다. 하나가 하는 것을 다른 녀석도 하는데 똑같은 열성으로 할 뿐, 더 잘하거나 못하는 것도 없다. 훌륭한 평등의 세계로다. 하지만 맙소사! 송충이의 세계로다!

우리가 소나무행렬모충나방에게서 교훈을 얻는다면, 우리의 평등주의와 공산주의의 이론이 허무함을 보여 줄 것이다. 평등은 멋진 정치적 꼬리표일 뿐, 그 이상은 거의 없다. 이런 평등이 어디에 있을까? 인간 사회에서 힘, 건강, 지능, 적성, 선견지명, 번영의 중요한 요건, 그리고 그 밖의 수많은 재능이 똑같이 타고난 사람을 두 명만이라도 만날 수 있을까? 송충이들 사이의 엄밀한 평등과 비슷한 것을 우리는 어디에서 볼 수 있을까? 어디에서도 보지 못한다.

우리의 몫은 불평등이다. 그런데 이것은 무척 다행한 일이다.

소리가 항상 똑같으면 아무리 반복되어도 화음을 만들지 못한다. 서로 다른, 즉 약하고 강한, 굵고 날카로운 소리들이 필요하다. 거칠어서 화음의 감미로움을 돋보이게 하는 불협화음까지도 필요하다. 인간 사회도 마찬가지여서 서로 다른 것들의 협력으로만 조화가 이루어진다. 만일 평등의 꿈이 실현된다면, 우리는 단조로운 송충이의 사회로 내려갈 것이다. 예술, 과학, 진보, 높은 비약이 언제까지나 평범하고 단조로운 고요 속에서 졸고 있을 것이다.

더욱이 우리는 전반적인 평등화가 이루어진 다음에도 공산주의와는 아직 거리가 요원하다. 공산주의에 도달하려면 송충이와 플라톤(Platon)이 가르쳐 준 것처럼 가족을 없애야 할 것이며, 전혀 힘들이지 않고 얻어지는 빵이 풍부해야 한다. 빵 한입을 얻기가 힘들고, 서로 다른 능력의 솜씨가 요구되는 한, 그리고 가족이 배려의 신성한 동기가 되는 한, '모두가 각자를 위해, 각자가 모두를 위해'라는 이론은 절대로 실현 불가능하다.

가족을 위한 매일의 빵 얻기 노력을 없앤다면, 우리가 이익을 얻게 될까? 그것은 무척 의심스럽다. 일과 가족은 우리 생활에 어떤 가치를 주는 유일한 기쁨인데, 세상의 이 커다란 기쁨 두 가지를 없애는 일이 된다. 바로 우리의 위대함을 만드는 요인을 질식시키는 것이다. 그리고 이 야만적 신성모독의 결과는 인간 벌레의 사회주의적 공동생활체가 될 것이다. 소나무행렬모충나방이 그 본보기로 우리에게 이렇게 말해 주었다.

20 소나무행렬모충나방 – 행진

댕드노(Dindenaut)의 양들은 파뉘르주(Panurge)[1]가 악의로 바다에 던진 양을 따라 한 마리씩 바다로 뛰어들었다. 라블레(Rabelais)는 "세상에서 가장 어리석고 무능한 짐승인 양의 본성은 우두머리 양이 어디로 가든 꼭 따라가서" 그런 거라고 말했다. 소나무행렬모충나방(*Thaumetopoea pityocampa*)은 무능해서가 아니라 필요해서 양보다 더 맹목적으로 따라간다. 모두 우두머리가 지나가는 대로 빈틈없이 질서 정연하게 줄지어 따라간다.

  각 행렬모충은 앞에 가는 녀석의 꽁무니에 머리를 대서, 한 줄로 이어진 끈 모양을 이루며 전진한다. 행렬을 선도하는 녀석이 멋대로 변덕을 부려 곡선을 그리면, 뒤따르는 녀석들도 철저히 그대로 그리며 따라간다. 엘레우시스(Eleusis, 고대 그리스의 도시) 축제 때의 옛날 행렬도 결코 이보다 정연하지는 않았다. 그래서 솔잎을 갉아먹는 송충이에게 행렬모충이라는 이름이 붙은 것이다.

  이 송충이의 성격은 한평생 줄타기 곡예

1 라블레의 소설 『*Pantagruel*』에 등장하는 인물. 『파브르 곤충기』 제2권 295쪽 참조

사 같다고 하면 꼭 맞을 것이다. 앞으로 나가면서 설치하는 비단 실 레일, 즉 이 줄만 타고 전진한다. 행렬의 우두머리가 우연히 만나는 사건이나 형편에 따라 변덕 부리듯 진행된 길 위에 끊임없이 실을 토해 고정시켜 놓는다. 실은 너무 가늘어서 확대경으로도 보인다기보다는 짐작한다고 해야 할 정도이다.

하지만 두 번째 녀석이 그 미세한 구름다리에 와서 제 실을 겹쳐 놓고, 다음 녀석은 세 겹을 만든다. 이런 식으로 모든 송충이가 제 출사돌기에서 뿜어낸 것을 덧발라 놓는다. 그래서 행렬이 지나간 다음에는 좁은 리본이 흔적으로 남겨지는데, 그 흰빛이 햇빛에 눈부시게 반짝인다. 녀석들의 도로 체제가 우리네 체제보다 훨씬 호화로운 것은 돌을 까는 대신 비단을 깔아서 그렇다. 우리는 도로에 자갈을 깔고 롤러로 다져서 표면을 고르게 한다. 그런데 송충이는 부드러운 수자직(繻子織) 레일을 깔아 놓는데, 그들 전체에게 이익인 공사에 각자가 제 실을 한 가닥씩 보탠다.

왜 그렇게 많은 사치를 부렸을까? 이들도 다른 송충이처럼 희생 장치가 없으면 전진할 수 없었을까? 녀석들의 전진 방식에 두 가지 이유가 있을 것이다. 행렬모충이 솔잎을 갉아먹으러 가는 시간은 밤이며, 아주 깜깜할 때 가지 끝의 둥지에서 나온다. 먼저 잎이 없는 줄기를 따라 내려가고, 다음은 아직 먹히지 않은 가지로 내려간다. 위층의 잎들은 이미 몽땅 갉아먹혀서, 먹을 수 있는 가지는 점점 낮은 곳에 위치하게 된다. 녀석들은 낮은 곳의 온전한 가지를 타고 올라가서 푸른 잎으로 흩어진다.

식사가 끝나고 밤공기가 너무 선선해지면 안식처로 돌아가야 한다. 직선거리가 멀지는 않다. 겨우 한 발(Brasse: 약 1.62~1.83m)

정도밖에 안 된다. 하지만 기어 다니는 녀석이 그 거리를 건너뛸 수는 없다. 이쪽저쪽 사거리의 줄기를 타고 오르내리며, 구불구불한 오솔길을 통해 솔잎이 달린 가지로 갔다가 다시 집으로 돌아가야 한다. 이토록 멀고 변화가 많은 여로에서 시력에게 안내를 호소하는 것은 소용없는 짓이다. 행렬모충은 머리 양쪽에 각각 점처럼 생긴 5개의 눈이 있기는 하나, 너무 작아서 확대경으로 알아보는 것조차 힘들 지경이다. 이런 눈으로 어느 정도의 거리까지 시력이 미친다고 볼 수도 없는 판국이다. 게다가 빛이 없는 깜깜한 밤에 이 근시안의 렌즈들이 무슨 소용이 있겠는가?[2]

후각을 따져 봐도 소용없다. 행렬모충이 냄새를 맡는 소질이 있는지 없는지 모르겠으니, 이 점에 대해 나는 아무런 결정도 않겠다. 하지만 적어도 후각은 가장 둔한 축에 속할 것이므로, 방향을 알려 주는 데 결코 적절치 않음은 단언할 수 있겠다. 실험 때 보면, 가령 오랫동안 굶은 뒤에 소나무 가지의 바로 옆으로 지나면서도 탐내거나, 멎는 낌새를 보이지 않는다. 이렇게 굶주린 몇 마리의 송충이가 후각이 없음을 증언하는 셈이다. 녀석에게 상황을 알려 주는 것은 더듬이이다. 아무리 배가 고파도 식량이 우연히 입술 근처에 닿지 않으면 한 마리도 거기에 자리 잡지 않는다. 즉 냄새를 맡아 식량으로 달려오는 게 아니라, 지나던 길에 가로 걸려서 만나는 가지에 정지한다.

둥지로 돌아오는 안내자에게서 시력과 후각을 배제하면 무엇이 남을까? 길에는 길쌈한 끈이 있다. 테세우스(Thésée)는 아리아드

2 파브르는 곤충의 감각기관의 기능을 여전히 인간 위주로 풀이하고 있다. 게다가 눈이 작아서 원거리를 볼 수 없다는 생각은 인간 중심의 풀이마저 벗어난 것이다. 다른 동물이 인간이 못 보는 자외선이나 적외선을 감지하는 경우에 대해서는 생각하지 않으려 했다.

네(Ariane = Ariadne)가 준 실 꾸러미가 없었다면 크레타 섬의 미궁에서 길을 잃었을 것이다. 엄청나게 많은 솔잎이 엉망으로 흐트러진 곳, 특히 밤에는 미노스(Minos)[3]의 미궁처럼 헤어날 수 없는 곳이다. 그런데 행렬모충은 그런 속에서 비단실 자락의 도움으로 틀릴 염려 없이 길을 찾아간다. 돌아갈 시간이 되면 각자 제 실이나, 사방으로 흩어진 무리가 부챗살처럼 펼쳐진 이웃의 실을 쉽게 찾아낸다. 흩어졌던 대가족의 출발점이 둥지에 있는 공동 리본 위에 한 줄로 모이고, 배가 부른 행렬은 확실하게 자기네 저택으로 다시 올라간다.

겨울에는 어쩌다가 날씨가 좋으면 낮에도 멀리까지 원정을 간다. 나무에서 내려와 땅바닥까지 모험하고, 50발짝쯤 되는 거리까지 행렬한다. 녀석들이 태어난 소나무 잎을 다 먹으려면 아직도 멀었으니, 이 외출의 목적은 먹이를 찾는 것이 아니다. 갉아먹힌 잎의 숫자는 엄청난 수에 끼지도 못할 정도이다. 게다가 밤이 오기 전에는 절대로 먹지 않는다. 이 산책객들은 건강을 위한 산책이거나, 근방을 알아보는 여행이거나, 어쩌면 나중에 탈바꿈할 때 묻힐 모래땅을 살펴보는 것 말고는 다른 목적이 없을 것 같다.

이동하는 동안 인도자 역할을 하는 *끈*을 소홀히 하지 않음은 당연하다. 그 어느 때보다도 지금 그 끈이 필요하다. 행렬 때마다 으레 그랬듯이, 모두 출사돌기에서 뽑아 끈 만들기에 공헌한다. 어느 녀석도 제 입술에 매달린 실을 길에 붙여 놓지 않고는 한 걸음도 나가지 않는다.

행렬의 무리가 제법 길면, 리본이 찾기 쉬울 만큼 넓어진다. 그래도 돌아갈 때 그것

3 제우스의 아들이며, 크레타 섬의 전설적 왕. 이 왕과 테세우스 이야기는 『파브르 곤충기』 제10권 1장 본문 첫머리에 상세히 나온다.

이 즉시 찾아지는 것은 아니다. 사실상 여기서 저 끝까지 전진했던 송충이들이 결코 같은 길로 돌아오지는 않는다는 점에 유의하자. 녀석들은 제 끈에서 후진하는 방법을 전혀 모른다.

따라서 지나왔던 길을 다시 찾아가는 것도 변덕스러운 선도자가 결정한 굴곡의 범위에서 곡선이 그려져야 한다. 그래서 방황과 망설임이 생기며, 때로는 무리가 외박을 해야 할 만큼 길게 늘어지기도 한다. 이 문제가 중대한 것은 아니다. 서로 모여서 둥글게 뭉쳐 꼼짝 않고 기다렸다가 내일 다시 찾기 시작할 것이고, 좀 빠르든 늦든 반드시 찾기에 성공한다. 하지만 인도자 역할을 하는 리본을 단번에 만나는 일이 훨씬 많다. 선두자의 발 사이로 레일이 걸려들자마자 일체의 망설임은 끝나고, 급한 걸음으로 둥지를 향해 전진한다.

비단실을 늘어놓은 도로의 명백한 두 번째 이점은 도중에 혹독한 겨울을 만나서 부적합한 환경을 무릅쓰게 되거나, 일을 못하게 되는 날, 자신들의 보호를 위해 은신할 피신처를 짜서 보유하는 일이다. 질풍이 몰아치는 가지 끝에서 하찮은 혼자만의 실 자원으로 보호받기는 어렵다. 눈, 북풍, 차가운 안개의 시련을 견뎌 낼 든든한 주택을 마련하려면 다수의 협력이 필요하다. 하찮은 개체의 집단이 사회처럼 구성되어, 넓고 오래 버틸 시설을 만드는 것이다.

이 계획의 달성에는 오랜 시일이 걸린다. 날씨가 허락할 때, 저녁마다 튼튼하게 하면서 넓혀야 한다. 따라서 악천후 기간에는 송충이 상태의 노동조합원들이 해산해서는 절대로 안 된다. 하지만 밤마다의 외출에서 특별한 조처가 없으면 흩어지게 마련이다. 식욕이 생기는 이때는 개인주의로 돌아가는 경향이 있다. 그래서 다소간 흩어져서 솔잎을 먹다가 근처의 가지에서 홀로 떨어지게 된다. 이들끼리 나중에 어떻게 다시 만나서 사회를 구성할까?

개별적으로 길에 남겨 놓은 실 덕분에 다시 쉽게 사회가 구성된다. 이 안내자 덕분에 꽤 멀리 떨어졌던 녀석도 길을 잃지 않고 동료 곁으로 돌아온다. 여기저기, 위아래의 수많은 가지로 흩어졌던 군단이 몰려와 다시 무리를 이룬다. 비단실은 미봉책의 도로 행정보다 훌륭해서, 공동체 구성원들을 해체시키지 않고 결합시켜 주는 사회적 유대의 그물이 된다.

행렬이 길든 짧든, 선두에 선 녀석을 우두머리라고 부르는 것은 격에 맞지 않으나, 적절한 용어가 없으니 이 단어를 쓰자. 어떻게 정렬되다 보니 우연히 그가 줄의 첫머리에 서게 된 것일 뿐, 그와 다른 녀석들 사이의 차이점은 사실상 없다. 행렬모충 사회의 우두머리는 언제나 우연히 선발된 장교로, 현재만 그가 지휘하는 것일 뿐이다. 곧 무슨 일로 줄이 흩어지면 순서가 바뀐 줄이 다시 형성되고, 이때는 다른 선도자가 지휘하게 된다.

잠시 우두머리가 된 녀석은 독자적인 태도를 취하게 된다. 일행은 나란히 줄지어 수동적으로 따라오지만, 지휘관은 불안해서 상반신을 이리저리 급하게 내민다. 전진하며 사정을 알아보는가 보다. 과연 그가 지형을 탐색하는 것일까? 가장 잘 돌아갈 길을 택할까? 녀석의 망설임이 단지 초행길이라, 즉 안내자 실이 없어서였을까? 부하들은 발에 끈이 잡히고 있으니 안심하고 태연히 따라간다. 그런데 우두머리는 의지할 것이 없으니 불안하다.

타르 방울처럼 까맣고 반들거리는 저 머리통 속에서 무슨 일이 벌어지는지, 내가 읽어 낼 수만 있다면 좋겠구나! 여러 행동으로 거기는 약간의 식별력이 있다고 판단된다. 즉 시도해 본 다음 너무 힘들고 험한 곳, 너무 미끄러운 표면, 푸석푸석해서 꺼져 들어간 곳, 특히 다른 여행객이 남긴 실들을 알아보는 것 정도는 식별했다. 송충이와 오랫동안 사귀고도 그들의 정신력에 관해 알아낸 것은 이것뿐이거나 거의 이 정도 수준이다. 그들의 뇌는 실제로 빈약하며, 공화국을 보호하는 것은 오직 한 가닥의 실뿐인 불쌍한 벌레들이로다!

행렬의 길이는 무척 다양하다. 지상에서 행렬을 본 것 중 가장 대규모는 길이가 12m, 구불구불 줄지은 송충이가 300마리가량이었다. 무리가 두 마리뿐이라도 질서는 완전해서 후자가 첫째에 꼭 붙어서 따라간다. 온실에서는 2월부터 다양한 길이의 행렬이 보이는데, 써 볼 만한 계략에는 어떤 것이 있을까? 우두머리 없애기와 실 끊기 두 가지뿐일 것 같다.

우두머리를 없앴어도 주목할 만한 일은 일어나지 않았다. 소란도 없고, 행렬의 속도에도 변화가 없다. 우두머리가 된 두 번째 송

솔나방 송충이 1970년대 이전까지 수백 년 동안 우리나라 전역의 소나무를 휩쓸었던 송충이의 자태이다. 이 송충이는 떼를 이룬 경우라도 공동생활을 하지는 않는다. 반면에 소나무행렬모충나방 송충이는 이동할 때 반드시 일렬로 줄을 지으며, 각 몸마디에는 굵은 가로띠무늬가 있다. 덕적도, 7. Ⅵ. 07, 강태화

충이는 즉시 자신의 계급과 의무를 이행하여, 길을 택하며 인도한다. 아니, 그보다는 머뭇거리며 더듬는다.

비단 리본을 잘라도 중대한 일은 생기지 않았다. 행렬 가운데 있는 송충이 한 마리를 들어냈다. 또 무리를 혼란시키지 않고 가위로 리본을 자르고, 아주 가는 실까지 모두 없애 버렸다. 행렬이 끊기자 서로 독립한 두 마리의 우두머리가 생겼다. 뒷줄의 우두머리는 아주 좁은 간격으로 떨어진 앞줄에 합류할 수도 있는데, 만일 그런다면 처음 상태로 돌아갈 것이다.

하지만 각 줄은 갈라지는 경우가 더 잦았고, 이때는 각기 제멋대로 헤매며 멀어져 가는 두 개의 행렬이 된다. 이 줄이든, 저 줄이든, 무척 헤매다가 잘려 나간 이쪽 리본을 다시 찾아서 제 둥지로 돌아오기도 한다.

이 두 실험은 별로 흥미가 없었다. 하지만 언뜻 보기에는 풍부한 결과를 가져올 듯한 실험 하나를 생각해 냈다. 방향의 회전을 유도하도록 리본을 잘라서 녀석들이 막힌 순환로를 그려 보게 하자는 생각이다. 기관차는 다른 지선으로 갈라질 때 전철기(轉轍機)가 작동하지 않는 한 변함없이 자신의 선로만 계속 달린다. 행렬모충도 앞에 전철기가 없으니 훤히 열린 비단 레일을 만나면, 끝없는 그 길에만 머물러서 계속 따라갈까? 즉 일상의 조건에서는 알려지지 않은 우회로를 인위적으로 만들어 보는 문제이다.

제일 먼저 떠오른 생각은 행렬 뒤쪽 리본을 핀셋으로 잡되, 흔들리지 않도록 조심해 가며 구부려서, 그 끝을 행렬의 첫머리와 연결시키는 것이다. 만일 행렬의 우두머리가 그리 들어가면 실험은 성공이다. 다른 녀석들은 충실히 따라갈 것이며, 실험 조작도 이론적으로는 아주 간단하다. 그러나 실제로는 너무 어려웠고, 쓸 만한 결과도 얻지 못했다. 지독히 가는 리본을 들어 올릴 때 거기에 붙어 있던 모래알 때문에 끊어진다. 안 끊어지고 무척 조심했을 경우라도, 뒤쪽 송충이가 충격을 느껴 몸을 오그리거나 붙잡은 줄을 놓친다.

더 큰 어려움은 행렬의 우두머리가 제 앞에 놓인 끈을 거부하는 것이다. 잘린 끝이 그에게 경계심을 일으켰다. 안 끊어지고 규정에 맞는 길을 알아볼 수 없게 된 녀석은 좌우로 구불거렸다. 내가 택한 오솔길로 다시 데려오려고 참견을 해봐도, 계속 거부하며 몸을 오그리거나 움직이지 않는다. 게다가 혼란이 즉시 행렬 전체에 미친다. 이제 그만하자. 방법이 나빴고, 아주 여러 번 시도해 보더라도 성공이 의심스럽다.

될 수 있으면 덜 참견한 자연적 폐쇄회로를 얻어야 한다. 그게 가능할까? 가능하다. 내가 전혀 끼어들지 않고도 완전히 둥근 철로에서 행진하는 행렬을 볼 수 있다. 굉장히 주의를 해야만 가능한 실험이 우연한 기회에 얻어진 것이다.

아가리 둘레가 1.5m에 가까운 모래흙의 종려나무 화분 몇 개에 둥지가 달린 소나무가 심어져 있었다. 송충이가 자주 화분 벽을 타고 올라가 똬리 모양의 테두리까지 간다. 그 위가 행렬하기에 좋은 모양이다. 아마도 유동성 모래 바닥처럼 표면이 흔들리지 않아 무너질 걱정이 없어서 그런 것 같다. 어쩌면 올라오기에 지친 뒤의 휴식에 유리한 수평면이라 그런지도 모르겠다. 이제 원을 그리는 길을 찾아낸 셈이다. 이제는 내 계획에 유리한 기회를 엿보는 것뿐이다. 별로 오랜 기다림도 없이 기회가 왔다.

강강수월래~

1896년 1월 마지막의 전날 정오가 되기 조금 전, 화분 위로 올라가서 녀석들이 좋아하는 테두리 위로 행렬하기 시작한 여러 무리를 만났다. 녀석들이 한 줄로 천천히 올라와서, 거기에 도착한 다음 규칙적인 행렬로 전진하는데, 다른 행렬이 계속 따라와서 행렬이 길어진다. 나는 끈이 막히기를, 즉 행렬의 선두가 순환되는 테두리 위로 계속 돌아서 올라왔던 지점까지 돌아오기를 기다린다. 15분쯤 걸렸다. 이제 거의 원형인 폐쇄회로가 훌륭히 만들어진 셈이다.

이제는 송충이가 너무 많아서 훌륭한 행렬의 질서를 어지럽힐, 즉 새로 올라오는 종대를 당연히 물리칠 때이다. 또한 화분의 테두리와 땅을 연결시킬 비단길을 최근 것이든, 오래된 것이든 모두 없애는 것 역시 중요하다. 새로 등정하는 녀석들을 큰 붓으로 쓸어 내고, 뻣뻣한 솔로 화분의 겉을 꼼꼼히 문질러서 늘어놓은 실이란 실은 모두 없앴다. 혹시 나중에 실패의 원인이 될지도 모르는 안내자의 흔적을 하나도 남겨 놓지 않은 것이다. 이런 준비가 끝나자 이상한 광경이 기다렸다.

끊기지 않은 원형 행렬에서 이제는 우두머리가 없어졌다. 어느 송충이든 앞서 가는 녀석이 있어서 그 뒤를 따르고, 전체의 작품인 비단실에 인도되어 앞의 녀석을 계속 따라간다. 한 녀석 뒤에 동료 하나가 정확하게 똑같이 바싹 따라온다. 이 현상이 행렬의 전 길이에 걸쳐서 똑같이 반복된다. 이제는 아무도 지휘자가 아니다. 아니, 그보다도 제멋대로 행로를 바꾸는 녀석이 하나도 없다. 보통 때였다면 모두가 행렬을 선도하기로 되어 있는 안내자를 꼭 믿고 복종한다. 그런데 이 안내자가 실제로는 내 계략으로 없어진 것이다.

화분 둘레를 처음 한 바퀴 돌 때부터 비단실 레일이 깔렸는데, 이것이 지나가며 끊임없이 실을 뱉어 놓는 행렬 덕분에 금방 좁은 리본으로 변한다. 이 레일이 제자리로 돌아왔으나, 내 솔이 갈림길을 모두 없애 버렸으니 어디에도 전철기가 없다. 출구가 없어진 이 기만적 오솔길에서 송충이들은 어떻게 할까? 힘이 다할 때까지 끝없이 뱅뱅 돌기만 할까?

옛날 스콜라 철학은 뷔리당(Jean Buridan)[4]의 나귀(Âne: *Equus asinus*) 이야기를 해준다. 귀리가 한 되씩 두 개 놓여 있는데, 양쪽이 모두 탐나지만 방향이 서로 반대인 두 물건 사이의 균형을 깨뜨리지 못해, 즉 둘 중 어느 것도 결정하지 못해 굶어 죽는 유명한 나귀 이야기이다. 사람들은 이 선량한 짐승을 비웃었다. 다른 짐승보다 둔하지도 않은 나귀는 두 되의 귀리를 다 먹는 것으로 논리의 함정에 대응했어야 했다. 지금 연구 중인 송충이도 이 나귀의 정신을 좀 가졌을까? 시행착오를 반복한 녀석들은 출구가 없이 자기들을 계속 잡아 둔 폐쇄회로의 균형을 깨뜨릴 수 있을까? 좌우 어느 쪽이든 빗겨 나가기로 결정할까? 이것

[4] 라틴 어로는 Johannes Buridanus. 1295~1358년. 프랑스의 철학자. 당나귀 이야기(l'Âne de Buridan)가 대표적이며 유명하다.

이 녀석들의 귀리, 즉 한 걸음밖에 안 되는 곳에 있는 푸른 가지로 가는 유일한 방식이다.

내 나름대로의 생각으로 이런 말을 했었으나 틀렸다. 즉 얼마간, 한 시간, 어쩌면 두 시간 동안 행렬을 돌다가 착각을 알아채서 속임수 길을 버리고 어딘가로 내려간다고 했던 것이다. 거기서 벗어나는 것을 막는 게 전혀 없으니, 굶주림과 피신처가 없는 그 환경에 계속 버티며 남아 있는 것은 용납될 수 없는 어리석음이라 생각했었다. 그런데 현실은 믿기 어려운 사실을 받아들여야만 했다. 이 사실을 자세히 이야기해 보자.

1월 30일 정오쯤, 아주 좋은 날씨에 순환행렬이 시작되었다. 앞선 녀석의 꽁무니에 바짝 붙어서 일정한 걸음으로 따라간다. 끊기지 않은 줄은 방향 바꿀 우두머리를 없애 버리는 결과가 되었다. 그래서 모든 송충이가 시계 문자판의 바늘처럼 충실하게 순환도로를 기계적으로 따라간다. 지휘관 없는 이 무리는 이제 자유도, 의지도 없다. 그저 톱니바퀴가 되고 말았으며, 몇 시간, 또 몇 시간 계속된다. 과감하게 이탈할 것이라는 내 추측을 지나쳐도 크게 지나쳤다. 나는 경탄했다. 더 좋게 말해 그 사건에 깜짝 놀랐다.

그동안 순환 횟수가 늘어나면서 가늘었던 레일이 너비 2mm의 훌륭한 리본으로 변했다. 불그레한 화분 위에서 반짝이는 리본을 쉽게 알아볼 수 있었다. 날이 저물어 가는데, 그 도로에서는 아직도 아무런 변화가 일어나지 않았다. 놀라운 증거 하나는 확인되었다.

궤도에 변화가 와서 이제는 일정 곡선이 아니다. 화분 테두리의 한 곳에서 왼쪽으로 구부러져 아래쪽 표면으로 20cm쯤 내려갔다가 다시 위로 올라왔다. 즉 같은 표면에서만의 행렬이 아니다. 이렇게 드나든 테두리의 양 지점을 연필로 표시했다. 그런데 오후 내내, 또 그 뒤 여러 날에, 이 어리석은 파랑돌(farandole)[5]이 계속 그 두 지점을 오르내렸다. 실이 한번 늘여지면 변함없이 따라야 하는 길이 결정되는 것이다.

길은 한결같아도 속도는 그렇지 않았다. 녀석들이 지나간 거리는 1분당 평균 9cm 정도였다. 하지만 속도가 더 빠르거나 느릴 때도 있었고, 멈출 때도 있었다. 특히 온도가 내려갈 때는 느렸다. 밤 10시에는 전진하는 게 겨우 게으른 엉덩이의 들썩임에 지나지 않았다. 추위와 피로, 어쩌면 배가 고파서 곧 정지할 것이 예측되기도 했다.

식사 시간이 되어 온실 안의 모든 둥지에서 떼 지어 나온 녀석들이 내가 비단 주머니 옆에 공들여 심어 놓은 소나무 가지의 솔잎을 갉아먹는다. 날씨가 포근해서 뜰의 송충이도 그랬다. 화분 테두리에서 줄지어 도는 녀석들 역시 회식에 참가하고 싶었을 것이다. 10시간 동안 산책했으니 분명히 식욕이 생겼을 것이다. 한 뼘 거리에서 맛있는 가지가 푸르름을 뽐내고 있다. 거기로 내려오기만 하면 되는데, 그 불쌍한 녀석들은 어리석게도 리본의 노예가 되어 내려올 결심을 하지 못한다. 밤이 옳은 생각을 가져다주어 내일은 분명히 모든 질서가 잡히겠지. 밤 10시 반, 나는 굶주린 녀석들을 떠났다.

하지만 내 생각은 또 틀렸다. 굶어서 괴로운 창자가 희미한 빛이나마 녀석들의 지능에서 잠시 불러낼 것이라 생각했지만 내 기대가 너무 컸었다. 다음 날 새벽에 찾아가 보았는데, 어제 저녁과 똑같이 줄을 짓고 있   **5** 프로방스 지방 고유의 춤

으며 움직임은 없었다. 곧 조금 따뜻해지자 생기가 나서, 무기력을 떨쳐 버리고 다시 전진한다. 이미 보아 온 행동의 순환 행렬이 다시 시작된 것이다. 기계 같은 이 송충이들의 고집에는 더도, 덜도 주의를 기울일 게 못 되었다.

이번에는 혹독한 밤이다. 갑자기 추위가 몰아닥쳤다. 실은 전날 저녁에 뜰의 송충이들이 예고한 추위였으나 나는 감각이 둔해 좋은 날씨가 계속될 줄 알았다. 어쨌든 녀석들은 외출하지 않았다. 그 해에 두 번째로 된서리가 와서 새벽길의 로즈마리는 얼음 꽃이 반짝였다. 정원의 큰 연못물이 모두 얼어붙었다. 온실의 송충이는 어쩌고 있을까? 가 보자.

다른 송충이는 모두 둥지 안에 틀어박혀 있었으나, 화분 위에서 행렬을 고집하던 녀석들이 질서 없이 두 무더기로 뭉쳐 있는 게 발견되었다. 힘든 하룻밤을 보낸 것 같은데, 이렇게 서로 꼭 달라붙은 무더기가 되어 추위의 고통을 줄였을 것이다.

어떤 면에서는 이런 불행이 더 유리할 때도 있다. 밤의 혹독한 추위 덕분에 길었던 고리가 두 토막으로 나뉘었다. 혹시 여기서 구원의 기회가 생길지도 모른다. 다시 기운을 차려 전진하는 집단별로 우두머리가 탄생할 것이고, 새 우두머리는 앞선 녀석을 따라갈 필요가 없다. 어느 정도 행동의 자유가 생겼으니 무리에서 빗나갈 수도 있을 것이다. 일상 행렬에서는 우두머리 송충이가 척후병 노릇을 했음을 기억해 두자. 갑자기 어떤 불안 요인이 생기지 않는 이상 다른 녀석들은 행렬에 남아 있지만, 새 우두머리는 임무에 충실해서 계속 머리를 좌우로 돌려가며 더듬고, 알아보고, 찾고, 선택한다. 무리는 그가 결정한 대로 순순히 따라간다. 이 선도자 역

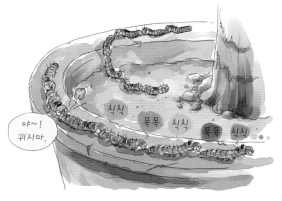

야~! 꿰지마.

시 이미 깔려 있는 리본
에서 정탐을 계속한다는
것도 기억해 두자.

화분 위에서 길을 잃
은 녀석들이 여기서 행
운을 얻어 구원될 것으
로 믿고 지켜보자. 마비
상태에서 깨어난 두 집단은
가까운 녀석들끼리 두 줄로 정렬한다. 그래서 행동의 자유를 얻은
두 우두머리가 탄생했으니, 마술에 걸린 원형 도로에서 빠져나올
녀석이 있을까? 이리저리 불안하게 내젓는 크고 까만 머리를 보
고, 잠시 그럴 것이라 생각했지만 곧 틀렸음을 알았다. 두 토막의
사슬이 다시 합쳐져서 줄이 늘어나며 하나의 동그라미가 된다. 잠
시의 우두머리들은 다시 단순한 부하가 되었고, 무리는 또 하루 종일
둥글게 행진한다.

다시 한 번 고요하고 별이 아름답게 총총한 밤하늘이 된서리를 불
러왔다. 낮에는 화분에 머물렀고, 밤에는 집도 없이 한 덩이로 뭉쳐
서 야영할 수밖에 없었던 행렬모충이 그 숙명적인 리본을 크게 벗어
난다. 마침 나는 마비되었던 녀석들이 깨나는 자리에 입회했었다.
앞장선 녀석이 우연히 닦여 있는 길 밖으로 나왔다. 녀석은 머뭇
거리며 새 고장으로 모험을 떠난다. 화분 테두리까지 왔다가 맞은
편 흙으로 내려온다. 송충이 6마리가 녀석을 따랐다. 나머지는 어
쩌면 아직 밤의 혼수상태에서 덜 깨어 안 움직이며, 게으름을 피
우는지도 모르겠다.

392

약간 지체된 게으름뱅이들은 전처럼 잘못된 행렬을 계속 이어간다. 다시 비단길로 들어서서 순환이 시작되었는데, 이번에는 고리에 이가 빠진 형태이다. 이렇게 틈이 벌어져서 자연히 우두머리가 된 녀석은 아직도 어떤 새로운 시도가 없다. 마침내 마술에 걸린 동그라미에서 빠져나오기 좋은 기회를 만났음에도 녀석은 기회를 이용할 줄 모른다.

화분 안으로 들어갔던 송충이 떼의 운명도 별로 달라진 것은 없다. 배가 무척 고픈 녀석들이 식량을 찾아 종려나무 꼭대기까지 올라갔다. 거기는 입맛에 맞는 것이 없으니 오를 때 남겼던 실을 따라 내려왔다가, 화분 테두리로 올라가 본 부대를 만났다. 더 알아볼 것도 없이 그 행렬에 끼어든다. 이제는 완전해진 고리의 원형행렬이 다시 이루어졌다

도대체 언제나 해방이 올까? 끝없는 원무(圓舞)에 끌려들었다가 마침내 성수 한 방울 덕분에 지옥의 마력이 없어져 구제되는 가엾은 영혼들 이야기를 그린 전설이 있다. 어떤 행운의 물방울이 내 행렬모충에게 뿌려져서 맴돌기를 그치고, 다시 둥지로 데려다줄까? 내 생각에, 순환로에서 악운을 쫓고 해방되는 방법은 두 가지뿐일 것 같다. 두 가지 모두 괴로운 시련이다. 이 이상한 원인과 결과의 연결, 즉 고통과 비참함에서 좋은 일이 생기는 것이다.

우선 추위로 몸이 움츠러드는 것이다. 이때는 녀석들이 무질서하게 뭉친다. 그래서 일부는 비단길 위에 겹겹이, 더 많은 녀석은 길 밖에 겹겹이 쌓인다. 조만간 길 밖에 쌓인 녀석들 중 늘 다니던 길을 무시하고, 새 길을 닦아서 무리를 집으로 데려다 줄 혁명가가 생길지도 모르겠다. 마침 이런 예를 하나 보았던 참이다. 7마리가

화분 안으로 들어와 종려나무로 올라갔다. 성과는 없었어도 시도는 시도였다. 완전히 성공하려면 반대편 비탈로 접어들면 된다. 둘 중 하나라는 행운은 대단한 것이다. 다음번에는 더 잘될 것이다.

두 번째 시련은 행군의 피로로 지치거나 굶주림으로 쇠약해지는 것이다. 지쳐서 절름발이가 된 녀석은 더 가지 못하고 정지한다. 녀석 앞쪽에서 행렬을 약간 더 계속해서 거기에 빈자리가 생긴다. 다시 기운을 차려 전진하기 시작하는데, 앞쪽이 비었으니 자연히 선두로 우두머리가 된다. 이 우두머리가 해방할 생각을 가지면 구원의 오솔길이 될지 모를 새 길로 무리를 이끌지도 모른다.

결국 곤경에 빠진 행렬모충 열차를 궁지에서 벗어나게 하려면 우리와는 달리 열차를 탈선시켜야 한다. 좌우 어느 쪽이든 길 밖으로 빗겨나기는 우두머리의 변덕에 달렸는데, 고리가 끊어지지 않고는 이런 우두머리가 생길 수 없다. 결국 유일한 행운은 줄이 끊어지고 행렬이 정지하는 것인데, 그러려면 과로가 오거나 지독히 추워야 한다.

해방의 원인인 사고, 특히 피로에 따른 사고는 상당히 자주 일어난다. 순환행렬은 하루에도 여러 번 두세 개의 활 토막처럼 나뉜다. 하지만 곧 다시 연결될 뿐, 사태의 변화는 없다. 녀석들을 거기서 끌어낼 과감한 개혁자가 아직 영감을 받지 못한 것이다.

지난번처럼 추운 밤이 네 번째로 닥쳐온 날, 역시 달라진 것은 없다. 차이가 있다면 미미한 사항뿐이다. 어제 화분 안으로 들어갔던 몇 마리가 남긴 흔적을 지우지 않았더니, 아침나절에 순환로와 연결된 흔적이 발견되자 무리의 절반이 화분의 흙을 거쳐 종려나무로 올라갔다. 나머지 절반은 남아 있는 화분 테두리의 레일을 따랐다. 오후에는 종려나무로 올라갔던 무리가 다시 합류해서 행렬이 완전해지며, 모든 것이 원상 복구되었다.

이제 닷새째 날이다. 밤 서리가 더 매서워졌으나 온실 안까지 들어오지는 않았다. 잠시 후 고요하고 맑은 하늘에 해가 아름답게 떠오른다. 햇살에 유리가 좀 따뜻해지자 뭉쳐 있던 녀석들이 깨나고, 화분 테두리에서 다시 기동하기 시작한다. 이번에는 훌륭했던 처음의 질서가 어수선해진다. 언뜻 보기에 해방이 가까워졌다는 전조처럼 어떤 혼란이 나타났다. 무리의 일부가 어제와 그저께 깔아 놓은 화분 안의 구불구불한 탐색로를 잠시 따르다가 버린다. 다른 녀석들은 늘 다니던 리본을 따라다닌다. 이렇게 둘로 갈라져서 거의 비슷한 두 줄이 생겼는데, 서로 조금 떨어져서 같은 방향으로 화분 테두리를 돌다가 다시 합쳐졌다 또 헤어지길 반복한다. 그때마다 약간의 혼란이 끼어든다.

피로는 혼란을 가중시켜, 다리를 절며 행진을 거부하는 송충이가 늘어난다. 그만큼 행렬이 끊기는 곳도 점점 많아진다. 무리가 여러 토막이 나고, 토막마다 우두머리가 생긴다. 물론 각 우두머리가 상반신을 이리저리 내밀고 땅바닥을 살핀다. 그러고 보니 마치 구원의 기회를 위한 해체가 예고되는 것 같다. 하지만 내 희망은 또 한 번 헛물을 켰다. 밤이 되기 전에 다시 한 줄로 이어지고, 도리 없는 회전만 이어진다.

더위도 추위처럼 갑자기 찾아왔다. 2월 4일, 오늘은 날씨가 아주 맑고 따스하다. 온실 안에서는 움직임이 무척 활발하다. 꽃줄 장식 같은 커다란 송충이 무리가 둥지에서 나와 밑바닥의 모래 위에서 출렁인다. 저 위의 화분 테두리에서는 계속 고리가 끊어졌다

이어진다. 더위에 취해 대담해진 우두머리들이 맨 뒷발 두 개로 화분 테두리를 잡고, 공중으로 몸을 내밀어 흔들면서 공간을 조사하는 것을 처음으로 보았다. 이런 조사가 여러 번 행해졌고, 그때마다 그 무리가 정지한다. 갑자기 머리가 좌우로 흔들리며 엉덩이가 움직인다.

한 마리의 개혁자가 밑으로 뛰어들기를 결정해 테두리에서 미끄러져 내려온다. 네 마리가 따른다. 나머지는 여전히 믿지 못할 비단 궤도만 믿고, 이제껏 돌았던 순환로를 계속 돈다.

긴 사슬에서 이탈한 짧은 행렬은 많이 더듬거리고, 화분의 벽면에서 오래 망설인다. 화분 중간까지 내려왔다가 비스듬히 다시 올라가서 행렬의 본대에 끼어든다. 배고픈 녀석들을 유인해 보려고 화분 밑에 소나무 가지를 다발로 가져다 놓았다. 거리는 겨우 두 뼘밖에 안 떨어졌는데, 이것 역시 실패했다. 후각과 시각이 아무것도 알려 주지 않았나 보다. 목적지에 그렇게 가까이까지 왔던 녀석들이 다시 올라갔으니 말이다.

아무튼 상관없다. 그 시도가 소용없지는 않을 것이다. 녀석들은 길에 실을 늘어놓았으니, 이 실이 새로운 시도의 미끼 노릇을 할 것이다. 이제 처음 이탈로의 표지가 만들어진 셈이다. 실제로 다음다음 날, 즉 시련이 시작된 지 8일째 되는 날, 테두리에서 개별적으로, 또는 작거나 제법 큰 무리가 기다란 행렬을 이루며, 표시해 놓았던 오솔길을 따라 내려온다. 해가 질 무렵에는 마지막 낙오자까지 모두 둥지로 돌아갔다.

이제 계산을 좀 해보자. 녀석들은 24시간씩 7번이나 화분 둘레에 머물렀다. 여러 마리가 지쳐서 정지했던 것, 그리고 특별히 추웠던 밤에 쉬었던 것을 충분히 계산해서 전체 시간의 절반을 공제하자. 그러면 84시간을 기어 다닌 셈이 된다. 분당 평균 진행속도는 9cm였으니 녀석들이 행군한 총 거리는 453m가 된다. 거의 0.5km에 가까웠으니, 종종걸음의 이 송충이들에게는 참으로 엄청난 행보였다. 원형 트랙, 즉 화분의 둘레는 정확히 1.35m였으니, 결국 성과 없이 항상 같은 방향으로 335번을 돌았다는 계산이다.

나는 곤충이 대개 아주 미미한 사고에서도 무척 어리석다는 사실을 잘 알고 있었지만, 이 수치들은 또 한 번 나를 놀라게 했다. 그토록 오랫동안 행렬모충이 거기에 갇혔던 것은 내려오기가 어려웠거나 위험해서는 아니었을 것이다. 그보다는 녀석들의 빈약한 지능에 잠시의 광명조차 비춰지지 않아서였다는 생각이다. 사실들은 이렇게 답변했다. "내려오기는 올라가기만큼이나 쉬웠다." 라고.

유럽솔나방의 송충이는 등마루가 무척 탄력성이 있어서, 불쑥 내밀린 돌출부를 돌아 그 밑으로 미끄러져 들기에 적합하다. 등을 위로 향했든, 아래로 향했든, 수직선이나 수평선을 따라 똑같이 쉽게 빠져나간다. 게다가 그들 자신이 활동한 곳에 반드시 실을 고정시켜 놓고 전진한다. 발 사이에 이런 부착점이 있어서 어떤 자세에서도 떨어질 염려가 없다.

8일 동안의 증거를 내 눈으로 직접 보았다. 다시 말하지만 순환로가 동일면에만 놓인 것이 아니라 화분의 테두리에서 두 번이나 꺾여서 밑으로 조금 내려갔다가 다시 올라왔다. 즉 수평 순환로의 일부에서는 화분 둘레의 아래쪽 표면으로 전진했었다. 그런데 이때의 거꾸로 자세가 전혀 불편하거나 위험하지 않았다. 그래서 회전할 때마다 모든 송충이가 처음부터 끝까지 같은 자세를 반복했다.

따라서 화분을 돌다가 매번 휘어지는 테두리의 한 지점에서 그 토록 재빨리 돌아도 발을 헛디딜 염려가 문제되지는 않았다. 배고 프고, 몸을 의지할 곳이 없고, 밤 추위에 얼어서 곤경에 처한 녀석들이 수백 번이나 지나간 비단 리본 위에 고집스럽게 머물러 있었다. 녀석들에게는 그 리본을 버리라고 권할 만큼 초보적인 이성의 빛조차 없어서 그랬던 것이다.

경험과 심사숙고는 녀석들의 분야가 아니다. 300~400바퀴의 0.5km를 돈 여정의 경험조차 그들에게 알려 주는 것은 아무것도 없었다. 그저 우연한 상황이 벌어져서 둥지로 돌아오게 했을 뿐이다. 만일 밤의 야영, 그리고 피로에 의한 정지와 혼란 덕분에 몇 가닥의 실이 순환로 밖으로 던져지지 않았다면, 녀석들은 그 음흉스런 리본 위에서 죽었을 것이다. 몇 마리가 깔아 놓은 유인 물체를 맹목적으로 타고 가다 길을 잃었고, 방황하다 내려오는 길을 마련했고, 마침내 짧은 행렬이 우연의 혜택으로 내려오는 것이 실현되었다. 동물계의 최하층에서 이성의 기원을 찾고자 하는 오늘날, 나는 그 탁월한 학파에게 소나무행렬모충나방을 제시하노라.

21 소나무행렬모충나방 –
일기예보

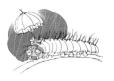

소나무행렬모충나방(*Thaumetopoea pityocampa*)은 1월에 두 번째 허물 벗기를 한다. 이때 송충이에게 아주 이상한 기관이 제공되는 반면, 외모의 호화로움은 줄어든다. 이 시기가 가까워지면 녀석들이 둥지의 둥근 지붕 위에 어수선하게 겹겹이 쌓이는데, 날씨가 따뜻하면 밤낮 거기서 꼼짝 않는다. 이렇게 겹겹이 쌓여 접촉되면 서로 거북하겠으나, 이런 상황이라면 허물이 쉽게 벗어질 저항력과 받침점이 생길 것 같다.

허물을 벗고 나면 등 가운데의 털들이 흐릿한 다갈색으로 변하는데, 중간에 섞여 있는 흰색의 길고 많은 털 덕분에 더 흐려 보인다. 하지만 이렇게 빛바랜 옷에 이상한 기관이 생겨났다. 이 기관들은 레오뮈르(Réaumur)의 주의도 끌었으나, 그는 그 역할을 몰라서 무척 당황했었다. 전에 선홍색 모자이크가 있던 자리가 지금은 8마디에 걸쳐서 가로로 넓은 단춧구멍처럼 찢어졌다. 마치 입술이 두툼한 입 모양인데, 자유롭게 여닫을 수 있다. 완전히 또는 절반쯤 벌리거나, 도로 닫아서 눈에 띄는 흔적을 전혀 안 남길 수도 있다.

열린 입마다 연한 내장을 밖으로 밀어내거나, 공기로 팽창시킨 것처럼 색깔이 없는 얇은 피부의 혹이 올라온다. 거기를 메스로 갈라 본다면, 그 틈으로 내장이 거의 헤르니아처럼 부풀어 오를 것만 같다. 혹의 앞면에는 커다란 흑갈색 점이 두 개 있다. 뒤에는 다갈색 섬모처럼 짧고 얇은 장식깃털 같은 털이 두 개 서 있는데, 햇빛을 받으면 대단히 반짝인다. 그 둘레는 흰색 긴 털들이 바닥에 거의 누워서 펼쳐졌고, 이것들 역시 반짝인다.

혹은 무척 민감하다. 아주 약한 자극만 주어도 검은 피막 속으로 들어가 버린다. 그 자리에 타원형 분화구가 생기는데, 마치 일종의 숨구멍 같다. 입술은 빨리 닫히며 완전히 사라진다. 그 주변에서 콧수염과 염소수염 모양의 흰색 긴 섬모가 오므리는 입술의 움직임을 따른다. 처음에는 사방으로 펼쳐져 누워 있던 털들이 밀밭 사이로 바람이 불 때처럼, 한꺼번에 일어나 벌레의 등과 직각을 이루며 투구 꼭대기의 장식 모양이 된다.

털이 이렇게 일어서면 송충이 모습이 갑자기 변한다. 반짝이던 다갈색 섬모는 검은 피부 속으로 사라지고, 일어선 털들은 텁수룩한 갈기를 이루며, 전체가 짙은 잿빛으로 변한다.

조용해지면, ─ 곧 조용해지지만 ─ 단춧구멍들이 다시 벌어져 절반쯤 열리고, 민감한 혹이 솟아오른다. 갑자기 어떤 불안한 기미가 나타나면 또다시 사라진다. 이렇게 여닫기가 빠르게 반복된다. 내 마음대로 여러 방법을 동원해서 그렇게 시켜 본다. 담배 연기를 조금 불어넣으면 숨구멍이 곧 열리며 혹이 나온다. 이것은 벌레가 경계용으로 특별한 정보 수집 장치를 갖추어 놓은 것이라고 말할 수 있겠다. 혹들은 얼마 뒤 다시 들어간다. 담배 연기를 다시 뽑으면 또 나온다. 하지만 연기가 너무 많거나 매우면 기구를 열지 않고 몸을 뒤튼다.

이번에는 겉으로 드러난 혹을 지푸라기로 아주 살짝 건드려 본다. 젖꼭지 모양의 혹이 즉시 수축한다. 마치 달팽이가 더듬이를 집어넣듯 안으로 들어가고, 그 자리에는 대신 열린 입이 생겼다가 다시 다물어진다. 항상 그런 것은 아니지만 대개는 지푸라기가 닿아서 움직였던 마디의 앞이나 뒷마디를 따라서 차차 구멍을 닫는다.

송충이가 쉬고 있을 때는 대개 등의 단춧구멍이 열려 있다. 걸을 때나 다른 모든 경우에는 여닫기를 자주 반복한다. 열린 틈의 양쪽 입술이 서로 접근했다가 피부 밑으로 들어가면서 섬모 같은 다갈색의 연한 콧수염을 잘라 낸다. 이렇게 해서 분화구 바닥에는 잘린 털 먼지가 쌓이며, 머지않아 이 까끄라기들이 모여서 작은 솜뭉치처럼 된다. 혹시 구멍이 갑자기 열리면, 가운데서 불쑥 솟는 혹이 잘린 이 털 뭉치를 벌레의 옆구리로 뿜어낸다. 털들은 조금만 날려도 금빛 먼지처럼 일어나는데, 그것이 관찰자에게는 대단히 불쾌하다. 이 까끄라기에 노출되면 가려움증에 걸릴 수 있는데, 이 문제는 나중에 이야기하자.

이상한 이 숨구멍의 역할은 단지 옆의 털들을 거둬들여 빻는 것뿐일까? 숨어 있다가 부풀어 오르는 얇은 피부의 젖꼭지 모양들이 잘린 털 무더기를 밖으로 몰아내는 임무를 맡은 것일까? 어쨌든 이상한 기관은 털을 희생시켜 가며 방어 수단으로 가려움증을 일으키는 가루를 준비할 임무만 가졌을까? 그렇다고 말하는 것은 하나도 없다.

송충이는 분명히, 호기심이 많아 가끔 확대경으로 자기를 조사

풀색명주딱정벌레 봄부터 여름 사이에 들에서도 보이나 산림이 우거진 곳을 더 좋아하며, 나무 위에서 각종 벌레를 잡아먹는다. 몸은 금속성 광택이 나는 검정인데 녹색이나 구릿빛이 감돈다.
시흥, 15. VII. '93

하는 사람에 대비하지는 않았다. 아니다. 송충이를 무척 좋아하는 곤충이나 새, 특히 뚱보명주딱정벌레(Calosome sycophante: *Calosoma sycophanta*)나 뻐꾸기를 염려했음 역시 무척 의심스럽다. 이런 송충이를 먹는 동물은 따끔따끔 찌르는 털을 우습게 여긴다. 어쩌면 털에 찔리는 것을 식사 전에 마시는 술의 자극쯤으로 생각하는 특수 위장을 가졌을지도 모를 일이다. 그렇다. 만일 모든 게 오직 까끄라기를 우리 눈에 뿌리려고 제 털을 뽑는 것뿐이라면, 나는 행렬모충이 등마루에 그토록 많은 단춧구멍을 내기로 결정한 동기를 인정하지 못하겠다. 틀림없이 여기에는 다른 문제가 포함되어 있을 것이다.

레오뮈르도 대강 연구했던 이 구멍에 대해 언급했었다. 그는 예외적인 호흡공으로 생각하는 경향이 있어서 숨구멍이라 불렀다. 선생님, 그게 아닙니다. 어떤 곤충도 등에는 공기 출입구를 만들어 놓지 않습니다. 확대경으로 살펴봐도 거기서 내부와 통하는 구멍은 찾을 수가 없습니다. 구멍은 호흡과 무관하며, 수수께끼의 해답은 분명히 다른 곳에 있을 겁니다.

열린 구멍에서 솟아오르는 혹은 색이 연하며, 단순히 연한 막으로 되어 있다. 그래서 마치 연약한 이 부분을 통해 공기를 쏘이려고, 내장이 부풀어 오른 것처럼 보인다. 이 혹은 무척 민감해서 붓으로 살짝만 건드려도 곧 들어가 성벽이 닫혀 버린다.

단단한 물체로 건드릴 필요도 없다. 떨어지지 않을 정도의 작은 물방울을 핀 끝에 묻혀서 민감한 혹을 관찰해 본다. 물이 조금만 닿아도 오므라들며 닫힌다. 달팽이 더듬이도 이보다 빨리 오므라들어 시각과 후각기관을 안으로 들여보내지는 않는다.

모든 정황으로 볼 때 마음대로 출몰하는 송충이의 이 혹은 감각기관이라고 단언하는 것 같다. 송충이가 그것을 내놓는 것은 무엇인가를 알아보기 위해서이며, 그 민감한 소질을 보존하려고 피부 속에 보존한 것이다. 그런데 무엇을 감지해 낼까? 어려운 질문이다. 여기서는 행렬모충의 습성만이 무엇인가를 좀 안내할 것 같다.

송충이는 겨우내 밤에만 활동하나, 낮에도 날씨가 좋으면 곧잘 둥지의 지붕으로 올라가 무더기로 겹겹이 쌓여 꼼짝 않는다. 야외에서는 12월과 1월이 엷은 햇볕을 받으며 낮잠을 자는 시간이다. 아직은 누구도 집을 떠나지 않는다. 밤이 이슥한 9시쯤 되어야 출동이 시작된다. 어수선한 행렬을 이루어 근처 가지로 잎을 갉아먹으러 간다. 이 떼거리가 목장에 머무는 시간은 아주 길어서 자정이 지나 온도가 너무 내려갔을 때에나 집으로 돌아간다.

녀석들이 두 번째로 가장 활발하게 활동하는 시기는 가장 혹독하게 추운 겨울의 몇 달이다. 그때는 매일 밤 지치지 않고 길쌈해서 천막에 새 천을 덧댄다. 날씨가 허락하면 가까운 가지로 흩어져서 많이 먹고 뚱뚱해진다. 그리고 제사공이 되어 실타래를 새로 짠다.

다른 곤충에겐 불황의 혹독한 계절이며 혼수상태의 휴식기인데, 이들에겐 이때가 활발히 활동하며 일하는 계절이라는 것이 가장 뚜렷한 예외이다. 물론 일기불순이 어느 한도를 넘지 않는 조건에서이다. 북풍이 떼거리를 쓸어버릴 만큼 세게 불거나, 눈이나 비가 오거나, 짙은 안개가 찬이슬이 되거나 하면, 벽지를 발라 비가 새지 않는 대피소, 즉 집 안에서 조심한다.

이런 일기불순은 미리 예측할 필요가 있을 것이다. 행렬모충은 한 방울의 비에도 충격 받고, 한 송이의 눈에도 흥분하며 무서워한다. 날씨가 꾸물꾸물한 깜깜한 밤에 목장으로 가는 것은 위험한 짓일 것이다. 행렬이 상당히 멀고 또 느리게 전진하므로 더욱 그렇다. 집으로 돌아오기 전에 공중에서 어떤 갑작스런 혼란을 만나면 무리가 큰 피해를 입을 것이다. 그런데 겨울에는 이런 일이 꽤 자주 일어난다. 송충이가 겨울밤에 멀리 여행할 때, 기상정보를 얻을 어떤 예측 적성은 타고났을까? 왜 이런 의심을 갖게 되었는지를 말해 보자.

어떻게 소문이 났는지, 내 온실의 사육이 좀 유명해져서 마을에서 말들이 있었다. 피해를 입히는 이 해충과 불구대천의 원수지간인 산림감시원이 그 지독한 송충이의 사육을 보고 싶어 했다. 그의 감시에 맡겨진 녀석들을 솔밭에서 수집하며, 둥지를 부수던 어느 날부터 낯을 익혀서 기억하게 된 사람이었다. 그날 저녁으로 약속이 되었다.

약속 시간에 그는 친구 한 사람과 같이 왔다. 잠시 난로 앞에서 이야기를 하다가, 마침내 9시가 되자 우리 셋은 초롱불을 켜들고 온실

404

로 들어갔다. 그들은 사육에 대해 들었던 희한한 광경을 보고 싶어 했고, 나는 그들의 호기심을 만족시킬 것이라는 확신을 가졌었다.

그러나, 그러나…… 도대체 어찌 된 일일까? 둥지 위에도, 그날 양식인 싱싱한 솔가지에도 송충이가 없다. 어제와 그전 여러 날 밤에는 수없이 많이 나왔었는데, 오늘은 한 마리도 나타나지 않는다. 공동 식당에 오는 것이 좀 늦어지는 것일까? 아직 식욕이 덜 나서 습관적인 자기네의 시간 엄수를 어기는 것일까? 참고 기다려 보자……. 10시다. 아무도 없다. 11시가 되었다. 역시 없다. 자정이 가까워지자 더 이상의 기다림은 헛된 짓의 연장이라는 확신으로 자리를 떴다. 누가 바보였을까? 우선 손님들을 그렇게 돌려보낸 것이 아주 창피해서 내가 바보 같았다.

다음 날 실패에 대한 설명이 어렴풋이 보일 것 같았다. 밤부터 아침까지 비가 왔다. 올 들어 눈은 처음은 아닌데, 이제까지 온 것 중 가장 많이 와서 방뚜우산(Mt. Ventoux) 꼭대기가 하얗게 덮였다. 누구보다도 대기의 급변에 민감했던 녀석들이 미래의 사건을 예견하고 외출을 거부했던 것일까? 적어도 우리는 예견하지 못하는 날씨를, 즉 비와 눈을 예감했을까? 그게 아니라고 말할 단서도 없지 않은가? 계속 관찰해 보자. 그러면 그게 우연의 일치였는지 알게 되겠지.

그래서 기념일이 된 1895년 12월 13일, 송충이를 이용한 기상 관측소가 설치되었다. 귀중한 과학기구라곤 전혀 갖추지 못했던 나였다. 심지어 평범한 온도계조차 없었다. 오늘날도 화학을 배우던 시절과 똑같이 파이프 담배통을 도가니로, 아니스[1] 열매를 증류기 플라스크로 써야

---

1 Anis: *Pimpinella anisum*, 산형과 참나물류

하는 황량한 불운이 쫓아다녔다. 그런 형편이니 지금도 매일 밤 오직 온실과 뜰의 행렬모충을 바라보는 게 전부인 내 연구란 그저 힘든 고역일 뿐이다. 특히 개를 밖으로 내보낼 수도 없을 만큼 혹독한 날씨에, 울타리 저 안쪽으로 찾아가려면 더욱 그랬다. 나는 송충이의 행동, 즉 녀석들이 외출한 것이나 집 안에 머문 것을 기록했다. 또 내가 조사하는 밤하늘과 낮의 상태를 기록했다.

이 기록에다 『르 탕(Le Temps)』 신문이 날마다 싣는 유럽 전체 기상도를 덧붙였다. 더 정확한 자료가 필요하면, 즉 심한 저기압 때는 아비뇽 중학교의 관측소 기압계의 기록을 빌려 왔다. 내 마음대로 이용할 수 있는 자료는 이런 것뿐이다.

얻어진 결과를 말하기 전에, 송충이를 이용한 내 기상관측소는 온실 안과 울타리 안팎의 소나무 위, 즉 두 군데임을 다시 한 번 말해 두자. 온실 안의 관측소가 바람과 비를 막아 주어 거기를 더 좋아했다. 거기가 더 일정했고 좀더 한결같은 정보를 주어서 그랬다. 사실상 바깥의 송충이는 일반적 상황이 유리한데도 출타를 거부하는 일이 아주 잦았다. 녀석들을 집 안에 잡아 두려면 나뭇가지를 흔드는 바람이 좀 강해도, 둥지의 천에 물방울이 맺힐 정도로 조금 축축해도 되는 일이었다. 이 두 위험이 면제된 온실의 송충이는 훨씬 강력한 대기의 상황밖에 참작하지 않았다. 녀석들은 작은 유위전변(有爲轉變, 세상이 변하기 쉬워 덧없는 일)은 제치고 큰 변화에만 깊은 인상을 받는데, 이것이야말로 관찰자를 문제의 올바른 길로 인도하기에 훌륭한 조건이었다. 따라서 유리가 끼워진 온실 안의 집단이 내 기록에 주로 공헌했고, 밖의 녀석들은 증언을 보태 주었으나 때로는 혼란을 초래하기도 했다.

그런데 12월 13일, 초청된 산림감시원에게 자기네 모습을 견학시켜 주기를 거부한 온실 녀석들은 무슨 말을 했을까? 밤에 오기로 되어 있는 비가 안전하게 피신한 그 녀석들에게는 별로 충격을 주지 못한다. 방뚜우산을 하얗게 덮을 눈도 녀석들과는 무관했다. 그것은 아주 먼 데서 일어난 일이었고, 아직은 비도 눈도 안 왔다. 무엇인가 심각하고 광범한 특별 기상 상태가 일어나고 있음이 틀림없었다. 그것을 『르 탕』 신문의 기상도와 학교의 기상 보고서가 알려 주었다.

이 지방은 엄청나게 큰 기압골 안에 들어 있었다. 이 계절에 아직 그와 비슷한 정도로는 나타난 적이 없는 공기의 함몰이 영국에서 우리 쪽으로 몰려와, 13일에는 여기까지 퍼졌고, 22일까지 아주 강하거나 좀 덜하게 남아 있었다. 아비뇽에서는 13일의 기압계가 761mm에서 갑자기 748mm로 내려갔고, 19일에는 744mm로 더 내려갔다.[2]

대략 이 열흘간 뜰의 소나무에서는 송충이가 전혀 나오지 않았다. 물론 날씨는 불안정했다. 보슬비가 몇 번 오기도, 북풍이 세차게 불기도 했었다. 하지만 기온이 적당하고 하늘이 무척 맑은 낮과 밤이 더 자주 있었다. 조심스럽게 틀어박힌 녀석들은 그런 날씨에 걸려들지 않았다. 저기압이 그대로 위협하고 있으니 집 안에 그대로 머문 것이다.

온실 안에서는 사정이 조금 다르게 진행되었다. 녀석들 역시 틀어박혀 있을 때가 더 많았지만 외출과 잔류를 교대로 했다. 처음에는 저 위에서 일어나는 예사롭지 않은 일에

---

2 1기압= 760mmHg. 기압의 단위는 몇 해 전까지 밀리바(mb)를 썼으나 요즈음은 헥토파스칼(hPa)을 쓴다. 번역은 원문대로 mm를 썼다.

충격을 받은 송충이들이었다. 하지만 자기네 지붕 밑에서는 바깥처럼 비나 눈, 또는 미친 듯이 휘몰아치는 북풍 따위들이 전혀 타격을 주지 않을 것임을 느꼈다. 그래서 안심하고 다시 일을 시작한다. 그러다가 악천후의 위협이 다시 커지면 하던 일을 중단한다.

실제로 기압계의 변동과 송충이 떼의 행동 사이에 상당히 정확한 일치가 있었다. 수은주가 다시 조금 올라가면 밖으로 나오고, 내려가면 집 안에 남는다. 따라서 가장 낮은 기압이었던 744mm의 19일에는 감히 한 녀석도 나오지 않았다.

온실 집단에게는 비와 바람이 문제되지 않는다. 따라서 생리학적으로 명확하게 밝히기는 어렵지만, 여기서는 기압이 주요요인일 것으로 추측된다. 물론 적당한 한도 내의 온도도 마찬가지다. 한겨울에도 밖에서 작업해야 하는 제사공이라면 당연히 그랬어야 하듯이, 이 행렬모충은 체질이 튼튼하다. 그래서 아무리 매서운 추위라 해도 물이 얼지 않는 정도인 날씨에 작업 시간이나 식사 시간이 되면 근처 솔가지에서 잎을 갉아먹거나 둥지에서 길쌈을 했다.

다른 예를 하나 더 들어 보자. 『르 탕』 신문의 기상도에 따르면, 아작시오만(Golfe d'Ajaccio) 어귀의 상귀네르 제도(Sanguinaire îles) 근처에

OK~!

날씨가 좋지 않으니 외출을 삼가 주세요~~~!

중심을 둔 최저 750mm의 기압골이 1월 9일 우리 지방으로 퍼졌다. 심한 폭풍이 휘몰아친다. 그 해 처음으로 대단한 얼음이 얼었다. 정원의 큰 연못 물이 손가락 몇 마디의 두께로 얼어붙었고, 이런 혹독한 날씨가 닷새 동안 계속되었다. 물론 이렇게 심한 질풍에 흔들리는 바깥의 소나무에서는 녀석들이 나오지 않았다.

이때 주목할 점은 온실 안의 송충이도 감히 외출을 하지 못한 것이다. 위험하게 흔들리는 솔가지도 없었고, 언 것도 없으니 매서운 추위는 아니었는데도 그랬다. 그렇다면 송충이를 집 안에 잡아 둔 원인은 기압골의 통과일 수밖에 없다. 15일에 폭풍이 끝났고, 1월의 나머지와 2월의 상당한 기간은 기압계가 760~770mm를 유지했다. 이 오랜 기간 매일 밤 굉장히 외출이 잦았는데, 특히 온실 안에서 더 그랬다.

2월 23일과 24일, 뚜렷한 동기는 보이지 않았는데 갑자기 틀어박히는 사태가 벌어졌다. 유리 피난처 안 6개의 둥지 중 두 개만 밖의 솔가지에 송충이가 몇 마리 드문드문 있었다. 전에는 밤마다 둥지 6개 모두에서 수없이 많은 무리가 나와, 솔가지가 휘는 것을 보았는데도 그랬다. 이 정도의 예고를 받은 나는 노트에다 이렇게 기록해 놓았다. "어떤 강한 기압골이 우리에게 닥쳐올 것이다."

나도 이제는 제대로 맞혔다. 이틀 뒤에『르 탕』신문의 일기 보도는 실제로 이렇게 알려 왔다. 22일에 가스코뉴 만(Golfe de Gascogne)[3]에서 오는 최저 750mm의 기압골이 23일에 알제리(Algérie) 쪽으로 내려가고, 24일에는 프로방스 지방의 해안까지 퍼졌다. 25일에는 마르세유(Marseille)에 함박눈이 왔다. 신문 기사에는 '하얗게 된 원양 선박의

3 스페인과 접한 프랑스의 서남부 해안

슈라우드[4]와 활대가 이상한 모습이었다. 이런 모습을 별로 보지 못한 마르세유 주민들은 스피츠베르겐(Spitzberg)[5]과 북극이 이럴 것이라고 상상해 본다.' 하고 쓰여 있었다.

벌레들이 전날과 전전날 외출을 거부했을 때, 돌풍을 예감했음이 틀림없다. 25일부터 저기압의 중심이 세리냥(Sérignan)에서 며칠간 살을 에는 듯이 세찬 북풍으로 나타났다. 저기압이 가까웠을 때만 온실 송충이가 충격 받음을 다시금 확인했다. 저기압으로 생긴 처음의 불안이 가라앉자, 특별한 일이 없는 것처럼 외출했다. 25일부터 며칠간 폭풍이 불었으나 외출에는 지장이 없었다.

나의 모든 관찰에서 밝혀진 것은 송충이가 기압 변화에 뛰어나게 민감하다는 것인데, 이는 혹독한 겨울밤에 생활하는 그들의 생활 방식에 아주 훌륭한 적성이다. 즉 외출할 때 위험한 돌풍을 예감하는 것이다.

악천후에 대한 송충이의 직감은 머지않아 집안 식구들의 신뢰를 얻었다. 식량을 구하러 오랑주(Orange)로 가야 할 때는 으레 전날 녀석들에게 물어보고, 그 답변에 따라 떠나기를 결정했다. 녀석들의 예언은 우리를 한 번도 속이지 않았다. 순진한 우리는 전에도 역시 용감한 밤 일꾼, 즉 금풍뎅이(*Geotrupes*)에게 같은 이유로 물어봤었다. 하지만 사육장에 갇혀서 사기가 떨어졌고, 특별한 감각기관은 없어 보이며, 게다가 따뜻한 가을 저녁에 활동하는 이 소똥구리가 송충이와 경쟁할 수는 없을 것 같다. 송충이는 연중 가장 혹독한 계절에 활동하고, 큰 기상 변화를 느끼기에 적합한 기관이 있음을 모든 것이 단언하는 것 같았으

4 돛대 꼭대기에서 양 뱃전으로 고정시키는 밧줄
5 그린란드 동해의 북위 80′, 동경 15′ 근처에 위치하는 섬 지방

410

니 말이다.

　시골 사람들의 슬기 중에는 동물에게서 얻은 예측이 많다. 고양이(Chat: *Felis catus*)가 아궁이 앞에서 침 묻힌 발로 귀 뒤를 계속 쓸어 대는 건 추위가 기승을 부리겠다는 전조이다. 때가 아닌데 수탉(Coq: *Gallus*)이 울면 좋은 날씨가 온다는 예고이며, 뿔닭(Pintade: *Numida*)이 톱을 줄로 써는 것처럼 삐걱거리는 소리를 연방 내면 비가 오겠다는 예고이다. 또 암탉(Poule)이 깃을 곤추세우고, 한 다리로 서서 머리를 파묻고 있으면 된서리가 내릴 것을 느낀 것이란다. 프로방스 농부들은 나무에 올라가는 청개구리(Grenouille verte des arbres)[6], 그 예쁜 청개구리는 뇌우가 곧 닥칠 때 목을 오줌보처럼 부풀리고는 ‘뿔루라, 뿔루라(*Ploùra, Ploùra* = il pleuvra, il pleuvra = 비가 올 거다, 비가 올 거다)’라고 한단다. 오랜 세월에 걸친 경험의 유산인 이 시골 일기예보가 과학적 일기예보 옆에서도 별로 푸대접을 받지는 않는다.

　우리 자신도 살아 있는 기압계가 아니던가? 제대한 군인은 날씨 변화의 조짐이 있을 때, 그 영광스러운 상처 자국에 탄식한다. 어떤 사람은 비록 상처가 없어도, 잠이 안 오고 악몽을 꾼다. 어떤 이는 생각을 해야 하는 일꾼인데, 꽉 막혀 버린 뇌에서 아무 생각도 끌어 내지 못한다. 각자 나름대로 대기 속에서 은밀히 돌풍을 꾸미고 있는 저 엄청난 크기의 깔때기가 지나가는 것에 시련을 겪는다.

　무엇보다도 섬세한 조직체인 곤충에게서 이런 인상이 면제되었을까? 그렇게 생각할

6 정확히 어떤 개구리인지 알 수가 없다. G. verte였다면 유럽개구리(*Rana esculenta*)를 가리킨 것이므로 나무나 숲에서는 울지 않았을 것이다. 유럽청개구리(*Hyla arborea*)를 말하고 싶었다면 Rainette verte로 썼어야 한다. 한편 프로방스의 청개구리라면 남불청개구리(R. meridionale: *H. meridionalis*)가 더 어울릴 것이다.

수는 없다. 곤충도 우리가 판독할 수만 있다면, 수은주나 가는 창자처럼 멋대로 변할 수 없는 우리 실험실의 기구만큼이나 진실한 예측을 해주는, 즉 살아 있는 일기예보 기구일 것이다. 어쩌면 다른 기구보다 더 훌륭할 것이다. 모든 곤충이 정도는 달라도 우리와 비슷한, 그리고 일정한 기관의 협력 없이도 발휘되는 감수성을 지녔다. 그들의 생활 방식 덕분에 더 훌륭한 재주를 타고난 곤충은 특수 일기예보기관을 가질 수도 있을 것이다. 이들 중에 소나무행렬모충나방도 낄 것 같다. 행렬모충이 각 몸마디의 등에 멋있는 선홍색 모자이크를 가지고 있는 동안, 이 모자이크가 혹시 어떤 특별한 적성을 갖추었는지도 모르겠다. 그런데 두 번째 옷으로 갈아입은 뒤에는 좀더 섬세한 감수성 말고는 이전의 송충이와 달라 보이는 게 없다. 만일 밤에 길쌈하는 송충이가 갖춘 연장이 아직 신통치 못하다면, 모든 계절이 거의 언제나 이 상태로 지낼 수 있을 만큼 따듯해야 한다. 정말로 무서운 밤은 1월이 되어서야 비로소 시작된다. 하지만 그때는 행렬모충이 등마루에 일련의 단춧구멍을 여행의 보호 장치로 갖추었는데, 이것들이 가끔씩 열리면서 공기 냄새를 맡고 돌풍을 예측하는 것이다.

따라서 다른 결정이 내려지기 전까지, 내 생각에 등의 단춧구멍은 일기예보기관이며, 대기의 큰 유동에 영향을 받는 기압계이다. 상당히 근거가 있기는 해도, 나로서는 추측 이상을 주장하기는 불가능하다. 이 문제를 더 깊이 파고드는 데 없어서는 안 될 도구가 내게는 한 벌도 없다. 이제 이상한 이 문제를 경고는 했으니, 이를 확실히 풀어내는 것은 좀더 훌륭한 수단을 가진 사람의 몫이다.

22 소나무행렬모충나방 –
나방의 탄생

3월이면 길든 상태에서 길러진 소나무행렬모충나방(*Thaumetopoea pityocampa*) 송충이들이 계속 행렬한다. 대다수가 열린 온실을 떠나서 곧 일어날 탈바꿈 장소를 찾아간다. 이제 마지막 집단이동이며, 둥지와 소나무를 결정적으로 버리는 시기이다. 이렇게 여행할 때가 되면 색깔이 몹시 바래서, 등에 조금 남아 있는 다갈색 털이 희끄무레해진다.

　3월 20일, 아침나절 내내 한 무리의 이동을 지켜보았는데, 행렬의 길이는 3m, 송충이는 100마리가량이었다. 녀석들은 먼지투성이의 길바닥에서 구불거리며 악착같이 전진하는데, 땅에 지나간 고랑이 남겨진다. 그러다가 갑자기 여러 개의 작은 집단으로 갈라지며, 서로 겹겹이 쌓인다. 그리고 엉덩이를 흔들며 쉰다. 시간이 일정치 않은 잠시의 휴식 뒤 다시 전진하는데, 이제는 서로 독립된 행렬들이다. 일정한 방향은 없다. 앞으로 나가거나 뒤로 돌아오는 무리도, 오른쪽이나 왼쪽으로 가는 무리도 있다. 전진에도 규칙이 없고, 뚜렷한 목적도 없어 보인다. 어떤 무리는 방향을 돌려서 가던 길을 되돌아온다. 그러나 온실 벽을 향해 가는 것이 일반적인 경향인데, 그곳은 남향이라 따뜻한 햇살이 더 잘 비친다. 따뜻한 기운이 더 많은 쪽을 좋아하는 것으로 보아, 내리쬐는 햇볕이 유일한 안내자인 것 같다.

20마리 정도로 도막난 행렬들이 두 시간가량 앞뒤로 헤매다가 한쪽 벽 밑으로 왔다. 그곳의 흙은 포아풀 그루터기로 조금 단단해지긴 했어도, 무척 건조하고 푸석푸석해서 쉽게 파진다. 우두머리가 큰턱으로 조금 파 보며 깊이를 조사하고, 땅의 성질을 알아본다. 그를 꼭 믿는 녀석들은 그저 순순히 따라갈 뿐이며, 그가 결정한 것을 모두가 채택할 것이다. 여기는 탈바꿈이 이루어지는, 그토록 중대한 지점인데도 선택에 개별적 제안이 없다. 의지할 건 오직 하나뿐인 우두머리밖에 없으니, 머리가 하나뿐인 셈이다. 행렬은 마치 많은 몸마디가 연속된 엄청나게 큰 환형동물에 비교된다.

마침내 한 지점이 유리한 장소로 인정된다. 선두 송충이가 멈추어 이마로 밀며 큰턱으로 파내기 시작한다. 계속 줄달아 떼를 이루던 녀석들도 작업장에 도착하자 하나씩 걸음을 멈춘다. 이제는 무리가 해산해서 우글거리는 무더기 형태이나 각자는 자유로워졌다. 하지만 모든 등마루가 뒤범벅이 되어 심하게 움직이는데, 모두가 머리는 먼지 속에 파묻고, 발은 갈퀴질하며, 큰턱으로 파낸다. 환형동물이 도막 나서 독립되고, 부지런한 작업 분대가 된 것이다.

굴이 파이고 송충이들이 차차 그곳에 묻힌다. 아직 얼마동안 갱도를 파낸 흙이 갈라지며, 조금 올라와 두더지의 둔덕처럼 되었다가 조용해진다. 녀석들은 3인치 깊이까지 내려갔다. 땅이 거칠어서 고작 이 정도밖에 팔 수 없었으나, 파기 쉬운 흙에서는 훨씬 더 깊이까지 내려간다. 가는 모래를 깐 온실 바닥에서는 20~30cm 깊이에서 고치를 발견했다. 이보다 더 깊이 내려간다고 단언하지 는 않겠다. 어쨌든 묻히기는 집단의 크기와 흙의 성질에 따라 아 주 다양한 깊이에서 공동으로 이루어진다.

보름 뒤, 파 내려간 지점의 땅속을 보면 집단으로 모여 있는 고 치가 발견될 것이다. 흙 부스러기들이 비단실에 붙어서 더럽혀진 볼품없는 고치들이다. 하지만 조잡한 피부를 벗어 던져서 이제는 조금 멋지다. 모양은 양끝이 뾰족하며 홀쭉한 타원형인데, 길이는 25mm, 너비는 9mm이다. 이 비단 고치는 흰색으로 무척 곱지만 윤이 나지는 않는다. 둥지를 지을 때 엄청나게 많은 실을 썼는데, 고치의 벽은 별로 단단하지 못해서 놀라웠다.

이 제사공들은 겨울을 보낸 집에다 비단실 단지를 낭비해 버려, 고치를 지을 무렵에는 최소한의 필수품밖에 남지 않았다. 실이 모 자라니 형편없는 집에다 흙을 입혀서 보충한다. 하지만 씨실 사이 에 모래알을 박아 튼튼한 상자를 만드는 코벌(Bembicidae)의 솜씨

어리코벌 성충은 6월에 출현하며, 산길에서 무리를 이루는 경향이 있다. 각종 메뚜기의 애벌레를 사냥해 서 땅굴에 넣고 산란한다. 사진 속 벌 무리는 각각 3 마리 이상의 애메뚜기 애 벌레를 사냥해서 저장했 다. 평창, 28. VI. 06

는 아니다. 그저 주변의 흙 부스러기를 엉성하게 붙여 놓아 멋없는 간략한 기술이다.

더욱이 상황에 따라서는 흙 없이도 해결할 줄 안다. 무척 드물긴 해도 완전히 깨끗한 고치를 발견한 적도 있었다. 호박단처럼 흰 고치들의 표면에는 지저분한 이물질이 전혀 없었다. 항아리 안에 몇 개의 작은 솔가지와 송충이를 넣고 뚜껑을 덮었다. 거기서도 비슷한 고치를 얻었다. 더 멋진 경우도 있었다. 아주 큰 집단 전체를 적당한 시기에 모래나 기타 재료가 없는 상자에 가두었더니, 빈 벽에 의지해서 고치를 짰다. 송충이가 멋대로 행동할 수 없는 상황으로 유도해도, 예외적 규정의 고치 짜기를 거부하지는 않았다. 행렬모충은 탈바꿈을 위해 한 뼘 깊이에 묻히기도, 흙이 충분하면 더 깊이 묻히기도 한다.

이렇게 되면 관찰자의 머리에 이상한 문제가 부과된다. 송충이 상태로 내려갔던 지하무덤에서 다시 올라올 나방은 어떻게 할까 하는 문제이다. 완전한 상태의 화려하고 지나친 장식, 섬세한 비늘들이 벗겨질 커다란 날개, 깃털장식 같은 더듬이를 가진 나방이 거친 흙과 맞설 수는 없다. 그랬다가는 땅속에서 완전히 구겨진 누더기가 되어, 알아볼 수 없는 상태로 나올 텐데 전혀 그렇지가 않았다. 게다가 먼지 상태였던 흙은 소나기가 조금만 와도 단단한 땅으로 변하는데, 그토록 허약한 나방이 이 단단한 층을 부수려면 어떻게 해야 할까?

나방은 7~8월에 나오는데, 묻히는 것은 3월이었다. 그동안 비가 오지 않을 수는 없다. 비가 땅을 단단하게 하고, 물이 증발한 다음에는 굳어 버린다. 만일 나방이 의도적으로 의상을 무시하고

416

연장을 갖추지 않는다면, 결코 이런 장애물을 뚫어서 출구를 만들지는 못할 것이다. 별 도리가 없으니, 녀석들에겐 굴착기와 아주 간편한 옷차림이 필요하다. 이런 생각에 빠진 나는 수수께끼에 답변을 줄 만한 몇 가지 실험을 하기로 했다.

4월에 고치를 많이 수집해서, 지름이 다른 몇 개의 시험관 밑에 10~12개씩 넣고, 체로 친 모래흙을 아주 조금만 적셔서 채웠다. 흙을 다지되 밑의 고치를 터뜨리지 않게끔 가볍게 다졌다. 8월이 되자 축축했던 흙기둥이 증발로 굳어서 시험관을 거꾸로 들어도 쏟아지지 않을 정도가 되었다. 한편 빈 금속 뚜껑 밑에도 고치를 넣었는데, 이것들은 흙 밑의 고치가 알려 주지 못함을 보여 줄 것이다.

그것들이 실제로 대단한 흥밋거리 자료들을 제공했다. 유럽솔나방(Bombyx du Pin: *Dendrolimus pini*)[1]이 고치에서 나올 때는 제 장신구들을 감싼 원기둥 형태가 된다. 땅속 작업에서 중대한 장애가 되는 날개는 좁은 어깨띠처럼 가슴에 착 달라붙었고, 더듬이의 깃털장식은 펼침 없이 옆으로 누웠다. 나중에 빽빽한 털옷이 될 털은 뒤쪽을 향해 누워 있다. 다리만 제법 힘 있고 자유로워서 상당히 활발하게 움직였다. 이렇게 거치적거리는 표면을 없앤 배치라면 땅을 뚫고 올라오기가 가능하다.

어떤 나방이든 고치를 떠날 때는 몸이 줄어든 미라처럼 채비를 갖춘다. 하지만 유럽솔나방은 땅속에서 깨나므로 도리 없이 예외적 적성을 갖게 되었다. 다른 나방은 고치에서 나오면 바로 날개가 펼쳐져서, 탈바꿈을 제 마음대로 늦추지 못한다. 하지만 이 나방은 필수 특전을 가져서, 상황의 요구대로 몸을 잔뜩 줄여 놓은

1 346쪽 주석에서 설명했듯이 소나무행렬모충나방을 잘못 쓴 이름이다.

포장 상태를 유지한다. 시험관에서는 어깨띠를 풀고 날개를 펴기 전에 24시간 동안 모래 위를 기거나 솔가지에 매달린다.

이런 지연 행위는 분명히 필요성에 따른 것이다. 나방이 땅속에서 올라와 공기와 자유롭게 접하려면 장시간 동안 긴 통로를 뚫어야 한다. 어쨌든 이 나방은 땅 위로 솟아나기 전에 장신구들의 펼침을 삼간다. 그것들은 가로 거치는 걸림돌이 되어 구겨지거나 잘못 접힐 수 있어서, 완전히 해방될 때까지 원기둥의 미라 형태로 남아 있는 것이다. 어쩌다가 시간 전에 자유가 생겼어도, 최종 변화는 역시 관례적인 시간이 지나야만 이루어진다.

사람도 갱도 안에서는 반드시 몸에 착 달라붙은 겉옷 차림으로 나와야 함을 알고 있다. 그렇다면 굴착기는 어디에 있을까? 다리가 자유로워졌다 해도 그것만으로는 충분치 않다. 옆으로 긁어서 우물의 지름을 넓힐 수는 있어도, 곤충 위의 수직선을 따라 출구를 늘이지는 못할 것이다. 그러니 연장은 틀림없이 앞쪽에 있을 것이다.

손가락으로 나방의 머리를 더듬어 보자. 그러면 아주 까칠까칠한 것이 확인된다. 확대경으로 보면 눈 사이와 그 위에서 4~5개의 얇은 가로 조각이 보이는데, 검고 단단하며 사다리의 가로대처럼 층층이 놓였고 끝은 초승달 모양으로 깎였다. 이마 가운데 위쪽에 있는 것이 제일 길고 가장 단단하다. 이것이 굴착기의 구성 상태이다.

우리가 화강암에 구멍을 뚫으려면 착암기 끝에 금강석을 부착한다. 비슷한 일을 하며, 살아 있는 착암기인 유럽솔나방은 진짜 나사송곳의 끝처럼 닳지 않는 한 줄의 날카로운 초승달 모양 기구

418

를 이마에 박아 놓았다. 레오뮈르는 이 희한한 연장을 보기는 했으나, 용도는 짐작하지 못해 비늘선반이라고 불렀다. 레오뮈르는 "나방의 머리 앞쪽에 이런 비늘선반은 무엇에 쓰일까? 나는 모르겠다." 하였다.

선생님, 제 시험관이 그것을 알려 줄 겁니다. 축축했다가 증발된 흙덩이를 뚫던 나방 중 행운이 있는 몇 마리가 시험관 바닥에서 올라오는 작태를 저는 지켜볼 수 있습니다. 녀석이 원기둥 모양의 몸을 일으켜서 이마로 받고, 좌우로 심하게 움직이는 것을 보았습니다. 그 행동이 무엇을 하는 것인지는 분명합니다. 나사송곳이 엉겨 붙은 흙덩이를 교대로 뚫는 것입니다. 위에서 흙 부스러기가 우수수 떨어집니다. 그러면 곧 발로 그것을 밀어냅니다. 둥근 천장 쪽이 조금 넓어졌고, 나방은 그만큼 지표면을 향해 전진한 것입니다. 이튿날은 길이 25cm의 흙기둥 전체에 일직선의 갱도가 뚫려 있을 것입니다.

이제 공사 전체를 알아볼까요? 시험관을 거꾸로 들어 봅시다. 조금 전에 말했던 것처럼 내용물은 덩어리가 되어 쏟아지지 않습니다. 그러나 나방이 파놓은 갱도에서는 나사송곳의 초승달 모양 날에 가루가 된 모래가 우수수 쏟아집니다. 결국 고정된 덩어리 밑바닥까지 연결된, 그리고 아주 깨끗하며 연필 굵기의 원통 같은 갱도가 뚫린 것입니다.

선생님, 만족하셨습니까? 이제는 비늘선반이 대단히 유용한 도구임을 아셨습니까? 여기에 어떤 특정 작업용으로 훌륭하게 배치된 한 벌의 멋진 연장의 예가 있다고 생각하지 않으십니까? 저는 이 생각에 찬동합니다. 저도 선생님처럼 최고의 '이성'은 만사에 목적과 수단을 조정해 놓았다고 생각하기에 그렇답니다.

그러나 이 말씀을 선생께 드리도록 해주십시오. 사람들은 우리가 뒤떨어졌다고 규정합니다. 어떤 '지능'으로 지배되는 세계관에서 우리는 시대에 뒤떨어졌다는 것입니다. 질서니, 균형이니, 조화니 하는 것은 모두 부질없는 말이라는 것입니다. 흰 게 검정일 수도, 둥근 것이 모날 수도, 규칙적인 것이 불규칙적일 수도, 조화로운 것이 부조화일 수도 있다는 것입니다. 우연이라는 게 모든 것을 결정했다는 것입니다.

그렇습니다. 우리가 희한할 만큼 완벽한 것에 만족해서 머무를 때는 인습에 젖은 늙은이들입니다. 오늘날 누가 이런 시시한 일에 관심을 갖겠습니까? 훌륭하다는 과학, 명예와 이득, 명성을 가져다주는 과학은 짐승을 값비싼 기계로 잘고 둥글게 써는 데 있습니다. 우리 가정부도 항상 성공하지는 못하는 수수한 요리하기 말고, 다른 야망 없이 홍당무 단을 그렇게 자릅니다. 생의 문제에서 섬유를 네 가닥으로 쪼개고, 세포를 토막토막 잘랐다고 해서 더 성공한 것입니까? 그런 것은 눈에 띄지 않습니다. 수수께끼는 어느 때든 항상 이해하기 어려운 상태로 남습니다. 아아! 선생님의 방법은 그야말로 훌륭합니다. 친애하는 선생님, 특히 선생님의 철학은 좀더 고상하고, 더욱 생기를 주며, 아주 유익하답니다!

자, 드디어 나방이 땅 밖으로 나왔다. 그토록 섬세한 과정의 요구에 따라 천천히 날개 꾸러미를 펼치고, 장식들을 풀며, 털들을 부풀린다. 복장은 수수하다. 윗(앞)날개는 회색인데, 각진 갈색 줄무늬는 없고, 아랫(뒷)날개는 희며, 가슴에는 회색 털이 수북하다. 선명한 다갈색 배는 우단처럼 부드러우나, 제일 끝마디 등면은 연한 금빛 광택이 있다. 거기를 언뜻 보면 덮인 게 없어 보이나 그렇지는 않다. 다른 마디에서의 털 대신 비늘들이 덮인 것이다. 비늘은 너무도 빈틈없이 잘 밀집되어서, 전체가 마치 천연 금괴처럼 보일 정도이다.

이 금덩이를 바늘로 건드려 보자. 조금만 긁어도 많은 비늘이 떨어지는데, 입김만 불어도 사방으로 날리면서 운모 조각처럼 반짝인다. 좀 작다는 점 말고는 길쭉하며 오목한 타원형으로 하반부는 희고, 상반부는 금빛이 도는 다갈색인 이 비늘은 어느 엉겅퀴의 두상화서를 감싸고 있는 비늘과 비슷한 면이 있다. 이 비늘은 금빛 털인데, 어미는 이것을 떼어서 제 알들의 원통 모양 집을 덮을 것이다. 엉덩이의 천연 금괴는 조각조각 떨어져서 옥수수자루처럼 정렬되어 알들의 지붕이 되는 것이다.

거의 흰색인 부분은 소량의 풀로 붙여졌고, 색이 짙은 쪽은 분리되어 기왓장처럼 멋지게 배열된 이것들이 정돈되는 모습을 보고 싶었다. 하지만 상황이 도와주질 않았다. 나방의 수명은 무척 짧은데, 캄캄한 밤에만 활동한다. 낮에는 종일 얕은 가지의 어느 잎에 꼼짝 않고 붙어만 있다. 결국 짝짓기와 산란은 밤에 이루어지며, 다음 날이면 모든 것이 끝난다. 나방이 벌써 죽은 것이다. 어미가 뜰에 있는 소나무에서 작업을 수행하는 상황에서 흐릿한 초롱불 빛으로는 만족스러운 관찰이 이루어질 수 없다.

시험관에서도 별로 만족시켜 주지는 않았다. 몇 마리가 산란을 했으나 언제나 밤, 그것도 아주 늦은 시간이라 내가 깨어 있지 않은 시간에 낳았다. 희미한 촛불과 졸음이 가득한 눈으로는 제자리에 비늘을 붙이는 어미의 섬세한 조작을 알아볼 수 없었다. 제대로 보지 못한 것은 그냥 지나가자.

임업에서 실천할 몇 마디만 하고 끝내기로 하자. 소나무행렬모충나방은 폭식성 송충이로, 솔잎을 비늘과 송진으로 보호된 끝 쪽만 남기고 모두 먹어 버린다. 그래서 나무를 대머리처럼 만들며 위태롭게 한다. 식물의 활기가 들어 있는 머리채, 즉 푸른 잎들이 밑동까지 완전히 깎인다. 어떻게 하면 녀석들을 막을 수 있을까?

이 문제를 면사무소의 산림감시원에게 물어보았다. 그는 소나무마다 돌아다니며 자루가 긴 막대기 끝 전정가위로 둥지를 잘라 떨어뜨리고, 태우는 것이 일반적인 방법이라고 했다. 흔히는 그 비단주머니가 대단히 높은 곳에 매달려 있어서 힘들다고 했다. 게다가 다른 위험까지 존재한다. 먼지 같은 털 부스러기가 가지치기 인부의 피부에 닿는 것이다. 그러면 금방 견디기 어려울 만큼 가려워져서, 작업을 계속하길 거부하게 되므로 성가신 고통거리였다. 내 생각에는, 주머니들이 나타나기 전에 작업하는 게 더 좋을 것 같다.

유럽솔나방은 나는 게 무척 서툴러서 거의 날아오르지 못하는 누에나방(Papillion du ver à soie: *Bombyx mori*)◦수준으로, 땅에서 심하게 뱅뱅 돌 뿐이다. 가장 잘 날았어도 거의 땅에 끌리는 정도의 아래쪽 가지밖에 못 올라간다. 거기에

아아…
난 날개를 왜 달고
있는지 몰라…

빙
빙
빙…

멧누에나방 애벌레는 야생 누에로, 뽕나무 잎을 먹는다. 성충은 6,7월에 출현하며, 공통 특징을 가진 점과 서로 교잡이 잘 이루어지는 점 때문에 '누에나방'의 야생형으로 보는 이도 있다.

시흥, 2. VII. '92

원기둥 알 덩이를 내려놓는데, 기껏해야 2m밖에 안 되는 곳이다. 어린 송충이는 임시 야영장에서 다른 야영장으로 차차 높게, 나중에는 꼭대기까지 올라가, 거기서 결정적인 주거를 짠다. 이 특성을 알았으면 나머지는 저절로 해결될 문제이다.

8월에 소나무의 아래쪽 잎들을 살펴본다. 사람 키 높이에 산란되었으니 검사하기도 쉽다. 나방의 알은 솔가지에 붙은 비늘 모양 뭉치라서 눈에 잘 띈다. 희끄무레한 빛깔의 커다란 원기둥이니, 검푸른 그곳에서는 아주 잘 드러난다. 그것을 두 갈래 솔잎과 함께 따서 발로 으깨 버린다. 불행이 나타나기 전에 종지부를 찍는 간결한 방법인 것이다.

울타리 안의 몇 그루에서 그렇게 했다. 넓은 솔밭, 특히 잎이 제대로 우거져서 크게 공헌하는 정원과 공원에서도 그렇게 할 수 있을 것이다. 땅에 끌리는 가지는 모두 자르거나, 2m 높이까지의 침엽수 가지를 없애는 것도 현명한 방법일지 모른다는 말을 덧붙이겠다. 무겁게 날아서 도달하지 못하는 나방은 낮은 계단이 없으면 산란을 할 수 없을 것이다.

23 소나무행렬모충나방 –
피부 발진

소나무행렬모충나방(*Thaumetopoea pityocampa*)의 겉모습은 세 종류이다. 1령 때는 흰색과 검은색의 가는 털들이 텁수룩하게 섞였고, 조금 자라면 몸마디의 등판에 금빛 머리깃털 모양과 편평한 선홍색 등판이 모자이크 장식을 이룬다. 이 중간 연령(2령)이 가장 화려하며, 장년에 들어서면 마디마다 열리는 단춧구멍 같은 것이 있다. 구멍은 두꺼운 입술 모양이 교대로 여닫히며, 그때마다 안쪽이 혹처럼 부풀어 오른다. 이렇게 올라올 때는 섬모 같은 다갈색 털이 입술에 물려서 잘린 털 먼지 뭉치가 벌레의 양옆으로 밀려 나간다.

그래서 마지막 복장일 때는 송충이를 다루기가 무척 괴롭다. 그저 가까이에서 관찰만 하는 것도 기분이 나쁘다. 내가 이것을 원치 않는다는 것을 뜻밖에 알게 되었다.

어느 날 녀석의 단춧구멍 운동을 알아보려고 아침나절 내내 확대경으로 들여다보았는데, 경계를 전혀 하지 않았었다. 24시간 동안 눈꺼풀과 이마가 벌겋게 되었고, 쐐기풀에 쏘였을 때보다 훨씬 심하고 오래가는 가려움증으로 괴로웠다. 눈이 퉁퉁 붓고, 얼굴이 벌겋게 달아서 몰라보게 된 비참한 모습으로 점심식사를 하러 내려왔다. 나를 본 식구들이 주변으로 몰려와 걱정하며, 무슨 일인지 물었다. 식구를 안심시키려니 내 실패담을 말할 수 밖에 없었다.

그 쓰라린 시련을 나는 서슴없이 부서져서 솜뭉치처럼 된 다갈색 섬모 탓으로 돌린다. 내가 숨 쉬며 열린 주머니 속까지 찾아가고, 더 가까이도 갖다 대서, 털 토막이 얼굴까지 피어오른 것이다. 가려운 곳을 무심코 긁은 것이 따끔거리는 가루를 퍼뜨려서 화를 더 크게 불러온 것뿐이다.

그렇다. 행렬모충의 등판에 대한 진리를 찾는 것이 모두 장밋빛만은 아니었다. 이 사고에서 회복되려면 밤의 휴식이 필요했다. 물론 사고가 심각하게 중대한 것은 아니었으니 계속해 보자. 우연히 일어난 사실을 계획적인 실험으로 대체하는 것은 당연한 일이다.

작은 주머니 안에 잘린 털들이 생기고, 흩어지거나 뭉쳐지는 것은 단춧구멍에서 입술 모양의 작품임을 이미 앞에서 말했다. 구멍이 열렸을 때, 붓으로 그 털을 조금 찍어 내서 손목과 팔 안쪽에 문질러서 펼쳤다.

결과가 바로 나타났다. 곧 살갗이 벌게지고, 쐐기풀에 쏘였을 때처럼 말간 볼록렌즈 모양으로 부어올랐다. 심하지는 않아도 약이 오를 만큼은 아팠다. 다음 날은 가려움증도, 붉은 기운도, 볼록렌즈처럼 부어오른 것도 모두 사라졌다. 대개의 진행과정은 이랬다. 그러나 실험이 항상 성공하는 건 아니라는 사실을 잊지 말자. 털 가루의 효력은 무척 다양할 수도 있다.

때로는 송충이 전체, 허물이나 붓으로 찍어 낸 털을 몸에 문질러도 별일이 없었다. 가려움증을 일으키는 가루가 상황에 따라서는 성질이 변하는 것 같으나, 어떤 상황인지는 알아내지 못했다.

다양한 실험에서 분명해진 것은, 가려움증의 원인은 등판의 입술이 계속 여닫히며 빻은 미세한 털이라는 점이다. 단춧구멍 입술이 제 털을 뽑아 따갑게 쏘는 가루를 제공한 것이다.

사실이 확인되었으니 좀더 중요한 실험으로 넘어가자. 3월 중순, 대부분의 행렬모충이 땅속으로 이주했을 때, 끝까지 남은 주민을 조사하고자 둥지 몇 개를 열어 볼 참이다. 조심성 없는 손가락이 튼튼한 비단 집을 잡아당겨 찢어 조각내고, 뒤지고, 가르고, 뒤집었다.

주의하지 않았다가 다시 한 번, 그것도 아주 심하게 속았다. 작업이 겨우 끝나 갈 무렵, 손가락이 정말로 아팠다. 특히 손톱 밑의 민감한 부분이 더욱 그랬다. 마치 곪기 시작할 때의 욱신거림처럼 아팠다. 그 이후의 시간과, 그리고 밤이 새도록 신경을 건드리는 아픔이 잠을 잘 수 없을 정도로 계속되었다. 24시간을 지난 다음 날에야 고통이 가라앉았다.

새로운 실패는 어디서 왔을까? 행렬모충을 만진 일은 없었다. 더욱이 그 무렵의 둥지에는 송충이가 드물었고, 허물벗기가 그 안에서 일어나는 것도 아니니 벗어 놓은 허물도 보지 못했다. 행렬모충이 모자이크를 가진 두 번째 옷을 벗을 때는 둥근 지붕 위에 겹겹이 쌓여 비단 실오라기와 뒤범벅이 되었다가 한 무더기의 헌 옷만 남겨 놓는다. 둥지를 다루다가 불쾌한 사고를 당했는데,

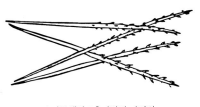

소나무행렬모충나방의 가시털

과연 무엇이 이 원인을 해명해 줄까?

무척 주의 깊게 검사하지 않으면 보이지 않는 먼지, 즉 잘 빠져서 부서지는 다갈색 섬모 같은 것이 남아 있다. 녀석들은 장기간 둥지 안에서 우글거리며 왕래하고, 솔잎을 먹으러 가거나 잠을 자러 돌아올 때 두꺼운 벽을 지나친다. 움직이지 않을 때나 돌아다닐 때나, 정보수집기관인 등판의 단춧구멍을 끊임없이 여닫는다. 입술이 닫힐 때, 하나가 다른 것 위로 롤러처럼 지나가면서 옆의 털을 가로채고 뽑아서 아주 잘게 부순다. 그것을 바로 구멍 밑바닥이 다시 올라오면서 밖으로 밀어낸다.

이런 식으로 수없이 잘린 미세 조각들이 둥지에 온통 깊숙이 퍼지며 스며든다. 네소스(Nessus)[1]의 옷은 입는 사람의 혈관을 태웠다. 그런데 유독성 천인 행렬모충의 비단은 그것을 다루는 손가락에 불을 놓는다.

고약한 섬모는 독성을 오랫동안 보존하는데, 나는 번데기가 백강균(白殭菌)에 오염되어 병에 걸린 고치를 많이 골라내야 했다. 안에 든 것이 단단하지 않으면 틀림없이 이 병에 걸렸다는 표시인데, 병들지 않은 번데기를 살리려고 수상한 고치들을 손가락으로 찢어발겼다. 이런 식으로 정리하던 손톱 밑은 둥지를 찢을 때와 똑같은 통증을 느꼈다.

이번 증세의 원인은 번데기가 되면서 벗은 허물이나, 백강균의 침해로 원통 석고 모양으로 뭉쳐진 송충이였다. 이런 것들이 6개월 뒤까지도 가려움증과 붉게 부푸는 증상을 일으켰다.

가려움증을 일으키는 다갈색 섬모를 현미

1 켄타우로스 족으로, 헤라클레스의 아내를 훔치려다 화살에 맞아 죽었다.

경으로 검사해 보면, 양끝이 무척 날카롭고 전반부에 까끄라기들이 배열된 뻣뻣한 막대기 모양이다. 결코 쐐기풀의 털 구조, 즉 규소(硅素)성 털의 뾰족한 끝이 부러지면서 상처에 자극제를 쏟아붓는 가느다란 유리병 구조는 아니다.

이 풀의 라틴 어 이름으로 '따가움'이라는 단어가 주어졌고, 무기의 본은 독사의 독니에서 빌려 왔다. 풀은 상처가 아니라 들여보낸 독이 작용해 고통을 주는 풀인 것이다. 그런데 행렬모충의 수단은 방법이 다르다. 다갈색 섬모는 쐐기풀처럼 독액을 저장한 병의 구조가 아니라, 카프라리아(Cafres)나 줄루(Zoulous)[2] 사람들의 가느다란 투창처럼 표면에 독이 있을 것이다.

투창들이 정말 피부 속으로 들어갈까? 한 번 박히면 뽑히지 않는 야만인들의 창 같을까? 까끄라기는 자극받은 살이 떨리면 점점 깊이 들어갈까? 하지만 이런 것들은 하나도 인정할 수가 없다. 아픈 곳을 아무리 확대경으로 살펴봐도 박혀 있는 투창은 보이지 않았다. 레오뮈르가 떡갈나무행렬모충나방(Processionnaire du chéne : *Thaumetopoea processionea*, 누에나방상과)에게 시련을 당하면서, 자기 몸을 긁었을 때도 그런 것은 발견하지 못했다. 그는 아무것도 단언하지 못하고 추측만 했었다.

그렇다. 소나무행렬모충나방의 다갈색 섬모를 현미경으로 보면, 날카로운 끝이나 까끄라기들이 대단히 무서운 창처럼 보인다. 하지만 이것들이 박혀서 찔린 자리에 가려움증을 일으킬 만한 투창은 아니다.

전혀 해가 없는 여러 종의 송충이도 곤두선 털이 있는데, 현미경으로 보면 역시 가시가   **2** 남아프리카의 지역들

달린 투창 모양이다. 그것들의 모양도 대단히 위협적이지만 무척 유순하다. 이런 미늘창을 가졌으나 유순한 예를 두 종만 들어 보자.

　초봄에 오솔길에서 수북한 털이 바람에 물결치는 밀밭처럼 일렁이며, 사납게 생겨서 혐오감을 불러일으키는 송충이가 열심히 기어서 가로지르는 게 보인다. 옛날 박물학자들은 고지식하고 비유적 표현이 풍부한 용어로, 녀석을 쐐기벌레(Hérissonne)라고 불렀다. 이 벌레에게 어울리는 이름이다. 녀석은 위험한 적을 만나면 몸을 둥글게 말아 사방으로 가시가 돋힌 갑옷을 내보인다. 등에는 검은 털과 잿빛 털이 빽빽이 섞여 있고, 옆과 앞쪽에는 선명한 다갈색 갈기가 텁수룩하게 나 있다. 검은색이든 갈색이든, 모두 까끄라기가 많이 달려 있다.

　소름끼치는 이 벌레를 손으로 잡으려면 망설여진다. 하지만 내 본보기에 용기를 얻은 우리 꼬마 폴은 겁내지 않는다. 7살의 그 연한 피부로 혐오스런 그것을 오랑캐꽃 다발 들어 올리듯 손으로 덥석 잡는다. 아이는 상자 6개에다 쐐기벌레를 가득 채우고, 날마다 손으로 만지며 느릅나무(Orme: *Ulmus*) 잎으로 기른다. 소름끼치는 이 녀석들이 자라면 진홍색 우단을 걸치고, 흰색에 밤색 얼룩무늬를 가진 앞날개와 빨간 뒷날개로 화려한 불나방(*Chelonia*→ *Arctia caja*)⟡을 선물해 줌을 잘 알아서 기르는 것이다.

　어린애가 쐐기벌레와 친해졌는데 어떤 결과

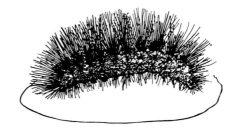

쐐기벌레(불나방 애벌레)

불나방

가 올까? 그 연한 피부에는 가려움증 비슷한 것조차 없다. 나이 먹어 구릿빛이 된 내 피부가 어떤지는 말하지 않겠다.

근처의 작은 강인 아이그(Aygues) 하천가의 버드나무 숲에는 가시 돋힌 관목들이 많은데, 늦가을에는 아주 시고 빨간 장과(漿果)가 수없이 많이 열린다. 푸른 잎이 별로 많지 않은 이 나무의 잔가지는 빨간색 작은 구슬 무더기에 덮여서 보이지 않을 지경이다. 이 식물은 낙상홍(落霜紅)[3]이다.

4월, 털이 수북하면서도 제법 예쁜 송충이가 이 나무의 돋아나는 싹을 희생시키며 산다. 벌레의 등에는 5개의 수북한 털이 머리깃털 모양의 솔처럼 나란히 늘어섰다. 가운데는 새까맣고 가장자리는 흰 머리깃털 모양이다.

이 송충이의 앞쪽에서는 두 다발의 깃털 뭉치가 흔들리고, 세 번째 깃털 뭉치는 엉덩이에 나 있다. 이 세 다발의 털들은 모두가 극도로 섬세한 붓 모양이다.

성충이 된 회색 나방은 나무껍질에 찰싹 붙어서 움직이지 않는다. 긴 앞다리를 앞으로 내밀어 교차하고 있어서, 언뜻 보면 엄청나게 큰 더듬이로 착각하게 된다. 이런 앞다리의 자세로 '한 아름'이라는 뜻의 독나방이라는 학명(Orgyie: *Orgyia antiqua*, 낡은무늬독나

---

3 Argousier 또는 Hippophaé: *Hesperis laciniata*, 십자화과 큰장대의 근연종이다.

넉점박이불나방 6월부터 9월 사이에 두 번 발생하며, 들이나 산의 어디에서나 볼 수 있다. 수컷은 앞날개가 검푸른색에 기부만 주황색을 띠고, 암컷의 앞날개에는 주황색에 푸른색 무늬 2개가 있다. 오대산, 6. VIII. '96

독나방 들이나 야산에 널리 분포하며, 성충은 6~8월에 나타난다. 밤에 등불을 찾아왔다가 독모를 떨어뜨려 사람에게 피부염을 일으키는 수도 있다. 애벌레는 각종 잡초의 잎을 먹는데 길가에서도 흔히 보이며, 역시 독모가 피부염을 일으킨다. 시흥, 28. VII. '92

방*)을 얻었고, 더 널리 알려져서 '뻗은 다리(*patte étendue*)'라는 보통 이름도 얻었다.

폴은 내 도움을 받아 가며 솔과 깃털로 장식된 이 예쁜 송충이의 사육을 잊지 않았다. 감수성이 그토록 예민한 손가락으로 녀석의 털을 얼마나 많이 쓰다듬었더냐! 아이는 털이 우단보다 부드럽다고 했는데, 현미경으로 보면 행렬모충의 털처럼 미늘창 모양으로 소름 끼치게 위협적이다. 두 털 사이의 비슷한 점은 이뿐이다. 솔로 덮인 녀석을 마구 다루어도 붉어짐조차 없으니, 이보다 해가 없는 털도 없다.

따라서 따끔거림의 원인은 *까끄라기*가 아니라 다른 곳에 있음이 분명하다. 만일 *까끄라기*만으로 손가락을 그렇게 아프게 한다면, 털을 가진 대부분의 송충이가 위험할 것이다. 거의 모든 송충

낡은무늬독나방

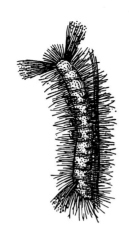

낡은무늬독나방의 송충이

이가 가시 돋힌 털을 가지고 있다. 따라서 털의 유해성 여부는 그것이 많다는 구조적 문제에 있는 것이 아니다. 유해성 털은 별로 많지도 않은 것으로 판명되었다.

어쨌든 까끄라기가 따끔따끔 찌르는 미립자를 우리 피부에 고정시키고, 거기에 머무는 역할을 할 수는 있어도, 그 가느다란 작살에 찔린 것만으로 통증이 올 수는 없을 것 같다.

선인장 열매에도 이보다 훨씬 굵은 섬모 모양의 털들이 빽빽이 나 있고, 이것 역시 무척 사나운 미늘창 모양이다. 손가락이 이런 우단을 너무 믿었다가는 큰일 나느니라! 조금만 건드려도 작살에 잔뜩 찔려, 즉시 뽑아내지 않고는 견딜 수가 없을 것이다. 물론 이때의 찌름은 순전히 기계적인 것이며, 고통은 없거나 거의 없다.

무척 의심스럽지만 그 털들이 피부 깊숙이 뚫고 들어갔는데 행렬모충 털보다 덜 아팠다면, 그것은 단지 찌름에 지나지 않은 것이다. 그렇다면 섬모는 그 이상의 무엇을 가졌을까?

섬모 먼지는 틀림없이 쐐기풀의 털처럼 속이 아니라 표면에만 자극하는 요인을 가졌을 것이다. 또한 분명히 단순한 접촉만으로 작용되는 독성 혼합물이 발라져 있을 것이다.

용해제를 이용해 독성(Virus)[4]을 없애 보자. 독성이 없어진 행렬모충의 투창은 겨우 기계적 작용만 남을 것이다. 하지만 털에서 걸러 낸 용해제에는 통증의 근원이 들어 있을 것이며, 털의 개입

432

이 없는 실험이 가능할 것이다. 가려움증의 근원이 분리되고 농축된 이것으로 처리하면 통증이 덜한 게 아니라 되레 더할 것이다. 곰곰이 생각해 보면 이럴 것으로 예측된다.

사용한 용해제는 물, 알코올, 에테르 세 가지뿐이다. 다른 두 가지, 특히 알코올도 만족스러운 결과를 주었으나, 나는 에테르를 더 즐겨 사용했다. 송충이를 통째로 용해제에 담그면 지방과 끈적이는 액체성 영양분도 함께 우러나, 정수를 빼내기가 어려울 것이다. 그래서 벗어 버린 허물만 정제하는 것을 선호했다.

두 번째 허물벗기에서 둥지 지붕 위에 남겨져 마른 허물 뭉치와 번데기가 되기 전에 고치 안에 벗어 버린 허물들을 거두어서, 각각 6가(價) 황을 함유한 에테르에 24시간 동안 담가 우러나게 했다. 우려낸 것은 빛깔이 없다. 액체를 정성스럽게 걸러서 저절로 증발하게 놔두고, 담갔던 허물은 필터에서 에테르로 여러 번 다시 씻었다.

이제 허물과 추출액의 두 가지를 가지고 실험해야 한다. 허물은 그야말로 결정적이었다. 정상일 때와 똑같으며, 적당히 마른 털들은 에테르에 의해 독작용이 모두 빠졌다. 양쪽 허물을 증상이 아주 민감하게 나타나는 손가락 사이에다 마구 문질렀으나 아무렇지도 않았다.

털의 숫자도 용해제의 작용 전과 같았고, 까끄라기와 투창의 끝도 전혀 없어지지 않았는데, 효력이 없어져서 전혀 증상을 일으키지 않았다. 독성 분비물이 없어진 수많은

4 프랑스 어에서 virus라는 단어는 '바이러스'나 '병원체'라는 뜻이지, '독'이라는 뜻은 없다. 다만 옛날에는 고름이나 가래처럼 병원균을 옮기는 물질을 나타낼 때도 쓰였다고 한다. 파브르는 다음에 올 25장의 제목은 물론, 여러 곳에서 이 단어를 무척 자주 썼는데, 의미는 사실상 '독' 또는 '독성(물질)'을 나타낸 것이라 그 의미대로 번역했다.

투창이 부드러운 우단으로 바뀐 것이다. 불나방의 쐐기벌레나 솔 모양인 낡은무늬독나방의 송충이도 이보다 덜 해롭지는 않을 정도였다.

정제된 액체는 더 긍정적이었다. 고통을 주는 것이 너무도 명확해서 다시 시험할 생각이 없어질 정도였다. 네 겹의 거름종이를 1인치 남짓한 정사각형으로 만들었다. 우려낸 에테르가 증발해서 몇 방울만 남았을 때, 그것을 담가 액체가 배어들게 했다. 이 제품을 전혀 경계심 없이 불쌍한 내 피부에다 실험했다. 그 면적에 충분한 양의 정제로 실험을 한 것이다. 이를 해보고 싶은 사람이 있다면 조금 인색해지라고 충고하겠다. 어쨌든 팔 안쪽에다 사각형의 그 신종 종이 반창고를 붙였다. 너무 빠르게 건조되는 것을 막으려고 얇은 고무를 덮고 붕대로 감았다.

처음 10여 시간은 아무 일도 일어나지 않았다. 그러다가 점점 가려워지더니 상당히 심한 염증을 느끼게 된다. 그래서 밤에 잠을 거의 자지 못했다. 24시간이 지난 다음 날 붙였던 것을 떼었다. 조금 부어올랐고, 붉은 홍반이 종이 반창고로 덮였던 사각형에 분명하게 나타났다.

부식제에 닿아 아픈 피부처럼 그 부위가 무두질하지 않은 가죽처럼 울퉁불퉁해졌다. 여러 작은 농포(膿泡)에서 말간 진물이 나와 엉겨 붙어서, 아라비아고무 빛깔의 물체가 된다. 이틀 이상 계속 스며 나왔다. 그 다음 염증이 가라앉고, 그때까지 신경을 몹시 건드렸던 통증도 가라앉았다. 피부가 말라 얇은 껍질이 벗겨져 나갔다. 모든 게 끝났어도 붉은 자국은 여전히 오랫동안 남았다. 그만큼 행렬모충의 허물 추출액은 결과가 끈질겼다. 실험한 지 3주가 지났어도 독작용에 맡겨졌던 팔의 사각형 부분은 여전히 희미하게 보랏빛이 감돈다.

마치 시뻘겋게 달군 쇠에 낙인이 찍힌 듯한 나는 최소한의 보상이라도 받았을까? 그렇다. 약간의 진실은 상처에 바른 향유가 되었고, 진리의 향유는 최고의 향유였다. 이 향유는 잠시 후 훨씬 더 중대한 불행에서 우리를 구해 줄 것이다.

지금 당장은 고통스러웠던 실험을 통해, 통증의 첫째 원인은 결코 행렬모충의 털이 아니라는 것을 알게 되었다. 추출액에는 털도, 섬모도, 투창도 없다. 모두가 필터에 걸러졌으므로 에테르 추출액에만 독성 물질이 있다. 이 자극성 성분은 접촉만 해도 작용하는 발포성 병대벌레(Cantharidae)[5]의 성분을 약간 연상시켰다. 독이 밴 사각형 거름종이가 피부에 넓은 물집을 부풀리지는 않았다. 다만 아주 작은 물집이 잔뜩 생기게 한 일종의 발포제였다.

공기가 조금만 흔들려도 사방으로 흩어지는 미립자, 즉 까끄라기 섬모의 임무는 자체에 묻은 통증 유발물질을 우리 손과 얼굴로 전달하는 임무로 한정되었을 것이다. 그 톱니들이 물질을 한자리에 고정시키고 독성이 작용하게 한다. 아마도 눈에 띄지 않을 만큼 미세한 찰과상에서는 톱니가 극심한 마약의 작용에 보조하는 것 같다.

행렬모충을 취급한 다음 얼마 있다가 연약한 피부가 벌겋게 부어오르며 아프게 된다. 급작스럽지는 않아도 송충이의 작용은 빠르다. 이와는 달리, 에테르의 추출액은 상당히 오랜 시간 뒤에 부기와 고통을 가져온다. 무엇이 부족해서 빨리 상처를 주지 못했을까? 십중팔구는 털의

5 『파브르 곤충기』 제3권 13장 참조

개입이 없었다는 점에 있을 것이다.

송충이가 직접 일으킨 상처의 중대성은 몇 방울로 농축된 에테르 추출물에 훨씬 못 미친다. 비단 주머니나 그 안에 있는 송충이와의 쓰라린 경험 때에도 피부에 물집이 생기고 비늘처럼 벗겨진 일은 한 번도 없었다. 그런데 지금은 아주 보기 흉한 진짜 상처 자국이다.

이런 가중성은 쉽게 설명된다. 허물은 50개 정도를 에테르에 담갔다. 증발 후 남겨진 몇 방울의 액체, 즉 사각형 거름종이에 밴 것은 결과적으로 개별 독성의 50배가 된 셈이다. 이 작은 발포제는 한자리에 50마리의 송충이를 갖다 댄 격이다. 만일 에테르에 담근 양이 아주 많았다면, 대단히 강력한 추출액이 얻어졌을 것임에는 의심의 여지가 없다. 어느 날 칸타리딘(Cantharidin)과는 전혀 다른, 이 강력한 유도제(誘導劑) 의약품을 이용하지 말라는 법은 없을 것이다.

내가 만족한 것은 오로지 알아냈다는 것뿐임에도 불구하고, 호기심 덕분에 불쾌한 가려움증의 위험을 무릅쓴 자발적 희생자였다. 이런 나와 우연히 행렬모충에게 시련을 겪게 된 사람의 증세를 가라앉히려면 어떻게 해야 할까? 만일 고통의 근원을 잘 안다면 의약품 개발에 훨씬 유리할 것이다.

둥지를 오랫동안 뒤졌던 어느 날, 양손이 아파서 알코올, 글리세린, 기름, 비누 따위로 씻어 보았으나 전혀 성과가 없었다. 어느 것도 효과가 없었다. 그때 떡갈나무행렬모충나방에 의한 통증에 대해 레오뮈르가 썼던 일시적 완화제가 기억났다. 선생은 별난 특효약을 어떻게 알아냈는지에 대한 말은 없고, 그저 파슬리(Persil: *Pet-*

roselinum crispum, 미나리과의 유독성 및 유용성 식물)˙로 문질렀더니 괜찮았다는 것이다. 아마도 어떤 잎이든 마찬가지로 가라앉힐 것이라는 말을 덧붙였다.

이 문제를 다시 다루어 볼 훌륭한 기회였다. 잎이 넓고 푸른 파슬리는 정원 한구석에 충분히 있었다. 파슬리와 다른 어느 풀을 비교해 볼 수 있을까? 작은 채마밭에 저절로 나는 손님, 즉 쇠비름 (Pourpier: *Portulaca oleracea*)˙을 택해 본다. 그 잎은 끈적끈적하고 살이 쪄서, 쉽게 으깨지며 부드러운 유약을 제공할 것이다. 그래서 한 손은 파슬리, 다른 손은 쇠비름으로 문질렀는데, 잎을 반죽처럼 되게 하려고 세게 누르면서 비볐다. 결과는 발표할 만한 가치가 있었다.

파슬리로 문질렀더니 화끈거리고 가렵던 것이 조금 가라앉기는 했다. 그러나 약해졌을 뿐, 불편함은 여전히 오랫동안 남았다. 쇠비름으로 문질렀을 때는 고통이 거의 즉시 멎었고, 더욱이 완전히 멎어서 이제는 거기에 신경을 쓰지 않게 되었다. 쇠비름으로 만든 내 묘약은 반론의 여지가 없는 효력을 가진 셈이다. 물론 요란하게 광고를 하지는 않았으나, 행렬모충에게 괴롭힘을 당하는 사람에게는 이 묘약을 추천했다. 산림감시원은 송충이 둥지와 싸울 때 이것으로 큰 위안을 얻을 것이다.

토마토와 상추(Laitue: *Lactuca*) 잎으로도 좋은 결과를 얻었다. 계속 식물들을 시험하지 않고도, 레오뮈르의 말처럼 연하고 즙이 많은 잎은 무엇이든 어느 정도 효과가 있을 것으로 확신했다.

이 특효약이 어떻게 작용하는지는 전혀 모른다고 자백하겠다. 송충이의 독이 어떻게 작용하는지도 분명히는 모른다. 몰리에르

(Molière)[6]의 의사 지망생은 아편의 특성인 최면작용을 이렇게 설명했다. "그 안에 감각을 잠들게 하는 특성을 지닌 최면능력이 있어서 그렇다(*Quia est in eo virtus dormitiva cujus est proprietas sensus assoupire*)." 우리도 그렇게 말하자. "으깬 풀이 따끔거림을 진정시키는 것은 그 안에 증상을 가라앉히는 특성을 지닌 진정능력이 있어서 그렇다."라고.

이 재담은 겉으로 드러난 것보다 더 철학적이다. 우리는 우리의 약과 모든 것에 대해 무엇을 아는가? 우리는 결과들만 알 뿐, 그 원인들은 캐 들어갈 수가 없다.

우리 마을과 주변의 멀리에서도, 벌(Abeille: *Apis*, 꿀벌)이나 말벌(Guêpe: Vespidae)에게 쏘인 사람은 쏘인 부위를 세 종류의 풀로 문지르면 통증이 가라앉는다고 믿는다. 어느 것이든 닥치는 대로 세 가지 풀을 뜯어서 다발을 만들어 세게 문지르란다. 그들은 이 방법이 틀림없다고 장담한다.

처음에는 이 괴상한 치료법이 시골 사람들의 상상에서 나온 것 중 하나라고 생각했었다. 그런데 내가 시험해 보고 나서, 겉보기에는 비상식적인 의료행위에도 때로는 진실이 들어 있음을 인정하게 되었다. 세 가지 풀로 문지르면 벌과 말벌에 쏘인 것이 정말로 가라앉는다.

6 Jean-Baptiste Poquelin. 1622~1673년. 프랑스의 극작가

그런데 나는 한 가지 풀만으로도 같은 성과를 얻는다는 말을 급히 추가하련다. 이 결과는 행렬모충 덕분에 생긴 증상에서 파슬리와 쇠비름이 방금 보여 준 것과 들어맞았다.

한 가지면 충분한데, 왜 세 가지라고 했을까? 셋은 특히 운명을 예고하는 숫자이다. 이 수는 마법의 냄새를 풍기는데, 결코 연고의 효능에 불리한 것은 아니다. 시골 사람들의 치료법은 어느 것이든, 약간 요술과 관련이 있어서 셋이라는 수로 나가면서 이득을 얻는다.

세 가지 풀이라는 특성이 어쩌면 옛날 약재까지 거슬러 올라간 것인지도 모르겠다. 디오스코리데스(Dioscoride)[7]도 세잎풀(τρίφυλλον)을 칭찬했다. 독사에게 물린 데에는 이것이 좋다고 했다. 그런데 세 개의 작은 잎이 달린 이 유명한 풀을 분류학적으로 정확히 판단하기는 쉬운 일이 아니다. 보통의 토끼풀을 말한 것일까? 아스팔트 냄새가 나는 콩과식물의 일종(Psoralier: *Psoralea*)일까? 차가운 이탄지(泥炭地)에 사는 조름나물(Ményanthe: *Menyanthes trifoliata*)일까? 들판에서 자라는 괭이밥일까? 여기에는 아무것도 확실한 게 없다. 독을 푸는 해독제 풀에는 작은 잎 셋이 모여 있었다. 이런 것이 중요한 특성이었다.

최초의 의사들이 생각했던 것처럼 의약의 효능에 필요한 것 역시 신비한 숫자였다. 끈질긴 보수주의자인 농부들은 옛날 약을 우리에게까지 보존시켜 주었다. 그러나 다행스런 착상으로 본래는 잎이 세 개였던 풀을 세 가지 다른 풀로 바꾸어 놓았다. 벌에 쏘이면 농부들은 세 가지 잎을 으깼다. 이 순진한 말과 레오뮈르가 말한 파슬리 으깨기 사이에는 어느 정도 어렴풋하게 관련이 있어 보인다.

7 1세기경 그리스 출신의 네로 군대 군의관

24 서양소귀나무 송충이

내가 답사하는 좁은 구역에는 가려움증을 일으키는 송충이 종류가 많지 않다. 소나무행렬모충나방(*Thaumetopoea pityocampa*)과 서양소귀나무의 송충이(Chenilles de l'Arbousier) 두 종밖에 모르겠으며, 후자는 독나방의 한 속(Liparis: *Liparis*)에 속한다. 아름다운 백설처럼 흰색에, 배의 마지막 마디는 선명한 다갈색이다. 녀석은 독나방(L. de l'arbousier: *L. auriflua→ Euproctis similis*)˚을 무척 닮았는데, 다른 점은 몸이 좀 작은 것과 녀석이 사는 영역이다. 이 종류가 우리 곤충목록에 올라 있기는 할까? 잘 모르겠는데, 그것을 알아보러 갈 필요까지는 정말로 없다. 녀석을 착각하지 않아도 되는데, 라틴 어 학명이 왜 중요하겠나? 습성은 소나무행렬모충나방보다 흥미가 훨씬 덜하

서양소귀나무의 독나방

다. 서양소귀나무(Arbousier: *Arbutus unedo*)의 이 송충이가 끼치는 커다란 손해와 그 독성만 무척 주목할 가치가 있으니, 이 점에 대한 세부 사항만 간단하게 다루련다.

지중해성 식물분포가 끝나며 해가 잘 드는 언덕, 즉 세리냥의 야산에는 서양소귀나무가 많은데, 이 나무는 잎이 윤이 나고 늘 푸르며, 딸기처럼 둥글게 살찐 주홍색 열매가 열린다. 은방울꽃처럼 작은 방울 모양의 꽃이 송이를 이루어 매달리는 아름다운 관목이다. 12월이 가까워 추위가 오면, 그 쾌활하던 녹색을 산호 구슬처럼 통통한 방울 모양의 열매와 꽃으로 한꺼번에 꾸민 서양소귀나무만큼 멋진 것도 없다. 우리 식물 중 오직 이 나무에만 지금도 피어 있는 꽃과 이미 성숙한 열매가 동시에 존재한다.

　그때는 티티새(Merles: *Turdus merula*, 지빠귀류)에게 진수성찬인 빨간 나무딸기가 연해지며 단맛이 든다. 여기서는 이 열매를 다르부즈(Darbouses)라고 부르며, 여인들이 따다가 잼을 만드는데, 맛이 괜찮다. 나무의 입장에서 보면, 땔감을 장만하는 철에 나무꾼들이 그 멋진 나무를 그냥 놔두지 않아 흔해 빠진 덤불처럼 아궁이의 장작더미가 되어 버린다. 이렇게 멋진 나무에 종종 나무꾼보다 훨씬 무섭게 피해를 입히는 송충이가 있다. 불에 타도 억척스럽게 먹어 대는 녀석들의 이빨에 걸려드는 것만큼 황량한 모습이 되는 것도 없을 것 같다.

　깃털장식 모양의 훌륭한 더듬이를 가졌고, 가슴에는 솜 망토를 걸쳤으며, 백설처럼 흰 이 예쁜 나방은 그 불행의 근원인 알을 서양소귀나무 잎에 낳는다.

　알 뭉치는 2~3cm 길이의 뾰족한 방석 모양으로, 갈색을 띤 흰색의 두껍고 무척 부드러운 털이불 같은데, 잎의 앞쪽 끝이 보이는 곳에 약간의 고무풀로 붙여졌다. 알들은 두껍고 폭신한 이 은신처 안에 있는데, 금속성 광택이 있어서 마치 니켈로 만든 작은 구슬 같다.

9월에 부화한 녀석의 첫 식사는 자신이 태어난 잎을 희생시킨다. 다음은 가까운 잎들을 빙 돌아가며 갉아먹는다. 한쪽 면, 대개 윗면만 갉아먹고 반대쪽 면은 그대로 남겨 놓아, 먹힌 잎은 격자무늬 그물처럼 된다. 갓난이 송충이에게는 잎맥이 너무 질기기 때문이다.

식사는 철저히 경제적이며, 각자의 변덕에 따라 멋대로 목장을 훑지는 않는다. 잎의 끝에서 기부까지 차츰차츰 물러나며 먹는데, 모든 머리가 거의 일직선으로 공격선에 나란히 정렬했다. 이 공격선 앞쪽이 완전히 먹히기 전에 뒤쪽에 이빨을 대는 일은 전혀 없다.

송충이 떼가 후진함에 따라 잎맥과 반대 면만 남는데, 피부가 벗겨진 면에 몇 가닥의 실오라기를 걸쳐 놓았다. 그래서 얇은 베일이 짜이는데, 이것은 강하게 내리쬐는 햇볕에서 피신처가 된다. 바람이 세게 불면 날려 버릴 저 허약한 녀석들의 낙하산도 된다.

먹힌 면이 먼저 말라서, 머지않아 잎이 저절로 말리며 곤돌라처럼 오그라든다. 이것을 반대편 끝까지 끊이지 않게 늘어놓은 베일이 덮고 있다. 그때 이 목장에는 먹을 것이 전혀 남지 않는다. 그러면 이 잎을 버리고 가까운 곳에서 다시 시작한다.

송충이는 이렇게 임시 울타리 안에서 여러 차례 머문 뒤, 11월 늦가을의 기후가 위협하면 어떤 가지 끝에 결정적으로 자리를 잡는다. 윗면이 하나씩 갉아먹혀서 가지 끝에

헛~!
보기 좋군.

442

무더기가 된 잎들의 옆으로 옮겨 가는데, 거기 있는 잎들 역시 피부가 먹혀 같은 몰골이 된다. 그래서 전체는 불에 탄 모습의 한 묶음이 되는데, 그 묶음들이 흰색의 멋쟁이 비단으로 합쳐진다. 이것은 겨울용 주택이며, 아직 연약한 가족은 좋은 날씨가 돌아와야 거기서 나올 것이다.

녀석들은 가까운 잎을 뼈대 삼아 잎과 잎 사이에 실을 늘이고, 또 집 안의 다른 부분끼리 접촉되도록 힘들여 공사한 것처럼 보인다. 하지만 실제로는 특별한 솜씨로 지은 것이 아니다. 그저 단순히 갉아먹힌 면이 마르는 바람에 그렇게 된 것뿐이다. 마르면서 가까워진 잎들을 고정된 밧줄로 단단하게 모아 놓은 것은 사실이나, 그 밧줄이 집합 과정에 힘을 전달하는 장치로 작용한 것은 전혀 아니다.

여기는 잡아당기는 밧줄도, 뼈대를 이동시킬 권양기(卷揚機)도 없다. 연약한 녀석들에게 그렇게 노력할 만한 능력은 없을 것이며, 저절로 그렇게 되는 것이다. 때로는 바람에 날려 이리저리 나부끼다가 옆의 잎을 끌어안기도 한다. 우연히 생긴 구름다리로 탐험하던 녀석들은 우연히 붙잡힌 잎에 유혹되어, 쫓아가 껍질을 벗긴다. 그래서 별다른 일을 하지 않고도 또 하나의 부속품이 저절로 구부러져서 울타리에 보태진다. 대부분의 경우는 먹는 동안 집이 지어진다. 호화로운 식사를 하면서 주거가 마련되는 것이다.

집은 꽉 닫혔고 틈이 잘 메워져서 비와 눈을 편안히 견뎌 낼 수 있다. 우리도 외풍을 막으려고 문틈과 창문 틈을 막는다. 그런데 서양소귀나무의 꼬마 송충이들은 덧문에다 비단 조각을 아낌없이 갖다 붙인다. 안개로 아무리 축축해져도 그 안은 안전할 것이다.

날씨가 나쁜 계절이면 내 집에는 비가 샌다. 하지만 그 잎사귀 주택은 이런 불행을 겪지 않는다. 때로는 그만큼 곤충이 우위를 차지하고, 인간의 솜씨를 제2선으로 밀어낸다. 잎과 비단으로 이루어진 이 집 안에서 가장 혹독한 3~4개월을 완전한 절제 속에서 지낸다. 밖으로 나오지도, 먹지도 않는 것이다. 3월에 혼수상태가 끝나면, 고픈 배를 끌어안고 틀어박혔던 녀석들이 이주한다.

이때는 집단이 여러 문제로 분해되어 옆의 푸른 잎으로 무질서하게 흩어진다. 이때야말로 잎들이 심각하게 유린당하는 시기이다. 이제는 잎의 한쪽 면만 먹히는 게 아니다. 욕심 사나운 식욕에는 꼭지까지 포함한 잎 전체가 필요하다. 차차 여기저기서 머물고, 또 머묾에 따라 서양소귀나무는 완전히 머리가 깎여 버린다.

이렇게 돌아다니는 녀석들은 이제 너무 좁은 겨울 집으로 돌아가지 않는다. 여기저기에 소수 집단으로 모여서 조잡한 천막, 즉 임시 가건물을 짓는다. 그리고 주변의 목장이 바닥나면 그것을 버리고 다른 가건물을 짓는다. 불에 모두 타 버렸다고 할 만큼 잎이 없어진 가지들에는 이런 식으로 지어진 누더기들이 걸려 있어서 볼품없는 빨랫줄의 몰골이 된다.

6월에 완전히 성장한 송충이가 나무를 떠나 땅으로 내려온다. 낙엽 사이에서 인색한 고치를 짜는데, 이때 벌레의 털이 비단실을 부분적으로 보충한다. 한 달 뒤 나방이 나타난다.

완전히 자란 송충이는 몸길이가 약 3cm, 복장은 까만 등에 두 줄의 주황색 반점들이 촘촘히 박혀 있어서, 어느 정도 화려하고 독특하다. 눈처럼 희며 짧은 옆구리 털 사이에 회색 긴 털 뭉치가 나 있다. 제1, 2번과 끝에서 세 번째 배마디에는 밤색 우단 같은 혹이 두 개씩 있다.

그러나 가장 눈에 띄는 특징은 아주 작은 두 개의 분화구이다. 이것들은 작고 빨간 스페인산 밀랍 방울의 속을 파서 만든 것 같으며, 언제나 묘하게 생긴 깍정이처럼 열려 있다. 주홍색 종지 모양의 이 분화구는 제6, 7 배마디 등판 가운데에 있다. 아주 작은 이것들의 역할은 모르겠다. 아마도 소나무행렬모충나방 등판의 구멍 같은 정보수집기관으로 보아야 할 것 같다.

마을에서는 이 송충이를 대단히 무서워한다. 나무꾼, 나뭇단을 묶는 사람, 덤불을 줍는 사람들이 한결같이 녀석을 저주한다. 그들이 겪었던 가려움증을 어찌나 쓰라린 추억처럼 표현하던지, 이야기를 듣는 나마저 마치 등줄기가 가려운 것만 같았다. 그래서 증세를 가라앉히려고 어깨를 움직이게 된다. 처치 곤란한 송충이가 다닥다닥 붙은 서양소귀나무 단이 드러난 내 피부에 스치는 듯도 했다.

한창 뜨거운 대낮에 송충이가 잔뜩 붙은 나무를 쓰러뜨리고, 그 그늘에서 독을 내뿜는 만치닐(Mancenillier, 열대산 독 나무)을 도끼로 흔드는 것은 아주 나쁜 짓인 모양이다. 나는 서양소귀나무에 피해를 입히는 이 송충이와의 관계에서 불만이 없었다. 녀석을 자주 다루었고, 털을 내 손가락의 가장 민감한 부위나 목, 얼굴에까지도 갖다 댔었다. 연구하려고 안에 들어 있는 녀석을 끄집어내고자 둥지를 장시간 동안 가르기도 했었다. 그러나 한 번도 불편을 겪지는 않았다. 아마도 허물벗기가 가까웠을 때처럼 예외적인 상황이 아니면, 나보다 햇볕에 덜 그을린 피부에나 증상을 일으키는 모양이다.

어린애의 예민한 피부는 그 독에 대한 면역이 없다. 어린 폴이 그 증인이다. 폴은 둥지 몇 개를 털어서 그 안의 송충이를 핀셋으로 집어내는 일을 도와주고는, 오랫동안 군데군데 붉게 부풀어 오른 목을 긁었다. 천진난만한 내 조수는 경솔해서 얻어진, 어쩌면 허세로 얻어진 그 과학적 통증을 자랑스럽게 생각했고, 증상은 별 탈 없이 24시간 안에 사라졌다.

모든 게 나무꾼들이 말해 준 쓰라린 시련과는 일치하지 않았다. 그들이 과장했을까? 모두가 한결같이 말해서, 그렇게만 생각할 수도 없다. 그렇다면 내 실험에 무엇인가가 부족했다. 아마도 적당한 시간, 벌레의 성숙도, 독성을 더욱 높여 주는 고온 따위일 것이다.

통증이 확실히 격렬해지려면 분명치 않은 어떤 상황의 협력이 필요한데, 그것이 오지를 않는다. 어쩌면 우연한 언제인가 바라던 것 이상의 협력이 있을지도 모른다. 나무꾼들이 겪은 것처럼 따가운 증세가 나타나서, 숯불 침대에 누운 것처럼 이리저리 뒤척이는 무서운 밤을 보낼지도 모른다.

직접 이 송충이와 사귀고도 알아내지 못한 것을 화학의 기교가 증명해 주려는데, 기대한 것보다 훨씬 거칠게 증명해 준다. 행렬 모충 허물로 그랬던 것처럼 소나무행렬모충나방을 에테르로 처리했다. 아직 너무 어려서 성숙했을 때 크기의 절반밖에 안 되는 녀석 100마리쯤을 우려내려고 담갔다. 이틀 뒤, 필터로 걸러서 액체가 증발하도록 놔두었다. 남은 몇 방울을 네 겹의 사각형 거름종이에 배어들게 해서 팔 안쪽에 붙이고 고무를 덮어 붕대로 감았다. 소나무행렬모충나방으로 했던 실험을 그대로 반복한 것이다.

아침나절에 붙인 이 발포제가 그날 밤에야 비로소 작용한다. 점점 가려움증을 견딜 수가 없게 되었고, 화끈거림이 너무나 심해서 붙인 것을 떼어 버리고 싶다는 생각에 계속 시달릴 정도였다. 그렇지만 열이 나고, 잠 못 이루는 대가를 치르면서 잘 견뎌 냈다.

이제 나무꾼의 말을 얼마나 잘 이해하게 되었더냐! 나는 겨우 4cm짜리 정사각형 피부에 고통을 당하게 했다. 만일 등, 어깨, 목, 얼굴, 팔이 이렇게 아팠다면 어땠을까? 이 밉살스런 벌레에게 시련을 당한 일꾼들이여, 나는 그대들을 진심으로 동정하노라.

이튿날 끔찍한 종이를 떼어 냈다. 피부는 벌겋게 부풀어 올랐고, 작은 수포들이 좍 깔렸는데, 거기서 진물이 가늘게 스며 나온다. 5일 동안 가려움증이 계속되었고, 쑤시고 화끈거리면서 진물도 계속되었다. 그런 다음 괴로웠던 피부가 말라서 비늘처럼 벗겨져 나간다. 모든 것이 끝났다. 하지만 붉은 기운은 한 달 뒤에도 알아볼 수 있을 만큼 남아 있었다.

증명은 되었다. 상황에 따라 내가 인위적으로 얻은 결과일망정, 서양소귀나무의 송충이는 모든 점에서 그 가증스러운 평판을 들을 만했다.

25 곤충의 독성 물질

따끔거리며 쏘는 송충이 문제가 아직 무척 소폭이긴 해도 한 걸음은 내디뎠다. 털이 많음은 완전히 부차적인 역할밖에 못함도 우려낸 에테르를 통해 알았다. 아주 조금만 불어도 주변을 떠도는 까끄라기 털 먼지가 자극제인 분비물을 뿌려서 우리를 불편하게 하는데, 이 독성 물질(Virus)은 벌레의 털에서 나온 것이 아니라 다른 데서 왔다. 그 근원은 어디일까?

몇 가지 문제를 상세히 다뤄 보자. 어쩌면 이런 식으로 하면 내가 초보자들에게 유익한 존재가 될지도 모르겠다. 먼저 아주 간단하고 범위가 잘 정해진 주제가 어떻게 한 문제에서 다른 문제를 불러내는지, 또 어떻게 실제의 실험 결과가 임시로 구축한 가설을 확인하거나 뒤엎는지, 끝으로 신중하게 캐묻기를 좋아하는 논리가 어떻게 출발 때 약속했던 것보다 훨씬 중요한 보편성으로 우리를 차차 이끌어 가는지를 보여 줄 것이다.

우선 벌(Hyménoptère: Hymenoptera)의 경우는 독샘에서 독을 만들어 분비하는데, 소나무행렬모충나방도 그와 같은 샘 기관을 가졌을까? 절대로 가지지 않았다. 해부해 보면 털로 쏘는 송충이의 내부 구조도 안전한 송충이와 같음이 확인된다. 차이가 더도 덜도 나지 않고 전혀 다르지 않다.

그렇다면 독성 물질의 근원은 정해진 위치가 아니라, 생물체 전체와 관련된 전반적인 작용의 결과이다. 그 물질은 고등동물의 요소(尿素)처럼 혈액 속에 들어 있을 것이다. 중대한 추측이다. 하지만 결국은 이론의 여지가 없도록 실험으로 증명하지 않으면 가치 없는 추측이다.

5∼6마리의 행렬모충을 바늘로 찔러 피를 몇 방울 빼내 사각형 거름종이에 배어들게 하고, 팔에 붙여 물이 새지 않는 붕대로 감았다. 약간 불안한 마음으로 결과를 기다렸다. 그 답변을 보면 내가 생각했던 책략에 든든한 기초를 얻거나, 아니면 책략은 부질없는 공상이 되어 사라질 것이다.

밤이 이슥한데 아파서 잠이 깼다. 이번에도 예측이 맞았으니 정신적으로는 즐거운 고통이다. 피 속에 실제로 독성 물질이 들어 있다. 그 피가 가려움증, 부어오름, 화끈거림, 진물 생성, 그리고 피부의 변화를 일으켰다. 바라던 것 이상을 알게 되었다. 실험은 송충이와의 단순한 접촉에서 얻어지는 것보다 훨씬 많은 것을 알려 주었다. 털에 발린 소량의 독으로 통증을 얻는 대신, 쓰라린 물질의 근원까지 추적해 냈고, 거기서 한층 더 불편해짐을 느끼게 되었다.

나를 확신의 길로 입문시킨 내 불행을 무척 즐거워하며, 또 이렇게 추론하면서 정보 수집을 계속했다. 피의 독성은 삶의 기능에 관여하는 생명물질이 아닐 것이다. 그보다는 요소처럼 생명 활동에서 못 쓰게 된 것, 즉 생성된 뒤 배출되는 찌꺼기인 노폐물일 것이다. 그렇다면 소화 찌꺼기와 비뇨기의 찌꺼기가 모인 송충이의 똥에서 그것이 찾아질 것이다.

지난번처럼 근본적이진 못해도 새로운 실험이니 설명을 하자. 헌 둥지에서 얼마든지 얻을 수 있는 바싹 마른 똥 몇 개를 에테르에 담가 이틀 동안 우려냈다. 먹은 엽록소의 물이 들어서 액체는 지저분한 초록색이었다. 발렸던 독이 빠진 털은 무해하다는 것을 증명해 왔던 과거의 조작이 이제 되풀이된다. 앞으로 실시될 여러 실험에서 같은 설명의 반복을 피하고자 실험 방법을 다시 한 번 정확하게 설명하겠다.

우려낸 것을 필터로 거르고, 저절로 증발해서 두세 방울이 된 농축액을 종이에 배어들게 한다. 종이는 얇은 방석에 흡수력을 높이도록 두께를 더해 네 겹으로 접은 거름종이였다. 한 변이 2~3cm의 네모난 조각이면 충분하다. 어떤 때는 이것도 너무 지나쳤다. 이 연구에 초보자였던 나는 너무 헤퍼서, 아주 고약한 시간을 보내기도 했었다. 그래서 자신이 직접 해보고 싶은 독자가 있다면 알려 줘야겠다는 신중함을 품게 되었다.

액체가 적당히 밴 종이를 피부가 좀 약한 팔의 안쪽에 붙인다. 다음, 방수성을 고려해 얇은 고무 조각으로 덮어 독이 새지 않도록 한다. 끝으로 붕대를 감아 고정시킨다.

내게는 기억할 만한 날인 1897년 6월 4일 오후, 방금 말한 것처럼 에테르로 우려낸 행렬모충의 똥으로 실험했다. 밤새 몹시 가렵고, 화끈거림과 쑤시는 아픔이 계속된다. 20시간가량 지난 이튿날 붙였던 것을 떼어 냈다.

성공 여부가 불확실해서 너무 많이 사용한 탓에 독액이 네모난 종이 밖으로 넓게 스며 나왔다. 액체가 번진 부분과 종이로 덮었던 부분은 훨씬 더 부어올랐고 시뻘겋게 되었다. 종이에 덮었던 피부는 거칠거칠하고 주름이 져 축 늘어졌다. 조금 욱신거리고 가렵지만 그뿐이다.

다음다음 날은 부기가 더 심해지며, 근육까지 깊숙이 파고들어 건드리면 충혈된 뺨처럼 가볍게 떨렸다. 빛깔은 선명한 카민 색이며, 종이를 덮었던 부위 둘레로 둥글게 퍼졌다. 액체가 새 나간 것이 그 원인이다. 작은 진물 방울이 많이 나온다. 화끈거리는 가려움증이 특히 밤에는 너무 심했다. 그래서 잠을 좀 자려고 일시적 완화제인 붕산을 포함한 바셀린과 붕대의 힘을 빌려야 할 지경이었다.

닷새 만에 그 부위가 보기 흉하게 헐었다. 사실상 아픈 곳보다는 헐은 곳이 더 걱정스러워 보였다. 아침저녁으로 붕대와 작은 쿠션인 바셀린을 갈아 주던 부인이 말했다. "당신 팔을 꼭 개가 문 것 같아요. 이제는 그 고약한 마약을 포기하시는 게 좋겠어요."

동정하는 간호사가 말하든 말든, 나는 다른 실험들을 생각 중이다. 대부분은 지금과 동일한 고통이 따를 것이다. 거룩한 진리여, 우리를 위한 너의 힘이 얼마나 강하더냐! 너는 내 작은 고통을 나의 만족으로 만들고, 피부가 벗겨진 팔을 스스로 보면서 기뻐하게 하는구나. 이렇게 해서 내가 무슨 이익을 얻을까? 하찮은 송충이가 어떻게 해서 우리에게 가려움증을 일으키는지 알게 될 것이다. 그뿐이다. 나는 그것으로 충분하다.

3주가 지나자 피부가 회복된다. 그러나 수포 자리는 여전히 얼얼하고, 부기는 좀 내렸으나 붉은 기운은 여전히 많이 남아 있다.

그 끔찍한 종이의 결과가 오래간다. 한 달이 지났어도 가려움과 후끈거림을 느끼는데, 침대 속에서 따뜻해지면 더 심해진다. 마침 내 보름쯤 지나서 붉은 기운 말고는 모든 것이 사라졌다. 색깔은 아직도 한동안 남겠지만 점점 흐려진다. 그것이 완전히 사라지려 면 석 달도 더 걸릴 것 같다.

문제가 명백해진다. 행렬모충의 독은 유기체 공장의 찌꺼기였 다. 살아 있는 구조물의 폐물인데, 벌레는 이것을 똥과 함께 몰아 낸다. 그런데 똥 재료의 근본은 두 종류이다. 대부분은 소화에서 남은 찌꺼기이고, 나머지는 비교적 적은 양의 오줌이다. 독은 이 둘 중 어느 것에 들어 있을까? 계속하기 전에, 앞으로의 연구에 도 움이 될 만한 여담을 하나 해보자. 행렬모충이 따끔거리며 쏘는 자신의 생성물에서 어떤 이득을 얻을지 생각해 보자.

벌써 대답이 들려온다. ―그것은 송충이에게 보호와 방어의 수 단이란다. 독이 묻은 그의 수북한 털을 적이 싫어하게 된단다.

이 설명이 얼마나 효과적일지는 잘 모르겠으나 녀석에게 유인

되는 적들, 즉 떡갈나무행렬모충나방(*Thpro-cessionea*) 둥지에 살면서 따가운 털은 전혀 개의치 않고 잡아먹는 뚱보명주딱정벌레(*Calosoma sycophanta*), 역시 이 송충이를 많이, 더욱이 어찌나 많이 먹었던지 모래주머니에 그 털이 수북하게 박힌 뻐꾸기를 생각해 본다.

뚱보명주딱정벌레

소나무행렬모충나방도 이렇게 조세를 바치는지는 모르겠으나, 적어도 착취자 하나는 안다. 수시렁이(*Dermestes*)인데, 비단실 도시 안에 자리 잡고 죽은 송충이 시체를 먹는다. 이 장의사는 걸신들린 또 다른 녀석들도 이런 특별한 양념을 좋아하는 위장을 가졌다고 단언한다. 생산물을 수확해야 할 때는 결코 추수하는 일꾼이 모자라지 않는 법이다.

그렇다. 적에게서 보호되려고 일부러 만든 특수 독성과 행렬모충이나 쐐기벌레와의 관계는 이 문제에서 결정적인 설명을 해주지 못한다. 나는 그런 특권을 쉽사리 믿지 못하겠다. 이 녀석이 어째서 다른 송충이보다 더 보호받을 필요가 있는가? 왜 예외적으로 방어용 독성을 가진 특별 계급이 되었을까? 곤충 세계에서는 이 송충이의 역할도 털이 더 많거나 없는 송충이들과 다르지 않다. 만일 다르다면 털 없는 송충이는 정말로 공격자를 위협하는 무기가 없는 셈이다. 따라서 쉽고 온순한 식량이 되는 대신, 위험에 대비한 부식제가 몸에 배어 있어야 할 것 같다. 소름끼치는 송충이는 털에다 독성 화장품을 발랐는데, 매끈한 송충이는 그 연한 피부와 몸속까지 독의 화학 공장과 무관하다니! 이 모순들이 내게 불신을 준다.

　털이 많이 났든, 매끈하든, 이 점은 모든 송충이의 공통 특성이 아닐까? 털 난 송충이 중 몇몇 종이 무슨 조처를 취해야 할 특수 상황에 놓이면, 유기적 찌꺼기를 쐐기의 독성으로 발현시킬 것이다. 하지만 송충이의 대부분을 차지하며, 이런 상황 밖에 사는 종은 비록 같은 물질을 보유했어도 자극성 쏘기가 서투를 것이다. 결국 모든 송충이가 생명유지를 위한 분해 과정의 결과로 똑같은 독을 가졌을 게 틀림없다. 그것이 때로는 가려움증을 분명하게 드러내지만, 대개는 특별한 기교가 개입되지 않으면 눈에 보이지 않아 알려지지 않게 된다.

　그 기교란 어떤 것일까? 아주 간단한 것이다. 누에, 즉 누에나방 (Bombyx mori)* 애벌레를 보자. 세상에 무해한 송충이가 있다면 그것은 바로 누에일 것이다. 양잠실에서 여자들과 어린아이들이 누에를 한 움큼씩 손으로 다룬다. 그래도 그들의 연한 손가락에는 가려움증이 생기지 않는다. 매끈한 그 벌레가 거의 제 피부처럼 부드러운 살에 전혀 해를 주지 않았다.

　하지만 겉으로만 이렇게 악성 독이 없는 것처럼 보였을 뿐이다. 누에의 마른 똥을 에테르로 처리해 만든 농축액을 같은 방식으로 실험했다. 결과는 기가 막히게 분명히 나타났다. 독나방 송충이의 똥처럼 팔에 심한 부스럼을 일으켜, 또다시 내 추리가 옳았음을 단언해 준 셈이다.

　그렇다. 가려움증을 일으키고, 피부를 부풀게 한 독은 어느 특정 송충이에게만 주어진 방어용 생성물이 아니다. 그래서 이와 비슷한 것조차 없어 보였던 송충이마저 이런 특성의 독을 가졌는지

454

알아보기로 했다.

더욱이 누에의 독은 우리 마을에서도 이미 알려졌었다. 농부 아낙의 막연한 관찰이 학자의 정확한 관찰보다 앞섰다. 누에치기를 담당한 부인들과 처녀들은 일종의 괴로운 체험들을 호소하며, 그 원인이 누에의 독일 것이라는 말을 했다. 즉 눈꺼풀이 벌겋게 부어올라 대단히 가려웠다는 것이다. 감수성이 예민한 여자들은 작업 시간에 소매를 걷어 올려, 옷의 보호를 받지 못했던 팔이 옴이 오른 것처럼 벗겨졌다.

용감한 누에치기 여성들이여, 이제 그대들의 조그마한 불행의 원인을 알았노라. 누에와의 직접 접촉이 그대들을 아프게 한 것은 아니다. 누에를 다루는 일은 전혀 무서울 게 없다. 경계해야 할 것은 단지 누에의 잠자리인 짚이다. 거기에 있는 먹다 남은 잎에 누에똥이 무더기로 섞였는데, 그 똥에는 방금 내 피부를 대단히 아프게 했던 물질이 들어 있다. 거기에, 거기에만 독이 들어 있다.

자신의 불행의 원인을 알았다면 벌써 위안이 된다. 나는 위안 하나를 더 보태 주련다. 잠자리 짚을 갈고 새 잎으로 바꿔 줄 때, 가능한 한 자극성 먼지가 덜 날리게 하는 것이 좋다. 손으로 얼굴, 특히 눈을 만지지 말아야 하며, 팔의 보호를 위해 소매를 내리는 것이 현명하다. 이런 조심성만 있으면 불쾌한 일이 일어나지 않을 것이다.

누에 실험에서 거둔 성공은 다른 송충이에서도 똑같이 성공할 것임을 예견해 준 셈이다. 사실들이 이 예측을 완전히 확인시켜 주었다. 특별히 선택하지는 않고, 적당한 기회에 수집된 여러 종의 송충이 똥을 조사했다. 실험된 종류는 꽃멋쟁이나비(Vanesse grande

어리표범나비 유라시아에 걸쳐 넓게 분포하며, 남한 전역에서 서식한다. 산기슭 풀밭 사이를 천천히 낮게 날며 개망초 꽃 등 각종 야생화에 모여든다. 포천, 27. VI. '92

박각시 대형(날개길이 46mm 내외)이면서도 유라시아뿐만 아니라 아프리카 대륙까지 널리 분포하는 종이며, 주로 밤에 활동한다. 사진처럼 날갯짓으로 정지한 상태에서 저녁에 피기 시작한 분꽃에 긴 주둥이를 꽂고 꿀을 빨기도 한다. 시흥, 1. IX. '96

tortue: *Vanessa → Nymphalis polychloros*), 어리표범나비(Mélitée Athalie: *Mellicta atalia*)°, 양배추흰나비(Piérid du chou: *Pieris brassicae*), 등대풀 꼬리박각시(Sphinx de l'euphorbe: *Hyles euphobiae*), 공작산누에나방 (Grand-Paon: *Saturnia pyri*), 해골박각시(Achérontie atropos: *Acherontia atropos*), 누에재주나방(Dicranure fourchue: *Queue fourchue*), 독나방 (*Euproctis similis*)°, 말트불나방(Arctie marte) 등이다. 각 종별로 독성 의 강도가 다른 것은 사실이다. 하지만 하나의 예외도 없이 모두 가 따끔거림 증세를 보였다. 강도가 다양하게 나타난 것은 내가 분량을 정하지 못해서, 더 많거나 적은 독의 양에 기인한 것으로 본다.

따라서 쐐기의 독성 물질 분비작용은 모든 송충이에서 공통이 다. 전혀 예기치 못한 급변이었다. 즉 민중의 혐오에는 근거가 있었고, 선입관은 진리가 되었다. 다시 말해 모든 송충이는 독이 있다는 것이다. 하지만 구별하자. 같은 독성을 가졌어도 어떤 송충이는 해가 없고, 소수의 몇몇 송충이는 무섭다. 이 차이는 어디서 왔을까?

쐐기벌레로 알려진 송충이가 장시간 동안 비단실로 지은 집 안에서 집단생활을 하는 것에 유의했다. 게다가 녀석들은 털이 많았으며, 이런 종류에는 소나무행렬모충나방, 떡갈나무행렬모충나방, 그리고 여러 종의 독나방 송충이가 있다.

특히 소나무행렬모충나방을 생각해 보자. 가지 끝에 길쌈해 놓은 커다란 주머니, 즉 둥지의 겉은 흰 비단처럼 아름답지만, 안은 똥들이 미로 같은 실마다 염주처럼 매달렸고, 모든 통로와 벽도 덮었으며, 좁은 방안에도 마구 널려 있다. 머리통만 한 둥지에서 작은 구슬 같은 똥을 체로 0.5l 나 쳐낸 적도 있다.

그런데 녀석들은 이런 오물 가운데를 돌아다니거나 우글거리다가 졸기도 한다. 청결에 관심이 없는 결과는 뻔하다. 분명히 행렬모충이 그 마른 알맹이들에 접촉해서 털을 더럽힌 것은 아니다. 녀석들이 둥지에서 나올 때는 단정하게 손질한 옷을 입고 나와, 더럽다는 의심을 전혀 받지 않는다. 어쨌든 상관없다. 끊임없이 똥을 스친 털은 도리 없이 독이 묻어, 그 까끄라기들이 독을 보유하게 된 것이다. 녀석들의 생활 방식은 자신의 오물과 오랫동안 접촉할 수밖에 없어서, 그 털들 역시 쏘는 것이 될 수밖에 없다.

실제로 쐐기벌레(불나방 애벌레)를 보시라. 사납게 생긴 털이 그렇게 많아도 어째서 온순할까? 단독으로 방랑 생활을 하는 이 벌레의 텁수룩한 털은 자극제 미립자를 거둬서 간직하기에 아주 적합하다. 하지만 자신이 분비한 오물에 머물지 않는다는 아주 간단한 이유만으로, 녀석의 털은 결코 가려움증을 일으키지 않을 것이다. 송충이가 독립적으로 들판 여기저기에 흩어져 있고, 게다가 별로 많지도 않은 똥에는 독이 있어도 털과 독성과는 무관하다. 그래서 강하게 영향을 끼칠 수가 없다. 만일 이 쐐기벌레도 분뇨 처리장 같은 둥지에서 집단생활을 했다면 쐐기 송충이들 중 으뜸이 되었을 것이다.

언뜻 보기에, 양잠실의 공동 거실은 누에의 몸에 독성이 묻을 조건이 갖춰진 것으로 보인다. 잠자리를 정리할 때마다 누에똥이 깔린 발과 바구니를 치운다. 녀석들은 오물 더미에서 서로 엉키고 우글거렸었는데, 어째서 분비물의 독성이 몸에 묻지 않았을까?

내 생각에는 두 가지 이유가 있다. 우선 누에는 독을 끌어 모으는 데 필수품일지도 모르는 털이 없다. 다음은 오물 속에 머물지 않았다는 점이다. 날마다 여러 번 갈아 주는 뽕잎이 좍 깔려서, 더러운 잠자리와 충분히 떨어졌었다. 서로 엉켜서 쌓였었지만 발 위의 누에는 행렬모충의 습관과 비교되는 게 없다. 그래서 누에똥에도 독이 있으나 해를 주지 않은 것이다.

첫 연구에서 벌써 무척 주목할 만한 결론에 도달한다. 모든 송충이는 독성 물질을 배설하며, 이 물질은 송충이 무리 전체의 공통점이다. 그러나 우리에게 독성이 작용해 독특한 증세를 나타내려면 반드시 똥이 가득한 주머니 속에서 공동으로 장시간 머무르는 것이 필요하다. 벌레의 똥은 독을 제공하고, 털이 그것을 거둬 우리에게 전하는 것이다.

이제는 다른 관점에서 문제를 다룰 때이다. 언제나 배설물과 함께 나오는 독성 물질은 소화의 찌꺼기일까? 그보다는 생물체의 생활 과정에서 생성된 잔해물, 즉 배설기관의 생성물 중 어느 것이 아닐까?

이 생성물을 분리시켜 따로 수집하려면 탈바꿈 과정에 의존해야만 가능할 것 같다. 어느 종류의 나방이든 번데기에서 나올 때는 요산(尿酸)과 아직 잘 알려지지 않은 여러 점액성 분비물을 많이 내보낸다. 새 설계에 따라 다시 지은 건물의 회반죽 부스러기와 비교되는 이 점성물질은 탈바꿈하는 동물의 내부에서 이루어진 심오한 과정의 잔해물임을 나타낸다. 이 잔해물은 소화된 음식이 전혀 관여되지 않은, 즉 배설기관의 생성물이다.

이 잔해물을 얻으려면 어떤 녀석에게 부탁해야 할까? 행운이 일을 수월하게 해준다. 울타리 안의 늙은 느릅나무(Orme: *Ulmus*)에서 100마리가량의 이상하게 생긴 송충이를 잡았다. 호박색을 띤 7줄의 노란 가시가 있는데, 마치 4∼5개의 가시가 달린 덤불 같다. 이 송충이들이 나비가 되어서 꽃멋쟁이나비의 애벌레였음을 알려 준다.

철망뚜껑 밑의 사육장에서 느릅나무 잎으로 기른 송충이가 5월 말에 탈바꿈한다. 번데기는 흰 바탕에 갈색 점무늬가 있는데, 아래쪽은 6개의 예쁜 은빛 반점이 마치 싸구려 장식품 거울을 닮았다. 꼬리 쪽의 작은 비단 뭉치로 둥근 천장에

공부를 너무 열심히 했나 봐⋯

꽃멋쟁이나비

매달린 번데기들이 조금만 건드려도 그네를 뛰며, 그 반사경으로 광선을 확실하게 반사시켰다. 아이들은 살아 있는 이 귀걸이 모양에 감탄했고, 작업장에 와서 감상하도록 허락하자 무척 기뻐했다.

보름 뒤 나비가 깨어나는데, 이번에는 또 다른 사건, 즉 비극적 사건이 기다리고 있었다. 기다렸던 생성물을 받으려고 흰 종이 한 장을 뚜껑 밑에 넓게 펼쳐 놓았다. 그리고 아이들을 불렀다. 그런데 아이들은 종이 위에서 무엇을 보았을까?

커다란 핏방울의 얼룩들이다. 천장의 나비 한 마리가 애들이 보는 앞에서 핏방울을 떨어뜨린다. 찰싹! 오늘은 기쁨이 아니라 불안이었고, 거의 두려움이었다.

아이들을 내보내면서 이 말을 잊지 않았다.

애들아, 너희가 방금 본 것을 잘 기억해 둬라. 그리고 누가 하늘에서 피가 쏟아진다고 하거든 공연히 무서워하지 마라. 가끔 시골 사람들에게 공포감을 주는 피 얼룩의 원인은 예쁜 나비였단다. 나비는 태어나면서 송충이 시절의 묵은 찌꺼기를 빨갛고 끈적이는 액체로 내보내는 거다. 그 녀석들의 몸이 다시 만들어지면서 영광스러운 모습으로 새로 태어나는 것이란다.

순진한 방문객들을 돌려보내고 바닥에 비처럼 떨어진 피에 대한 연구를 계속했다. 아직 번데기 허물에 매달려 있는 꽃멋쟁이나 비는 굵고 붉은 방울의 배설물을 떨어뜨린다. 그것을 가만히 놔두면 불그레한 물이 들고, 요산염 같은 가루 앙금이 가라앉는다. 그 위에 떠 있는 액체는 진한 카민 색이다.

얼룩들이 완전히 말랐을 때, 그 종이에서 가장 양이 많은 얼룩 몇 개를 오려 내서 에테르에 담가 우려낸다. 얼룩의 흔적은 처음처럼 종이에 남아 있고, 액체는 엷은 레몬 빛깔을 띤다. 몇 방울만 남도록 증발시킨 액체로 네모난 거름종이를 적셨다.

같은 말을 반복하고 싶지 않은데 무슨 말을 하겠나? 새로운 조작 실험의 결과는 행렬모충의 뚱으로 경험한 것과 똑같았다. 모든 면에서 똑같이 가렵고, 화끈거리고, 떨리면서 충혈된 살이 부어오르고, 진물이 나오고, 피부가 비늘처럼 떨어져 나갔다. 헌 흔적은 오래전에 사라졌어도 붉은 기운은 역시 서너 달 동안 계속 남아 있었다.

별로 아프지는 않았어도 상처 자국이 아주 불편했고, 무엇보다도 보기가 너무 흉해서 다시는 이렇게까지 하지 않겠다고 맹세할 정도였다. 이제부터는 뜸 들이는 과정을 기다리지 않고, 결정적인 가려움증을 느끼자마자 붙인 것을 떼어 버려야겠다.

이렇게 고생하며 실험하는 동안 친구들은 생리학자처럼 천덕꾸러기, 즉 기니아피그(Cobaye: Guinea-pig) 같은 보조 동물을 이용하지 않는다고 나무랐다. 나는 그들의 비난을 염두에 두지 않았다. 동물은 극기심이 강해서 전혀 자신의 고통을 말하지 않는다. 급소에 심한 괴롭힘을 당해서 신음해도, 그의 울부짖음을 내가 정확히 해석해서 어느 일정 수준의 반응과 결부시킬 수는 없다.

짐승은 '얼얼하다, 가렵다, 쑤신다.' 라고 하지 않는다. 그저 '아프다' 라고만 할 것이다. 나는 느낀 감각을 자세히 알고 싶은데, 가장 좋은 방법은 내가 전적으로 믿는 유일한 증인, 즉 내 피부를 이용하는 것이다.

조롱당할 위험을 무릅쓰고, 감히 또 한 가지를 고백하련다. 나는 분명히 알기 시작했는데, 하느님의 큰 도시 안에서 어떤 짐승을 괴롭히고 죽이는 것이 꺼림칙하다. 가장 하찮은 생명이라도 존중해야 할 것이다. 우리는 어떤 동물의 생명을 빼앗을 수는 있어도 줄 수는 없다. 우리 연구와 무관한 저 죄 없는 동물을 그냥 놔두자! 우리의 불안한 호기심이 그들의 거룩하고 조용한 무지와 무슨 상관이 있더냐! 우리가 알고 싶다면 가능한 한 우리 몸으로 대가를 치르자. 어떤 개념을 얻는 것은 우리 피부를 조금 희생시킬 만한 가치가 있다.

느릅나무의 꽃멋쟁이나비가 비처럼 떨어뜨린 피에 대해 약간의 의문이 생긴다. 무척 예외적으로 보이는 그 괴상한 모습의 붉은 생성물에도 역시 독이 들어 있지 않을까? 그래서 누에나방, 유럽솔나방, 공작산누에나방(S. pyri)도 알아보기로 했고, 갓 태어난 나방들이 배설한 요(尿, 오줌)를 수집했다.

지금 이것들 여기저기에 분명치 않은 물이 들어서 희끄무레하게 더러워졌다. 피 빛깔은 없다. 그런데 결과에는 변함없이 독성이 아주 분명하게 나타난다. 따라서 행렬모충의 독은 모든 송충이에, 또한 번데기에서 탈출하는 모든 나비에 들어 있는 것이다. 그리고 이 독은 생명체의 노폐물, 즉 요(尿) 생성물이다.

462

우리 머릿속 호기심은 끝이 없다. 어떤 해답을 얻으면 그것이 즉시 다른 질문을 불러낸다. 왜 나비목 곤충들만 이런 기능을 가졌을까? 체내의 생명유지를 관장하는 유기적 반응 재료의 성질은 이들의 것이나 다른 곤충들의 것이나 별로 다르지 않을 것이다. 그렇다면 다른 곤충도 쐐기 성질의 찌꺼기를 만들어 낼 것이다. 확인해 봐야겠다. 그것도 내 마음대로 이용할 수 있는 재료로 즉시 확인해야겠다.

첫 해답은 구릿빛점박이꽃무지(Cétoine floricole : *Cetonia floricola→ Protaetia cuprea*)에서 나왔다. 절반쯤 부식토로 변한 낙엽 뭉치에서 고치 6개를 수집해 상자에 흰 종이를 깔고 녀석들을 넣었다. 고치가 열리자마자 성충의 점성 요액이 종이 위에 떨어질 것이다.

적당한 계절이라 오래 기다릴 필요가 없었다. 됐다. 배설물은 흰색이다. 탈바꿈하는 대부분의 곤충은 찌꺼기 색깔이 대개 이렇다. 별로 많지는 않았어도 이것이 내 팔에 가려움증과 쓰라린 고행을 일으키며, 피부가 비늘처럼 떨어져 나가게 했다. 더 확실한 현상, 즉 헐지는 않았다. 하지만 실험을 빨리 끝내는 것이 현명하다는 생각으로, 즉 너무 오랜 접촉의 결과가 얼마나 화끈거리며 가려운지 충분히 알고 있어서 그랬다.

이제는 벌의 차례이다. 유감스럽게도 전에 소유했던 꿀벌과(科) 벌이나 길렀던 포식성 벌이 지금은 전혀 없다. 다만 오리나무 (Aulnes: *Alnus*) 잎에서 집단생활을 하는 초록색 잎벌(Tenthrède : Tenthredinidae) 애벌레만 이용할 수 있었다. 철망 밑 사육장에서 길렀는데, 골무 하나를 채울 만큼의 작고 까만 똥을 제공했다. 이것이면 충분했고, 역시 따끔거리는 증세가 아주 분명했다.

불완전변태 곤충도 조사했다. 요즈음 기르는 메뚜기의 똥은 많이 수집할 수 있다. 유럽민충이(*Ephippigera ephippiger*)와 풀무치(*Locusta migratoria*)⁕ 똥을 알아본다. 두 종 모두 통증이 확인되었다. 통증의 정도는 내가 낭비성이 심해 과용한 덕분에 마지막으로 한 번 더 유감스럽게 되었다.

이 정도로 해두자. 내 팔이 사각형 붉은 문신이 새겨지는 것도, 새로 상처를 받는 것도 거절해 주길 요구한다. 실례가 너무 다양했는데, 다음과 같이 결론을 내려야겠다. 행렬모충의 독은 다른 여러 곤충들에게도 존재하며, 틀림없이 곤충 무리 전체에 존재할 것이다. 이것은 곤충의 조직체에 내재하는 오줌 생성물이다.

곤충들의 배설물, 특히 탈바꿈이 끝날 때 배설되는 분비물은 요산염을 포함하고 있으며, 거의 완전히 그것만으로 구성된 경우도 있다. 쐐기의 독성 물질은 반드시 요산과 결합되었을까? 그렇다면 요산염을 무척 많이 함유한 새(Aves)와 파충류(Reptilia)의 배설물 역시 그럴 것이 틀림없을 테다. 실험으로 검사해 볼 가치가 있는 또 하나의 의심이다.

지금 당장 파충류에게 물어볼 수는 없다. 하지만 새에게는 묻기 쉬우며, 그들의 답변이면 충분할 것이다. 우연히 접수된 새는 벌레를 잡아먹는 제비(Hirondelle: *Hirundo*)와 곡식을 먹는 유럽방울새(Chardonneret: *Carduelis*) 종류였다. 그런데 소화 찌꺼기가 정성스럽게 제거된 요 배설물은 따끔거리는 증세가 전혀 없었다. 따라서 독성은 요산과 무관한 물질이다. 곤충강(綱)에서는 이 증세를 일으키는 독이 요산을 따라다녔으나, 다른 경우에도 반드시 그런 것은 아니었다.

마지막 한 걸음을 내디딜 일이 남아 있다. 쐐기의 독성 물질을
분리해 그 성질과 특성에 대한 정확한 연구를 위해 이 물질을 많
이 얻는 일이다. 내 생각에는, 칸타리딘의 효력보다 탁월하지는
않더라도 그것과 대등한 효력을 가진 물질을 치료학에서 이용할
수는 있을 것 같다. 이 연구가 마음에 든다. 그래서 기꺼이 사랑하
는 내 화학으로 돌아가련다. 하지만 시약, 도구 일습, 실험실 등의
비싼 장비 일체가 필요한데, 나는 연구자들이 보통 겪는 금전적
궁핍이라는 무서운 병으로 괴롭힘을 당하고 있다. 따라서 그 일을
할 수가 없다.

찾아보기

기타
전문용어/인명/지명/동식물

- -

도판

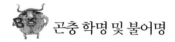 곤충 학명 및 불어명

기타

동식물 학명 및 불어명/전문용어

486

490

『파브르 곤충기』 등장 곤충

숫자는 해당 권을 뜻합니다. 절지동물도 포함합니다.

494

497

498

500

501

505

508